Spark 技術手冊
輕鬆寫意處理大數據

Spark: The Definitive Guide
Big Data Processing Made Simple

Bill Chambers and Matei Zaharia　著

許致軒、李尚、蔡政廷、吳政倫、鄭憶婷　譯

目錄

第八章   關聯 143

第九章   資料源 157

第七篇　生態系

前言

歡迎閱讀第一版的 Spark 技術手冊！我們很興奮能夠帶給您目前最完整的 Apache Spark 學習資源，尤其關於 Spark 2.0 中導入的新一代 API。

Apache Spark 是目前最流行的大規模資料處理系統之一，其支援多種程式語言 AP，I 並包含大量的內建與第三方函式庫。即便專案已經存在數年之久──起初是 2009 年位於柏克萊大學的研究專案，爾後 2013 年開始成為 Apache 軟體基金會專案──開放原始碼社群仍持續打造更具威力的 API 及高階函式庫，因此專案仍相當活躍。由於兩個緣故我們決定撰寫此書。首先，我們希望有一本 Spark 綜合指南大全，內容包含所有基礎使用情境與容易執行的範例。其次，我們尤其希望探討於 Spark2.0 完備的高階「結構化」API──也就是 DataFrame、DataSet、Spark SQL 以及 Structured Streaming，這些概念在較舊的書籍中沒有被完整的闡述過。希望此書能夠帶給您紮實的基礎知識，讓你在專案中能夠善用各類工具與函式庫撰寫高效的 Spark 分散式應用程式。

後續我們將告訴您一些關於我們的背景、此書的目標讀者，以及此書的編排結構。我們也希望對許多曾協助編輯與校閱此書的朋友們表達謝意。沒有這些人的幫助，就不會有這本書。

關於作者

本書的兩位作者皆投入 Apache Spark 專案已久並且經驗豐富，我們非常興奮能夠為您帶來此書。

Bill Chambers 於 2014 年開始在多個實驗專案中使用 Spark。Bill 現在在 Databricks 公司擔任產品經理，此公司協助使用者撰寫各式 Apache Spark 應用程式。Bill 也經常撰寫關於 Spark 的網誌並參與相關的研討會與社群聚會。Bill 擁有柏克萊大學資訊管理與系統碩士學位。

Matei Zaharia 於 2009 年在柏克萊大學博士生期間建立了 Spark 專案。Matei 與柏克萊其他研究學者以及外部協力者共同設計了 Spark 核心 API 並發展 Spark 社群。他也持續參與 Spark 的新功能開發例如結構化 API 與 Structured Streaming。Matei 與其他柏克萊 Spark 團隊的成員在 2013 年共同創立了 Databricks，旨在促進 Spark 開放原始碼專案成長以及提供商業支援服務。至今 Matei 仍在 Databricks 擔任首席技術長，並且為史丹佛大學資訊科學系助理教授，研究大規模系統與人工智慧。Matei 於 2013 年取得柏克萊大學資訊科學博士學位。

本書目標讀者

此書為想使用 Spark 的資料科學家與資料工程師所設計。這兩種角色的需求稍有不同，但現實中多數的應用程式開發皆會包含這兩者的某部分，因此我們認為此書對這兩類情境都有幫助。特別是我們認為資料科學家的工作會以交互式查詢回答問題與建立統計模型，而資料工程師專注於撰寫可維護的以及可重複利用的產品級應用程式，無論是在實務中使用資料科學家建立的模型，或是準備將來分析所用的資料 (建立資料收集流程)。然而，我們觀察到對於 Spark 來說這兩類角色的界定相當模糊。例如資料科學家也能包裝產品級應用程式並且不會遇到太多麻煩，而資料工程師也能透過交互式分析工具理解與檢視資料，並建立以及維護資料處理流程。

雖然我們嘗試提供資料科學家與工程師起步所需的一切，但仍有些內容因為空間所限無法涉及。首先，本書並不深入探討透過 Spark 能運用的進階分析技術，例如機器學習。我們會以 Spark 中相關函式庫展示如何應用這些技術，並假設您已經有一些基礎機器學習的背景知識。已經有許多完整的書籍探討這方面的技術，若你想要學習那方面的領域知識，建議可以從那些書籍開始。其次，相較維運與管理（例如如何管理多用戶的 Apache Spark 叢集），本書將更專注於應用程式的開發。盡管如此，本書第五篇與第六篇仍包含關於監控、除錯以及設定的完整內容，協助工程師能夠有效率地運行應用程式並處理每日的維運任務。最後，本書對於較舊的低階 Spark API 上沒有過多著墨——尤其是 RDD 以及 DStreams，而是著重於較新的高階結構化 API。因此，若您需要維護舊的 RDD 或是 DStream 應用程式，本書可能不是最佳選擇，但對於撰寫新的應用程式相當合適。

本書編排慣例

本書使用以下的編排規則：

斜體字（*Italic*）

　　用於標示新術語、網址、電子郵件地址、檔案名和副檔名。中文以楷體表示。

定寬字（Constant width）

　　用於程式碼，以及段落內參照到的程式碼元素，如變數或函數名稱、資料庫、資料型態、環境變數、程式語句和關鍵字。也可用於模組和 package 名稱，並用於顯示應由使用者輸入的指令或其他文字，以及指令的輸出文字。

定寬粗體字（**Constant width**）

定寬斜體字（*Constant width italic*）

　　用於顯示那些應由使用者提供的值，或是可根據前後文判斷用來替換原文字的值。

　　此圖示代表提示或建議。

　　此圖示代表一般性說明。

　　此圖示代表警告或注意事項。

使用範例程式

我們很高興能設計此書，本書所有範例程式皆採用實際的資料。我們透過 Databricks notebooks 撰寫整本書籍，並將使用的資料以及相關資源放在 GitHub（*https://github.com/databricks/Spark-The-Definitive-Guide*）。意謂著當你閱覽這些程式碼時，你可以任意執行或是編輯，也能將程式碼用在個人的應用程式內。

我們盡可能地使用真實案例的資料，讓你了解在打造大規模資料應用程式時可能面臨的挑戰。最後為了舉例，我們提供了數個較大的獨立應用程式，因為放在書本的內文中會顯的過於龐大而不合理，因此放在本書的 GitHub 儲存庫上。

我們會根據 Spark 版本更新 GitHub 儲存庫上的文件，因此請持續追蹤更新內容。

致謝

本書獲得許多人的協助才得以順利出版。

首先，要感謝我們的老闆 Databricks，授予時間使我們得以撰寫此書。沒有公司的支持，這本書將不可能問世。其中特別需要感謝 Ali Ghodsi、Ion Stoica 與 Patrick Wendell 的支持。

此外，我們還要感謝許多閱讀過此書草稿與獨立章節的朋友。我們有最好的校閱人員，並提供無價的回饋。

這些校閱人員以姓氏的字母排序：

- Lynn Armstrong

- Mikio Braun

- Jules Damji

- Denny Lee

- Alex Thomas

除了正式的校閱人員，還有許多 Spark 使用者、專案貢獻者以及遞交者閱讀特定章節或幫忙討論該如何說明特定主題。以下是曾經協助過我們的朋友 (以姓氏的字母排序)：

- Sameer Agarwal

- Bagrat Amirbekian

- Michael Armbrust

- Joseph Bradley

- Tathagata Das

- Hossein Falaki

- Wenchen Fan

- Sue Ann Hong

- Yin Huai

- Tim Hunter

- Xiao Li

- Cheng Lian

- Xiangrui Meng

- Kris Mok

- Josh Rosen

- Srinath Shankar

- Takuya Ueshin

- Herman van Hövell

- Reynold Xin

- Philip Yang

- Burak Yavuz

- Shixiong Zhu

最後要感謝我們的朋友、家人與親人們。沒有他們的支持、耐心與鼓勵,我們沒有辦法順利完成本書。

## 第一篇

大數據與 Spark 概覽

## 第一章

何為 Apache Spark ?

Apache Spark 為一個統一的計算引擎，包含一系列函式庫，讓資料可以藉由叢集平行處理。撰寫本書時，Spark 是這類用途中最活躍的開放原始碼專案，這也使得 Spark 成為任何對大數據有興趣的開發人員或資料科學家不可或缺的標準工具。Spark 支援多種流行的程式語言（Python、Java、Scala 與 R），其中包含適用於多種任務的函式庫，從 SQL、串流處理到機器學習。此外 Spark 可以運行於多種環境上，無論是在一台筆記型電腦上或是由數千台伺服器組成的叢集。這讓 Spark 可以從一個簡易的系統出發，逐步擴增成大型甚至是超大型規模的資料處理平台。

圖 1-1 展示了 Spark 提供給終端用戶的所有元件與函式庫。

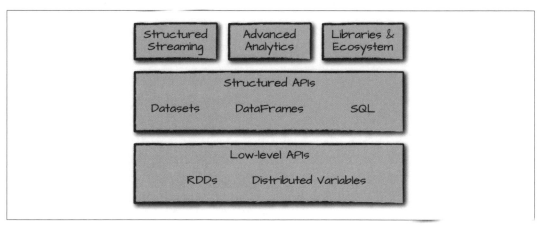

圖 1-1　Spark 工具組

你可能注意到，此分類大致上與本書的各篇呼應。這並不令人感到訝異，本書的目的是教導完整的 Spark 觀念，而 Spark 正是由這些元件所構成。

閱讀本書時，你或許已經對 Apache Spark 稍有了解，並且知道將 Spark 應用於何處。本章的目的是介紹 Spark 的設計哲學與發展的時空背景（為何每個人對平行資料處理突然都感到興趣），另外也會說明初始運行 Spark 的幾個步驟。

Apache Spark 哲學

我們將逐步闡述對 Apache Spark 的描述：「一個統一的計算引擎，並包含一系列大數據相關的函式庫」，將其分成數個關鍵元件個別說明：

統一

Spark 的目的是提供撰寫各種大數據應用程式的統一平台。而統一的意義為何？Spark 可支援各式各樣的資料分析任務，從簡易的資料載入、SQL 查詢、機器學習到串流運算等皆透過相同的計算引擎與具有一致性的 API。此目的之動機主要來自於實際的資料分析任務，無論是透過 Jupyter notebook 這類工具執行交互式分析或是傳統生產級的軟體開發，皆包含許多不同的處理程序與函式庫。

Spark 統一的本質可以更簡易並且有效率地實現這些程序與任務。首先 Spark 提供一致且組合式的 API，讓你可以逐步打造應用程式或是使用現成的函式庫。它也讓你在撰寫專屬的分析函式庫時更為容易。除了組合式 API 外，當使用者使用不同函式庫時，Spark API 能夠替其高效地最佳化。例如透過 SQL 讀取資料並透過 Spark ML 函式庫建立機器學習模型時，計算引擎會將一系列的步驟合併並進行最佳化。無論如何合併這些運算，組合過的結果皆能高效地運行，這讓 Spark 成為極具威力的交互式與生產級應用程式平台。

Spark 統一平台的設計理念，與其他領域的平台相似。例如資料科學家能受益於建立模型時使用相同的函式庫（例如 Python 或 R）。而網站開發者則受益於統一的框架例如 Node.js 或 Django。在 Spark 之前，沒有任何開放原始碼系統嘗試為分散式資料處理系統提供這類型統一的計算引擎。這代表使用者必須為應用程式自行組裝多個函式庫與系統的 API。因此，Spark 迅速地成為這類系統的標準。隨著時間演進，Spark 持續擴充內建的 API 並支援更多類型的工作負載。同時，專案開發人員也持續改良此統一的計算引擎。尤其是本書所關注且已於 Spark 2.0 正式完備的一個重要主題「結構化 API」（DataFrames、Datasets 與 SQL），並為使用者的應用程式提供更具威力的最佳化功能。

計算引擎

Spark 與平台統一化奮鬥的同時，也謹慎地控制計算引擎的應用範圍。Spark 會負責從儲存系統讀取資料並執行所需的運算，但它本身不是一個永久性的資料儲存系統。Spark 可以從許多持久性儲存系統存取資料，像是雲端儲存系統（如 Azure Storage 與 Amazon S3）、分散式檔案系統（如 Apache Hadoop）、鍵值對儲存系統（如 Apache Cassandra）與訊息串流系統（如 Apache Kafka）。而 Spark 自身並不會長期存放資料，也不會偏好某種儲存系統。在此的關鍵動機乃是大部分的資料經常混合存放在不同的儲存系統上。資料搬移是相當昂貴的成本，因此 Spark 專注在資料的處理運算任務上，無論資料位於何處。對終端使用者的 API 來說，Spark 努力讓存取不同檔案系統的方式都非常相似，因此應用程式不需擔心資料位於何處。

Spark 專注於運算的特性使得它與其他大數據軟體平台（如 Hadoop）截然不同。Hadoop 包含儲存系統（HDFS，由商業電腦組成的叢集上所建構的低成本儲存方案）以及運算系統（MapReduce），這兩個系統緊密結合。然而，這種設計方式使得 Hadoop 難以單獨運行其中的某個元件。這也讓 Hadoop 難以存取其他的儲存系統。Spark 不僅能夠良好的存取 HDFS，在一些不適合 Hadoop 架構的環境上也能夠勝任，例如公開的雲服務（儲存空間可以單獨購買）或是串流應用程式等。

函式庫

最後探討的元件是 Spark 函式庫，其遵循運算引擎統一的設計理念，為資料分析任務提供了一致的 API。除了內建的標準函式庫外，也擁有豐富第三方函式庫，這些套件都是由開放原始碼社群貢獻。從首次釋出至今，Spark 核心引擎本身僅有稍微更動，但函式庫快速茁壯並提供更豐富的功能。Spark 包含 SQL 與結構化資料函式庫（Spark SQL）、機器學習（MLlib）、串流處理（Spark Streaming 以及新版的 Structured Streaming）與圖形分析（GraphX）。除此之外，還有數百個開放原始碼專案所提供的外部函式庫，例如豐富的外部儲存系統連接器或機器學習演算法等。可以在 spark-packages.org（*https://spark-packages.org/*）查詢外部函式庫。

大數據問題的背景

為何資料分析需要新的計算引擎與程式模型？如同許多計算領域的趨勢一樣，是由於電腦應用程式和硬體背後的經濟與成本因素的變化所致。

過去幾年來，處理器的運算速度逐年增加，電腦每年都變得比往年更快：新的處理器每年相較往年每秒能運算更多的指令。因此，應用程式不需更動任何一行程式碼，藉由更新硬體每年也能隨之加速。這使得在以往應用程式的設計經常採用單一處理器架構。但應用程式仍能夠隨著處理器加速的趨勢執行更多的運算任務以及處理更大量的資料。

不幸地，硬體逐年加速的趨勢在大約 2005 年時減緩：因為散熱的物理限制，硬體開發人員停止嘗試加速單一處理器，並將目標轉向添加更多 CPU 核心。此改變使得應用程式忽然間需要依靠平行化才能得到更快的執行速度，這也讓新的運算框架例如 Apache Spark 得以嶄露頭角。

此外，儲存與收集資料的技術並未如同處理器般在 2005 年減緩。儲存 1TB 資料的成本平均每 14 個月便下降 1 倍，這使得企業組織要儲存其擁有的所有資料並不需要花上昂貴的成本。而資料收集的相關技術（感應器、相機、公開資料集等）成本不但持續下降並且還提高了解析度。例如相機技術每年持續增進解析度並且每個像素的成本持續下降，1200 萬畫素的網路攝影機僅需 3 到 4 美金，這使得無論是人們手動拍攝影片或是工業設備中自動拍攝感應器，收集大量影像資料的成本皆相當低廉。而相機本身是許多資料收集儀器的關鍵元件，例如天文望遠鏡甚至是基因測序機器等，這也讓相關技術的成本也隨之下降。

最終，世界各地收集資料的成本皆變得相當低廉——現今許多組織甚至在研究以前未曾收集的日誌資料並挖掘其中與商業邏輯的相關性。然而過去 50 年間開發的軟體通常無法自動地水平擴展運算能力，而應用程式的傳統模型日漸吃力。因此，新的程式模型需求被提出。這也是為何會需要打造 Apache Spark。

Spark 歷史

2009 年 Apache Spark 從柏克萊大學的一個研究專案發起，隔年便首次發表於論文「Spark: Cluster Computing with Working Sets」（*https://www.usenix.org/legacy/event/hotcloud10/tech/full_papers/Zaharia.pdf*）中，作者為柏克萊大學 AMPLab 的 Matei Zaharia、Mosharaf Chowdhury、 Michael Franklin、Scott Shenker 與 Ion Stoica。在當時 Hadoop MapReduce 是具有叢集優勢的分散式計算引擎，也是第一個成功打造出由數千個節點所構成的平行資料處理叢集之開放原始碼系統。AMPLab 中有數個早期的 MapReduce 用戶，他們了解此程式模型的優缺點，並且能夠從不同使用者案例中綜合這些問題並設計更為泛用的運算平台。此外，Matei Zaharia 在柏克萊大學也與 Hadoop 使用者共同工作以了解他們對平台的需求——特別是需要重複傳送資料，使用迭代式演算法執行大規模機器學習的團隊。

與使用者討論後，兩件事逐漸浮現。首先，叢集運算有許多潛力：所有使用 MapReduce 的企業在打造新的應用程式時，皆會應用現存的資料，並且許多新組織在初嘗後便開始大量依賴叢集系統。其次，MapReduce 引擎在打造大型應用程式時會面臨許多困難並顯得沒有效率。舉例來說，典型的機器學習演算法必須重複處理資料數十次，而 MapReduce 在每次處理資料時都將其視為獨立的 MapReduce 工作並在叢集中獨立運作，因此每次都必須從資料源重新讀取資料。

為了解決此問題，Spark 團隊開始設計可以執行多個步驟的平行資料處理框架。團隊隨後在新的引擎上實做了 API，這些 API 的效能良好並且多個運算步驟可以共享記憶體中的資料。團隊也開始在柏克萊（和一些外部用戶）測試此系統。

第一個版本的 Spark 僅支援批次應用程式，很快的其他令人期待的使用案例變得越來越明顯：也就是交互式資料科學分析與即時查詢。簡易地在 Spark 內安裝 Scala 直譯器便能提供相當有用的交互式功能，能在數百台節點上執行查詢任務。AMPLab 很快地將此想法打造成 Shark 專案，一個能在 Spark 上執行 SQL 查詢的引擎，這讓資料科學家能夠以交互式的方式分析資料。Shark 在 2011 年首次釋出。

隨著第一版釋出後，大家開始理解到 Spark 最具威力的特色就是各式各樣的新型函式庫，因此專案開始跟隨「標準函式庫」的開發方式。特別之處是不同 AMPLab 團隊展開 MLlib、Spark Streaming 與 GraphX 各項專案時，會確保這些 API 的內部共通性，這讓使用者首次能透過相同的引擎完成端到端的大數據應用程式。

2013 年時專案已經茁壯並被廣泛採用，並也有了從柏克萊大學之外超過 30 個組織來的 100 多個貢獻者。AMPLab 將 Spark 貢獻給 Apache 軟體基金會，使之成為長期、不依賴特定廠商的開放原始碼專案。而早期的 AMPLab 團隊也成立了 Databricks 公司來提供商業支援服務，並與其他企業組織共同為 Spark 專案做出貢獻。Apache Spark 社群在 2014 年釋出 1.0 版，並在 2016 年釋出 2.0 版。爾後也持續地為專案添加新功能。

最後，Spark 的組合式核心 API 仍持續被改良。早期的 Spark（1.0 版前）定義大量的**函數式操作**，也就是在 Java 集合物件上執行諸如 map 或 reduce 等平行操作。從 1.0 版起，Spark SQL 加入了專案，可以透過新式 API 操作結構化資料，也就是具備固定資料格式（不限定於 Java 支援的格式）的資料表。Spark SQL 透過資料格式與使用者程式碼進行進階的最佳化。隨著時間演進，專案也基於此結構化的基礎上添加其他的新型 API，例如 DataFrames、機器學習處理流程與 Structured Streaming（高階自動最佳化的串流 API）。本書將有大量篇幅探討這些新一代的 API，這些 API 大部分都達到生產級應用的要求。

Spark 現況與未來

雖然 Spark 已經問世數年，但仍舊受歡迎並有大量的使用案例。許多 Spark 生態系的新專案仍持續延伸著 Spark 的應用範圍。舉例來說，新的高階串流引擎 Structured Streaming 在 2016 時導入。Uber 或 Netflix 等技術公司皆使用 Spark 的串流與機器學習工具，甚至是 NASA、CERN 等機構乃至 MIT 博勞德研究所與 Harvard 皆採用 Spark 進行科學資料分析。

在可預見的未來 Spark 將持續作為許多企業內大數據分析的基石。Spark 專案仍快速發展中，許多需要解決大數據問題的資料科學家或工程師都可能需要在他們的機器上運行 Spark。與之同時，希望他們的書架上也有此書！

運行 Spark

本書包含大量與 Spark 相關的範例程式碼，學習時可以一邊嘗試執行這些程式碼。多數時候你會希望可以交互地執行這些程式以便作為學習之用。在開始執行本書的程式碼前，我們先介紹一些運行 Spark 的選擇。

你可以透過 Python、Java、Scala、R 或 SQL 使用 Spark。Spark 本身由 Scala 實做並運行於 Java Virtual Machine（JVM）中，因此僅需安裝 Java 便可在筆電或叢集中運行 Spark。若想使用 Python API 還必須安裝 Python 直譯器（2.7 版或以上）。若想要透過 R 使用 Spark 還必須另外安裝 R 的相關套件。

我們建議從兩種方式開始：在筆電中下載並安裝 Apache Spark 或是使用 Databricks 社群網頁版的 Spark，此為免費的雲端 Spark 學習環境，並且包含了本書的程式碼。我們稍後會針對這兩個選項介紹。

下載與本機運行 Spark

若想下載並在本機端運行 Spark，首先先確保機器上已經安裝 Java（可以執行 java 指令）或是對應的 Python 版本（若想透過 Python 使用 Spark）。其次是拜訪 Spark 專案的官方下載頁面（*http://spark.apache.org/downloads.html*），選擇「Pre-build for Hadoop 2.7 and later」並點選「Direct Download」進行下載。這會下載一個壓縮的 TAR 檔或是 tarball 檔，你需要將其解壓縮。本書內容是採用 Spark 2.2 版，因此建議下載 2.2 或更新的版本。

下載相容 Hadoop 的 Spark

Spark 不需透過任何分散式儲存系統（例如 Apache Hadoop）便能運行。然而，若想將筆電中的 Spark 連結到 Hadoop 叢集，請根據 Hadoop 版本下載對應的 Spark 套件，可以在 *http://spark.apache.org/downloads.html* 選擇不同版本。本章稍後會討論如何在叢集或 Hadoop 上執行 Spark，但現在建議在筆電上直接啟動 Spark。

 Spark2.2 中，開發人員新增了讓 Python 用戶可以藉由 `pip install pyspark` 指令安裝 Spark 套件的功能。此功能在本書撰寫時才釋出，所以我們沒有包含完整相關的指令。

從原始碼編譯 Spark

本書沒有詳細介紹這部分，但 Spark 也能透過原始碼編譯與設定。可以從 Apache 下載頁面取得原始碼並根據 README 檔案內的指示進行編譯。

完成 Spark 下載後，透過指令開啟終端機並開始解壓縮。以 Spark2.2 版為例，可以執行下述 Unix 指令解開 Spark 壓縮檔並進入其目錄：

```
cd ~/Downloads
tar -xf spark-2.2.0-bin-hadoop2.7.tgz
cd spark-2.2.0-bin-hadoop2.7.tgz
```

注意 Spark 專案中有大量的目錄與檔案。但不需驚慌。大部分的目錄只有在閱讀程式碼時才用的上。下一節會介紹最重要的目錄，裡面包含能運行各種語言的 Spark 終端機和進行交互式操作的工具。

啟動 Spark 交互式終端機

Spark 可以透過多種不同的程式語言啟動終端機界面。本書主要使用的語言為 Python、Scala 與 SQL，而對應的 Spark 終端機的啟動方式如下：

啟動 Python 終端機

要運行 Python 終端機必須安裝 Python 2 或 3 版。在 Spark 家目錄下鍵入以下指令：

```
./bin/pyspark
```

進入終端機後，鍵入「spark」並按下 Enter 鍵會印出 SparkSession 物件相關資訊，第二章會討論這部分的內容。

啟動 Scala 終端機

可以透過以下指令啟動 Scala 終端機：

```
./bin/spark-shell
```

進入終端機後，鍵入「spark」並按下 Enter 鍵，如同使用 Python 般，也會印出 SparkSession 物件相關資訊，第二章會討論這部分的內容。

啟動 SQL 終端機

本書後續的某些篇幅會大量討論 Spark SQL。為此你或許會想要啟動 SQL 終端機。等我們討論到相關主題時，會再回頭檢視細節。

```
./bin/spark-sql
```

在雲端運行 Spark

學習 Spark 時，若想要一個簡易、交互式的筆記本服務，你可能會偏好使用 Databricks 社群版。如同前述，Databricks 是由柏克萊開發 Spark 專案團隊所創立的公司，其雲端服務提供了作為學習環境之用的免費社群版本。Databricks 社群版內包含了本書所有使用的資料與程式碼範例，並且可輕易地執行。使用 Databricks 社群版，請根據 *https://github.com/databricks/Spark-The-Definitive-Guide* 內的指示進行相關設定。透過網頁瀏覽器可以使用 Scala、Python、SQL 或 R 等語言執行 Spark 並觀察執行結果。

本書使用的資料

本書準備了一些資料來源以讓範例程式使用。若想在本機上運行這些範例，可以從本書的官方程式碼儲存庫取得（*https://github.com/databricks/Spark-The-Definitive-Guide*）。簡言之，下載資料並放置在合適的目錄後，便可運行本書對應的程式碼！

## 第二章

Spark 簡介

介紹完發展史後，是時候開始使用 Spark 了。本章將簡述 Spark 的核心叢集架構、應用程式並透過 DataFrame 與 SQL 說明結構化 API。過程中也會提及 Spark 核心術語與概念讓你可以正確地使用 Spark。讓我們先從一些基礎背景知識開始談起吧。

Spark 基礎架構

一般來說提及「電腦」時，可能會想到家裡或工作場所中一台聳立在桌面的機器。這種機器在觀賞影片或執行一些試算表軟體時運作良好。然而，許多使用者可能有遇過執行某些任務時，這類電腦運算能力不足的經驗。一個特別明顯的例子便是資料處理領域。單一機器經常沒有足夠的運算能力處理大量的訊息（或使用者可能沒有足夠的時間等待運算執行完畢）。叢集，也就是一群電腦主機，匯聚許多電腦的資源，讓使用者如同操縱單一機器般地運用這些資源。然而，一群堆放聚集的電腦主機沒有什麼作用，仍須有軟體框架協調叢集主機間的任務運行。這便是 Spark 的任務，管理並協調叢集上的任務執行。

Spark 透過叢集管理器管理叢集主機，這類叢集管理器諸如 Spark 獨立叢集管理器、YARN 或 Mesos 等。Spark 應用程式遞交給叢集管理器後，它們會分配資源給應用程式執行後續任務。

Spark 應用程式

Spark 應用程式包含**驅動器**程序以及一組**執行器**程序。驅動器程序會執行程式的 `main()` 函式並運行於叢集的一個節點中,它的任務主要有三項:維護 Spark 應用程式的相關資訊、回應用戶的應用程式或輸入,以及分析、分配與排程任務到執行器(稍後立即會討論此主題)。驅動器是必備的程序,也是 Spark 應用程式的核心,維護應用程式生命週期內所有的相關資訊。

執行器負責實際執行驅動器所分派的工作。這代表每個執行器僅負責兩件任務:執行驅動器分配的程式碼與回報執行狀態給驅動器所在的節點。

圖 2-1 展示了叢集管理器如何控制實體機器以及分配資源給 Spark 應用程式。叢集管理器可以是下列三者:Spark 獨立叢集管理器、YARN 或 Mesos。多個 Spark 應用程式可以在叢集中同時運行,第四篇會討論更多關於叢集管理器的議題。

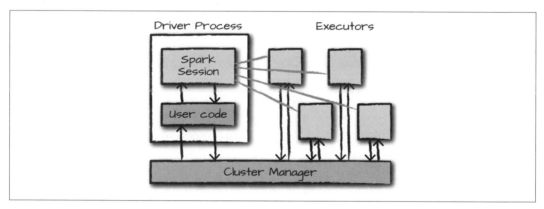

圖 2-1　Spark 應用程式架構

圖 2-1 中左側有一個驅動器而右側有四個執行器。而圖中省略了叢集節點的概念。使用者可以設定每個節點允許運行的執行器數量。

 除了叢集模式外,Spark 也提供本機模式。驅動器與執行器實質上都是某個程序,而這些程序能運行在不同或相同的機器上。本機模式中,驅動器與執行器會以執行緒的方式運行於相同的主機中。本書撰寫時有考量到 Spark 的本機執行模式,因此本書的任何程式碼皆可在單機上運行。

目前為止關於 Spark 應用程式有幾個要點：

- Spark 使用叢集管理器追蹤可使用的資源。

- 驅動器程序負責執行驅動器端的程式，並分配任務給執行器執行。

執行器多數時候都在執行 Spark 程式碼。然而，多種不同的程式語言中皆能透過 Spark API 取得驅動器物件，下一節會討論此議題。

Spark 程式語言 API

用戶可以透過多種程式語言操作 Spark API。多數時候 Spark 在各種語言中表達的「核心概念」皆相同，這些概念會轉換成 Spark 程式碼並運行在叢集上。如果僅使用結構化 API，則所有語言皆有類似的效能表現。下列是各種語言的摘要：

Scala

Spark 專案主要由 Scala 語言實現，因此 Scala 為 Spark 的「預設」程式語言。此書在相關處會提供 Scala 程式碼範例。

Java

即便 Spark 是由 Scala 實現，Spark 作者群一直以來都小心翼翼的確保使用者可以透過 Java 撰寫 Spark 程式。本書主要聚焦在 Scala 程式碼，但相關處也會提供 Java 程式碼範例。

Python

幾乎在 Scala 語言中的所有功能皆在 Python 上皆有支援。除了 Scala，有對應的 Python API 時本書也會提供範例。

SQL

Spark 支援部分 ANSI SQL 2003 規範。這使得分析人員以及非程式開發人員得以駕馭此工具並應用 Spark 處理大數據的能力。此書在相關處會提供 SQL 範例。

R

Spark 有兩個常用的 R 語言函式庫：一個是關於 Spark 的核心 API（SparkR），另一個則是 R 社群提供的套件（spaklyr）。三十二章會說明這兩個函式庫。

圖 2-2 簡易描述這些語言與 Spark API 的關聯性。

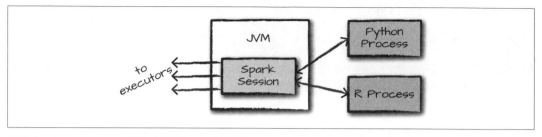

圖 2-2　SparkSession 與各種語言 API 的關係

如同前述，每種語言 API 皆擁有相同的核心概念。使用者須建立一個 SparkSession 物件，此物件是運行 Spark 程式碼的進入點。透過 Python 或 R 使用 Spark 時不需撰寫 JVM 指令，取而代之的是撰寫 Python 或 R 程式碼，Spark 會轉換程式碼並在執行器的 JVM 上運行。

Spark API

雖然許多語言都能使用 Spark，如何讓 Spark 支援為數眾多的語言值得一提。Spark 有兩個基礎的 API 指令集：低階「非結構化」API 與高階結構化 API。本書兩者皆會介紹，但會聚焦在後者。

啟動 Spark

目前為止說明了部分 Spark 應用程式的基礎概念。而實際撰寫 Spark 應用程式時，還需要有傳送使用者命令與資料的方式。為此需先建立 SparkSession 物件。

如同第一章，我們先運行 Spark 本機模式。執行 ./bin/spark-shell 即可開啟 Scala 終端機的交互式界面。此外也能透過 ./bin/pyspark 開啟 Python 的交互式終端機。遞交標準的 Spark 應用程式則需要透過 spark-submit，此工具可以遞交編譯過的 Spark 應用程式。第三章會說明此流程。

在交互式界面中使用 Spark 時，底層已經替你建立一個 SparkSession 物件用於管理 Spark 應用程式。若是獨自撰寫標準 Spark 應用程式，必須在程式碼中自行建立 SparkSession 物件。

SparkSession

如同本章一開始所討論的，驅動器程序中控制 Spark 應用程式的物件稱為 SparkSession。Spark 在叢集中透過 SparkSession 執行使用者自定義的操作。每個 Spark 應用程式僅擁有一個 SparkSession 物件。在 Scala 與 Python 啟動終端機時， SparkSession 物件便已經建立好（稱為 spark）。我們進一步在 Scala 與 Python 中檢視此物件：

```
spark
```

在 Scala 中，你應該可以看到輸出如下：

```
res0: org.apache.spark.sql.SparkSession = org.apache.spark.sql.SparkSession@...
```

而在 Python 中輸出如下：

```
<pyspark.sql.session.SparkSession at 0x7efda4c1ccd0>
```

接著執行一個建立數列的簡易任務。數列就像試算表中，一行帶有欄位名稱的連續數值：

```
// 在 Scala 中
val myRange = spark.range(1000).toDF("number")

# 在 Python 中
myRange = spark.range(1000).toDF("number")
```

你剛剛執行了第一個 Spark 程式！我們建立了一個單一欄位的 *DataFrame* 並擁有 1000 筆資料（0 到 999）。這些數值儲存於**分散式集合**中。當程式運行在叢集環境時，數列中的每一段可能儲存在不同的執行器中。這就是 Spark DataFrame 資料的儲存方式。

DataFrames

DataFrame 是最常見的結構化 API，可以簡易地表達一個擁有行與列的資料表。欄位的名稱與型別定義統稱為**綱要**，可以將 DataFrame 視為一個擁有欄位名稱的試算表。圖 2-3 呈現了兩者的根本差異：一張試算表只能存放在一台電腦的某處，而 Spark DataFrame 卻可以分散在數千台電腦上。資料分散在多台電腦上的原因相當直接：資料容量過於龐大無法儲存於一台電腦中，或是僅靠一台電腦進行運算時間耗費會過長。

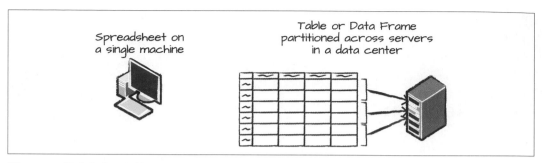

圖 2-3　分散式與單一主機儲存的差異

DataFrame 概念並非 Spark 獨有。R 與 Python 皆有相似的概念。然而，R 與 Python 的
DataFrame 皆位於一台電腦中而非分散在多台電腦上（除了一些例外案例）。這使得
DataFrame 可以執行的任務受限於特定電腦的資源。然而，因為 Spark 支援 Python 與 R
語言的界面，這使得 Pandas（Python）DataFrame 與 R 的 DataFrame 皆可輕易地轉換
成 Spark DataFrame。

 Spark 有許多核心抽象概念：Dataset、DataFrame、SQL 資料表與彈性
分散式資料集（Resilient Distributed Dataset, RDD）。這些不同的抽象概
念皆用來表示某種分散式資料集合。其中最簡單並且最有效率的便是
DataFrame，並且在所有程式語言中皆有支援。第二篇與第三篇會分別探
討 Dataset 與 RDD。

分區

要讓每個執行器平行執行工作，Spark 必須將資料切割成多個稱為**分區**的資料塊。每個
分區皆儲存數量不等的資料集，並儲存於叢集中某一台實體機器。即便你擁有成千上百
的執行器。若 Spark 應用程式僅有一個分區，則平行度也將只有 1。同樣地，若有許多
分區但只有一個執行器，Spark 的平行度仍是 1，因為僅擁有一個運算資源。

特別注意的是，透過 DataFrame 你無須（多數的使用情境下）手動或特別控制分區，僅
需指定高階的轉換類 API 便能操作每個分區內的資料，Spark 會決定此工作如何實際運
行在叢集上。此外也有低階 API（透過 RDD 界面），第三篇會討論此議題。

轉換操作

在 Spark 中，核心資料結構是不可變動（*immutable*）的，意謂著建立後即不可變更。初次接觸此概念可能會覺得奇怪：若資料無法變更，那該如何使用？若要「改變」DataFrame，可以對 Spark 描述預期將如何操作與改變資料的指令，這些指令被稱作**轉換操作**。下列為找尋 DataFrame 中所有偶數的簡易轉換操作：

```scala
// 在 Scala 中
val divisBy2 = myRange.where("number % 2 = 0")
```

```python
# 在 Python 中
divisBy2 = myRange.where("number % 2 = 0")
```

注意這類操作不會立即輸出結果。因為這些指令僅是抽象的轉換操作指令，Spark 不會立刻執行這些轉換操作，直到呼叫了某個行動操作（很快地就會討論到）。轉換操作是 Spark 表達商業邏輯的主要方式。這些轉換操作主要可分為兩類：**窄依賴**與**寬依賴**。

若轉換操作間存在窄依賴（後續稱之為窄轉換操作），則每個輸出分區僅會對應到一個輸出分區。先前的程式範例中，where 操作便是窄依賴性質，一個分區最多僅會對應到一個輸出分區，如同圖 2-4 所示。

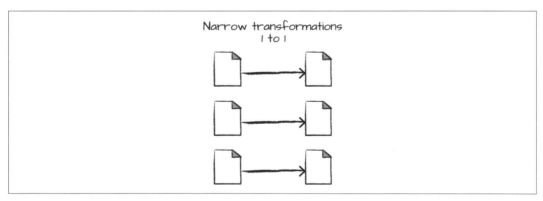

圖 2-4　窄依賴示意圖

寬依賴（或稱為寬轉換操作）的轉換操作會使一個輸入分區對應到多個輸出分區。這等同於資料洗牌（shuffling），代表 Spark 會在叢集節點間交換分區資料。透過窄轉換操作，Spark 會自動執行管線化操作，若為 DataFrame 指定多個過濾條件，這些過濾邏輯全部會在記憶體中運行。對資料洗牌來說則不同。若執行資料洗牌任務，Spark 會將結果寫入磁碟。寬轉換操作如圖 2-5 所示。

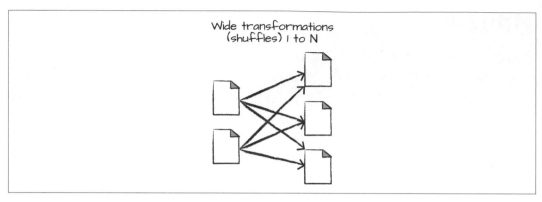

圖 2-5　寬依賴示意圖

這是相當重要的主題，在網路上可以搜尋到許多關於資料洗牌最佳化的討論。但現在僅須知曉轉換操作分成兩類即可。知道轉換操作即是一系列資料操作步驟的描述後，我們接著討論惰性求值。

惰性求值

惰性求值代表 Spark 會等到最後一刻才執行一系列的運算指令。在 Spark 中，某些操作後並不會立即更動資料，而是代表建立了一個轉換計畫操作原始資料。藉由等待到最後一刻才實際運行相關的程式碼，Spark 可以將原始的 DataFrame 轉換操作編譯成精簡的物理執行計畫，並在叢集中盡可能有效率地執行。這種方式提供了巨大的好處，Spark 可以完整地最佳化整個端到端的資料處理流。這類使用案例範例之一便是 DataFrame 的**斷言下推**功能。若讀取一份大型的資料，但最後僅過濾出所需的某筆資料，最有效率的作法是只回傳所需的該筆資料即可。Spark 會自動最佳化將過濾操作下推到資料來源端。

行動操作

轉換操作可以建立資料的邏輯轉換計畫。但要實際觸發計算仍需要一個**行動操作**。行動操作會指示 Spark 觸發一系列的轉換操作並計算結果。最簡單的行動操作便是 count，此操作會回傳 DataFrame 的資料元素數量：

```
divisBy2.count()
```

上述程式碼的輸出結果為 500。當然，count 不是唯一的行動操作。行動操作可分成三類：

- 在終端機檢視資料的行動操作
- 收集資料並存放於一般物件 (對應各自程式語言) 的行動操作
- 輸出資料的行動操作

先前的行動操作中，我們啟動了一個 Spark 工作執行過濾的轉換操作（窄依賴），接著執行聚合任務（寬依賴）統計每個分區內的元素數量，最後合併結果並以一般物件（對應到各自的程式語言）的形式返回驅動器。透過 Spark UI 可以檢視所有的流程，此工具已包含在 Spark 中，可以用來監控叢集中正在運行的 Spark 任務。

Spark UI

可以透過 Spark web UI 監控工作的執行進度。Spark UI 預設運行於驅動器程序所在節點的 4040 埠口。若運行單機模式，則位於 *http://localhost:4040*。Spark UI 提供了 Spark 任務的相關資訊、環境設定與叢集狀態等。此工具非常有用，特別是對調校與除錯階段。圖 2-6 展示了 Spark UI 中一個已經執行兩階段與九個任務的 Spark 工作。

圖 2-6　Spark UI

本章不會深入討論 Spark 工作執行的概念與 Spark UI。第十八章會討論此主題。目前你僅需了解 Spark 工作代表行動操作所觸發的一連串轉換操作，並且可以透過 Spark UI 監控這些工作。

完整範例

先前範例中建立了包含簡易連續數列的 DataFrame，而這並不是一個常見的實際大數據應用案例。本節透過一個更真實的案例來強化本章所描述的所有概念，並逐步說明背後發生的行為。案例中將透過 Spark 從美國運輸部的統計資料中分析航班數據（*https://github.com/databricks/Spark-The-Definitive-Guide/tree/master/data/flight-data*）。

在 CSV 目錄內可以發現數個檔案。此外還有一些包含不同檔案格式的目錄，這部分將於第九章討論。目前僅需專注於 CSV 檔案。

每個檔案內擁有數量不等的 CSV 格式資料，這屬於半結構化的資料格式，檔案中的每列資料將與 DataFrame 中的每個列對應：

```
$ head /data/flight-data/csv/2015-summary.csv

DEST_COUNTRY_NAME,ORIGIN_COUNTRY_NAME,count
United States,Romania,15
United States,Croatia,1
United States,Ireland,344
```

Spark 擁有從多種資料來源讀寫的能力。可以使用 SparkSession 中的 DataFrameReader 讀取這些資料。為此需要指定檔案格式以及任何想要的設定選項。案例中使用**綱要推論**，Spark 會讓 DataFrame 猜測最合適的綱要。此外也希望指定檔案中的第一行為標頭。

要取得綱要資訊，Spark 會讀取一小段資料並根據 Spark 支援的資料型別嘗試解析資料的類型。讀取資料時也能夠手動指定綱要（生產環境中建議使用此作法）：

```scala
// 在 Scala 中
val flightData2015 = spark
  .read
  .option("inferSchema", "true")
  .option("header", "true")
  .csv("/data/flight-data/csv/2015-summary.csv")

# 在 Python 中
flightData2015 = spark\
  .read\
```

```
.option("inferSchema", "true")\
.option("header", "true")\
.csv("/data/flight-data/csv/2015-summary.csv")
```

這些 DataFrame（在 Scala 與 Python 中）都有一組欄位與無特定長度的列。沒有指定列數是因為資料讀取是轉換操作，為惰性求值，Spark 僅會先讀取少部分數據作為推論每個欄位型別所用。圖 2-7 展示將 CSV 讀入 DataFrame 再轉換成一般陣列或串列的示意圖。

圖 2-7　讀取 CSV 檔案到 DataFrame，並轉換成一般的陣列或串列物件

若對 DataFrame 執行 take 行動操作，便能如同先前透過指令執行般得到相同結果：

```
flightData2015.take(3)
```

```
Array([United States,Romania,15], [United States,Croatia...
```

接著來執行更多的轉換操作！現在根據某個計數欄位（整數型別）排序資料。圖 2-8 展示了此過程。

 注意，sort 並沒有修改 DataFrame。使用 sort 會如同其他轉換操作般回傳新的 DataFrame。對存放結果的 DataFrame 呼叫 take 時所觸發的一系列轉換過程如圖 2-8 所示。

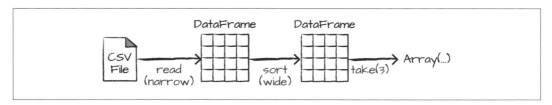

圖 2-8　讀取、排序並收集 DataFrame 資料

呼叫 sort 時不會發生任何事，因為該操作僅為轉換操作。透過 explain 可以得知 Spark 在叢集上執行這些任務的計畫。可以對任何 DataFrame 呼叫 explain 觀察其血統圖（也就是 Spark 將會如何執行此查詢）：

```
flightData2015.sort("count").explain()

== Physical Plan ==
*Sort [count#195 ASC NULLS FIRST], true, 0
+- Exchange rangepartitioning(count#195 ASC NULLS FIRST, 200)
   +- *FileScan csv [DEST_COUNTRY_NAME#193,ORIGIN_COUNTRY_NAME#194,count#195] ...
```

恭喜，你印出了自己的第一個執行計畫！執行計畫的內容有些神秘，但解釋過後你便會了解。可以從上到下閱讀執行計畫，最頂端為最終結果，而底部則是資料來源端。此例中先觀察一些關鍵字，可以看到 sort、exchange 與 FileScan。資料排序實際上是寬轉換操作，因為 rows 必須彼此相互比較。此刻不用著急理解執行計畫的全部內容，執行計畫對除錯與增進對 Spark 的了解是相當有用的工具。

如同先前一般，必須指定行動操作啟動此計畫。然而，執行前先進行一個額外的設定。預設執行洗牌操作時，Spark 會輸出 200 個洗牌分區。透過下列步驟可以降低洗牌操作所輸出的分區數量：

```
spark.conf.set("spark.sql.shuffle.partitions", "5")

flightData2015.sort("count").take(2)

... Array([United States,Singapore,1], [Moldova,United States,1])
```

圖 2-9 展示了此操作。圖上除了邏輯轉換操作外，也描述了實際分區數量。

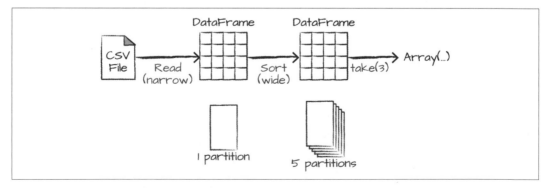

圖 2-9　邏輯與物理 DataFrame 的操作過程

轉換操作的邏輯計畫會定義一組 DataFrame 的血統圖，因此無論何時 Spark 都可以透過相同的輸入資料與操作重新計算建出相同的 DataFrame。這也是 Spark 程式設計的核心——函數式程式設計的概念。當資料的轉換操作不變時，相同的輸入必能確保擁有相同的輸出。

我們並沒有控制實體資料，取而代之的是設定實體執行計畫的特性，例如先前設定洗牌分區參數等。因為設定了洗牌分區，因此最終取得了五個輸出分區，你可以設定這類選項來控制 Spark 工作的實體執行計畫特性。你自己可以嘗試設定不同的值並觀察分區數量的變化。實驗過程中，也能感受到不同分區數量在執行時間上的巨大差異。別忘了還能透過 Spark UI（位於 4040 埠口）監控工作的進度並得知邏輯與實體執行計畫的內容。

DataFrames 與 SQL

先前範例中執行了一個簡易的轉換操作，接著執行一個更為複雜的範例並使用 DataFrame 與 SQL。無論是透過哪種程式語言，Spark 可以執行一致的轉換操作，底層皆使用相同的方法。透過 SQL 或 DataFrame 實現商業邏輯（或是透過 R、Python、Scala 或 Java）時，Spark 會將邏輯轉換成底層的執行步驟（可以在執行計畫中觀察得知）。Spark SQL 還能將任意 DataFrame 註冊成表或視圖（暫時表）並使用一般 SQL 語法對其查詢。撰寫 SQL 查詢與撰寫 DataFrame 程式碼並沒有任何效能上的差異，兩者在底層皆會「編譯」成相同的執行計畫。

要將 DataFrame 註冊成表或視圖僅需一個簡易的方法：

```
flightData2015.createOrReplaceTempView("flight_data_2015")
```

現在可以透過 SQL 的 spark.sql 函式（別忘記 spark 是 SparkSession 物件變數）查詢資料，該函式會回傳一個 DataFrame 結果集。即便邏輯上這似乎有點多餘——對 DataFrame 執行 SQL 查詢會回傳另一個 DataFrame——然而這種模式相當有威力。這讓你可以在任何時間都能用最方便的方式指定轉換操作，並且不用犧牲任何效能！要實際了解這一切，讓我們先觀察以下兩個操作的執行計畫：

```scala
// 在 Scala 中
val sqlWay = spark.sql("""
SELECT DEST_COUNTRY_NAME, count(1)
FROM flight_data_2015
GROUP BY DEST_COUNTRY_NAME
""")
```

```
val dataFrameWay = flightData2015
  .groupBy('DEST_COUNTRY_NAME)
  .count()

sqlWay.explain
dataFrameWay.explain

# 在 Python 中
sqlWay = spark.sql("""
SELECT DEST_COUNTRY_NAME, count(1)
FROM flight_data_2015
GROUP BY DEST_COUNTRY_NAME
""")

dataFrameWay = flightData2015\
  .groupBy("DEST_COUNTRY_NAME")\
  .count()

sqlWay.explain()
dataFrameWay.explain()

== Physical Plan ==
*HashAggregate(keys=[DEST_COUNTRY_NAME#182], functions=[count(1)])
+- Exchange hashpartitioning(DEST_COUNTRY_NAME#182, 5)
   +- *HashAggregate(keys=[DEST_COUNTRY_NAME#182], functions=[partial_count(1)])
      +- *FileScan csv [DEST_COUNTRY_NAME#182] ...
== Physical Plan ==
*HashAggregate(keys=[DEST_COUNTRY_NAME#182], functions=[count(1)])
+- Exchange hashpartitioning(DEST_COUNTRY_NAME#182, 5)
   +- *HashAggregate(keys=[DEST_COUNTRY_NAME#182], functions=[partial_count(1)])
      +- *FileScan csv [DEST_COUNTRY_NAME#182] ...
```

注意兩段程式碼編譯的執行計畫完全相同！

接著對資料輸出一些有趣的統計值。要知道 Spark 對 DataFrame（與 SQL）支援大量的 API，這數百個函式可以協助你加速完成大數據的任務。範例中將使用 max 函式取得往返任意地區最多的班次為何。此函式會掃描 DataFrame 中相關欄位的每個值，並檢查該值是否大於先前檢查過的值。這也是一個轉換操作，Spark 會有效率的過濾資料並取得最終一筆結果。程式碼如下：

```
spark.sql("SELECT max(count) from flight_data_2015").take(1)

// 在 Scala 中
import org.apache.spark.sql.functions.max

flightData2015.select(max("count")).take(1)
```

```
# 在 Python 中
from pyspark.sql.functions import max

flightData2015.select(max("count")).take(1)
```

棒極了，此簡易的範例回傳了 370,002。接下來將執行一個稍微複雜的查詢，尋找班次最多的前 5 個目的地國家為何。因為這是第一次撰寫多個轉換操作的查詢，我們會逐步解釋。先從直觀的 SQL 聚合操作開始：

```
// 在 Scala 中
val maxSql = spark.sql("""
SELECT DEST_COUNTRY_NAME, sum(count) as destination_total
FROM flight_data_2015
GROUP BY DEST_COUNTRY_NAME
ORDER BY sum(count) DESC
LIMIT 5
""")

maxSql.show()
```

```
# 在 Python 中
maxSql = spark.sql("""
SELECT DEST_COUNTRY_NAME, sum(count) as destination_total
FROM flight_data_2015
GROUP BY DEST_COUNTRY_NAME
ORDER BY sum(count) DESC
LIMIT 5
""")

maxSql.show()
```

```
+-----------------+-----------------+
|DEST_COUNTRY_NAME|destination_total|
+-----------------+-----------------+
|    United States|           411352|
|           Canada|             8399|
|           Mexico|             7140|
|   United Kingdom|             2025|
|            Japan|             1548|
+-----------------+-----------------+
```

DataFrame 語法與 SQL 查詢在語義上非常相似，僅在實做與呼叫順序上有些微差別。如同前述，這兩者底層的執行計畫皆相同。撰寫這些查詢並觀察結果為何：

```scala
// 在 Scala 中
import org.apache.spark.sql.functions.desc

flightData2015
  .groupBy("DEST_COUNTRY_NAME")
  .sum("count")
  .withColumnRenamed("sum(count)", "destination_total")
  .sort(desc("destination_total"))
  .limit(5)
  .show()
```

```python
# 在 Python 中
from pyspark.sql.functions import desc

flightData2015\
  .groupBy("DEST_COUNTRY_NAME")\
  .sum("count")\
  .withColumnRenamed("sum(count)", "destination_total")\
  .sort(desc("destination_total"))\
  .limit(5)\
  .show()
```

```
+-----------------+-----------------+
|DEST_COUNTRY_NAME|destination_total|
+-----------------+-----------------+
|    United States|           411352|
|           Canada|             8399|
|           Mexico|             7140|
|   United Kingdom|             2025|
|            Japan|             1548|
+-----------------+-----------------+
```

透過 explain 函式便能得知 DataFrame 的執行計畫，從原始資料到結果共計七個步驟。執行「程式」的每個對應步驟如圖 2-10 所示。執行計畫（透過 explain 取得）與圖 2-10 呈現的順序不同，因為物理執行計畫有經過最佳化。然而，此圖例仍是良好的解說教材。執行計畫是由轉換操作的**有向非循環圖**（directed acyclic graph, DAG）組成，每個步驟的結果都會產生新的 DataFrame 並且無法修改，執行計畫最後會呼叫一個行動操作產生結果。

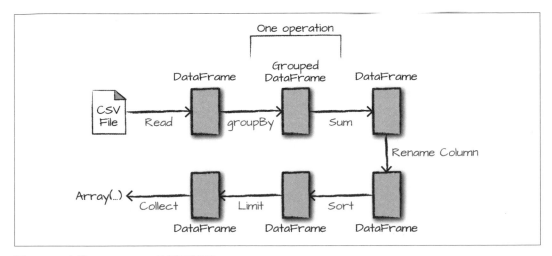

圖 2-10　完整 DataFrame 的轉換流程

程式首先先讀取資料。先前已經定義過 DataFrame，但請注意，Spark 並沒有真正地讀取資料，直到對該 DataFrame（或是從其延伸的 DataFrame）呼叫行動操作為止。

第二步驟是分組操作，技術上來說呼叫 groupBy 時，會取得一個 RelationalGroupedDataset，這是一個已經指定需要分區的 DataFrame，但用戶要進一步查詢前還需指定期望的聚合函式。在此僅簡單的指定一個鍵（或一組鍵）進行分區，接著為每群鍵值對應的資料運行指定的聚合函式。

承上，第三步驟即為指定聚合操作。在此使用的是 sum 聚合函式。此參數需給定一個輸入欄位表達式（或指定欄位名稱）。加總結果會產生新的 DataFrame。可以觀察新的 DataFrame 擁有新的綱要資訊，但無法得知每個欄位的型別。特別記住至此尚未觸發任何計算，這對最佳化相當重要（再次提醒！）。sum 僅是另外一個的轉換操作，此外 Spark 會追蹤型別資訊。

第四步驟僅是透過 withColumnRenamed 方法簡易地重新命名欄位。此方法需要兩個參數，原始欄位名稱以及新的欄位名稱。當然，此操作也不會觸發實際的運算：這仍是另一個轉換操作。

第五步驟中，因為需要取得 DataFrame 中前幾名的資料，因此根據 destination total 為資料運行排序。

你有可能注意到範例中匯入了 desc 函式來進行排序。另外還可能發現 desc 並沒有回傳字串而是回傳 Column 物件。一般來說，許多 DataFrame 方法都接受字串（欄位名稱）、Column 型別的物件或欄位表示式作為參數。欄位物件與欄位表達式實際上意義相同。

倒數第二個步驟中限制了回傳資料的數量。我們僅需要取得 DataFrame 中前五筆資料而不需完整的資料集。

最後一個步驟則是行動操作！執行後會開始執行一系列操作並收集結果，Spark 會根據使用的程式語言回傳一個列表或陣列。要加深這一系列的步驟的理解，可以觀察此查詢的執行計畫：

```scala
// 在 Scala 中
flightData2015
  .groupBy("DEST_COUNTRY_NAME")
  .sum("count")
  .withColumnRenamed("sum(count)", "destination_total")
  .sort(desc("destination_total"))
  .limit(5)
  .explain()
```

```python
# 在 Python 中
flightData2015\
  .groupBy("DEST_COUNTRY_NAME")\
  .sum("count")\
  .withColumnRenamed("sum(count)", "destination_total")\
  .sort(desc("destination_total"))\
  .limit(5)\
  .explain()
```

```
== Physical Plan ==
TakeOrderedAndProject(limit=5, orderBy=[destination_total#16194L DESC], outpu...
+- *HashAggregate(keys=[DEST_COUNTRY_NAME#7323], functions=[sum(count#7325L)])
   +- Exchange hashpartitioning(DEST_COUNTRY_NAME#7323, 5)
      +- *HashAggregate(keys=[DEST_COUNTRY_NAME#7323], functions=[partial_sum...
         +- InMemoryTableScan [DEST_COUNTRY_NAME#7323, count#7325L]
            +- InMemoryRelation [DEST_COUNTRY_NAME#7323, ORIGIN_COUNTRY_NA...
               +- *Scan csv [DEST_COUNTRY_NAME#7578,ORIGIN_COUNTRY_NAME...
```

即便執行計畫與先前想像「概念上的執行計畫」沒有完全符合，所談及的步驟仍都包含在內。從中可以觀察到到 limit 陳述以及 orderBy（位於第一行）等。還能找到聚合操作在第二階段的 partial_sum 呼叫中發生。這是因為一連串數值的加總具備交換律性質，因此 Spark 可以先將每個分區的資料加總再合併。當然執行計畫中也有從 DataFrame 讀取資料的步驟。

通常我們不一定需要印出資料。Spark 也能將資料寫到其他支援的資料端。例如可能會希望將結果寫入 PostgreSQL 資料庫或其他檔案系統中。

結論

本章簡介了 Apache Spark 的基礎概念並討論了轉換與行動操作。為了最佳化 DataFrame 的執行計畫，Spark 會惰性地執行轉換操作。此外也說明了資料是如何被組織成多個分區，並在較為複雜的轉換操作中被分成多個階段的執行任務。第三章將會介紹多種 Spark 生態系工具，涵蓋串流處理與機器學習等，另外也會說明一些進階概念與 Spark 中可以利用的工具。

Spark 工具組導覽

第二章介紹了 Spark 核心概念，其中包含轉換、行動操作與 Spark 結構化 API 等。這些基礎概念是 Apache Spark 各種生態系工具組與函式庫的基石（如圖 3-1 所示）。Spark 主要由低階 API 與結構化 API 等構成，並透過一系列標準函式庫擴充功能性。

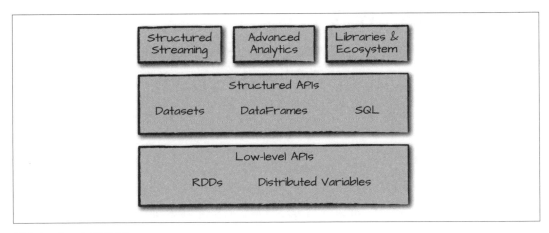

圖 3-1　Spark 工具組

Spark 函式庫支援多種工作型態，從圖像分析、機器學習到串流處理皆有囊括，並能與主流運算與儲存系統整合。本章將快速地概覽 Spark 工具組，包含一部分主要函式庫與部分尚未提及的 API。本章介紹的每段內容，皆可在本書找到對應的章節並提供更細節的資訊。本章目的為提供 Spark 應用的概覽。

本章涵蓋的內容如下：

- 藉由 spark-submit 運行生產級應用程式
- Dataset：處理結構化資料的型別安全 API
- 結構化串流
- 機器學習與進階分析
- 彈性分散式資料集 (RDD)：Spark 低階 API
- SparkR
- 相關第三方套件

介紹完 Spark 工具組後，若對特定主題感到疑惑，可以直接跳到本書中對應的部分尋找答案。

運行生產級應用程式

Spark 簡化了大數據應用程式的開發與建立任務。Spark 也能輕易地透過內建的命令列工具 spark-submit 將交互式的探索任務轉換成生產級應用程式。spark-submit 僅負責一項任務：將應用程式程式碼遞交到叢集系統並啟動執行。執行後，應用程式會持續運行直到離開（完成任務）或遭遇錯誤為止。可以將 Spark 運行在任何其所支援的叢集系統上，包含獨立 Spark 叢集、Mesos 與 YARN。

此外 spark-submit 提供多種控制參數，你可以透過這些參數控制應用程式所需的資源量或是應用程式該如何的被運行等。

此外可以使用任何 Spark 支援的程式語言撰寫應用程式並遞交執行。最簡易的示範是在你的單機環境中遞交執行一個應用程式。透過下列指令在你下載 Spark 的目錄處運行一個 Spark 內建的簡易 Scala 應用程式。

```
./bin/spark-submit \
  --class org.apache.spark.examples.SparkPi \
  --master local \
  ./examples/jars/spark-examples_2.11-2.2.0.jar 10
```

此簡易應用程式會計算圓周率 pi 的位數。上述指令設定 spark-submit 在本機運行此應用程式、運行的 JAR 與對應的類別為何，以及帶入類別所需的命令列參數。

也能透過以下指令執行 Python 版的應用程式範例：

```
./bin/spark-submit \
  --master local \
  ./examples/src/main/python/pi.py 10
```

修改 spark-submit 中的 master 參數便能將應用程式執行於 Spark 獨立叢集或是 Mesos 與 YARN 叢集內。

spark-submit 在執行本書內的範例程式時也可以派上用場。本章剩餘的部分將說明一些尚未介紹過的 API 與範例。

Datasets: 型別安全的結構化 API

首先要介紹的 API 是型別安全的 Spark 結構化 API，稱之為 *Datasets*，可用在 Java 與 Scala 語言中撰寫靜態型別的結構化程式碼。Dataset API 尚不支援 Python 與 R，因為這兩種語言皆屬於動態型別。

回想前一章說明的 DataFrames 概念，其由型別為 Row 所組成的集合物件，而 Row 物件中包含多種資料表資料。Dataset API 讓使用者可以將 DataFrame 中的紀錄以 Java 或 Scala 中的類別表示，並將其視為某種型別（如 Java 中的 ArrayList 或是 Scala 中的 Seq）的集合物件般地進行操作。Datasets 中的 API 皆為**型別安全**，意謂著初始化後 Dataset 無法被任意地視作其他類別的物件集合。這讓 Datasets 在撰寫大型應用程式時特別受到矚目，因為許多軟體工程師必須透過良好定義的界面互相溝通。

Dataset 被設計成參數化並包含某種型別的物件：在 Java 中為 Dataset<T> 而在 Scala 中則為 Dataset[T]。舉例來說，Dataset[Person] 將包含的物件隸屬於 Person 類別。在 Spark2.0 時，其支援的類別在 Java 中必須遵循 JavaBean 樣式，而在 Scala 中則必須為 case class。這些限制是源於 Spark 必須自動地分析型別 T 並為 Dataset 資料表建立合適的綱要。

Datasets 的一項優點是你可以僅在需要或想要時才使用。舉例來說下列範例中會自行定義資料型別並透過任意的 map 與 filter 函式進行操作。資料處理完畢後 Spark 可以自動地將其轉換回 DataFrame，然後進一步透過 Spark 提供眾多的 DataFrame 函式庫操作資料集。這使得需要時能切換到底層撰寫型別安全的程式碼，並能輕易地轉換回高階 API 用 SQL 運行快速分析。以下範例展示如何同時使用型別安全功能與 DataFrame 的 SQL 表示法來快速實現商業邏輯。

```
// 在 Scala 中
case class Flight(DEST_COUNTRY_NAME: String,
                  ORIGIN_COUNTRY_NAME: String,
                  count: BigInt)
val flightsDF = spark.read
  .parquet("/data/flight-data/parquet/2010-summary.parquet/")
val flights = flightsDF.as[Flight]
```

另一個巨大優勢是在 Dataset 呼叫 collect 或 take 收集資料時，結果將以合適的類型表示，而非 DataFrame 的 Row 型別。這使得在分散式與本機模式皆能以型別安全的方式操作資料而不需修改程式碼：

```
// 在 Scala 中
flights
  .filter(flight_row => flight_row.ORIGIN_COUNTRY_NAME != "Canada")
  .map(flight_row => flight_row)
  .take(5)

flights
  .take(5)
  .filter(flight_row => flight_row.ORIGIN_COUNTRY_NAME != "Canada")
  .map(fr => Flight(fr.DEST_COUNTRY_NAME, fr.ORIGIN_COUNTRY_NAME, fr.count + 5))
```

第十一章將進一步探討 Datasets。

Structured Streaming

在 Spark 2.2 版中，串流處理為生產級別就緒，而 Structured Streaming 則是為串流處理所提出的高階 API。透過 Structured Streaming，可以使用 Spark 結構化 API，用與批次運算相同的操作方式操作串流資料。這能降低延遲時間並允許增量處理。Structured Streaming 最好的地方在於能夠快速地從串流系統中汲取資料並且不需改變程式碼。這有利於概念化作業，可以在概念評估階段撰寫批次工作並在之後將其轉換成串流模式，這些工作會遞增地處理資料。

讓我們透過一個簡易範例來了解使用 Structured Streaming 有多麼容易。為此，將使用一個零售業的資料集（*https://github.com/databricks/Spark-The-Definitive-Guide/tree/master/data/retail-data*），其中包含特定資料與不同時間維度的資料供使用。我們使用「by-day」的檔案集，每個檔案代表一整日的資料。

我們將資料表示成特定格式來模擬不同程序持續地生產資料。因為是關於零售業的資料，想像這些資料都是由各個零售店所產生並傳送到某處被 Structured Streaming 工作所讀取。

而觀察資料範例了解資料樣式也相當有用，資料格式如下：

```
InvoiceNo,StockCode,Description,Quantity,InvoiceDate,UnitPrice,CustomerID,Country
536365,85123A,WHITE HANGING HEART T-LIGHT HOLDER,6,2010-12-01 08:26:00,2.55,17...
536365,71053,WHITE METAL LANTERN,6,2010-12-01 08:26:00,3.39,17850.0,United Kin...
536365,84406B,CREAM CUPID HEARTS COAT HANGER,8,2010-12-01 08:26:00,2.75,17850...
```

首先先將資料視作靜態資料並建立 DataFrame。此外也會建立此份靜態資料的綱要（在第四篇會說明如何在串流資料中使用綱要推論）。

```scala
// 在 Scala
val staticDataFrame = spark.read.format("csv")
  .option("header", "true")
  .option("inferSchema", "true")
  .load("/data/retail-data/by-day/*.csv")

staticDataFrame.createOrReplaceTempView("retail_data")
val staticSchema = staticDataFrame.schema
```

```python
# 在 Python
staticDataFrame = spark.read.format("csv")\
  .option("header", "true")\
  .option("inferSchema", "true")\
  .load("/data/retail-data/by-day/*.csv")

staticDataFrame.createOrReplaceTempView("retail_data")
staticSchema = staticDataFrame.schema
```

因為處理的是時序資料，先解釋如何分組與聚合資料相當有幫助。範例中將觀察某個客戶大量採購的時間。例如添加總消費欄位來檢視某個客戶哪天的消費最高。

在聚合操作中視窗函式會包含每天的所有資料。它僅是在資料中時間序列欄位上的滑動視窗。視窗函式在處理資料與時間戳記時相當有用，可以透過更易懂的格式（例如透過時間區間）指定需求，而 Spark 會將符合條件的資料分組：

```scala
// 在 Scala
import org.apache.spark.sql.functions.{window, column, desc, col}
staticDataFrame
  .selectExpr(
    "CustomerId",
    "(UnitPrice * Quantity) as total_cost",
```

```
      "InvoiceDate")
    .groupBy(
      col("CustomerId"), window(col("InvoiceDate"), "1 day"))
    .sum("total_cost")
    .show(5)

# 在 Python
from pyspark.sql.functions import window, column, desc, col
staticDataFrame\
    .selectExpr(
      "CustomerId",
      "(UnitPrice * Quantity) as total_cost",
      "InvoiceDate")\
    .groupBy(
      col("CustomerId"), window(col("InvoiceDate"), "1 day"))\
    .sum("total_cost")\
    .show(5)
```

特別注意先前章節所述,也能將其改寫為 SQL 語法。

輸出的結果範例如下:

```
+----------+--------------------+------------------+
|CustomerId|              window|  sum(total_cost)|
+----------+--------------------+------------------+
|   17450.0|[2011-09-20 00:00...|          71601.44|
...
|      null|[2011-12-08 00:00...|31975.590000000007|
+----------+--------------------+------------------+
```

空值代表某些交易紀錄沒有 customerId。

這是透過靜態 DataFrame 處理資料的版本。若熟悉這些語法的話,這段處理邏輯沒有太多驚奇之處。

因為這段開發工作可能採用本機模式,設定洗牌分區數量以符合本機開發模式是良好的作法。下列參數可以設定洗牌後建立的分區數量。預設分區數為 200,但因為本機端並沒有太多的執行器,因此將其設定降至 5。第二章中做過相同的設定,若不記得此設定的重要性,可回到第二章複習。

```
spark.conf.set("spark.sql.shuffle.partitions", "5")
```

了解批次作業的處理方式後，我們來看看要如何將其轉換成串流模式的程式碼！你將注意到更動的幅度非常小。最大的改變是使用 readStream 函式取代 read 函式，此外你可以注意到有一個 maxFilesPerTrigger 參數，此參數僅是簡易指定每次讀取的檔案數量。此參數僅是讓示範更像一般的「串流」，運行於生產環境時可忽略此參數。

```scala
val streamingDataFrame = spark.readStream
    .schema(staticSchema)
    .option("maxFilesPerTrigger", 1)
    .format("csv")
    .option("header", "true")
    .load("/data/retail-data/by-day/*.csv")

// 在 Python 中
streamingDataFrame = spark.readStream\
    .schema(staticSchema)\
    .option("maxFilesPerTrigger", 1)\
    .format("csv")\
    .option("header", "true")\
    .load("/data/retail-data/by-day/*.csv")
```

還可以檢視 DataFrame 是否為串流性質：

```scala
streamingDataFrame.isStreaming // returns true
```

先前 DataFrame 的商業邏輯實做於串流資料上：

```scala
// 在 Scala 中
val purchaseByCustomerPerHour = streamingDataFrame
  .selectExpr(
    "CustomerId",
    "(UnitPrice * Quantity) as total_cost",
    "InvoiceDate")
  .groupBy(
    $"CustomerId", window($"InvoiceDate", "1 day"))
  .sum("total_cost")

// 在 Python 中
purchaseByCustomerPerHour = streamingDataFrame\
  .selectExpr(
    "CustomerId",
    "(UnitPrice * Quantity) as total_cost",
    "InvoiceDate")\
  .groupBy(
    col("CustomerId"), window(col("InvoiceDate"), "1 day"))\
  .sum("total_cost")
```

上述範例至此仍為惰性操作，因此需要呼叫一個串流類的行動操作來啟動資料處理流。

串流行動操作與先前傳統的靜態行動操作有些不同之處，因為會在某處產生資料而不是僅是呼叫一些例如計數類的操作（這對串流資料沒有意義）。我們要使用的行動操作將在每次觸發器（*trigger*）動作後產生至位於記憶體的資料表。此案例中，每個觸發器皆是基於一個獨立的檔案（設定的讀取參數）。Spark 會更新位於記憶體資料表中的資料並如同先前執行的聚合操作般，因此可以從資料表找到每個客戶消費最高的日期：

```
// 在 Scala 中
purchaseByCustomerPerHour.writeStream
    .format("memory") // memory 代表將結果儲存於記憶體資料表
    .queryName("customer_purchases") // 記憶體資料表的名稱
    .outputMode("complete") // complete 代表所有計數值皆需儲存於資料表中
    .start()

// 在 Python 中
purchaseByCustomerPerHour.writeStream\
    .format("memory")\
    .queryName("customer_purchases")\
    .outputMode("complete")\
    .start()
```

啟動串流後，若計畫將結果輸出到生產目的端。可以先對結果執行查詢檢視是否正確。

```
// 在 Scala 中
spark.sql("""
  SELECT *
  FROM customer_purchases
  ORDER BY `sum(total_cost)` DESC
  """)
  .show(5)

// 在 Python 中
spark.sql("""
  SELECT *
  FROM customer_purchases
  ORDER BY `sum(total_cost)` DESC
  """)\
  .show(5)
```

可以注意到當讀取更多資料時，資料表的組成會持續發生變化！讀取每個檔案時，根據資料查詢的結果也可能改變。一般來說因為我們將客戶資料分群並希望看到頂級客戶的花費隨著時間增加（並在某段時間內發生！）。另外一個可以使用的選項是將結果輸出到終端機上：

```
purchaseByCustomerPerHour.writeStream
    .format("console")
    .queryName("customer_purchases_2")
    .outputMode("complete")
    .start()
```

這兩種輸出串流結果的方式皆不該應用於生產環境中，但這能簡單地展示 Structured Streaming 的威力。注意到視窗是建立於事件的時間戳記，而不是 Spark 處理資料的時間點，這是 Structured Streaming 解決 Spark Streaming 的缺點之一。本書第四篇會進一步討論 Structured Streaming。

機器學習與進階分析

另一個 Spark 風行的原因是其內建的機器學習演算法函式庫（稱為 MLlib）擁有運行大規模機器學習的能力。MLlib 可以用於大規模資料前處理、清洗（munging）、模型訓練及預測。你甚至能在 Structured Streaming 中使用透過 MLlib 訓練好的模型進行預測。Spark 提供一個複雜的機器學習 API 執行多樣的機器學習任務，包含分類、回歸、分群到深度學習等範圍。為了展示函式庫的功能性，我們將使用一個標準的分群演算法（稱為 k-means）執行一個基礎的分群應用。

何謂 *K-Means*？

K-means 是一個分群演算法並亂數分配「*K*」個資料中心點。最接近各個資料中心點的資料點將被「視為」同一群並再次計算群內的中心點。此中心點被稱為質心（*centroid*）。接著將最接近質心的數個點標記為隸屬於質心的群，並在新的群中計算新的質心。重新計算質心的過程會重複有限的數個回合或是完成收斂（質心停止改變）。

Spark 內建數個立即使用的資料前處理函式。為了展示這些函式，我們從原始資料的處理出發，必須建立轉換操作取得正確資料格式，隨後資料可被用於模型訓練並進行預測：

```
staticDataFrame.printSchema()

root
 |-- InvoiceNo: string (nullable = true)
 |-- StockCode: string (nullable = true)
 |-- Description: string (nullable = true)
 |-- Quantity: integer (nullable = true)
 |-- InvoiceDate: timestamp (nullable = true)
 |-- UnitPrice: double (nullable = true)
 |-- CustomerID: double (nullable = true)
 |-- Country: string (nullable = true)
```

MLlib 中的機器學習演算法要求資料必須為數值型別。目前原始資料中包含多種資料格式，例如時間戳記、整數與字串等。因此必須先將資料轉換成以數值型別表示。下列範例中將使用多種 DataFrame 轉換操作處理時間資料：

```
// 在 Scala 中
import org.apache.spark.sql.functions.date_format
val preppedDataFrame = staticDataFrame
  .na.fill(0)
  .withColumn("day_of_week", date_format($"InvoiceDate", "EEEE"))
  .coalesce(5)

// 在 Python 中
from pyspark.sql.functions import date_format, col
preppedDataFrame = staticDataFrame\
  .na.fill(0)\
  .withColumn("day_of_week", date_format(col("InvoiceDate"), "EEEE"))\
  .coalesce(5)
```

此外還需要將資料切割成訓練與測試資料集。範例中將購買資料根據某個特定日期手動切割成兩份。然而，也能使用 MLlib 中訓練驗證分割或是交叉驗證的轉換操作 API 建立訓練與測試資料集（第六篇將討論這方面的議題）：

```
// 在 Scala 中
val trainDataFrame = preppedDataFrame
  .where("InvoiceDate < '2011-07-01'")
val testDataFrame = preppedDataFrame
  .where("InvoiceDate >= '2011-07-01'")

// 在 Python 中
trainDataFrame = preppedDataFrame\
  .where("InvoiceDate < '2011-07-01'")
```

```
testDataFrame = preppedDataFrame\
  .where("InvoiceDate >= '2011-07-01'")
```

現在來準備將資料切割成訓練資料與測試資料集。因為這是時序資料，可以將資料依某個特定日期分成兩份。雖然這可能不是規劃訓練與測試資料集的最佳作法，以此範例的動機目的來說已經足夠了。可以觀察資料集約略被均分成兩份：

```
trainDataFrame.count()
testDataFrame.count()
```

注意到這些操作都是 DataFrame 的轉換操作，本書第二篇會進一步討論這些操作。Spark MLlib 也提供數種轉換操作來自動化這些轉換流程，其中之一便是 StringIndexer 操作：

```
// 在 Scala 中
import org.apache.spark.ml.feature.StringIndexer
val indexer = new StringIndexer()
  .setInputCol("day_of_week")
  .setOutputCol("day_of_week_index")

// 在 Python 中
from pyspark.ml.feature import StringIndexer
indexer = StringIndexer()\
  .setInputCol("day_of_week")\
  .setOutputCol("day_of_week_index")
```

這會將一周的某日轉換對應的數值表示之。例如 Spark 會將週六轉換成 6，而週一將轉換成 1。然而，在數值綱要中隱含週六會大於週一（根據數值來說），這明顯是不正確。為了修正此問題，我們使用 OneHotEncoder 來編碼這些欄位對應的數值。這些布林旗標代表一周的某日與另外一日是否相關。

```
// 在 Scala 中
import org.apache.spark.ml.feature.OneHotEncoder
val encoder = new OneHotEncoder()
  .setInputCol("day_of_week_index")
  .setOutputCol("day_of_week_encoded")

// 在 Python 中
from pyspark.ml.feature import OneHotEncoder
encoder = OneHotEncoder()\
  .setInputCol("day_of_week_index")\
  .setOutputCol("day_of_week_encoded")
```

這些結果將會以一系列的欄位表示之，這些欄位將會被「組合」到向量中。所有在 Spark 中的機器學習演算法都接收 Vector 型別的輸入，此型別必須是數值集合：

```scala
// 在 Scala 中
import org.apache.spark.ml.feature.VectorAssembler

val vectorAssembler = new VectorAssembler()
  .setInputCols(Array("UnitPrice", "Quantity", "day_of_week_encoded"))
  .setOutputCol("features")
```

```python
// 在 Python 中
from pyspark.ml.feature import VectorAssembler

vectorAssembler = VectorAssembler()\
  .setInputCols(["UnitPrice", "Quantity", "day_of_week_encoded"])\
  .setOutputCol("features")
```

範例中可得知有三個關鍵特徵：價錢、數量與一周的某日。接著建立一個管線好讓未來需要轉換的資料可以遵循相同的程序進行處理：

```scala
// 在 Scala 中
import org.apache.spark.ml.Pipeline

val transformationPipeline = new Pipeline()
  .setStages(Array(indexer, encoder, vectorAssembler))
```

```python
// 在 Python 中
from pyspark.ml import Pipeline

transformationPipeline = Pipeline()\
  .setStages([indexer, encoder, vectorAssembler])
```

訓練準備程序可分為兩個步驟。首先需要讓轉換器與資料集匹配。第六篇會進一步討論此議題，但基本上 StringIndexer 需要知道被建立索引的唯一值數量。之後編碼程序相當容易，但為了儲存這些數值，Spark 必須檢視欄位中所有被建立索引的唯一值：

```scala
// 在 Scala 中
val fittedPipeline = transformationPipeline.fit(trainDataFrame)
```

```python
// 在 Python 中
fittedPipeline = transformationPipeline.fit(trainDataFrame)
```

批配訓練資料後，透過批配好的管線轉換以一致可重複的方式轉換所有的資料。

```
// 在 Scala 中
val transformedTraining = fittedPipeline.transform(trainDataFrame)

// 在 Python 中
transformedTraining = fittedPipeline.transform(trainDataFrame)
```

此時值得強調的是可以將模型訓練加入管線中。但為了示範快取資料的使用案例而選擇不這麼做。取而代之的是執行一些模型的超參數調校避免重複執行相同的轉換操作。第六篇會進一步討論此最佳化的方法。快取會將中間過程中已經轉換好的資料集暫存在記憶體中，這在反覆讀取資料集時相較運行完整的管線流程可大幅度降低成本。若好奇這兩種方式間的差異，可以先忽略下列此行程式碼，如此在執行訓練時就不會快取資料集。接著再次執行有快取資料的版本。你將可以發現訓練所花的時間有極大差異：

```
transformedTraining.cache()
```

有了訓練資料集後，該是時候開始訓練模型了。首先匯入將使用的模型並進行初始化：

```
// 在 Scala 中
import org.apache.spark.ml.clustering.KMeans
val kmeans = new KMeans()
  .setK(20)
  .setSeed(1L)

// 在 Python 中
from pyspark.ml.clustering import KMeans
kmeans = KMeans()\
  .setK(20)\
  .setSeed(1L)
```

在 Spark 中，訓練機器學習模型的程序可分為兩個步驟。首先必須初始化尚未訓練的模型，接著開始展開訓練。每個 MLlib 中的 DataFrame API 皆擁有這兩種類型。Algorithm 為尚未訓練的版本，而 AlgorithmModel 用於訓練好的版本，本例中則為 KMeans 與 KMeansModel。

MLlib DataFrame API 中的估計方式多數都共享相同的介面，例如先前在預處理轉換中的 StringIndexer 等。這種作法並不令人感到訝異因為這種方式簡化訓練整個管線（其中包含模型）的任務。由於展示的目的是希望呈現一步一步的行為，因此範例中並不會採取這樣的作法：

```
// 在 Scala 中
val kmModel = kmeans.fit(transformedTraining)

// 在 Python 中
kmModel = kmeans.fit(transformedTraining)
```

訓練完模型後，可以根據一些成熟的指標計算訓練資料集的花費成本。結果顯示此資料集的成本相當高昂，這是由於並未恰當的進行資料前處理以及估算輸入資料，第 25 章將近一步討論此議題：

```
kmModel.computeCost(transformedTraining)

// 在 Scala 中
val transformedTest = fittedPipeline.transform(testDataFrame)

// 在 Python 中
transformedTest = fittedPipeline.transform(testDataFrame)

kmModel.computeCost(transformedTest)
```

當然我們可以持續改善此模型，更多前處理分層以及執行超參數調校以確保得到品質良好的模型。第六篇會探討這些議題。

低階 API

Spark 包含數種原始的低階 API 允許透過彈性分散式資料集（RDD）操作任意 Java 與 Python 物件。概括地說 Spark 的所有事務皆建立於 RDD 之上。我們將在第 4 章討論到，DataFrame 操作也是基於 RDD 之上，這些方便的操作在背後會編譯成低階 API 並以非常有效率地方式分散式執行。有時候你可能會想要使用 RDDs，特別當你讀取或操作原始資料時，但多數時候你應該透過結構化 API 進行操作。RDDs 相較 DataFrame 較為低階因為這些操作暴露實際的執行特徵給終端使用者（例如分區）。

你使用 RDD 的動機之一可能是要平行化儲存於驅動器電腦上記憶體內的原始資料。例如平行化一些簡易的數值集合並建立 DataFrame。可以將 RDD 轉換成 DataFrame 並搭配其他 DataFrame 使用。

```
// 在 Scala 中
spark.sparkContext.parallelize(Seq(1, 2, 3)).toDF()

// 在 Python 中
from pyspark.sql import Row

spark.sparkContext.parallelize([Row(1), Row(2), Row(3)]).toDF()
```

可以透過 Scala 與 Python 操作 RDD。然而在這兩種語言內對 RDD 的支援程度並不相等。差異主要來自於 DataFrame API（雖然執行的特徵相同）一些底層實做面的細節。第四篇將會討論低階 API（包含 RDD）。作為終端用戶，不應該有許多需要使用 RDD 來執行任務的場合，除非你維護較舊的 Spark 程式碼。除非必須處理一些非常原始且非結構化的資料，否則現今 Spark 程式碼中不會出現低階的 API 操作。

SparkR

SparkR 是在 Spark 上運行 R 的函式庫，此函式庫遵循與其他語言相同的規則。要使用 SparkR，你僅需簡易地在環境中匯入函式庫並執行程式碼。在使用上除了必須遵循 R 語法外，與使用 Python API 非常相似。大多數在 Python 中可用的功能皆有在 R 語言中支援：

```
// 在 R 中
library(SparkR)
sparkDF <- read.df("/data/flight-data/csv/2015-summary.csv",
         source = "csv", header="true", inferSchema = "true")
take(sparkDF, 5)

// 在 R 中
collect(orderBy(sparkDF, "count"), 20)
```

R 的用戶也能使用其他 R 的函式庫例如 magrittr 中的管線操作子，使得 Spark 轉換操作的語法更貼近一般的 R 語言的習慣。這使得 SparkR 能輕鬆地與其他函式庫搭配例如透過 ggplot 進行複雜的繪製：

```
// 在 R 中
library(magrittr)
sparkDF %>%
  orderBy(desc(sparkDF$count)) %>%
  groupBy("ORIGIN_COUNTRY_NAME") %>%
  count() %>%
  limit(10) %>%
  collect()
```

因為本書中幾乎所有適用於 Python 語言的概念皆可應用於 SparkR 中，唯一不同之處僅有語法，因此 R 程式碼並不像 Python 般地被納入範例中。第七篇會討論 SparkR 與 sparklyr。

Spark 的生態系與套件

Spark 最棒的地方之一在於其社群打造了豐富的生態系套件與工具。某些工具在成熟被廣泛使用後甚至移入了 Spark 核心專案中。撰寫本書時，套件列表已經相當地長，數量總計超過 300 套，並且仍在持續增加中。可以在 spark-packages.org（*https://spark-packages.org/*）找到最完整的套件列表索引，任何使用者皆能發佈套件到此套件儲存庫中。另外還有許多其他相關專案可在網路上尋得，例如在 GitHub 上。

結論

希望本章呈現給你多種 Spark 的應用場景好讓你可以將其應用於自己的商業與技術挑戰上。Spark 簡潔且健全的程式模型使其可輕易應用於多數問題領域中。由數百個不同開始者所貢獻的大量套件數仍持續增加中，這便是 Spark 能夠堅決地應付多數問題與挑戰的緣故。隨著生態系與社群成長，更多的套件也會加入。我們期待看到社群變得更精彩！

本書後續的篇幅將會深入的討論圖 3-1 中的各個工具內容。

你可以依個人喜好閱讀本書的後續內容，我們發現多數人會根據自己感興趣的術語或是希望在某個問題中採用 Spark 而閱讀本書相關的內容。

## 第二篇

結構化 API—
DataFrame、SQL 與 Dataset

## 第四章

結構化 API 概覽

從本章開始將深入研究 Spark 的結構化 API。結構化 API 是可用來處理各種資料的工具，從非結構化的日誌檔案、半結構化的 CSV 檔案到高度結構化的 Parquet 檔案等。這些 API 與三種核心分散式集合相關。

- Dataset
- DataFrame
- SQL table 與 view

雖然它們分散在本書中的不同章節，但大部分的結構化 API 都適用於批次與串流計算。這代表使用結構化 API 時，應可輕易地將批次轉換成串流計算（反之亦然）。本書第四篇將針對串流計算詳細介紹。

結構化 API 是撰寫資料流的主要基本抽象層。目前為止，在本書中採用基於教導的方式，概覽了許多 Spark 提供的功能。本篇會進行更深入的探討，本章將介紹兩個重要的基礎概念：類型化和非類型化的 API（及其差異）。其中包含核心專有名詞說明、Spark 如何獲取結構化 API 的資料流與在叢集上執行。最後將提供具體的任務導向資訊，以處理特定型別的資料或資料源。

在繼續往下走之前，先回顧一下首篇介紹的基本概念和定義。Spark 是一種分散式程式設計模型，用戶在其中指定轉換操作。多個轉換操作建構成一個有向無環圖的指令集，如同單一工作般，再將其分解為多個階段與任務並分散執行於叢集上。轉換與行動操作執行的邏輯結構為 DataFrame 與 Dataset。要建立新的 DataFrame 或 Dataset 可以使用轉換操作，而開始執行計算或將物件轉換成一般語言型別則是呼叫行動操作。

DataFrame 與 Dataset

首篇探討了 DataFrame，Spark 有兩種結構化的集合概念：DataFrame 和 Dataset。首先定義出它們個別所代表的意義，稍後將會討論他們之間（微妙的）差異。

DataFrame 與 Dataset 是類表格式的分散式集合，具備良好定義的行與列欄位。每列的行數必須與其他列的行數一致（可以使用 null 來指定缺少的值）。每列皆具備型別資訊，並且集合中的每一行皆符合相同規範。對 Spark 來說，DataFrame 和 Dataset 代表不可變，惰性評估的執行計劃，並指定將哪些操作應用於某處的資料，用以生成某些輸出。對 DataFrame 執行行動操作時，Spark 才會實際執行轉換操作並回傳結果。這些操作代表如何控制表格中的行與列欄位來計算用戶所需結果的計畫。

> 表格和檢視圖與 DataFrame 基本上相同，差別在於執行時是透過 SQL 指令，而非 DataFrame 的程式碼。第十章會介紹此部分的內容，尤其是 Spark SQL。

為了具體地解釋這些定義，必須先了解綱要。綱要用於指定儲存於分散式集合中的資料之型別為何。

綱要

綱要定義了 DataFrame 的欄位名稱與資料型別。綱要可以手動定義或從資料來源中讀取（通常稱為**讀取綱要**）。因為綱要是由資料的型別所組成，這代表資料所屬的型別必須被明確定義。

結構化 Spark 型別概覽

Spark 實際上也是一種程式語言，其內部使用名為 *Catalyst* 的引擎，透過規劃及處理的流程維護自有的型別資訊。也因為如此，Spark 能夠實現各式各樣的執行優化，並與其他計算框架產生了顯著的差異。Spark 的資料型別直接對應到不同程式語言的 API，在 Scala、Java、Python、SQL 和 R 中都擁有各語言 API 的查詢表。即便使用 Python 或 R 的 Spark 結構化 API，大多數的操作都將嚴格執行 *Spark* 的資料型別，而非 Python 的資料型別。例如下列程式碼無法在 Scala 或 Python 中執行，*只能在 Spark 環境中執行*：

```
// 在 Scala 中
val df = spark.range(500).toDF("number")
df.select(df.col("number") + 10)

# 在 Python 中
df = spark.range(500).toDF("number")
df.select(df["number"] + 10)
```

Spark 會先將不同程式語言撰寫的表達式，透過 Catalyst 轉換為 Spark 相對的內部資料型別。接著在內部進行後續的操作。在深入探討之前，需要先了解 Dataset。

DataFrame 與 Dataset

實際上結構化 API 中有兩種，「無型別化」的 DataFrame 與「型別化」的 Dataset。但若說 DataFrame 沒有型別也不太準確，資料本身具有型別，由 Spark 維護並檢查這些型別是否在**執行期**與綱要的定義相符。而 Dataset 則是在**編譯期**就會檢查資料類型是否符合規範。Dataset 僅適用於基於 Java 虛擬機（JVM）的語言（Scala 和 Java），可透過 case class 或 Java Bean 指定資料型別。

在 Spark 的運用場景中，多數情況下會使用 DataFrames。對於 Spark（在 Scala 中），DataFrame 可視為型別為 Row 的 Dataset。「Row」型別是 Spark 內部維護的格式，並為其優化了在記憶體中的格式。因此更有利於高度專業與高效的計算，因為 Spark 不依靠 JVM 型別，該型別可能導致頻繁的垃圾收集以及較高的物件實例化成本，Spark 在內部運用自定義的型別因此不會產生這些消耗。透過 Python 或 R 使用 Spark 時並沒有 Dataset 的概念，一切的操作都是藉由優化後的 DataFrame 格式執行。

> 許多對 Spark 的相關探討皆詳細介紹了內部 Catalyst 的資料格式。鑑於本書廣泛的讀者，針對此部分不再深入討論。若想深入的了解，Josh Rosen（*https://youtu.be/5ajs8EIPWGI*）和 Herman van Hovell（*https://youtu.be/GDeePbbCz2g*）都在 Databricks 的討論中談到關於開發 Spark Catalyst 引擎的工作內容。

要了解 DataFrame、Spark 型別以及綱要需要花一些時間來消化。你僅需知道 DataFrame 是使用 Spark 優化過的內部格式，所有 Spark 支援的程式語言 API 都擁有相似的效能。若需嚴謹的編譯期型別檢查，請閱讀第十一章以了解更多資訊。

我們將目光移到一些較為友善及更平易近人的概念：Column 和 Row。

Columns

Column 代表如整數、字串、**複合型別**（如陣列與映射）或**空值**這類的簡單型別。Spark
會追蹤這些型別的資訊，並提供多種轉換 column 的方法。第五章會針對 Column 進行更
廣泛的討論。在大多數情況下，可以將 Spark 的 Column 型別視為表格中的欄位。

Rows

Row 即為資料的記錄，DataFrame 中的每條記錄都是 Row 型別，Row 可以從 SQL、
Resilient Distributed Datasets（RDD）、資料源或手動建立。下列程式碼使用 range 函式
建立一筆 Row：

```
// 在 Scala 中
spark.range(2).toDF().collect()
```

```
# 在 Python 中
spark.range(2).collect()
```

這兩者都會產生一個包含 Row 物件的陣列。

Spark 型別

先前提到 Spark 有大量的內部型別。下列幾頁提供一個方便的參考表，可以快速地比
對特定程式語言中的型別與對應的 Spark 型別。使用這些表格之前，先談談如何將
Column 宣告或實例化成特定型別。

使用 Scala 型別時，請透過下列方式：

```
import org.apache.spark.sql.types._
val b = ByteType
```

使用 Java 型別時，應該藉由下列套件中的工廠方法：

```
import org.apache.spark.sql.types.DataTypes;
ByteType x = DataTypes.ByteType;
```

Python 型別有時會有一些額外要求，可以在表 4-1 中看到，Scala 和 Java 也是如此，可
以在表 4-2 和表 4-3 中看到。使用 Python 類型時，請透過以下命令：

```
from pyspark.sql.types import *
b = ByteType()
```

下表提供了不同語言中，使用的詳細型別資訊。

表 4-1　Python 型別參考表

Data type	Value type in Python	API to access or create a data type
ByteType	int 或 long。 注意：數字將在執行階段轉換為 1 個位元組的有符號整數。需確保數字在 -128 到 127 的範圍內。	ByteType()
ShortType	int 或 long。 注意：數字將在執行階段轉換為 2 個位元組的有符號整數。需確保數字在 -32768 到 32767 的範圍內。	ShortType()
IntegerType	int 或 long。 注意：Python 對於「整數」只有寬鬆定義。如果使用 IntegerType()，則 Spark SQL 將拒絕過大的數字。最好還是使用 LongType。	IntegerType()
LongType	long。 注意：數字將在執行階段轉換為 8 個位元組的有符號整數。需確保數字在 -9223372036854775808 到 9223372036854775807 的範圍內。否則，會將資料轉換為 decimal.Decimal 並使用 DecimalType。	LongType()
FloatType	float。 注意：數字將在執行階段轉換為 4 個位元組的單精度浮點數。	FloatType()
DoubleType	float	DoubleType()
DecimalType	decimal.Decimal	DecimalType()
StringType	string	StringType()
BinaryType	bytearray	BinaryType()
BooleanType	bool	BooleanType()
TimestampType	datetime.datetime	TimestampType()
DateType	datetime.date	DateType()
ArrayType	lsit, tuple 或 array	ArrayType（elementType, [containsNull]）。 注意：containsNull 的預設值為 True。
MapType	dict	MapTypo（koyTypu, valueType, [valueContainsNull]）。 注意：containsNull 的預設值為 True。

Data type	Value type in Python	API to access or create a data type
StructType	list 或 tuple	StructType（fields）。 注意：`fields` 是 StructFields 的一種列表。此外，不允許 fields 使用相同的名稱。
StructField	資料型別中 Python 的值型別（例如，StructField 的 Int 相當於資料型別的 IntegerType）	StructField（name, dataType, [nullable]）。 注意：nullable 的預設值為 True。

表 4-2　Scala 型別參考表

Data type	Value type in Scala	API to access or create a data type
ByteType	Byte	ByteType
ShortType	Short	ShortType
IntegerType	Int	IntegerType
LongType	Long	LongType
FloatType	Float	FloatType
DoubleType	Double	DoubleType
DecimalType	java.math.BigDecimal	DecimalType
StringType	String	StringType
BinaryType	Array[Byte]	BinaryType
BooleanType	Boolean	BooleanType
TimestampType	java.sql.Timestamp	TimestampType
DateType	java.sql.Date	DateType
ArrayType	scala.collection.Seq	ArrayType(elementType, [containsNull]) 注意：containsNull 的預設值為 true。
MapType	scala.collection.Map	MapType（keyType, valueType, [valueContainsNull]）。 注意：valueContainsNull 的預設值為 true。
StructType	org.apache.spark.sql.Row	StructType（fields）。 注意：fields 是一個 StructField 的陣列。此外，不允許 fields 使用相同的名稱。
StructField	Scala 中，資料型別的值型別（例如，StructField 為 Int 相當於資料型別的 IntegerType）	StructField（name, dataType, [nullable]）。 注意：nullable 的預設值為 true。

表 4-3 Java 型別參考表

Data type	Value type in Java	API to access or create a data type
ByteType	byte 或 Byte	DataTypes.ByteType
ShortType	short 或 Short	DataTypes.ShortType
IntegerType	int 或 Integer	DataTypes.IntegerType
LongType	long 或 Long	DataTypes.LongType
FloatType	float 或 Float	DataTypes.FloatType
DoubleType	double 或 Double	DataTypes.DoubleType
DecimalType	java.math.BigDecimal	DataTypes.createDecimalType() DataTypes.createDecimalType（precision, scale）。
StringType	String	DataTypes.StringType
BinaryType	byte[]	DataTypes.BinaryType
BooleanType	boolean 或 Boolean	DataTypes.BooleanType
TimestampType	java.sql.Timestamp	DataTypes.TimestampType
DateType	java.sql.Date	DataTypes.DateType
ArrayType	java.util.List	DataTypes.createArrayType（elementType）。 注意：containsNull 的值為 true。 DataTypes.createArrayType（elementType, containsNull）。
MapType	java.util.Map	DataTypes.createMapType（keyType, valueType）。 注意：valueContainsNull 的值為 true。 DataTypes.createMapType（keyType, valueType, valueContainsNull）
StructType	org.apache.spark.sql.Row	DataTypes.createStructType（fields）。 注意：fields 是一個列表或 StructFields 的陣列。此外，不允許兩個 fields 使用相同的名稱。
StructField	Java 中，資料型別的值型別（例如，StructField 為 Int 相當於資料型別的 IntegerType）	DataTypes.createStructField（name, dataType, nullable）

值得特別注意的是，隨著 Spark SQL 不斷發展，型別可能會隨著時間改變，因此未來更新時可以參考 Spark 的文件（*http://bit.ly/2EdflXW*）。當然，這些型別都相當好用，但你幾乎不太可能僅接觸純靜態的 DataFrame。通常都會操控與轉換這些格式。因此，說明結構化 API 的執行過程相當重要。

結構化 API 執行概覽

本節將展示在叢集中這些程式將如何被執行。這有助於理解（或可能的除錯任務）在叢集上撰寫與執行程式的流程，因此我們從用戶端程式碼開始，逐步理解一個結構化 API 查詢的執行過程。以下是步驟概述：

1. 編寫 DataFrame/Dataset/SQL 程式碼。

2. 若是有效的程式碼，Spark 會將其轉換為**邏輯計劃**。

3. 接著 Spark 將邏輯計劃轉換為**物理計劃**，並在過程中進行優化。

4. 然後 Spark 在叢集中執行此物理計劃（RDD 操作）。

執行前必須先寫好程式，接著透過終端機或已經提交的作業將其提交給 Spark。接著程式碼會被傳送至 Catalyst Optimizer 在此將決定程式應該如何執行並製定計劃，最後運行程式並將結果返回給用戶，過程如圖 4-1 所示。

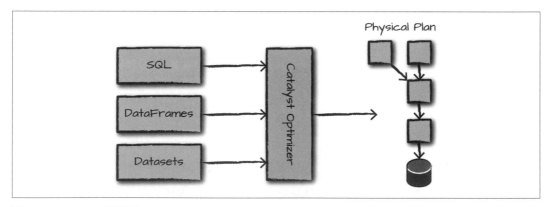

圖 4-1　Catalyst 優化器

邏輯計畫

第一階段代表獲取用戶程式碼並將其轉換為邏輯計劃。圖 4-2 說明了此過程。

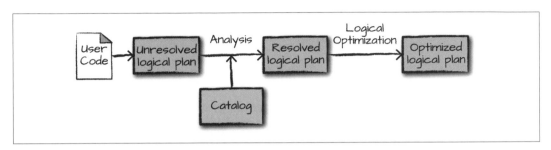

圖 4-2　結構化 API 邏輯計畫流程圖

邏輯計劃僅代表一組不參考執行器或驅動器的抽象轉換，純粹將用戶的表達式轉換為最佳化的版本。為此 Spark 會將用戶程式碼轉換為**尚未解析**的邏輯計劃。因為計畫尚未解析，儘管程式碼可能是正確的，但程式碼引用的表格或欄位仍有可能不存在。Spark 使用 *Catalog*（所有表格與 DataFrame 資訊的存儲庫）**解析分析**器中的欄位與表格。如果 Catalog 中沒有對應的表格或欄位，分析器可能會拒絕該邏輯計劃。若分析器解析成功，則將結果回傳給 Catalyst Optimizer 進行優化，Catalyst Optimizer 是一組規則，並試圖透過斷言下推或選擇器來優化邏輯計劃。可以擴展 Catalyst 套件涵蓋特定領域的優化規則。

物理計畫

成功建立優化的邏輯計畫之後，Spark 會開始執行**物理計畫**。物理計畫（通常稱為 Spark 計劃）會產生不同的物理執行策略，並透過成本模型選出邏輯計劃在叢集上的執行方式（如圖 4-3 所示）。一個成本比較的例子，選擇如何執行關聯時，可能會檢視特定表格的物理屬性（表格或分區的大小）來決定。

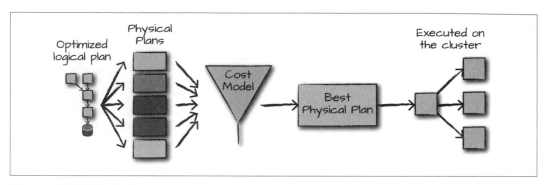

圖 4-3　物理計畫流程圖

物理計畫會產生一系列的 RDD 和轉換操作。這就是為什麼你可能聽過 Spark 被視作一種編譯器，它會處理 DataFrames、Datasets 和 SQL 中的查詢並將他們編譯成 RDD 轉換操作。

執行

決定物理計劃之後，Spark 會透過 RDD 來執行所有這些程式碼，RDD 為 Spark 的低階程式介面（第三篇將會介紹）。Spark 在執行期會進一步的優化，生成原生的 Java bytecode，也可以在執行期刪除整個任務或階段。最後將結果返回用戶端。

結論

本章介紹了 Spark 的結構化 API 以及 Spark 如何將程式碼轉換為叢集上實際運行的程式。後續章節將介紹核心概念以及如何使用結構化 API 的關鍵功能。

基礎結構化操作

在第四章介紹了結構化 API 的核心抽象，本章將從之前的架構概念轉而介紹操作 DataFrame 資料的策略型工具，這裡只專注於基本的 DataFrame 操作，並不會介紹聚合、視窗函數和關聯，這些將在後續章節中進一步討論。

在定義上，DataFrame 是由一連串的*紀錄*資料（如表格中的列欄位）它們由 Row 型別以及多個 *Column*（如表格中的行欄位）所組成，這表示計算表達式可以被執行於 Dataset 中各個獨立的記錄之上。**綱要**定義了每個欄位的名稱以及型別。而 DataFrame 的**分區**定義出 DataFrame 或 Dataset 在集群中所分佈的位置。**分區綱要**則定義資料該如何分配，也可以將其設定為基於某特定欄位中的值或不指定。

接著來創建一個 DataFrame 並開始做操作：

```
// 在 Scala 中
val df = spark.read.format("json")
  .load("/data/flight-data/json/2015-summary.json")

# 在 Python 中
df = spark.read.format("json").load("/data/flight-data/json/2015-summary.json")
```

之前說過 DataFrame 會包含許多欄位，可以透過綱要來定義他們。接著看看當前此 DataFrame 的綱要：

```
df.printSchema()
```

可以看到，綱要把所有資料都聯結在一起，它值得花時間進行定義。

綱要

綱要定義了 DataFrame 裡每個欄位的名稱以及型別，可透過資料源去自動判別綱要（稱為 *schema-on-read*），也可以自行定義。

 在讀取數據之前是否需要定義綱要取決於你的使用案例。schema-on-read 適合常見狀況的分析（儘管有時使用 CSV 或 JSON 等純文字的檔案格式時會有點慢），但是這會造成精度問題，例如在讀取文字檔時將 long 型別錯誤定義為整數。而使用 Spark 於生產級環境進行萃取、轉換與載入（ETL）時，通常手動定義綱要會比較適合，尤其是操作 CSV 和 JSON 等非型別化的資料源時，因為綱要推斷可能因讀入的資料型別而異。

我們從讀取第四章中看過的簡單檔案開始，它是以斷行作為分隔的 JSON 半結構化定義結構。這是來自美國運輸局統計的航班資料（*https://github.com/databricks/Spark-The-Definitive-Guide/tree/master/data/flight-data*）：

```
// 在 Scala 中
spark.read.format("json").load("/data/flight-data/json/2015-summary.json").schema
```

Scala 會回傳下列內容：

```
org.apache.spark.sql.types.StructType = ...
StructType(StructField(DEST_COUNTRY_NAME,StringType,true),
StructField(ORIGIN_COUNTRY_NAME,StringType,true),
StructField(count,LongType,true))
```

```
# 在 Python 中
spark.read.format("json").load("/data/flight-data/json/2015-summary.json").schema
```

Python 則會回傳下列內容：

```
StructType(List(StructField(DEST_COUNTRY_NAME,StringType,true),
StructField(ORIGIN_COUNTRY_NAME,StringType,true),
StructField(count,LongType,true)))
```

綱要是由許多欄位所組成的 StructType，StructFields 具有名稱、型別，以及一個 Boolean 型別的旗標用來指定欄位是否可以不填值或包含 null 值，最後，用戶可以選擇性的指定與該欄位關聯的元數據。元數據是一種儲存有關此欄位資訊的方式（Spark 在機器學習函式庫中會用到）。

綱要也可以包含其他 StructType（Spark 的複合型別）。第六章將討論複合型別。若資料的型別（在執行階段）與綱要不匹配，Spark 會拋出錯誤。下面的例子顯示，在 DataFrame 中要如何建立與執行指定的綱要

```scala
// 在 Scala 中
import org.apache.spark.sql.types.{StructField, StructType, StringType, LongType}
import org.apache.spark.sql.types.Metadata

val myManualSchema = StructType(Array(
  StructField("DEST_COUNTRY_NAME", StringType, true),
  StructField("ORIGIN_COUNTRY_NAME", StringType, true),
  StructField("count", LongType, false,
    Metadata.fromJson("{\"hello\":\"world\"}"))
))

val df = spark.read.format("json").schema(myManualSchema)
  .load("/data/flight-data/json/2015-summary.json")
```

以下顯示如何在 Python 中執行相同的操作：

```python
# 在 Python 中
from pyspark.sql.types import StructField, StructType, StringType, LongType

myManualSchema = StructType([
  StructField("DEST_COUNTRY_NAME", StringType(), True),
  StructField("ORIGIN_COUNTRY_NAME", StringType(), True),
  StructField("count", LongType(), False, metadata={"hello":"world"})
])
df = spark.read.format("json").schema(myManualSchema)\
  .load("/data/flight-data/json/2015-summary.json")
```

如第四章所討論的，因為 Spark 會維護自己所擁有的型別資訊，我們無法用每種程式語言任意設定其型別。現在讓我們討論綱要定義的內容：Column。

欄位與表達式

Spark 中的 Column 類似於表格中的欄、R 語言的 dataframe，或 pandas 的 DataFrame。可以透過 DataFrame 去選擇，操作或刪除欄位，這些操作可用**表達式**來呈現。在 Spark 中，欄位是一種邏輯結構，表達式代表每條記錄上經過計算後的值。Row 代表每筆紀錄中每個欄位的數值，進而組成一個 DataFrame。無法在 DataFrame 的上下文之外單獨操作欄位；必須在 DataFrame 中使用 Spark 轉換操作來修改欄位的內容。

Column

有很多不同的方式可用來建構或參考欄位,最簡單的兩種方法就是透過 col 或 column 函式並傳入欄位名稱來進行參考。

```scala
// 在 Scala 中
import org.apache.spark.sql.functions.{col, column}
col("someColumnName")
column("someColumnName")
```

```python
# 在 Python 中
from pyspark.sql.functions import col, column
col("someColumnName")
column("someColumnName")
```

在本書中主要使用 col 函式。如上所述,DataFrame 中可能存在也可能不存在此欄位。欄位在與 *Catalog* 進行比對之前,並不會被解析。正如第四章所述,欄位和表格在分析器階段才會被解析。

> 前面提到了兩種不同參考欄位的方式。Scala 具有一些獨特的特性,可以用更簡寫的方式來參考欄位。下面是 Scala 程式語言中的語法蜜糖,會執行完全相同的事情,即建立一個欄位,但沒有提供效能方面的增進:
>
> ```scala
> // in Scala
> $"myColumn"
> 'myColumn
> ```
>
> $ 字號可將字串指定為參考表達式的特殊字串。單引號(')是一種稱為 *Symbol* 的特殊表達方式;用來表示參考某些標識符的 Scala 特定結構。它們都會執行相同的操作,都是按名稱來參考欄位的簡寫方式。當閱讀不同人所寫的 Spark 程式碼時,可能會看到上述的這些引用方式。你可以選擇使用任何對你工作上來說最方便和最容易維護的方式。

顯式 Column 參考

如果需要參考特定 DataFrame 的欄位,可以在 DataFrame 上使用 col 方法。這在執行關聯時非常有用,例如在參考一個 DataFrame 中特定的欄位時,而該名稱又與其他關聯的 DataFrame 中的某個欄位共用名稱第八章會介紹。另一個額外的優點是 Spark 不需要解析此欄位(在分析器階段),因為我們已經幫 Spark 做了這些事情:

```
df.col("count")
```

表達式

前面提到了欄位就是表達式，但什麼是表達式？**表達式**是一組對 DataFrame 中記錄的一個或多個值所做的轉換操作。可把它想像成一個函式，將一個或多個欄位的名稱作為輸入，並做解析，然後運用更多的表達式為資料集中的每個記錄創建一個單值。更重要的是，此「單值」實際上可以是一個複合型別，如 Map 或 Array。第六章會看到更多複合型別。

在最簡單的情況下，通過 expr 函式建立的表達式只是一個 DataFrame 欄位的參考。在這種狀況下，expr（"someCol"）等同於 col（"someCol"）。

欄位作為表達式

欄位提供了表達式功能的子集。如果使用 col() 並希望對它執行轉換操作，則必須拿此欄位來做參考。使用表達式時，expr 函式實際上可以解析字串中的轉換操作和欄位的參考，然後可以傳遞並執行進一步的轉換操作。來看一些例子。

expr（"someCol - 5"）與 col（"someCol"） - 5，甚至是 expr（"someCol"） - 5 的結果都相同。因為 Spark 將這些編譯成指定操作順序的邏輯樹。起初這可能有點令人困惑，但請記住幾個關鍵點：

- 欄位只是表達式。

- 這些欄位和轉換操作將會被編譯為與解析表達式相同的邏輯計劃。

以一個例子作為說明：

```
(((col("someCol") + 5) * 200) - 6) < col("otherCol")
```

圖 5-1 顯示了該邏輯樹的概覽。

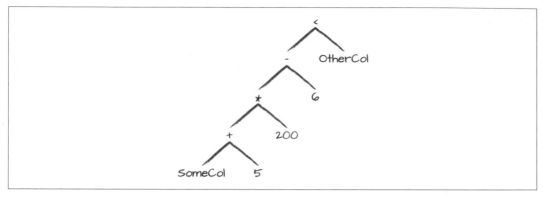

圖 5-1　邏輯樹

這張圖可能看起來很熟悉,因為它是一個有向無環圖。此圖表即為下列程式碼的執行邏輯順序:

```scala
// 在 Scala 中
import org.apache.spark.sql.functions.expr
expr("(((someCol + 5) * 200) - 6) < otherCol")
```

```python
# 在 Python 中
from pyspark.sql.functions import expr
expr("(((someCol + 5) * 200) - 6) < otherCol")
```

這是一個非常值得注意的關鍵。前面的部分實際上是如何有效執行 SQL 表達式,就如同可能放入 SELECT 語句一樣?因為此 SQL 表達式和先前的 DataFrame 程式碼在執行之前會被編譯到相同的底層邏輯樹。這代表可以將表達式寫成 DataFrame 程式碼或 SQL 表達式,並得到完全相同的性能。這在第四章中討論過。

存取 DataFrame 的欄位

有時需要查看 DataFrame 的欄位,可以使用 printSchema 之類的方法;但是如果要以程式的方式來存取欄位,則可以使用 columns 屬性去查看 DataFrame 上所有的欄位:

```
spark.read.format("json").load("/data/flight-data/json/2015-summary.json")
  .columns
```

紀錄與 Row

在 Spark 中，DataFrame 中的每一個 Row 都代表著一條記錄。Spark 將此記錄表示為 Row 型別的物件。Spark 使用欄位表達式來操作 Row 物件，並生成可用的值。Row 物件在 Spark 內部表示為位元組陣列。

而此位元組陣列的介面將永遠不會透露給用戶，因為只會使用到欄位表達式來做操作。當使用 DataFrame 時，指令會把各個 Row 回傳到驅動端並且始終回傳一個或多個 Row 型別。

 本章會交替使用大寫或小寫的 "row" 和 "record"，而大寫的 Row 指的是 Row 物件。

可以透過 DataFrame 的 first 方法取得一個 Row：

```
df.first()
```

建立 Row 物件

可指定每個欄位的值來手動實例化並建立 Row 物件。值得注意的是，只有 DataFrame 才有綱要，Row 物件本身沒有綱要。這代表如果手動創建一個 Row 物件，則必須依照與 DataFrame 綱要相同的欄位順序來指定值（在建立 DataFrame 時會討論）：

```scala
// 在 Scala 中
import org.apache.spark.sql.Row
val myRow = Row("Hello", null, 1, false)
```

```python
# 在 Python 中
from pyspark.sql import Row
myRow = Row("Hello", None, 1, False)
```

存取在 Rows 裡的資料也相當容易，只需指定位置即可。在 Scala 或 Java 中，必須使用輔助方法或強制轉型。在 Python 或 R 中，該值將自動強制轉換為正確的型別：

```scala
// 在 Scala 中
myRow(0) // type Any
myRow(0).asInstanceOf[String] // String
myRow.getString(0) // String
myRow.getInt(2) // Int
```

```
# 在 Python 中
myRow[0]
myRow[2]
```

也可以使用 Dataset API 在對應的 Java 虛擬機（JVM）物件中直接回傳一組 Data。這將在第十一章中介紹。

DataFrame 轉換操作

前面已經簡要定義了 DataFrame 的核心部分，接著將繼續操作 DataFrame。使用單一個 DataFrame 時，有一些基本目標，這些操作將會被分解為幾個核心操作，如圖 5-2 所示：

- 可以添加 Row 或欄位

- 可以刪除 Row 或欄位

- 可以將 Row 轉換為欄位（反之亦然）

- 可以依據欄位中的值來更改 Row 的順序

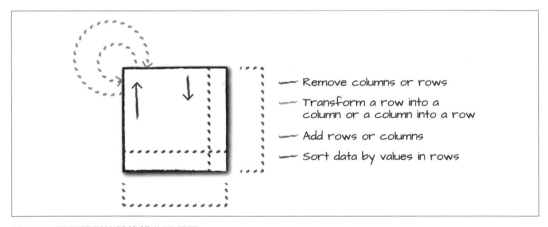

圖 5-2　不同類型的轉換操作流程圖

幸運的是，可以將所有這些操作轉換為簡單的轉換操作，最常見的是針對一個欄位，對每一列逐一進行修改，最後回傳結果。

建立 DataFrame

如前面所敘述的,可以從多種原始資料源來建立 DataFrame。第九章對此進行了詳細介紹;在此先用它們來建立一個 DataFrame 範例(為了便於說明,本章的後半段,會先將其註冊為臨時視圖,讓我們可以使用 SQL 來做查詢並顯示其基本的轉換操作):

```scala
// 在 Scala 中
val df = spark.read.format("json")
  .load("/data/flight-data/json/2015-summary.json")
df.createOrReplaceTempView("dfTable")
```

```python
# 在 Python 中
df = spark.read.format("json").load("/data/flight-data/json/2015-summary.json")
df.createOrReplaceTempView("dfTable")
```

也可以透過一組 Row 並將它們轉換為 DataFrame 來動態創建。

```scala
// 在 Scala 中
import org.apache.spark.sql.Row
import org.apache.spark.sql.types.{StructField, StructType, StringType, LongType}

val myManualSchema = new StructType(Array(
  new StructField("some", StringType, true),
  new StructField("col", StringType, true),
  new StructField("names", LongType, false)))
val myRows = Seq(Row("Hello", null, 1L))
val myRDD = spark.sparkContext.parallelize(myRows)
val myDf = spark.createDataFrame(myRDD, myManualSchema)
myDf.show()
```

> 在 Scala 中,可以在控制台中利用 Spark 的隱式轉換(如果已於 JAR 程式碼中匯入的話)在 Seq 型別上執行 toDF。這不適用於 null 型別,所以並不建議用於生產級環境中。

```scala
// 在 Scala 中
val myDF = Seq(("Hello", 2, 1L)).toDF("col1", "col2", "col3")
```

```python
# 在 Python 中
from pyspark.sql import Row
from pyspark.sql.types import StructField, StructType, StringType, LongType
myManualSchema = StructType([
  StructField("some", StringType(), True),
  StructField("col", StringType(), True),
  StructField("names", LongType(), False)
])
```

```
myRow = Row("Hello", None, 1)
myDf = spark.createDataFrame([myRow], myManualSchema)
myDf.show()
```

得到的輸出為：

```
+-----+----+-----+
| some| col|names|
+-----+----+-----+
|Hello|null|    1|
+-----+----+-----+
```

既然已經知道要如何建立 DataFrame，接著來看個最常用到的方法：操作欄位或表達式
時的使用的 select 方法，以及操作表達式為字串型別時使用的 selectExpr 方法，

還有一些轉換操作還沒有被定義為欄位上的操作方法；因此，org.apache.spark.sql.
functions 套件中有一組函數。透過這三個工具，應該能解決在 DataFrame 中可能遇到大
多數轉換操作的挑戰。

select 和 selectExpr

select 和 selectExpr 可以在 DataFrame 上執行與資料庫表格等價的 SQL 查詢：

```
-- in SQL
SELECT * FROM dataFrameTable
SELECT columnName FROM dataFrameTable
SELECT columnName * 10, otherColumn, someOtherCol as c FROM dataFrameTable
```

簡單來說，可以使用它們來操控 DataFrame 中的欄位 n。透過一些 DataFrame 的操作範
例來討論有哪些不同的方法可以解決此問題。最簡單的方式是使用 select 方法並將欄位
的名稱當作字串來傳遞：

```
// 在 Scala 中
df.select("DEST_COUNTRY_NAME").show(2)

# 在 Python 中
df.select("DEST_COUNTRY_NAME").show(2)

-- in SQL
SELECT DEST_COUNTRY_NAME FROM dfTable LIMIT 2
```

得到的輸出為：

```
+-----------------+
|DEST_COUNTRY_NAME|
+-----------------+
|    United States|
|    United States|
+-----------------+
```

也可以選擇多個欄位並使用相同的查詢方式來做操作，只需在 select 方法中添加更多欄位名稱字串：

```scala
// 在 Scala 中
df.select("DEST_COUNTRY_NAME", "ORIGIN_COUNTRY_NAME").show(2)
```

```python
# 在 Python 中
df.select("DEST_COUNTRY_NAME", "ORIGIN_COUNTRY_NAME").show(2)
```

```sql
-- in SQL
SELECT DEST_COUNTRY_NAME, ORIGIN_COUNTRY_NAME FROM dfTable LIMIT 2
```

得到的輸出為：

```
+-----------------+-------------------+
|DEST_COUNTRY_NAME|ORIGIN_COUNTRY_NAME|
+-----------------+-------------------+
|    United States|            Romania|
|    United States|            Croatia|
+-----------------+-------------------+
```

如第 61 頁的「欄位與表達式」中所述，可以運用多種不同方式來參考欄位；而且，可以交互的使用它們：

```scala
// 在 Scala 中
import org.apache.spark.sql.functions.{expr, col, column}
df.select(
    df.col("DEST_COUNTRY_NAME"),
    col("DEST_COUNTRY_NAME"),
    column("DEST_COUNTRY_NAME"),
    'DEST_COUNTRY_NAME,
    $"DEST_COUNTRY_NAME",
    expr("DEST_COUNTRY_NAME"))
  .show(2)
```

```python
# 在 Python 中
from pyspark.sql.functions import expr, col, column
df.select(
```

```
    expr("DEST_COUNTRY_NAME"),
    col("DEST_COUNTRY_NAME"),
    column("DEST_COUNTRY_NAME"))\
  .show(2)
```

一個常見錯誤是將 Column 物件與字串混合使用。例如，以下程式碼會造成編譯器錯誤：

```
df.select(col("DEST_COUNTRY_NAME"), "DEST_COUNTRY_NAME")
```

正如目前所見，expr 是一種最靈活的參考方法。它可以直接參考欄位或字串來做操作。為了說明，需要更改欄位的名稱，使用 AS 關鍵字然後使用欄位上的 alias 方法將其改回來：

```
// 在 Scala 中
df.select(expr("DEST_COUNTRY_NAME AS destination")).show(2)
```

```
# 在 Python 中
df.select(expr("DEST_COUNTRY_NAME AS destination")).show(2)
```

```
-- in SQL
SELECT DEST_COUNTRY_NAME as destination FROM dfTable LIMIT 2
```

這會將欄位名稱改為「destination」。也可以將表達式的結果進一步作為另一個表達式進行操作：

```
// 在 Scala 中
df.select(expr("DEST_COUNTRY_NAME as destination").alias("DEST_COUNTRY_NAME"))
  .show(2)
```

```
# 在 Python 中
df.select(expr("DEST_COUNTRY_NAME as destination").alias("DEST_COUNTRY_NAME"))\
  .show(2)
```

上述操作會將欄位名稱更改回其原始名稱。

因為 select 後接一系列 expr 是一種常見的方式，Spark 有更高效的方式來達到相同效果：selectExpr。這可能是在日常運用中最方便的一種界面：

```
// 在 Scala 中
df.selectExpr("DEST_COUNTRY_NAME as newColumnName", "DEST_COUNTRY_NAME").show(2)
```

```
# 在 Python 中
df.selectExpr("DEST_COUNTRY_NAME as newColumnName", "DEST_COUNTRY_NAME").show(2)
```

這開啟了 Spark 真正的威力。可以將 selectExpr 作為建立新的 DataFrame 的複合表達式中的一種簡單方法。實際上，能添加任何有效的非聚合 SQL 語句，只要欄位可以解析，它就會有效！下面是一個簡單的範例，它將新的欄位 withinCountry 添加到 DataFrame 中，並指示出來源地與目的地是否相同：

```scala
// 在 Scala 中
df.selectExpr(
    "*", // include all original columns
    "(DEST_COUNTRY_NAME = ORIGIN_COUNTRY_NAME) as withinCountry")
  .show(2)
```

```python
# 在 Python 中
df.selectExpr(
  "*", # all original columns
  "(DEST_COUNTRY_NAME = ORIGIN_COUNTRY_NAME) as withinCountry")\
  .show(2)
```

```sql
-- in SQL
SELECT *, (DEST_COUNTRY_NAME = ORIGIN_COUNTRY_NAME) as withinCountry
FROM dfTable
LIMIT 2
```

得到的輸出為：

```
+-----------------+-------------------+-----+-------------+
|DEST_COUNTRY_NAME|ORIGIN_COUNTRY_NAME|count|withinCountry|
+-----------------+-------------------+-----+-------------+
|    United States|            Romania|   15|        false|
|    United States|            Croatia|    1|        false|
+-----------------+-------------------+-----+-------------+
```

使用 select 表達式，也可以利用我們擁有的這些函數在 DataFrame 上做指定聚合操作，看起來就像目前為止所顯示的那樣：

```scala
// 在 Scala 中
df.selectExpr("avg(count)", "count(distinct(DEST_COUNTRY_NAME))").show(2)
```

```python
# 在 Python 中
df.selectExpr("avg(count)", "count(distinct(DEST_COUNTRY_NAME))").show(2)
```

```sql
-- in SQL
SELECT avg(count), count(distinct(DEST_COUNTRY_NAME)) FROM dfTable LIMIT 2
```

得到的輸出為：

```
+-----------+------------------------------+
| avg(count)|count(DISTINCT DEST_COUNTRY_NAME)|
+-----------+------------------------------+
|1770.765625|                           132|
+-----------+------------------------------+
```

轉換成 Spark 型別（Literal）

有時候，需要將一個值直接傳給 Spark，它只是一個值（並不是一個新的欄位，可能是一個常數值，或是需要拿來做比較的東西。做法是透過**文字**（literal），基本上是從給定程式語言文字上的值轉換成 Spark 所理解的值。文字是表達式，可以用相同的方式來使用：

```scala
// 在 Scala 中
import org.apache.spark.sql.functions.lit
df.select(expr("*"), lit(1).as("One")).show(2)
```

```python
# 在 Python 中
from pyspark.sql.functions import lit
df.select(expr("*"), lit(1).alias("One")).show(2)
```

在 SQL 中，文字只是一種特定值：

```sql
-- in SQL
SELECT *, 1 as One FROM dfTable LIMIT 2
```

得到的輸出為：

```
+-----------------+-------------------+-----+---+
|DEST_COUNTRY_NAME|ORIGIN_COUNTRY_NAME|count|One|
+-----------------+-------------------+-----+---+
|    United States|            Romania|   15|  1|
|    United States|            Croatia|    1|  1|
+-----------------+-------------------+-----+---+
```

當需要檢查某個值是否大於另個常數或其他以程式方式建立的變數時，會使用這種方式。

新增欄位

還有一種更為正式的方法來添加新的欄位到 DataFrame，就是在 DataFrame 上運用 withColumn 方法。例如，新增一個只包含數字 1 的欄位：

```
// 在 Scala 中
df.withColumn("numberOne", lit(1)).show(2)

# 在 Python 中
df.withColumn("numberOne", lit(1)).show(2)

-- in SQL
SELECT *, 1 as numberOne FROM dfTable LIMIT 2
```

得到的輸出為：

```
+-----------------+-------------------+-----+---------+
|DEST_COUNTRY_NAME|ORIGIN_COUNTRY_NAME|count|numberOne|
+-----------------+-------------------+-----+---------+
|    United States|            Romania|   15|        1|
|    United States|            Croatia|    1|        1|
+-----------------+-------------------+-----+---------+
```

接著來做一些更有趣的事情，讓它成為一個真實的表達式。在下一個範例中，將設置一個布林值欄位，用以指示原國家與目的地國家是否相同：

```
// 在 Scala 中
df.withColumn("withinCountry", expr("ORIGIN_COUNTRY_NAME == DEST_COUNTRY_NAME"))
  .show(2)

# 在 Python 中
df.withColumn("withinCountry", expr("ORIGIN_COUNTRY_NAME == DEST_COUNTRY_NAME"))\
  .show(2)
```

需要注意的是 withColumn 函式有兩個參數：欄位的名稱與在 DataFrame 中為此 Row 建立值的表達式。有趣的是，也可用這種方式對欄位重新命名。SQL 語法與之前使用的語法相同，因此可以在此範例中省略它：

```
df.withColumn("Destination", expr("DEST_COUNTRY_NAME")).columns
```

產生的結果為：

```
... DEST_COUNTRY_NAME, ORIGIN_COUNTRY_NAME, count, Destination
```

重新命名欄位

雖然可以按照剛剛描述的方式對欄位重新命名，也可使用另一種方法 withColumnRenamed，以第二個字串參數對原本第一個字串參數的欄位名稱重新命名：

```
// 在 Scala 中
df.withColumnRenamed("DEST_COUNTRY_NAME", "dest").columns
```

```
# 在 Python 中
df.withColumnRenamed("DEST_COUNTRY_NAME", "dest").columns
```

```
... dest, ORIGIN_COUNTRY_NAME, count
```

保留字元與關鍵字

有一個可能會遇到的問題：欄位的名稱中所包含的空格或破折號等保留字元該如何處理。這問題相當於如何運用跳脫字元來處理欄位名稱。Spark 使用反引號（`）字元來完成此操作。運用剛學會的 withColumn 來建立一個包含保留字元的欄位。後面將展示兩個範例，在第一個範例中不需要跳脫字元，在下一個範例才會使用：

```
// 在 Scala 中
import org.apache.spark.sql.functions.expr

val dfWithLongColName = df.withColumn(
  "This Long Column-Name",
  expr("ORIGIN_COUNTRY_NAME"))
```

```
# 在 Python 中
dfWithLongColName = df.withColumn(
    "This Long Column-Name",
    expr("ORIGIN_COUNTRY_NAME"))
```

這裡不需要跳脫字元，因為 withColumn 的第一個參數只是新欄位名稱的字串。但是，在後面的範例中則需要使用反引號，因為在表達式中參考了另一個欄位：

```
// 在 Scala 中
dfWithLongColName.selectExpr(
    "`This Long Column-Name`",
    "`This Long Column-Name` as `new col`")
  .show(2)
```

```
# 在 Python 中
dfWithLongColName.selectExpr(
    "`This Long Column-Name`",
    "`This Long Column-Name` as `new col`")\
  .show(2)
```

```
dfWithLongColName.createOrReplaceTempView("dfTableLong")
```

```
-- in SQL
SELECT `This Long Column-Name`, `This Long Column-Name` as `new col`
FROM dfTableLong LIMIT 2
```

如果直接參考欄位的名稱字串，可以用帶有保留字元的欄位（而不是做跳脫），它會被當成文字而非表達式。只需要在保留字元或關鍵字的表達式中使用跳脫字元。以下兩個範例都產生相同的 DataFrame：

```scala
// 在 Scala 中
dfWithLongColName.select(col("This Long Column-Name")).columns
```

```python
# 在 Python 中
dfWithLongColName.select(expr("`This Long Column-Name`")).columns
```

區分大小寫

預設情況下，Spark 不會區分大小寫；但是也可以透過設定配置使 Spark 會區分大小寫：

```sql
-- in SQL
set spark.sql.caseSensitive true
```

刪除欄位

現在已經建立了欄位，接著看一下要如何從 DataFrame 中將欄位刪除。你可能已經注意到可以透過 select 來完成此操作。但是，還有一個名為 drop 的專用方法：

```
df.drop("ORIGIN_COUNTRY_NAME").columns
```

可以傳入多個欄位作為參數來刪除多個欄位：

```
dfWithLongColName.drop("ORIGIN_COUNTRY_NAME", "DEST_COUNTRY_NAME")
```

更改欄位的型別（cast）

有時候，可能需要從一種型別轉換為另一種型別；例如有一組應該是整數型別的 StringType，則可以透過轉型將一種型別轉換為另一種型別。例如，將 count 欄位從整數型別轉換為 Long 型別：

```
df.withColumn("count2", col("count").cast("long"))
```

```sql
-- in SQL
SELECT *, cast(count as long) AS count2 FROM dfTable
```

過濾 Row

要過濾 Row，需要建立一個計算結果為 true 或 false 的表達式。即可將表達式結果等於 false 的 Row 過濾掉。使用 DataFrame 來進行此操作最常用的方法是建立一個字串的表達式或使用一組欄位操作來建立表達式。有兩種方法可以執行此操作：使用 where 或 filter，它們會執行相同的操作，並在與 DataFrame 一起使用時接受相同的參數型別。會堅持使用 where 是因為它與 SQL 類似；但是，filter 也是同樣有效的。

 當使用 Scala 或 Java 中的 Dataset API 時，filter 也接受一個任意的函式，Spark 將作用於 Dataset 中每條記錄。有關更多資訊，請參閱第十一章。

下列的過濾器是等效的，並且 Scala 和 Python 中的結果也相同：

```
df.filter(col("count") < 2).show(2)
df.where("count < 2").show(2)

-- in SQL
SELECT * FROM dfTable WHERE count < 2 LIMIT 2
```

產生的結果為：

```
+-----------------+-------------------+-----+
|DEST_COUNTRY_NAME|ORIGIN_COUNTRY_NAME|count|
+-----------------+-------------------+-----+
|    United States|            Croatia|    1|
|    United States|          Singapore|    1|
+-----------------+-------------------+-----+
```

接著可能希望將多個過濾器放入同一個表達式中。雖然可以這麼做，但它會產生一些問題，因為無論過濾的順序，Spark 都會自動同時執行所有過濾操作。這代表如果想指定多個 AND 過濾器，只需依序鏈接它們接著交給 Spark 來處理：

```
// 在 Scala 中
df.where(col("count") < 2).where(col("ORIGIN_COUNTRY_NAME") =!= "Croatia")
  .show(2)

# 在 Python 中
df.where(col("count") < 2).where(col("ORIGIN_COUNTRY_NAME") != "Croatia")\
  .show(2)

-- in SQL
SELECT * FROM dfTable WHERE count < 2 AND ORIGIN_COUNTRY_NAME != "Croatia"
LIMIT 2
```

產生的結果為：

```
+------------------+--------------------+-----+
|DEST_COUNTRY_NAME|ORIGIN_COUNTRY_NAME|count|
+------------------+--------------------+-----+
|     United States|           Singapore|    1|
|           Moldova|       United States|    1|
+------------------+--------------------+-----+
```

獲取唯一的 Row

一個很常見的使用案例是在 DataFrame 中擷取唯一值，這些值可以在一或多個欄位之中。可以在 DataFrame 上使用 distinct 方法，這將會對該 DataFrame 中的任何 Row 進行刪除重複資料的動作。例如，在 Dataset 中取得唯一的出發地。當然，這是一個轉換操作，且將會回傳具有獨一無二 Row 的新 DataFrame：

```scala
// 在 Scala 中
df.select("ORIGIN_COUNTRY_NAME", "DEST_COUNTRY_NAME").distinct().count()
```

```python
# 在 Python 中
df.select("ORIGIN_COUNTRY_NAME", "DEST_COUNTRY_NAME").distinct().count()
```

```sql
-- in SQL
SELECT COUNT(DISTINCT(ORIGIN_COUNTRY_NAME, DEST_COUNTRY_NAME)) FROM dfTable
```

得到的結果為 256。

```scala
// 在 Scala 中
df.select("ORIGIN_COUNTRY_NAME").distinct().count()
```

```python
# 在 Python 中
df.select("ORIGIN_COUNTRY_NAME").distinct().count()
```

```sql
-- in SQL
SELECT COUNT(DISTINCT ORIGIN_COUNTRY_NAME) FROM dfTable
```

得到的結果為 125。

隨機抽樣

有時候可能只想從 DataFrame 中隨機抽樣一些記錄，可以在 DataFrame 上使用 sample 方法來執行此操作，此方法可以讓你指定從 DataFrame 中擷取一小部分的 Row，以及指定是否要進行不重複取樣：

```
val seed = 5
val withReplacement = false
val fraction = 0.5
df.sample(withReplacement, fraction, seed).count()

# 在 Python 中
seed = 5
withReplacement = False
fraction = 0.5
df.sample(withReplacement, fraction, seed).count()
```

得到的結果為 126。

隨機分割

當你需要將原始的 DataFrame 隨機分割為多份，那麼此方法很有幫助。這通常與機器
學習演算法一起用於建立訓練、驗證和測試資料集。在下一個範例中，將透過設定分割
DataFrame 的權重（函式的參數）將原本的 DataFrame 拆分為兩個不同的 DataFrame。
由於此方法是設計成隨機的，所以需要指定一個亂數種子（只需在程式碼中用你選擇的
數量來替換亂數種子）。需要特別注意的是，如果沒有為每個 DataFrame 指定一個比例
讓最終加總等於 1，那麼它們將會被標準化，以便執行下列的操作：

```
// 在 Scala 中
val dataFrames = df.randomSplit(Array(0.25, 0.75), seed)
dataFrames(0).count() > dataFrames(1).count() // False

# 在 Python 中
dataFrames = df.randomSplit([0.25, 0.75], seed)
dataFrames[0].count() > dataFrames[1].count() # False
```

串接和附加 Row （Union）

正如在上一節中所了解到的，DataFrame 是不可變的，代表使用者無法附加新資料到
DataFrame 中，因為會造成 DataFrame 被改變。要將資料附加到 DataFrame 中，必須將
原始 DataFrame 與新 DataFrame 做 *union*。這即是將兩個 DataFrame 做串接合併。要將兩
個 DataFrame 做合併，必須確保它們具有相同的綱要和欄位數；否則，合併就會失敗。

 合併是根據位置來操作，而非根據綱要執行。這代表欄位並不一定按照你
所認為的方式做自動排列。

```
// 在 Scala 中
import org.apache.spark.sql.Row
val schema = df.schema
val newRows = Seq(
  Row("New Country", "Other Country", 5L),
  Row("New Country 2", "Other Country 3", 1L)
)
val parallelizedRows = spark.sparkContext.parallelize(newRows)
val newDF = spark.createDataFrame(parallelizedRows, schema)
df.union(newDF)
  .where("count = 1")
  .where($"ORIGIN_COUNTRY_NAME" =!= "United States")
  .show() // 印出所有資料後可在最後面看到新增的列
```

在 Scala 中，必須使用 =!= 運算子，這樣就不會將尚未求值的欄位表達式與字串進行比較，而是將其與已求得值的欄位進行比較：

```
# 在 Python 中
from pyspark.sql import Row
schema = df.schema
newRows = [
  Row("New Country", "Other Country", 5L),
  Row("New Country 2", "Other Country 3", 1L)
]
parallelizedRows = spark.sparkContext.parallelize(newRows)
newDF = spark.createDataFrame(parallelizedRows, schema)

# 在 Python 中
df.union(newDF)\
  .where("count = 1")\
  .where(col("ORIGIN_COUNTRY_NAME") != "United States")\
  .show()
```

得到的輸出為：

```
+-----------------+-------------------+-----+
|DEST_COUNTRY_NAME|ORIGIN_COUNTRY_NAME|count|
+-----------------+-------------------+-----+
|    United States|            Croatia|    1|
...
|    United States|            Namibia|    1|
|    New Country 2|    Other Country 3|    1|
+-----------------+-------------------+-----+
```

正如所料的，需要將此新的 DataFrame 作為參考，以便使用新添加的 Row 來引用此 DataFrame。執行此操作常用的方式是將 DataFrame 建立成視圖或將其註冊為表格，以便可以在程式碼中更加動態地引用。

排序 Row

當需要對 DataFrame 中的值來進行排序時，總希望 DataFrame 排序後頂端的值為最大值或最小值。有兩種等價的操作，sort 與 orderBy 會以相同的方式來達到效果。它們接受欄位表達式和字串以及多個欄位。預設是按升冪排序：

```
// 在 Scala 中
df.sort("count").show(5)
df.orderBy("count", "DEST_COUNTRY_NAME").show(5)
df.orderBy(col("count"), col("DEST_COUNTRY_NAME")).show(5)
```

```
# 在 Python 中
df.sort("count").show(5)
df.orderBy("count", "DEST_COUNTRY_NAME").show(5)
df.orderBy(col("count"), col("DEST_COUNTRY_NAME")).show(5)
```

要更明確地指定排序的方向，在欄位上操作時可以使用 asc 和 desc 函式。這允許指定欄位的排序順序：

```
// 在 Scala 中
import org.apache.spark.sql.functions.{desc, asc}
df.orderBy(expr("count desc")).show(2)
df.orderBy(desc("count"), asc("DEST_COUNTRY_NAME")).show(2)
```

```
# 在 Python 中
from pyspark.sql.functions import desc, asc
df.orderBy(expr("count desc")).show(2)
df.orderBy(col("count").desc(), col("DEST_COUNTRY_NAME").asc()).show(2)
```

```
-- in SQL
SELECT * FROM dfTable ORDER BY count DESC, DEST_COUNTRY_NAME ASC LIMIT 2
```

給個進階的提示：使用 asc_nulls_first、desc_nulls_first、asc_nulls_last 或 desc_nulls_last 來指定空值在排序後 DataFrame 中的位置。

基於最佳化，有時會建議在進行一組轉換操作之前，先在每個分區內進行排序。可使用 sortWithinPartitions 方法執行此操作：

```
// 在 Scala 中
spark.read.format("json").load("/data/flight-data/json/*-summary.json")
  .sortWithinPartitions("count")

# 在 Python 中
spark.read.format("json").load("/data/flight-data/json/*-summary.json")\
  .sortWithinPartitions("count")
```

在第三篇探討調效與最佳化時，將討論更多相關的部分。

Limit 方法

有時可能會希望限制從 DataFrame 中擷取的內容；例如，可能只想要某些 DataFrame 的前十名。可以使用 limit 方法執行此操作：

```
// 在 Scala 中
df.limit(5).show()

# 在 Python 中
df.limit(5).show()

-- in SQL
SELECT * FROM dfTable LIMIT 6

// 在 Scala 中
df.orderBy(expr("count desc")).limit(6).show()

# 在 Python 中
df.orderBy(expr("count desc")).limit(6).show()

-- in SQL
SELECT * FROM dfTable ORDER BY count desc LIMIT 6
```

Repartition 與 Coalesce 方法

另一個重要的優化機制是根據一些經常需要過濾的欄位來對資料進行分區，此機制控制跨叢集資料的物理分佈，包括分區方式以及分區數量。

無論是否有必要，重新分區都將導致資料完整洗牌。這代表通常只應在將來的分區數大於當前分區數量或者希望按一組欄位來進行分區時做重新分區：

```
// 在 Scala 中
df.rdd.getNumPartitions // 1

# 在 Python 中
df.rdd.getNumPartitions() # 1
```

```
// 在 Scala 中
df.repartition(5)

# 在 Python 中
df.repartition(5)
```

如果知道將會經常按特定的欄位來做過濾，則可能需要根據該欄位進行重新分區：

```
// 在 Scala 中
df.repartition(col("DEST_COUNTRY_NAME"))

# 在 Python 中
df.repartition(col("DEST_COUNTRY_NAME"))
```

也可以明確指定想要的分區數量：

```
// 在 Scala 中
df.repartition(5, col("DEST_COUNTRY_NAME"))

# 在 Python 中
df.repartition(5, col("DEST_COUNTRY_NAME"))
```

另外，coalesce 則不會發生資料完整洗牌，而是會嘗試合併分區。此操作將根據目的地國家名稱將資料分組到五個分區，然後將它們合併（沒有完整洗牌）：

```
// 在 Scala 中
df.repartition(5, col("DEST_COUNTRY_NAME")).coalesce(2)

# 在 Python 中
df.repartition(5, col("DEST_COUNTRY_NAME")).coalesce(2)
```

將 Row 收集至驅動端

如前面幾章所述，Spark 在驅動端維護叢集的狀態。有時需要將一些資料收集回驅動端，以便在本地計算機上進行操作。

目前為止尚未定義此操作，有幾種方式可以使用。這些方法實際上完全相同。collect 將從整個 DataFrame 獲取所有資料，take 選擇前 *N* 個 Row 並顯示。

```
// 在 Scala 中
val collectDF = df.limit(10)
collectDF.take(5) // 印出指定數量的資料
collectDF.show() // 印出全部資料
collectDF.show(5, false)
collectDF.collect()
```

```
# 在 Python 中
collectDF = df.limit(10)
collectDF.take(5) # 印出指定數量的資料
collectDF.show() # 印出全部資料
collectDF.show(5, False)
collectDF.collect()
```

還有一種收集 Row 至驅動端的方法，可用以迭代整個資料集 t。toLocalIterator 方法會將分區作為迭代器收集到驅動端。此方法允許以迭代的方式 A 遍歷整個資料集的各個分區：

```
collectDF.toLocalIterator()
```

 任何收集資料到驅動端的操作都可能是非常昂貴的操作！如果有一個大型資料集並呼叫了 collect，可能會導致驅動端崩潰。如果使用 toLocalIterator 並且具有非常大的分區，則很容易使驅動端節點崩潰並丟失應用程式的狀態。另一個昂貴的原因是對分區逐個操作，而無平行的執行計算。

結論

本章介紹了 DataFrame 的基本操作，你學到了如何使用 Spark DataFrame 所需的概念與工具。第六章將會更詳細地介紹如何用不同的方式來操作 DataFrame 中的資料。

操作不同型別的資料

第五章介紹了 DataFrame 的基本概念以及抽象化，本章將介紹如何建構表達式，這是 Spark 結構化操作的基礎。另外也將重新探討如何操作各種不同類型的資料，包括以下幾種：

- Booleans

- Numbers

- Strings

- Dates and timestamps

- Handling null

- Complex types

- User-defined functions

如何尋找 API

在開始之前，先花點時間介紹：作為一個用戶可以在哪裡尋找轉換操作的 API。Spark 是個還在不斷成長的專案，任何書籍（包括這本書）都是及時的快照。本書其中一個目的是教你應該尋找哪些函式來對資料做轉換。下面是一些關鍵點：

DataFrame(Dataset) 方法

實際上 DataFrame 只是 Row 型別的一種 Dataset，因此可以直接查看此連結中的 Dataset 方法。（*http://bit.ly/2rKkALY*）

Dataset 子模組，如 DataFrameStatFunctions（*http://bit.ly/2DPYhJC*）與 DataFrameNaFunctions
（*http://bit.ly/2DPAqd3*），有更多的方法可以用來解決各種特定的問題集。例如，
`DataFrameStatFunctions` 包含了各種統計相關的函式，而 `DataFrameNaFunctions` 有許多處理
null 資料的函式。

Column 方法

第五章中大部分內容會介紹。包含各種與 Column 相關的一般方法，如 alias 或
contains。可以在此處找到關於 Column 方法 API 的參考（*http://bit.ly/2FloFbr*）。

`org.apache.spark.sql.functions` 包含了各種不同資料型別的函式。因為經常被使用，通常
會直接導入全部套件。可以在此處找到 SQL 和 DataFrame 函式。（*http://bit.ly/2DPAycx*）

目前這些函式可能會讓人感到有些壓力，但不必擔心，這些功能大多數在 SQL 和分析系
統中都可以找到的。這些工具都是為了實現一個目的，將一種格式或結構資料的 Row 轉
換為另一種。有可能會產生更多或少可用的 Row。首先，讀取將用於分析的 DataFrame：

```scala
// 在 Scala 中
val df = spark.read.format("csv")
  .option("header", "true")
  .option("inferSchema", "true")
  .load("/data/retail-data/by-day/2010-12-01.csv")
df.printSchema()
df.createOrReplaceTempView("dfTable")
```

```python
# 在 Python 中
df = spark.read.format("csv")\
  .option("header", "true")\
  .option("inferSchema", "true")\
  .load("/data/retail-data/by-day/2010-12-01.csv")
df.printSchema()
df.createOrReplaceTempView("dfTable")
```

這是綱要和一小部分資料的結果：

```
root
 |-- InvoiceNo: string (nullable = true)
 |-- StockCode: string (nullable = true)
 |-- Description: string (nullable = true)
 |-- Quantity: integer (nullable = true)
 |-- InvoiceDate: timestamp (nullable = true)
 |-- UnitPrice: double (nullable = true)
 |-- CustomerID: double (nullable = true)
 |-- Country: string (nullable = true)
```

```
+---------+---------+--------------------+--------+-------------------+----...
|InvoiceNo|StockCode|         Description|Quantity|        InvoiceDate|Unit...
+---------+---------+--------------------+--------+-------------------+----...
|   536365|   85123A|WHITE HANGING HEA...|       6|2010-12-01 08:26:00|   ...
|   536365|    71053| WHITE METAL LANTERN|       6|2010-12-01 08:26:00|   ...
...
|   536367|    21755|LOVE BUILDING BLO...|       3|2010-12-01 08:34:00|   ...
|   536367|    21777|RECIPE BOX WITH M...|       4|2010-12-01 08:34:00|   ...
+---------+---------+--------------------+--------+-------------------+----...
```

轉換成 Spark 型別

在本章中將看到如何將本地端型別轉換為 Spark 型別，利用這裡介紹的第一個函式，lit
函式來執行。此函式將另一種程式語言的型別轉換為相對應的 Spark 形式。以下將幾種
不同類型的 Scala 和 Python 的值轉換為各自對應的 Spark 型別：

```scala
// 在 Scala 中
import org.apache.spark.sql.functions.lit
df.select(lit(5), lit("five"), lit(5.0))
```

```python
# 在 Python 中
from pyspark.sql.functions import lit
df.select(lit(5), lit("five"), lit(5.0))
```

SQL 沒有對應的函式，可以直接使用該值：

```sql
-- in SQL
SELECT 5, "five", 5.0
```

操作 Boolean

Boolean 在資料分析方面至關重要，因為它們是所有過濾條件的基礎。Boolean 敘述句由
四個元素組成：*and*，*or*，*true* 和 *false*。使用這些簡單的結構來建立並發展為 *true* 或 *false*
的邏輯敘述。這些敘述通常用來判斷一列資料通過測試（評估為 true）或者被過濾掉。

讓我們以零售的資料集來探索如何運用 Boolean。可以指定相等以及小於或大於：

```
// 在 Scala 中
import org.apache.spark.sql.functions.col
df.where(col("InvoiceNo").equalTo(536365))
  .select("InvoiceNo", "Description")
  .show(5, false)
```

 Scala 中，關於 == 和 === 使用的一些特定語義。如果要按相等來做過濾，則應使用 ===（等於）或 =!=（不等於）。也可以使用 not 函式和 equalTo 方法。

```
// 在 Scala 中
import org.apache.spark.sql.functions.col
df.where(col("InvoiceNo") === 536365)
  .select("InvoiceNo", "Description")
  .show(5, false)
```

Python 則保留了常規的表示法：

```
# 在 Python 中
from pyspark.sql.functions import col
df.where(col("InvoiceNo") != 536365)\
  .select("InvoiceNo", "Description")\
  .show(5, False)
```

```
+---------+----------------------------+
|InvoiceNo|Description                 |
+---------+----------------------------+
|536366   |HAND WARMER UNION JACK      |
...
|536367   |POPPY'S PLAYHOUSE KITCHEN   |
+---------+----------------------------+
```

另一種可能更簡潔的方式 - 將敘述條件改為字串表達式。這適用於 Python 或 Scala。請注意，這也可以使用另一種表達 " 不相等 " 的方式：

```
df.where("InvoiceNo = 536365")
  .show(5, false)
```

```
df.where("InvoiceNo <> 536365")
  .show(5, false)
```

前面提到可以使用 and 或 or 來指定多個 Boolean 表達式。在 Spark 中，將他們鏈接在一起並依序做過濾。

這樣做是因為即使 Boolean 敘述句連續串接在一起表示（一個接一個），Spark 會將所有過濾條件壓縮成一個敘述並同時執行過濾，接著建立一個 and 敘述句。雖然可以透過使用 and 按順序來明確指定過濾條件，但通常依序指定會更容易理解和閱讀。or 條件需要在同一敘述句中指定：

```scala
// 在 Scala 中
val priceFilter = col("UnitPrice") > 600
val descripFilter = col("Description").contains("POSTAGE")
df.where(col("StockCode").isin("DOT")).where(priceFilter.or(descripFilter))
  .show()
```

```python
# 在 Python 中
from pyspark.sql.functions import instr
priceFilter = col("UnitPrice") > 600
descripFilter = instr(df.Description, "POSTAGE") >= 1
df.where(df.StockCode.isin("DOT")).where(priceFilter | descripFilter).show()
```

```sql
-- in SQL
SELECT * FROM dfTable WHERE StockCode in ("DOT") AND(UnitPrice > 600 OR
    instr(Description, "POSTAGE") >= 1)
```

```
+---------+---------+--------------+--------+-------------------+---------+...
|InvoiceNo|StockCode|   Description|Quantity|        InvoiceDate|UnitPrice|...
+---------+---------+--------------+--------+-------------------+---------+...
|   536544|      DOT|DOTCOM POSTAGE|       1|2010-12-01 14:32:00|   569.77|...
|   536592|      DOT|DOTCOM POSTAGE|       1|2010-12-01 17:06:00|   607.49|...
+---------+---------+--------------+--------+-------------------+---------+...
```

Boolean 表達式不僅僅只有在過濾器中適用。要過濾 DataFrame，也可以指定一個 Boolean 的 Column：

```scala
// 在 Scala 中
val DOTCodeFilter = col("StockCode") === "DOT"
val priceFilter = col("UnitPrice") > 600
val descripFilter = col("Description").contains("POSTAGE")
df.withColumn("isExpensive", DOTCodeFilter.and(priceFilter.or(descripFilter)))
  .where("isExpensive")
  .select("unitPrice", "isExpensive").show(5)
```

```python
# 在 Python 中
from pyspark.sql.functions import instr
DOTCodeFilter = col("StockCode") == "DOT"
priceFilter = col("UnitPrice") > 600
descripFilter = instr(col("Description"), "POSTAGE") >= 1
df.withColumn("isExpensive", DOTCodeFilter & (priceFilter | descripFilter))\
  .where("isExpensive")\
  .select("unitPrice", "isExpensive").show(5)
```

```
-- in SQL
SELECT UnitPrice, (StockCode = 'DOT' AND
  (UnitPrice > 600 OR instr(Description, "POSTAGE") >= 1)) as isExpensive
FROM dfTable
WHERE (StockCode = 'DOT' AND
        (UnitPrice > 600 OR instr(Description, "POSTAGE") >= 1))
```

請注意，不需要將過濾器指定成表達式，以及可以直接使用欄位名稱而無需任何額外的工作。

如果你非常擅長使用 SQL，那麼這些敘述句應該都會非常熟悉。實際上，這些敘述句都可以表示成 where 子句。將過濾器表達為 SQL 語句通常比程序化的 DataFrame 介面更容易操作使用，而 Spark SQL 允許在不犧牲任何效能的情況下執行此操作。例如，以下兩個語句是等效的：

```
// 在 Scala 中
import org.apache.spark.sql.functions.{expr, not, col}
df.withColumn("isExpensive", not(col("UnitPrice").leq(250)))
  .filter("isExpensive")
  .select("Description", "UnitPrice").show(5)
df.withColumn("isExpensive", expr("NOT UnitPrice <= 250"))
  .filter("isExpensive")
  .select("Description", "UnitPrice").show(5)
```

這是 python 的定義：

```
# 在 Python 中
from pyspark.sql.functions import expr
df.withColumn("isExpensive", expr("NOT UnitPrice <= 250"))\
  .where("isExpensive")\
  .select("Description", "UnitPrice").show(5)
```

 如果你在建立 Boolean 表達式時涉及到含有 null 的資料時，操作方式會有點不同。以下是如何確保執行 null-safe 等效性的測試：

```
df.where(col("Description").eqNullSafe("hello")).show()
```

雖然目前在 Spark 2.2 中還沒有，但在 Spark 2.3 將導入 IS [NOT] DISTINCT FROM 來處理在 SQL 中所遇到這類狀況。

操作 Number

處理大數據時，過濾完之後最常接著處理的任務就是計算次數。在大多數情況下，只需要表達計算，並且假設正在使用的數值資料型別是有效的。

舉個例子，想像一下假設發現零售資料集中的數量被記錄錯誤，而真實的數量等於（當前數量 * 單價$)^2$ + 5。可以使用一個數值函式 : pow 函式，將欄位取來做次方的運算：

```scala
// 在 Scala 中
import org.apache.spark.sql.functions.{expr, pow}
val fabricatedQuantity = pow(col("Quantity") * col("UnitPrice"), 2) + 5
df.select(expr("CustomerId"), fabricatedQuantity.alias("realQuantity")).show(2)
```

```python
# 在 Python 中
from pyspark.sql.functions import expr, pow
fabricatedQuantity = pow(col("Quantity") * col("UnitPrice"), 2) + 5
df.select(expr("CustomerId"), fabricatedQuantity.alias("realQuantity")).show(2)
```

```
+----------+------------------+
|CustomerId|      realQuantity|
+----------+------------------+
|   17850.0|239.08999999999997|
|   17850.0|          418.7156|
+----------+------------------+
```

請注意，因為此 Column 都是數值型別才能夠將它們相乘，或是根據需求來進行加或減運算。事實上，也能將這些當作 SQL 表達式來執行：

```scala
// 在 Scala 中
df.selectExpr(
  "CustomerId",
  "(POWER((Quantity * UnitPrice), 2.0) + 5) as realQuantity").show(2)
```

```python
# 在 Python 中
df.selectExpr(
  "CustomerId",
  "(POWER((Quantity * UnitPrice), 2.0) + 5) as realQuantity").show(2)
```

```sql
-- in SQL
SELECT customerId, (POWER((Quantity * UnitPrice), 2.0) + 5) as realQuantity
FROM dfTable
```

另一個常見的數值型任務是取四捨五入。如果想要將數值四捨五入到整數位數，通常可以將值直接轉換為整數。但是，Spark 還具有更詳細的功能，可以明確地執行此操作達到一定的精度。以下範例會四捨五入到小數點一位：

```
// 在 Scala 中
import org.apache.spark.sql.functions.{round, bround}
df.select(round(col("UnitPrice"), 1).alias("rounded"), col("UnitPrice")).show(5)
```

預設的狀況下，如果正好在兩個數字之間，則四捨五入功能會向上進位。也可以使用
bround 向下捨入：

```
// 在 Scala 中
import org.apache.spark.sql.functions.lit
df.select(round(lit("2.5")), bround(lit("2.5"))).show(2)
```

```
# 在 Python 中
from pyspark.sql.functions import lit, round, bround

df.select(round(lit("2.5")), bround(lit("2.5"))).show(2)
```

```
-- in SQL
SELECT round(2.5), bround(2.5)
```

```
+-------------+-------------+
|round(2.5, 0)|bround(2.5, 0)|
+-------------+-------------+
|          3.0|          2.0|
|          3.0|          2.0|
+-------------+-------------+
```

另一種數值型任務是計算兩個欄位的相關性。例如可以看到兩個欄位的 Pearson 相關係
數，看看是否通常便宜的東西購買數量會比較多。可以透過函式以及 DataFrame 的統計
方法來實現：

```
// 在 Scala 中
import org.apache.spark.sql.functions.{corr}
df.stat.corr("Quantity", "UnitPrice")
df.select(corr("Quantity", "UnitPrice")).show()
```

```
# 在 Python 中
from pyspark.sql.functions import corr
df.stat.corr("Quantity", "UnitPrice")
df.select(corr("Quantity", "UnitPrice")).show()
```

```
-- in SQL
SELECT corr(Quantity, UnitPrice) FROM dfTable
```

```
+-------------------------+
|corr(Quantity, UnitPrice)|
+-------------------------+
|     -0.04112314436835551|
+-------------------------+
```

另一個常見的任務是計算欄位或欄位集合的概述統計量。可以使用 describe 方法來實現。這將運用所有數值型欄位來計算數量、平均值、標準偏差、最小值和最大值。使用這些函式時主要是在終端機中查看結果，因為綱要可能在未來會做修改：

```scala
// 在 Scala 中
df.describe().show()
```

```python
# 在 Python 中
df.describe().show()
```

```
+-------+------------------+------------------+------------------+
|summary|          Quantity|         UnitPrice|        CustomerID|
+-------+------------------+------------------+------------------+
|  count|              3108|              3108|              1968|
|   mean| 8.627413127413128| 4.151946589446603|15661.388719512195|
| stddev|26.371821677029203|15.638659854603892|1854.4496996893627|
|    min|               -24|               0.0|           12431.0|
|    max|               600|            607.49|           18229.0|
+-------+------------------+------------------+------------------+
```

如果需要這些計算後的數值結果，也可以透過導入函式，並將它們應用於需要欄位上執行這些操作並聚合：

```scala
// 在 Scala 中
import org.apache.spark.sql.functions.{count, mean, stddev_pop, min, max}
```

```python
# 在 Python 中
from pyspark.sql.functions import count, mean, stddev_pop, min, max
```

StatFunctions 套件中提供了許多統計函數（可以使用下面程式碼中看到的 stat 來進行存取）。這些都是屬於 DataFrame 方法，可以運用它們來計算各種不同的東西。例如，approxQuantile 方法可用來計算資料的精確或近似位數：

```scala
// 在 Scala 中
val colName = "UnitPrice"
val quantileProbs = Array(0.5)
val relError = 0.05
df.stat.approxQuantile("UnitPrice", quantileProbs, relError) // 2.51
```

```python
# 在 Python 中
colName = "UnitPrice"
quantileProbs = [0.5]
relError = 0.05
df.stat.approxQuantile("UnitPrice", quantileProbs, relError) # 2.51
```

也能使用它來查看交叉列表或頻繁項目對（請注意，此輸出結果很大因此被省略）：

```scala
// 在 Scala 中
df.stat.crosstab("StockCode", "Quantity").show()
```

```python
# 在 Python 中
df.stat.crosstab("StockCode", "Quantity").show()
```

```scala
// 在 Scala 中
df.stat.freqItems(Seq("StockCode", "Quantity")).show()
```

```python
# 在 Python 中
df.stat.freqItems(["StockCode", "Quantity"]).show()
```

最後一點，透過 monotonically_increasing_id 函式為每列添加一個唯一的 ID。此函式會為每列生成一個唯一值，並從 0 開始：

```scala
// 在 Scala 中
import org.apache.spark.sql.functions.monotonically_increasing_id
df.select(monotonically_increasing_id()).show(2)
```

```python
# 在 Python 中
from pyspark.sql.functions import monotonically_increasing_id
df.select(monotonically_increasing_id()).show(2)
```

每個版本都不斷添加了一些新的功能，因此請查看文件以獲取更多方法。例如，有一些隨機資料生成工具（例如，rand()，randn()），可以利用它們來隨機生成一些資料；但是，這樣做存在一些潛在的問題（從 Spark 郵件列表中能找到這些討論）。還有一些更高級的應用，譬如在本章開頭提到（並做連結）的 stat 包中所提供的 bloom 過濾和概略演算法。請務必搜尋 API 文件以獲取更多資訊和功能。

操作 String

字串操作幾乎會出現在每個數據流中，值得討論可以用字串來做些什麼。可以運用正規表達式來擷取或轉換日誌文件，或檢查簡單的字串是否存在，或使所有字串轉成大寫或小寫。

讓我們從最後一個任務開始進行，因為它是最快的。當單字之間利用空格來做分隔時，initcap 函式將整個字串中的每個單字的字首轉成大寫。

```scala
// 在 Scala 中
import org.apache.spark.sql.functions.{initcap}
df.select(initcap(col("Description"))).show(2, false)
```

```
# 在 Python 中
from pyspark.sql.functions import initcap
df.select(initcap(col("Description"))).show()

-- in SQL
SELECT initcap(Description) FROM dfTable


+--------------------------------+
|initcap(Description)            |
+--------------------------------+
|White Hanging Heart T-light Holder|
|White Metal Lantern             |
+--------------------------------+
```

如上所述，也可以將字串轉換成大寫或小寫：

```
// 在 Scala 中
import org.apache.spark.sql.functions.{lower, upper}
df.select(col("Description"),
  lower(col("Description")),
  upper(lower(col("Description")))).show(2)

# 在 Python 中
from pyspark.sql.functions import lower, upper
df.select(col("Description"),
    lower(col("Description")),
    upper(lower(col("Description")))).show(2)

-- in SQL
SELECT Description, lower(Description), Upper(lower(Description)) FROM dfTable


+--------------------+--------------------+-------------------------+
|         Description|  lower(Description)|upper(lower(Description))|
+--------------------+--------------------+-------------------------+
|WHITE HANGING HEA...|white hanging hea...|     WHITE HANGING HEA...|
| WHITE METAL LANTERN| white metal lantern|      WHITE METAL LANTERN|
+--------------------+--------------------+-------------------------+
```

另一種簡單的任務是添加或刪除字串周圍的空格。利用 lpad，ltrim，rpad 和 rtrim，trim 來做到這一點：

```
// 在 Scala 中
import org.apache.spark.sql.functions.{lit, ltrim, rtrim, rpad, lpad, trim}
df.select(
    ltrim(lit("     HELLO     ")).as("ltrim"),
    rtrim(lit("     HELLO     ")).as("rtrim"),
    trim(lit("     HELLO     ")).as("trim"),
    lpad(lit("HELLO"), 3, " ").as("lp"),
```

```
    rpad(lit("HELLO"), 10, " ").as("rp")).show(2)

# 在 Python 中
from pyspark.sql.functions import lit, ltrim, rtrim, rpad, lpad, trim
df.select(
    ltrim(lit("    HELLO    ")).alias("ltrim"),
    rtrim(lit("    HELLO    ")).alias("rtrim"),
    trim(lit("    HELLO    ")).alias("trim"),
    lpad(lit("HELLO"), 3, " ").alias("lp"),
    rpad(lit("HELLO"), 10, " ").alias("rp")).show(2)

-- in SQL
SELECT
  ltrim('    HELLLOOOO    '),
  rtrim('    HELLLOOOO    '),
  trim('    HELLLOOOO    '),
  lpad('HELLOOOO    ', 3, ' '),
  rpad('HELLOOOO    ', 10, ' ')
FROM dfTable

+---------+---------+-----+---+----------+
|    ltrim|    rtrim| trim| lp|        rp|
+---------+---------+-----+---+----------+
|HELLO    |    HELLO|HELLO| HE|HELLO     |
|HELLO    |    HELLO|HELLO| HE|HELLO     |
+---------+---------+-----+---+----------+
```

請注意，如果 lpad 或 rpad 的數字小於字串的長度，它都將從字串的右側開始做刪除。

正規表達式

常見的任務之一是在字串中搜索另一個字串是否存在，或者用另一個值來替換字串。在許多程式語言中都有這樣的工具，稱為**正規表達式**。正規表達式能讓用戶指定一組規則，用來從字串中做擷取或將其替換為其他值。

Spark 包含了 Java 正規表達式中的所有功能。Java 正規表達式的語法與其他程式語言略有不同，因此將任何專案投入生產之前值得再次檢視。需要執行正規表達式任務的話，在 Spark 中有兩個關鍵函式：regexp_extract 與 regexp_replace，這些函式可以分別擷取或替換值。

接著來探索如何使用 regexp_replace 函式來替換 Description 欄位中的顏色名稱：

```scala
// 在 Scala 中
import org.apache.spark.sql.functions.regexp_replace
val simpleColors = Seq("black", "white", "red", "green", "blue")
val regexString = simpleColors.map(_.toUpperCase).mkString("|")
// the | signifies `OR` in regular expression syntax
df.select(
  regexp_replace(col("Description"), regexString, "COLOR").alias("color_clean"),
  col("Description")).show(2)
```

```python
# 在 Python 中
from pyspark.sql.functions import regexp_replace
regex_string = "BLACK|WHITE|RED|GREEN|BLUE"
df.select(
  regexp_replace(col("Description"), regex_string, "COLOR").alias("color_clean"),
  col("Description")).show(2)
```

```sql
-- in SQL
SELECT
  regexp_replace(Description, 'BLACK|WHITE|RED|GREEN|BLUE', 'COLOR') as
  color_clean, Description
FROM dfTable
```

```
+--------------------+--------------------+
|         color_clean|         Description|
+--------------------+--------------------+
|COLOR HANGING HEA...|WHITE HANGING HEA...|
| COLOR METAL LANTERN| WHITE METAL LANTERN|
+--------------------+--------------------+
```

另一項任務是用其他字元來替換指定的字元。若用正規表達式可能會很乏味，Spark 提供了另外一種 translate 函式來執行同樣的任務。這是在字元等級完成的，利用替換字串中索引字元來替換所有實例中對應的字元：

```scala
// 在 Scala 中
import org.apache.spark.sql.functions.translate
df.select(translate(col("Description"), "LEET", "1337"), col("Description"))
  .show(2)
```

```python
# 在 Python 中
from pyspark.sql.functions import translate
df.select(translate(col("Description"), "LEET", "1337"),col("Description"))\
  .show(2)
```

```sql
-- in SQL
SELECT translate(Description, 'LEET', '1337'), Description FROM dfTable
```

```
+--------------------------------+--------------------+
|translate(Description, LEET, 1337)|         Description|
+--------------------------------+--------------------+
|            WHI73 HANGING H3A...|WHITE HANGING HEA...|
|            WHI73 M37A1 1AN73RN| WHITE METAL LANTERN|
+--------------------------------+--------------------+
```

也可以執行類似的操作，例如取出前面所提到的顏色：

```scala
// 在 Scala 中
import org.apache.spark.sql.functions.regexp_extract
val regexString = simpleColors.map(_.toUpperCase).mkString("(", "|", ")")
// the | signifies OR in regular expression syntax
df.select(
    regexp_extract(col("Description"), regexString, 1).alias("color_clean"),
    col("Description")).show(2)
```

```python
# 在 Python 中
from pyspark.sql.functions import regexp_extract
extract_str = "(BLACK|WHITE|RED|GREEN|BLUE)"
df.select(
    regexp_extract(col("Description"), extract_str, 1).alias("color_clean"),
    col("Description")).show(2)
```

```sql
-- in SQL
SELECT regexp_extract(Description, '(BLACK|WHITE|RED|GREEN|BLUE)', 1),
  Description
FROM dfTable
```

```
+-------------+--------------------+
| color_clean|         Description|
+-------------+--------------------+
|        WHITE|WHITE HANGING HEA...|
|        WHITE| WHITE METAL LANTERN|
+-------------+--------------------+
```

有時，只想檢查這些字串是否存在，而非擷取值。可以使用 Column 物件中的 contains 方法完成此操作。它會回傳一個 Boolean 值，告訴指定的值是否存在於欄位的字串中：

```scala
// 在 Scala 中
val containsBlack = col("Description").contains("BLACK")
val containsWhite = col("DESCRIPTION").contains("WHITE")
df.withColumn("hasSimpleColor", containsBlack.or(containsWhite))
  .where("hasSimpleColor")
  .select("Description").show(3, false)
```

在 Python 和 SQL 中，可以使用 instr 函式：

```python
# 在 Python 中
from pyspark.sql.functions import instr
containsBlack = instr(col("Description"), "BLACK") >= 1
containsWhite = instr(col("Description"), "WHITE") >= 1
df.withColumn("hasSimpleColor", containsBlack | containsWhite)\
  .where("hasSimpleColor")\
  .select("Description").show(3, False)
```

```sql
-- in SQL
SELECT Description FROM dfTable
WHERE instr(Description, 'BLACK') >= 1 OR instr(Description, 'WHITE') >= 1
```

```
+----------------------------------+
|Description                       |
+----------------------------------+
|WHITE HANGING HEART T-LIGHT HOLDER|
|WHITE METAL LANTERN               |
|RED WOOLLY HOTTIE WHITE HEART.    |
+----------------------------------+
```

這很簡單，只有兩種值，如果有值時，狀況會變得更複雜。

讓我們以更嚴謹的方式來解決此問題，並利用 Spark 接受動態數量參數的能力。將值的列表轉換為一組參數並傳遞給函式時，我們使用一個名為 var args 的語言特性。它可以有效地解開任意長度的數組，並將其作為參數傳遞給函式。這與 select 的結合應用可以動態創建任意數量的 Column：

```scala
// 在 Scala 中
val simpleColors = Seq("black", "white", "red", "green", "blue")
val selectedColumns = simpleColors.map(color => {
   col("Description").contains(color.toUpperCase).alias(s"is_$color")
}):+expr("*") // could also append this value
df.select(selectedColumns:_*).where(col("is_white").or(col("is_red")))
  .select("Description").show(3, false)
```

```
+----------------------------------+
|Description                       |
+----------------------------------+
|WHITE HANGING HEART T-LIGHT HOLDER|
|WHITE METAL LANTERN               |
|RED WOOLLY HOTTIE WHITE HEART.    |
+----------------------------------+
```

也可以在 Python 中輕鬆完成這項工作。在這種情況下將使用不同的函數，locate，它會回傳整數位置（位置從 1 開始）。然後將其轉換為 Boolean 值，並將它當作相同的基本特性：

```python
# 在 Python 中
from pyspark.sql.functions import expr, locate
simpleColors = ["black", "white", "red", "green", "blue"]
def color_locator(column, color_string):
  return locate(color_string.upper(), column)\
          .cast("boolean")\
          .alias("is_" + c)
selectedColumns = [color_locator(df.Description, c) for c in simpleColors]
selectedColumns.append(expr("*")) # has to a be Column type

df.select(*selectedColumns).where(expr("is_white OR is_red"))\
  .select("Description").show(3, False)
```

此特性可以幫助你運用易於理解和擴展的方式，來讓程式自動產生 Column 欄位或用作 Boolean 過濾器。可以將其擴展到計算給定輸入值後的最小分母，或者數字是否為質數。

操作 Date 與 Timestamp

日期與時間一直都是程式語言和資料庫中的一個挑戰。需要追蹤時區並確保格式是否正確有效。Spark 透過兩種與時間相關的資訊，盡力使事情變得簡單。有些日期專門針對日曆日期和時間戳，其中包含了日期和時間資訊。正如在當前 dataset 中看到的那樣，Spark 將盡最大努力正確的識別欄位型別，包括啟用 inferSchema 時的日期和時間戳。可以看到這對目前的 dataset 非常有效，因為它能夠識別和讀取日期格式，無需為其提供一些規範。

正如之前所提示的，使用日期和時間戳與使用字串密切相關，因為經常將時間戳或日期存為字串，並在執行階段再將它轉換為日期型別。這在使用資料庫和結構化資料時並不常見，反而在處理文本和 CSV 檔案時更為常見。我們將進行一些試驗。

不幸的是，在處埋日期和時間戳時，有很多要注意的地方，特別是在時區
方面的處理。在 2.1 版及更早版本，如果未在解析的值中明確指定時區，
Spark 會依據電腦的時區來做解析。如有必要，可以透過在 SQL 設定的
spark.conf.sessionLocalTimeZone 來設定 Session 的本地時區，這應該根據
Java TimeZone 格式來做設定。（ *https://docs.oracle.com/javase/7/docs/api/*
java/util/TimeZone.html ）

```
df.printSchema()

root
 |-- InvoiceNo: string (nullable = true)
 |-- StockCode: string (nullable = true)
 |-- Description: string (nullable = true)
 |-- Quantity: integer (nullable = true)
 |-- InvoiceDate: timestamp (nullable = true)
 |-- UnitPrice: double (nullable = true)
 |-- CustomerID: double (nullable = true)
 |-- Country: string (nullable = true)
```

雖然 Spark 會盡最大努力去解析日期或時間，但是有時候總是會出現一些奇怪的日期
和時間。確保知道每個步驟的型別和格式是做轉換的關鍵。另一個常見的 " 問題 " 是
Spark 的 TimestampType 類別只支援二級精度，這代表如果要使用毫秒或微秒，必須運用
long 型別來解決此問題。強制轉換為 TimestampType 時的精度將會被刪除。

Spark 對於任何給定時間點的格式會有特殊處理。在解析或轉換時要明確知道這一點，
以確保這樣做沒有問題。在一天結束時，Spark 運用 Java 日期和時間戳，因此符合這些
標準。我們從基礎知識開始，獲取當前日期和時間戳：

```
// 在 Scala 中
import org.apache.spark.sql.functions.{current_date, current_timestamp}
val dateDF = spark.range(10)
  .withColumn("today", current_date())
  .withColumn("now", current_timestamp())
dateDF.createOrReplaceTempView("dateTable")
```

```
# 在 Python 中
from pyspark.sql.functions import current_date, current_timestamp
dateDF = spark.range(10)\
  .withColumn("today", current_date())\
  .withColumn("now", current_timestamp())
dateDF.createOrReplaceTempView("dateTable")
```

```
dateDF.printSchema()

root
 |-- id: long (nullable = false)
 |-- today: date (nullable = false)
 |-- now: timestamp (nullable = false)
```

用一個簡單的 DataFrame 來做操作，從今天起算增加或減少五天。這些函式以欄位以及操作的天數當作參數：

```scala
// 在 Scala 中
import org.apache.spark.sql.functions.{date_add, date_sub}
dateDF.select(date_sub(col("today"), 5), date_add(col("today"), 5)).show(1)
```

```python
# 在 Python 中
from pyspark.sql.functions import date_add, date_sub
dateDF.select(date_sub(col("today"), 5), date_add(col("today"), 5)).show(1)
```

```sql
-- in SQL
SELECT date_sub(today, 5), date_add(today, 5) FROM dateTable
```

```
+------------------+------------------+
|date_sub(today, 5)|date_add(today, 5)|
+------------------+------------------+
|        2017-06-12|        2017-06-22|
+------------------+------------------+
```

另一種常見的任務是計算兩個日期之間的差。可以使用 datediff 函式來執行，並回傳兩個日期之間的天數差。多數情況下只會用到日期，由於天數因月份不同，還有另一個函式 months_between，它會計算出兩個日期之間的月數差：

```scala
// 在 Scala 中
import org.apache.spark.sql.functions.{datediff, months_between, to_date}
dateDF.withColumn("week_ago", date_sub(col("today"), 7))
  .select(datediff(col("week_ago"), col("today"))).show(1)
dateDF.select(
    to_date(lit("2016-01-01")).alias("start"),
    to_date(lit("2017-05-22")).alias("end"))
  .select(months_between(col("start"), col("end"))).show(1)
```

```python
# 在 Python 中
from pyspark.sql.functions import datediff, months_between, to_date
dateDF.withColumn("week_ago", date_sub(col("today"), 7))\
  .select(datediff(col("week_ago"), col("today"))).show(1)

dateDF.select(
    to_date(lit("2016-01-01")).alias("start"),
```

```
    to_date(lit("2017-05-22")).alias("end")))\
  .select(months_between(col("start"), col("end"))).show(1)

-- in SQL
SELECT to_date('2016-01-01'), months_between('2016-01-01', '2017-01-01'),
datediff('2016-01-01', '2017-01-01')
FROM dateTable
```

```
+-----------------------+
|datediff(week_ago, today)|
+-----------------------+
|                     -7|
+-----------------------+
```

```
+-----------------------+
|months_between(start, end)|
+-----------------------+
|            -16.67741935|
+-----------------------+
```

這邊多介紹一個新的函式：to_date 函式。to_date 函式可以將字串轉換為日期，並在 Java 的 SimpleDateFormat（*http://docs.oracle.com/javase/tutorial/i18n/format/simpleDateFormat. html*）中指定所需的格式：

```scala
// 在 Scala 中
import org.apache.spark.sql.functions.{to_date, lit}
spark.range(5).withColumn("date", lit("2017-01-01"))
  .select(to_date(col("date"))).show(1)
```

```python
# 在 Python 中
from pyspark.sql.functions import to_date, lit
spark.range(5).withColumn("date", lit("2017-01-01"))\
  .select(to_date(col("date"))).show(1)
```

如果無法解析此日期，Spark 只會回傳 null 值，並不會拋出錯誤；在較大型的工作流程中這會很麻煩，因為你可能希望資料來源是某種格式並將其轉換存儲成另外一種格式。讓我們來看看將從年 - 月 - 日轉換為年 - 日 - 月的日期格式。Spark 將無法解析此日期並直接回傳 null：

```
dateDF.select(to_date(lit("2016-20-12")),to_date(lit("2017-12-11"))).show(1)
```

```
+------------------+------------------+
|to_date(2016-20-12)|to_date(2017-12-11)|
+------------------+------------------+
|              null|        2017-12-11|
+------------------+------------------+
```

這對於 bug 處理來說是一個特別麻煩的情況，因為某些日期可能匹配正確的格式。在前面的例子中，請注意第二個日期顯示為十二月十一日而非十一月十二日。Spark 並不會拋出錯誤，因為它無法知道日期是否混淆或特定列的格式是否不正確。

讓我們一步一步地修正此工作流程，並試著用一種可以避免這種狀況的方法來處理。第一步是根據 Java 的 SimpleDateFormat 標準（*https://docs.oracle.com/javase/8/docs/api/java/text/SimpleDateFormat.html*）來定義日期格式。

這裡將會使用到兩個函式：to_date 和 to_timestamp。兩者皆可選擇想使用的格式：

```scala
// 在 Scala 中
import org.apache.spark.sql.functions.to_date
val dateFormat = "yyyy-dd-MM"
val cleanDateDF = spark.range(1).select(
    to_date(lit("2017-12-11"), dateFormat).alias("date"),
    to_date(lit("2017-20-12"), dateFormat).alias("date2"))
cleanDateDF.createOrReplaceTempView("dateTable2")
```

```python
# 在 Python 中
from pyspark.sql.functions import to_date
dateFormat = "yyyy-dd-MM"
cleanDateDF = spark.range(1).select(
    to_date(lit("2017-12-11"), dateFormat).alias("date"),
    to_date(lit("2017-20-12"), dateFormat).alias("date2"))
cleanDateDF.createOrReplaceTempView("dateTable2")
```

```sql
-- in SQL
SELECT to_date(date, 'yyyy-dd-MM'), to_date(date2, 'yyyy-dd-MM'), to_date(date)
FROM dateTable2
```

```
+----------+----------+
|      date|     date2|
+----------+----------+
|2017-11-12|2017-12-20|
+----------+----------+
```

以下為使用 to_timestamp 的範例：

```scala
// 在 Scala 中
import org.apache.spark.sql.functions.to_timestamp
cleanDateDF.select(to_timestamp(col("date"), dateFormat)).show()
```

```python
# 在 Python 中
from pyspark.sql.functions import to_timestamp
cleanDateDF.select(to_timestamp(col("date"), dateFormat)).show()
```

```
-- in SQL
SELECT to_timestamp(date, 'yyyy-dd-MM'), to_timestamp(date2, 'yyyy-dd-MM')
FROM dateTable2

+---------------------------------+
|to_timestamp(`date`, 'yyyy-dd-MM')|
+---------------------------------+
|              2017-11-12 00:00:00|
+---------------------------------+
```

在所有程式語言中，日期和時間戳記之間都可以輕易的做轉換 - 在 SQL 中，可以透過以下的方式進行：

```
-- in SQL
SELECT cast(to_date("2017-01-01", "yyyy-dd-MM") as timestamp)
```

日期或時間戳的格式與型別正確後，進行它們之間的比較是非常簡單的。只需要確保使用的日期 / 時間戳記型別，或如果需要進行日期之間的比較時，可依據 yyyy-MM-dd 的格式指定字串解析的方式：

```
cleanDateDF.filter(col("date2") > lit("2017-12-12")).show()
```

也可以將它設為一個字串，Spark 會將它解析為文字：

```
cleanDateDF.filter(col("date2") > "'2017-12-12'").show()
```

 雖然在處理不同時區或格式的空值或日期時，隱式型別轉換是一種輕鬆的方式。但還是建議明確的指定如何做解析，不要依賴隱式轉換。

處理資料中的 null 值

作為最佳的實踐，你應該盡量運用 null 值來表示 DataFrame 中缺少或空的資料。比起空字串或其他值，Spark 會對 null 值進行優化。在 DataFrame 上可以用 .na 的子套件與 null 值進行交互操作，另外也有幾個函式可以專門用來指定 Spark 遇到 null 值時應如何處理。有關詳細的資訊，可參閱第五章（討論排序的部分），也可參閱第 87 頁的 " 操作 Boolean"。

如何處理 null 值是所有程式語言皆有的挑戰，Spark 也不例外。在我們看來，處理顯式的 null 值比隱式的方式更好處理。例如，在本書的這一章節中，介紹如何將欄位定義為具有 null 值的型別。然而，當定義一個欄位不可包含 null 值時，它實際上並沒有被強制執行。重申一下，當定義了一個綱要，裡面所有的欄位都指定為不可包含 null 值，Spark 不會強制執行該操作，null 值還是有可能會被放入該欄位。允許為 null 的信號只是為了幫助 Spark SQL 可以優化處理該欄位。如果欄位中不應具有但是卻被放入 null 值，可能會得到不正確的結果或發生難以除錯的奇怪例外。

使用 null 值時可執行兩種操作：直接刪除 null 值，或賦予他們另一個值（全域或基於每個欄位）。

Coalesce 方法

Spark 中透過 coalesce 函式可在一組欄位中選取第一個非 null 值的欄位。下面的例子中，都是非 null 的值，所以它會回傳第一個欄位：

```
// 在 Scala 中
import org.apache.spark.sql.functions.coalesce
df.select(coalesce(col("Description"), col("CustomerId"))).show()
```

```
# 在 Python 中
from pyspark.sql.functions import coalesce
df.select(coalesce(col("Description"), col("CustomerId"))).show()
```

ifnull、nullIf、nvl 與 nvl2 方法

Spark 中也有一些 SQL 函式可以來實現類似的功能。透過 ifnull 函式，如果第一個值為 null 時，則會使用第二個值，預設是為第一個值。或者，使用 nullif，若兩個值相等則回傳 null，否則會回傳第二個值。透過 nvl，若第一個值為 null，則會回傳第二個值，但預設是第一個值。最後，nvl2，如果第一個值不為 null，則回傳第二個值；否則，它將回傳最後指定的值（以下範例中為 else_value）：

```
-- in SQL
SELECT
  ifnull(null, 'return_value'),
  nullif('value', 'value'),
  nvl(null, 'return_value'),
  nvl2('not_null', 'return_value', "else_value")
FROM dfTable LIMIT 1
```

```
+------------+----+------------+------------+
|          a|  b|           c|          d|
+------------+----+------------+------------+
|return_value|null|return_value|return_value|
+------------+----+------------+------------+
```

也可以在 DataFrame 的 select 表達式中使用這些函式。

Drop 函式

最簡單的函式就是 drop 了，它會刪除包含空值的列。預設是刪除任何值為 null 的列：

```
df.na.drop()
df.na.drop("any")
```

在 SQL 中，必須每個欄位逐一進行：

```sql
-- in SQL
SELECT * FROM dfTable WHERE Description IS NOT NULL
```

設定參數為 "any"，代表只要該列有任何值為 null，就會被刪除。若設定參數為 "all" 時，代表該列所有的值皆為 null 或 NaN 時，才會被刪除：

```
df.na.drop("all")
```

也可以透過傳入一組欄位集合以作用於某些列：

```scala
// 在 Scala 中
df.na.drop("all", Seq("StockCode", "InvoiceNo"))
```

```python
# 在 Python 中
df.na.drop("all", subset=["StockCode", "InvoiceNo"])
```

fill 方法

運用 fill 函式，透過指定一個特定值和一組欄位的映射，可將一組值填充到一至多個欄位中。

例如，要填充 String 型別欄位裡的所有 null 值，可以指定以下內容：

```
df.na.fill("All Null values become this string")
```

可以使用 df.na.fill(5：Integer) 指定 Integer 型別或 df.na.fill(5：Double) 指定 Double 型別的欄位來執行相同的操作。要指定多個欄位，只需傳入一個欄位名稱的數組，就像在上一個範例中所做的：

```scala
// 在 Scala 中
df.na.fill(5, Seq("StockCode", "InvoiceNo"))
```

```python
# 在 Python 中
df.na.fill("all", subset=["StockCode", "InvoiceNo"])
```

也能運用 Scala 的 Map 來執行此操作，其中鍵是欄位的名稱，值會用於填充 null：

```scala
// 在 Scala 中
val fillColValues = Map("StockCode" -> 5, "Description" -> "No Value")
df.na.fill(fillColValues)
```

```python
# 在 Python 中
fill_cols_vals = {"StockCode": 5, "Description" : "No Value"}
df.na.fill(fill_cols_vals)
```

replace 方法

除了像 drop 和 fill 可用來替換 null 值之外，也可以使用其他更靈活的選項。最常見的使用案例是根據當前的值來替換某欄位中的值。唯一的要求是此值與原始值的型別必須相同：

```scala
// 在 Scala 中
df.na.replace("Description", Map("" -> "UNKNOWN"))
```

```python
# 在 Python 中
df.na.replace([""], ["UNKNOWN"], "Description")
```

排序

正如在第五章中討論的，可以使用 asc_nulls_first、desc_nulls_firstasc_nulls_last 或 desc_nulls_last 來指定希望 null 值在有序的 DataFrame 中出現的位置。

操作 Complex 型別

Complex 型別可以幫你用希望的方式來組織和建構資料。有三種 Complex 型別：Struct，Array 和 Map。

Struct

可以將 Struct 視為 DataFrame 中的 DataFrame，並用一個例子來更清楚說明。運用查詢中的括號包裝一組欄位來創建 Struct：

```
df.selectExpr("(Description, InvoiceNo) as complex", "*")

df.selectExpr("struct(Description, InvoiceNo) as complex", "*")

// 在 Scala 中
import org.apache.spark.sql.functions.struct
val complexDF = df.select(struct("Description", "InvoiceNo").alias("complex"))
complexDF.createOrReplaceTempView("complexDF")

# 在 Python 中
from pyspark.sql.functions import struct
complexDF = df.select(struct("Description", "InvoiceNo").alias("complex"))
complexDF.createOrReplaceTempView("complexDF")
```

現在有一個帶有 Complex 型別欄位的 DataFrame，可以像查詢另一個 DataFrame 一樣對它進行操作，唯一的區別是使用點語法來呼叫，或者使用 getField 欄位方法：

```
complexDF.select("complex.Description")
complexDF.select(col("complex").getField("Description"))
```

還可以使用 * 來查詢 Struct 中的所有值。這會將所有欄位顯示到最上層的 DataFrame：

```
complexDF.select("complex.*")

-- in SQL
SELECT complex.* FROM complexDF
```

Array

為了定義 Array，透過一個使用案例來做說明。使用當前的資料，目的是獲取 Description 欄位中的每個單詞，並將其轉換為 DataFrame 中的列。

第一項任務是將 Description 欄位轉為 Complex 型別，即 Array。

split 方法

透過使用 split 函式並指定分隔符來執行：

```scala
// 在 Scala 中
import org.apache.spark.sql.functions.split
df.select(split(col("Description"), " ")).show(2)
```

```python
# 在 Python 中
from pyspark.sql.functions import split
df.select(split(col("Description"), " ")).show(2)
```

```sql
-- in SQL
SELECT split(Description, ' ') FROM dfTable
```

```
+--------------------+
|split(Description,  )|
+--------------------+
| [WHITE, HANGING, ...|
| [WHITE, METAL, LA...|
+--------------------+
```

這非常強大，因為 Spark 允許將此 Complex 型別作為另一個欄位來進行操作。還可以使用類似 Python 的語法查詢 Array 的值：

```scala
// 在 Scala 中
df.select(split(col("Description"), " ").alias("array_col"))
  .selectExpr("array_col[0]").show(2)
```

```python
# 在 Python 中
df.select(split(col("Description"), " ").alias("array_col"))\
  .selectExpr("array_col[0]").show(2)
```

```sql
-- in SQL
SELECT split(Description, ' ')[0] FROM dfTable
```

得到的結果如下：

```
+------------+
|array_col[0]|
+------------+
|       WHITE|
|       WHITE|
+------------+
```

Array 的長度

可以透過查詢它的大小來得到 Array 的長度：

```scala
// 在 Scala 中
import org.apache.spark.sql.functions.size
df.select(size(split(col("Description"), " "))).show(2) // shows 5 and 3
```

```python
# 在 Python 中
from pyspark.sql.functions import size
df.select(size(split(col("Description"), " "))).show(2) # shows 5 and 3
```

array_contains 函式

也能看到此 Array 是否包含了某個值：

```scala
// 在 Scala 中
import org.apache.spark.sql.functions.array_contains
df.select(array_contains(split(col("Description"), " "), "WHITE")).show(2)
```

```python
# 在 Python 中
from pyspark.sql.functions import array_contains
df.select(array_contains(split(col("Description"), " "), "WHITE")).show(2)
```

```sql
-- in SQL
SELECT array_contains(split(Description, ' '), 'WHITE') FROM dfTable
```

得到的結果如下：

```
+-------------------------------------------+
|array_contains(split(Description,  ), WHITE)|
+-------------------------------------------+
|                                       true|
|                                       true|
+-------------------------------------------+
```

但是這並不能解決目前的問題。要將 Complex 型別轉換為列的集合（Array 中每個值對應一個），需用到 explode 函式。

explode 函式

explode 函式接受一個由 Array 所組成的 Column，並在 Array 中為每個值建立一個列（其餘值重複）。圖 6-1 說明了該過程。

"Hello World" , "other col" → ["Hello" , "World"], "other col" → "Hello" , "other col"
                                                                    "World" , "other col"

圖 6-1　展開一個文字的欄位

```scala
// 在 Scala 中
import org.apache.spark.sql.functions.{split, explode}

df.withColumn("splitted", split(col("Description"), " "))
  .withColumn("exploded", explode(col("splitted")))
  .select("Description", "InvoiceNo", "exploded").show(2)
```

```python
# 在 Python 中
from pyspark.sql.functions import split, explode

df.withColumn("splitted", split(col("Description"), " "))\
  .withColumn("exploded", explode(col("splitted")))\
  .select("Description", "InvoiceNo", "exploded").show(2)
```

```sql
-- in SQL
SELECT Description, InvoiceNo, exploded
FROM (SELECT *, split(Description, " ") as splitted FROM dfTable)
LATERAL VIEW explode(splitted) as exploded
```

得到的結果如下：

```
+--------------------+---------+--------+
|         Description|InvoiceNo|exploded|
+--------------------+---------+--------+
|WHITE HANGING HEA...|   536365|   WHITE|
|WHITE HANGING HEA...|   536365| HANGING|
+--------------------+---------+--------+
```

Map

運用 map 函式與欄位的鍵值對來建立出 Map，然後可以像從 Array 中一般進行選取：

```scala
// 在 Scala 中
import org.apache.spark.sql.functions.map
df.select(map(col("Description"), col("InvoiceNo")).alias("complex_map")).show(2)
```

```
# 在 Python 中
from pyspark.sql.functions import create_map
df.select(create_map(col("Description"), col("InvoiceNo")).alias("complex_map"))\
  .show(2)

-- in SQL
SELECT map(Description, InvoiceNo) as complex_map FROM dfTable
WHERE Description IS NOT NULL
```

產生的結果如下：

```
+--------------------+
|         complex_map|
+--------------------+
|Map(WHITE HANGING...|
|Map(WHITE METAL L...|
+--------------------+
```

可使用正確的鍵來做值的查詢。找不到的鍵則會回傳 null：

```
// 在 Scala 中
df.select(map(col("Description"), col("InvoiceNo")).alias("complex_map"))
  .selectExpr("complex_map['WHITE METAL LANTERN']").show(2)
```

```
# 在 Python 中
df.select(map(col("Description"), col("InvoiceNo")).alias("complex_map"))\
  .selectExpr("complex_map['WHITE METAL LANTERN']").show(2)
```

得到的結果如下：

```
+-------------------------------+
|complex_map[WHITE METAL LANTERN]|
+-------------------------------+
|                           null|
|                         536365|
+-------------------------------+
```

也可將 Map 型別展開並轉換為欄位：

```
// 在 Scala 中
df.select(map(col("Description"), col("InvoiceNo")).alias("complex_map"))
  .selectExpr("explode(complex_map)").show(2)
```

```
# 在 Python 中
df.select(map(col("Description"), col("InvoiceNo")).alias("complex_map"))\
  .selectExpr("explode(complex_map)").show(2)
```

得到的結果如下：

```
+--------------------+------+
|                 key| value|
+--------------------+------+
|WHITE HANGING HEA...|536365|
| WHITE METAL LANTERN|536365|
+--------------------+------+
```

操作 JSON 資料

Spark 有一些專門用來處理 JSON 資料的方式。直接在 Spark 中操作 JSON 字串並做解析，或擷取出 JSON 物件。讓我們從創建 JSON 的欄位開始：

```scala
// 在 Scala 中
val jsonDF = spark.range(1).selectExpr("""
  '{"myJSONKey" : {"myJSONValue" : [1, 2, 3]}}' as jsonString""")
```

```python
# 在 Python 中
jsonDF = spark.range(1).selectExpr("""
  '{"myJSONKey" : {"myJSONValue" : [1, 2, 3]}}' as jsonString""")
```

無論是字典還是數組，皆可運用 get_json_object 來內嵌查詢 JSON 物件。如果此物件只有一個嵌套層級，則可以使用 json_tuple：

```scala
// 在 Scala 中
import org.apache.spark.sql.functions.{get_json_object, json_tuple}
jsonDF.select(
    get_json_object(col("jsonString"), "$.myJSONKey.myJSONValue[1]") as "column",
    json_tuple(col("jsonString"), "myJSONKey")).show(2)
```

```python
# 在 Python 中
from pyspark.sql.functions import get_json_object, json_tuple

jsonDF.select(
    get_json_object(col("jsonString"), "$.myJSONKey.myJSONValue[1]") as "column",
    json_tuple(col("jsonString"), "myJSONKey")).show(2)
```

這是在 SQL 中式相同的操作：

```
jsonDF.selectExpr(
  "json_tuple(jsonString, '$.myJSONKey.myJSONValue[1]') as column").show(2)
```

得到的結果如下列表格：

```
+------+-------------------+
|column|                 c0|
+------+-------------------+
|     2|{"myJSONValue":[1...|
+------+-------------------+
```

還可以使用 **to_json** 函式將 StructType 轉換為 JSON 字串：

```scala
// 在 Scala 中
import org.apache.spark.sql.functions.to_json
df.selectExpr("(InvoiceNo, Description) as myStruct")
  .select(to_json(col("myStruct")))
```

```python
# 在 Python 中
from pyspark.sql.functions import to_json
df.selectExpr("(InvoiceNo, Description) as myStruct")\
  .select(to_json(col("myStruct")))
```

此函式也可接受與 JSON 資料源相同的字典（映射），或使用 **from_json** 函式將其解析
（或其他 JSON 資料）。這需要指定綱要，也可以指定參數的映射：

```scala
// 在 Scala 中
import org.apache.spark.sql.functions.from_json
import org.apache.spark.sql.types._
val parseSchema = new StructType(Array(
  new StructField("InvoiceNo",StringType,true),
  new StructField("Description",StringType,true)))
df.selectExpr("(InvoiceNo, Description) as myStruct")
  .select(to_json(col("myStruct")).alias("newJSON"))
  .select(from_json(col("newJSON"), parseSchema), col("newJSON")).show(2)
```

```python
# 在 Python 中
from pyspark.sql.functions import from_json
from pyspark.sql.types import *
parseSchema = StructType((
  StructField("InvoiceNo",StringType(),True),
  StructField("Description",StringType(),True)))
df.selectExpr("(InvoiceNo, Description) as myStruct")\
  .select(to_json(col("myStruct")).alias("newJSON"))\
  .select(from_json(col("newJSON"), parseSchema), col("newJSON")).show(2)
```

得到的結果如下：

```
+--------------------+--------------------+
|jsontostructs(newJSON)|            newJSON|
+--------------------+--------------------+
|  [536365,WHITE HAN...|{"InvoiceNo":"536...|
|  [536365,WHITE MET...|{"InvoiceNo":"536...|
+--------------------+--------------------+
```

使用者自定義函式

在 Spark 中，其中一個強大的功能就是可以定義自己的函式。這些使用者定義的函式（UDF）讓你可以使用 Python 或 Scala 來編寫自己的客製化的轉換操作，甚至可以使用外部的函式庫。UDF 可以運用並回傳一至多個欄位作為輸入。Spark UDF 非常強大，因為可以用多種不同的程式語言來編寫；不需要以深奧的格式或特定領域的語言來創建。它們就只是函式並逐條對資料進行操作。預設情況下，這些函式被註冊為臨時函式，以便在特定的 SparkSession 或 Context 中使用。

雖然可以使用 Scala，Python 或 Java 來撰寫 UDF，但有些該注意的事項並會對性能造成影響。為了說明，將詳細介紹創建 UDF 時會發生的情況，並將其傳給 Spark，然後使用此 UDF 來執行程式碼。

第一步是實際的函式。此範例會創建一個簡單的函式，寫一個 power3 函式，它會傳入一個數字並計算乘上 3 次方後的結果：

```scala
// 在 Scala 中
val udfExampleDF = spark.range(5).toDF("num")
def power3(number:Double):Double = number * number * number
power3(2.0)
```

```python
# 在 Python 中
udfExampleDF = spark.range(5).toDF("num")
def power3(double_value):
  return double_value ** 3
power3(2.0)
```

在此簡單的例子中，可以看到函數如預期執行，提供單一輸入並產生預期結果（使用此簡單的測試案例）。到目前為止，輸入參數非常嚴謹：它必須是特定型別，並且不能為 null 值（請參見「處理資料中的 null 值」（第 105 頁））。

現在已經創建了函式並對它進行了測試。接著需要在 Spark 中註冊它們，以便可以在所有工作節點上使用。Spark 會將驅動器上的函式序列化，並透過網路將其傳輸到所有執行器的程序，不管是哪種程式語言皆可。

使用此函式時，基本上會發生兩種不同的情況。如果函式是用 Scala 或 Java 編寫的，可以直接在 Java 虛擬機（JVM）中執行。這代表除了不能利用 Spark 為內建函式提供的程式碼來生成函式之外，不會有其他的性能消耗。但是如果建立或使用大量的物件，可能會出現性能的問題；將在第 19 章的優化部分做詳細的介紹。

如果函式是用 Python 編寫的，會發生一些完全不同的情境。Spark 會在 worker 上啟動一個 Python 程序，將所有資料序列化成 Python 可以理解的格式（記住，它一開始是在 JVM 中），接著在 Python 程序中依照每列來執行此函式，最後回傳 JVM 和 Spark 對列的操作結果。圖 6-2 提供了整個過程的概述。

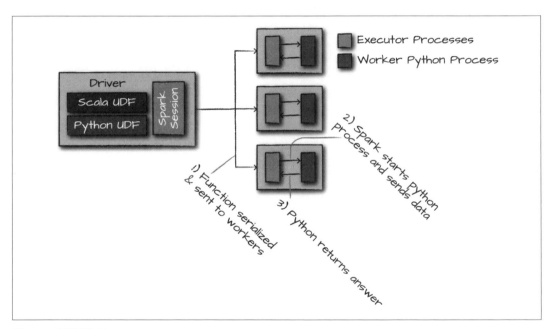

圖 6-2　圖片說明

啟動 Python 的程序是種非常昂貴的操作，但實際的消耗是將資料序列化成 Python。這是非常消耗效能的，原因有兩個：它是一種昂貴的計算，但是在資料進入 Python 之後，Spark 無法管理工作節點的記憶體，這代表如果工作節點的資源不足，可能會導致工作程序失敗（因為 JVM 和 Python 都在同一台電腦上互相爭奪記憶體）。建議在 Scala 或 Java 中編寫 UDF，在 Scala 中花費少量的時間編寫函式，但是會產生顯著的加速，最重要的是，仍然可以使用 Python 中的函數！

現在已經了解此過程，接著來看一個例子吧。首先，需要註冊此函式使其可當作 DataFrame 的函式使用：

```scala
// 在 Scala 中
import org.apache.spark.sql.functions.udf
val power3udf = udf(power3(_:Double):Double)
```

接著可以像使用任何其他 DataFrame 函式一樣來使用它：

```scala
// 在 Scala 中
udfExampleDF.select(power3udf(col("num"))).show()
```

這同樣也適用於 Python- 首先，將它做註冊：

```python
# 在 Python 中
from pyspark.sql.functions import udf
power3udf = udf(power3)
```

然後就可以在 DataFrame 程式碼中使用：

```python
# 在 Python 中
from pyspark.sql.functions import col
udfExampleDF.select(power3udf(col("num"))).show(2)

+-----------+
|power3(num)|
+-----------+
|          0|
|          1|
+-----------+
```

目前這只能將其當作 DataFrame 函式使用。也就是說不能在字串表達式中使用，只能在一般表達式上使用它。但是也可以將此 UDF 註冊為 Spark SQL 函式。這使得在 SQL 中以及跨程式語言使用此函式時會變得更簡單。

在 Scala 中註冊函式：

```scala
// 在 Scala 中
spark.udf.register("power3", power3(_:Double):Double)
udfExampleDF.selectExpr("power3(num)").show(2)
```

因為此函式是註冊在 Spark SQL 中 - 已經知道任何 Spark SQL 的函式或表達式在使用 DataFrames 時都可當作表達式 - 因此可以在 Python 中使用在 Scala 中編寫的 UDF。但範例中將其作為 SQL 表達式來使用，而非 DataFrame 的函式：

```python
# 在 Python 中
udfExampleDF.selectExpr("power3(num)").show(2)
# registered in Scala
```

也可以將 Python 函式註冊為 SQL 函式，並以任意程式語言來使用。

另外，也需要確保函式正常執行並回傳指定的型別。正如在本節開頭所看到的，Spark 管理自己的型別資訊，它與 Python 的型別並非完全一致。因此，最佳的做法是在定義函式時一併定義函式的回傳型別。要注意，指定回傳型別並非必需，但這是最佳的作法。

如果指定的型別與函式回傳的型別不符合，Spark 不會拋出錯誤，只會回傳 null 表示型別指定失敗。可以看到將下列函式中回傳的型別切換為 Double Type：

```python
# 在 Python 中
from pyspark.sql.types import IntegerType, DoubleType
spark.udf.register("power3py", power3, DoubleType())
```

```python
# 在 Python 中
udfExampleDF.selectExpr("power3py(num)").show(2)
# registered via Python
```

由於 range 函式產生了一系列的整數，在 Python 中操作時並不會自動將它轉成浮點數（相應型別為 Spark 的 double 型別），因此回傳的結果為 null。可以透過指定 Python 函數回傳的是浮點數而不是整數來解決此問題，此函式才會正常執行。

註冊完之後也可以在 SQL 中使用：

```sql
-- in SQL
SELECT power3(12), power3py(12) -- doesn't work because of return type
```

如果要將 UDF 選擇性地回傳值，則應設定 Python 回傳 None，在 Scala 中則回傳 Option
型別：

```
## Hive UDFs
```

最後要注意的，也可以透過 Hive 語法來使用 UDF/UDAF 建立。首先必須在建立
SparkSession 時啟用 Hive support（經由 SparkSession.builder().enableHiveSupport()）；然
後在 SQL 中註冊 UDF，這僅受預編譯的 Scala 和 Java 包支援，因此需要將它們指定為
依賴：

```
-- in SQL
CREATE TEMPORARY FUNCTION myFunc AS 'com.organization.hive.udf.FunctionName'
```

此外，也可經由刪除 TEMPORARY 來將其註冊為 Hive Metastore 中的永久函式。

結論

本章說明了利用 Spark SQL 擴充函式來達成自己目的是多麼容易，這種方式也不是某
種深奧且特定領域的程式語言，只是即使不使用 Spark 也很容易做測試和維護的簡單函
式！這是一個非常強大的工具，可以使用它來指定複雜的業務邏輯，這些邏輯可以在本
地端電腦上的 5 個列上執行，也可以在 100 個節點集群上運行數 TB 的資料！

## 第七章

聚合

聚合是將資料收集在一起的行為,是大數據分析的基礎。透過定義**鍵**或**分組**以及指定**聚合函式**來對一至多個欄位做轉換,在給定多個輸入值的情況下,此函式會為每個分組生成一個結果。Spark 的聚合功能已經發展成熟但也非常複雜,具有各種不同的使用案例和多種使用狀況。通常透過某種分組方式的聚合來匯總數值型資料,可能是求和,乘積或簡單計數。此外,使用 Spark 可以將任何型別的值聚合成 array、list 或 map,第 129 頁的 " 聚合成複合型別 " 會進一步說明。

除了使用各種型別的值之外,Spark 還允許建立下列分組類型:

* 一種最簡單的分組方式是透過 select 語句來執行聚合,對整個 DataFrame 的資料做加總。

* 運用 "group by" 來指定一至多個鍵以及聚合函式來轉換欄位值。

* "Window" 能指定一至多個鍵以及聚合函式來轉換欄位值。但是,輸入到函式內的列以某種方式與當前的列會有關聯。

* "grouping set" 可以多個不同級別進行匯總。grouping set 可當作 SQL 應用中的基礎,並透過 DataFrame 中的 rollup 與 cube 來做進一步的操作。

* "rollup" 可以指定一至多個鍵以及聚合函式來轉換欄位值,它們會按層級結構進行匯總。

* "cube" 可以指定一至多個鍵以及聚合函式來轉換欄位值,它們將會對所有欄位可能的組合中進行匯總。

每個分組會回傳一個 RelationalGroupedDataset,並指定該如何做聚合。

有時候，你會想要一個明確的答案。但是在對大數據進行計算時，要獲得問題*明確*的答案可能需付出相當大的代價；若只取近似於合理準確度的值通常會簡單很多。在本書中提到了一些求取近似值的函式，通常是提高 Spark 作業速度和執行效率的好方式，特別是對於交互式和特殊的分析需求。

先來從購買紀錄資料開始，重新將資料劃分到較少的分區（因為它只是存儲在許多小文件中的少量資料），並將結果存於記憶體中便於快速存取：

```scala
// 在 Scala 中
val df = spark.read.format("csv")
  .option("header", "true")
  .option("inferSchema", "true")
  .load("/data/retail-data/all/*.csv")
  .coalesce(5)
df.cache()
df.createOrReplaceTempView("dfTable")
```

```python
# 在 Python 中
df = spark.read.format("csv")\
  .option("header", "true")\
  .option("inferSchema", "true")\
  .load("/data/retail-data/all/*.csv")\
  .coalesce(5)
df.cache()
df.createOrReplaceTempView("dfTable")
```

這是資料的樣本，便於對一些函式的輸出做參考比對：

```
+---------+---------+--------------------+--------+--------------+---------+-----
|InvoiceNo|StockCode|         Description|Quantity|   InvoiceDate|UnitPrice|Cu...
+---------+---------+--------------------+--------+--------------+---------+-----
|   536365|   85123A|WHITE HANGING...    |       6|12/1/2010 8:26|     2.55| ...
|   536365|    71053|WHITE METAL...      |       6|12/1/2010 8:26|     3.39| ...
...
|   536367|    21755|LOVE BUILDING BLO...|       3|12/1/2010 8:34|     5.95| ...
|   536367|    21777|RECIPE BOX WITH M...|       4|12/1/2010 8:34|     7.95| ...
+---------+---------+--------------------+--------+--------------+---------+-----
```

如上所述，所有的 DataFrame 都可以使用一些基本的聚合。最簡單的例子就是 count 方法：

```
df.count() == 541909
```

如果你是逐章來閱讀本書，應該知道 count 實際上是一個行動操作而非轉換操作，它會立即回傳出計算結果。可以使用 count 來求得資料集的大小，但另一種常見方式是將整個 DataFrame 快取在記憶體中，就像此範例中所做的方式。

但是，現在這種方法會比較少用，因為它是一個方法（在這種情況下）而非一個函數，並且馬上就被執行而非惰性的轉換。在下一節中，可看到將 count 作為惰性函式使用。

聚合函式

除了在 DataFrames 或 .stat 裡的一些特殊情況之外，所有聚合的方式都可以作為函式使用。就像在第六章中看到的，可以在 org.apache.spark.sql.functions 中找到大多數的聚合函數（*http://spark.apache.org/docs/latest/api/scala/index.html#org.apache.spark.sql.functions$*）。

 在 Scala 和 Python 中，可導入使用的 SQL 函式有一些差異。這會隨著每個版本變動，因此無法給出一個明確的列表。本節會介紹一些常見的功能。

count 函式

這裡介紹的第一個函式是 count。在此範例中，它將作為轉換操作使用而非行動操作。在這種情況下，可以選擇運用以下兩種方式的其中一種來執行：指定要計數的欄位，或使用 count(*) 來對所有的欄位操作或 count(1) 針對每個列做計數，如圖所示：

```scala
// 在 Scala 中
import org.apache.spark.sql.functions.count
df.select(count("StockCode")).show() // 541909
```

```python
# 在 Python 中
from pyspark.sql.functions import count
df.select(count("StockCode")).show() # 541909
```

```sql
-- in SQL
SELECT COUNT(*) FROM dfTable
```

在涉及 null 值與計數時，會產生許多問題。例如，在執行 count（＊）時，Spark 做計數時也會將 null 值併入計算（包含了有 null 值的列）。但是，使用計算單一欄位時，Spark 則不會將 null 值納入計算。

countDistinct 函式

有時，也許並不是想要計算所有值的總數；反而是想要透過所有不同的值來做計數。要獲得此數值，可以使用 countDistinct 函式來對各欄位做計算：

```scala
// 在 Scala 中
import org.apache.spark.sql.functions.countDistinct
df.select(countDistinct("StockCode")).show() // 4070
```

```python
# 在 Python 中
from pyspark.sql.functions import countDistinct
df.select(countDistinct("StockCode")).show() # 4070
```

```sql
-- in SQL
SELECT COUNT(DISTINCT *) FROM DFTABLE
```

approx_count_distinct 函式

通常操作大型的資料集時，有時候並不需要去得到明確的計數值，得到某種準確度上的近似值也可以正常工作，因此可以使用 approx_count_distinct 函式：

```scala
// 在 Scala 中
import org.apache.spark.sql.functions.approx_count_distinct
df.select(approx_count_distinct("StockCode", 0.1)).show() // 3364
```

```python
# 在 Python 中
from pyspark.sql.functions import approx_count_distinct
df.select(approx_count_distinct("StockCode", 0.1)).show() # 3364
```

```sql
-- in SQL
SELECT approx_count_distinct(StockCode, 0.1) FROM DFTABLE
```

approx_count_distinct 運用了多個參數，除了欄位名稱之外，也可以指定允許的最大誤差。範例中指定了一個相當大的誤差值，因此得到一個差距較大的答案，但速度上可以比 countDistinct 更快完成。在大型資料集上可以顯著的提升執行效能。

first 與 last 函式

可以使用這兩個函式來從 DataFrame 中獲取第一個或最後一個值。這是基於 DataFrame 中整列做計算而非針對單一值：

```
// 在 Scala 中
import org.apache.spark.sql.functions.{first, last}
df.select(first("StockCode"), last("StockCode")).show()
```

```
# 在 Python 中
from pyspark.sql.functions import first, last
df.select(first("StockCode"), last("StockCode")).show()
```

```
-- in SQL
SELECT first(StockCode), last(StockCode) FROM dfTable
```

```
+----------------------+---------------------+
|first(StockCode, false)|last(StockCode, false)|
+----------------------+---------------------+
|                85123A|                22138|
+----------------------+---------------------+
```

min 與 max 函式

要從 DataFrame 中得到最小值和最大值，可以使用 min 和 max 函式：

```
// 在 Scala 中
import org.apache.spark.sql.functions.{min, max}
df.select(min("Quantity"), max("Quantity")).show()
```

```
# 在 Python 中
from pyspark.sql.functions import min, max
df.select(min("Quantity"), max("Quantity")).show()
```

```
-- in SQL
SELECT min(Quantity), max(Quantity) FROM dfTable
```

```
+-------------+-------------+
|min(Quantity)|max(Quantity)|
+-------------+-------------+
|       -80995|        80995|
+-------------+-------------+
```

sum 函式

另一個常遇到的任務是可以使用 sum 函式來加總某個欄位中的所有值：

```scala
// 在 Scala 中
import org.apache.spark.sql.functions.sum
df.select(sum("Quantity")).show() // 5176450
```

```python
# 在 Python 中
from pyspark.sql.functions import sum
df.select(sum("Quantity")).show() # 5176450
```

```sql
-- in SQL
SELECT sum(Quantity) FROM dfTable
```

sumDistinct 函式

除了計算總和之外，還可以使用 sumDistinct 函式對 distinct 值求和：

```scala
// 在 Scala 中
import org.apache.spark.sql.functions.sumDistinct
df.select(sumDistinct("Quantity")).show() // 29310
```

```python
# 在 Python 中
from pyspark.sql.functions import sumDistinct
df.select(sumDistinct("Quantity")).show() # 29310
```

```sql
-- in SQL
SELECT SUM(Quantity) FROM dfTable -- 29310
```

avg 函式

雖然可以透過 sum 除以 count 來計算出平均值，但 Spark 提供了另外一種更簡單的方式，透過 avg 或 mean 函式來計算。在此範例中，使用 alias 對欄位做命名，以便之後更輕鬆地重新使用這些欄位：

```scala
// 在 Scala 中
import org.apache.spark.sql.functions.{sum, count, avg, expr}

df.select(
    count("Quantity").alias("total_transactions"),
    sum("Quantity").alias("total_purchases"),
    avg("Quantity").alias("avg_purchases"),
    expr("mean(Quantity)").alias("mean_purchases"))
  .selectExpr(
    "total_purchases/total_transactions",
```

```
    "avg_purchases",
    "mean_purchases").show()

# 在 Python 中
from pyspark.sql.functions import sum, count, avg, expr

df.select(
    count("Quantity").alias("total_transactions"),
    sum("Quantity").alias("total_purchases"),
    avg("Quantity").alias("avg_purchases"),
    expr("mean(Quantity)").alias("mean_purchases"))\
  .selectExpr(
    "total_purchases/total_transactions",
    "avg_purchases",
    "mean_purchases").show()
```

```
+-----------------------------------+----------------+----------------+
|(total_purchases / total_transactions)|   avg_purchases|  mean_purchases|
+-----------------------------------+----------------+----------------+
|                   9.55224954743324|9.55224954743324|9.55224954743324|
+-----------------------------------+----------------+----------------+
```

 你也可以透過指定 distinct 來對所有不同的值取平均。實際上，大多數聚合函式僅支援在**不同的**值上執行此操作。

變異數與標準差

計算平均值自然會帶到關於變異數與標準差的問題。這些都是利用平均值求得的資料分布度量。變異數是將平均值的平方差再取平均值，標準差則是變異數的平方根，在 Spark 中可以使用各自的函式去計算這些值。但需要注意，Spark 有樣本標準差的公式，也有母體標準差的公式。它們是兩種不同的統計公式。預設情況下，如果使用 variance 或 stddev 函式，Spark 將執行樣本標準差或變異數公式。

也可以明確定義或參考母體標準差或變異數：

```
// 在 Scala 中
import org.apache.spark.sql.functions.{var_pop, stddev_pop}
import org.apache.spark.sql.functions.{var_samp, stddev_samp}
df.select(var_pop("Quantity"), var_samp("Quantity"),
  stddev_pop("Quantity"), stddev_samp("Quantity")).show()
```

```
# 在 Python 中
from pyspark.sql.functions import var_pop, stddev_pop
from pyspark.sql.functions import var_samp, stddev_samp
df.select(var_pop("Quantity"), var_samp("Quantity"),
  stddev_pop("Quantity"), stddev_samp("Quantity")).show()

-- in SQL
SELECT var_pop(Quantity), var_samp(Quantity),
  stddev_pop(Quantity), stddev_samp(Quantity)
FROM dfTable
```

```
+------------------+------------------+------------------+------------------+
| var_pop(Quantity)|var_samp(Quantity)|stddev_pop(Quantity)|stddev_samp(Quan...|
+------------------+------------------+------------------+------------------+
|47559.303646609056|47559.391409298754|  218.08095663447796|   218.081157850...|
+------------------+------------------+------------------+------------------+
```

偏度與峰度

偏度和峰度都是資料中極值點的測量值。偏度用來描述分配狀態偏離平均值的程度,而峰度用來描述一組資料分佈形態陡峭程度的統計指標。在資料建模成隨機變量分佈時,都是有相關性的。雖然這裡不會專門討論這些問題,但可以在網上輕鬆找到定義。可以使用以下函數來做計算:

```
import org.apache.spark.sql.functions.{skewness, kurtosis}
df.select(skewness("Quantity"), kurtosis("Quantity")).show()

# 在 Python 中
from pyspark.sql.functions import skewness, kurtosis
df.select(skewness("Quantity"), kurtosis("Quantity")).show()

-- in SQL
SELECT skewness(Quantity), kurtosis(Quantity) FROM dfTable
```

```
+-------------------+------------------+
| skewness(Quantity)|kurtosis(Quantity)|
+-------------------+------------------+
|-0.2640755761052562| 119768.05495536952|
+-------------------+------------------+
```

共變異數與關聯度

目前為止的討論皆圍繞在單一欄位的聚合操作，但有些狀況需要將兩個不同欄位的值拿來交互做比較。函式 cov 和 corr 可用來分別計算共變異數與關聯。關聯度用來計算 Pearson 相關係數，其值介於 -1 和 +1 之間。共變異數值的範圍則是根據資料中的輸入來設限。

與 var 函式一樣，covariance 可以用來計算樣本共變異數或母體共變異數。因此指明要使用哪種公式是很重要的。關聯度則沒有這種概念，因此不用區分是樣本或母體的計算。以下是它們的工作原理：

```scala
// 在 Scala 中
import org.apache.spark.sql.functions.{corr, covar_pop, covar_samp}
df.select(corr("InvoiceNo", "Quantity"), covar_samp("InvoiceNo", "Quantity"),
    covar_pop("InvoiceNo", "Quantity")).show()
```

```python
# 在 Python 中
from pyspark.sql.functions import corr, covar_pop, covar_samp
df.select(corr("InvoiceNo", "Quantity"), covar_samp("InvoiceNo", "Quantity"),
    covar_pop("InvoiceNo", "Quantity")).show()
```

```sql
-- in SQL
SELECT corr(InvoiceNo, Quantity), covar_samp(InvoiceNo, Quantity),
  covar_pop(InvoiceNo, Quantity)
FROM dfTable
```

```
+------------------------+-----------------------------+--------------------+
|corr(InvoiceNo, Quantity)|covar_samp(InvoiceNo, Quantity)|covar_pop(InvoiceN...|
+------------------------+-----------------------------+--------------------+
|     4.912186085635685E-4|              1052.7280543902734|            1052.7...|
+------------------------+-----------------------------+--------------------+
```

聚合成複合型別

在 Spark 中，不僅可以運用函式來計算數值間的聚合，還可以在複合型別上執行聚合。例如，可以將欄位值收集到一個 list，或要取唯一值時將結果放到 set 中。

之後可以在資料串流通道中使用來執行更多程式上的存取，或者在使用者自定義函式（UDF）中傳遞整個集合：

```scala
// 在 Scala 中
import org.apache.spark.sql.functions.{collect_set, collect_list}
df.agg(collect_set("Country"), collect_list("Country")).show()
```

```
# 在 Python 中
from pyspark.sql.functions import collect_set, collect_list
df.agg(collect_set("Country"), collect_list("Country")).show()

-- in SQL
SELECT collect_set(Country), collect_set(Country) FROM dfTable

+--------------------+--------------------+
|collect_set(Country)|collect_list(Country)|
+--------------------+--------------------+
|[Portugal, Italy,...| [United Kingdom, ...|
+--------------------+--------------------+
```

分組

到目前為止僅操作了 DataFrame 級別的聚合。更常見的任務是根據資料**分組**來執行計算。通常在分類資料上使用，將一個欄位裡的資料做分組，並繼續對其他欄位做計算，最終得到分組的結果。

直接透過一些實際分組的例子來說明。第一個是計數，就像之前做的，將每個不同的發票編號進行分組，並得到該發票裡的項目數量。請注意，這會回傳另一個 DataFrame，並且會延遲執行。

這分成兩個階段來進行。首先，指定要分組的欄位，然後定義聚合方式。第一步回傳 RelationalGroupedDataset，第二步則會回傳 DataFrame。

如上所述，指定幾個要分組的欄位：

```
df.groupBy("InvoiceNo", "CustomerId").count().show()

-- in SQL
SELECT count(*) FROM dfTable GROUP BY InvoiceNo, CustomerId

+---------+----------+-----+
|InvoiceNo|CustomerId|count|
+---------+----------+-----+
|   536846|     14573|   76|
...
|  C544318|     12989|    1|
+---------+----------+-----+
```

運用文字敘述式做分組

正如之前所見，計數是種特殊情況，它是一種方法。因此，比起將它當作文字敘述式傳給 select 語句，通常更喜歡使用 count 函式，並將其再放入 agg 函式中；它可以接受傳入任意指定聚合的函式，甚至可以在轉換操作後對欄位進行 alias 操作，便於之後在資料流中繼續使用：

```scala
// 在 Scala 中
import org.apache.spark.sql.functions.count

df.groupBy("InvoiceNo").agg(
  count("Quantity").alias("quan"),
  expr("count(Quantity)")).show()
```

```python
# 在 Python 中
from pyspark.sql.functions import count

df.groupBy("InvoiceNo").agg(
    count("Quantity").alias("quan"),
    expr("count(Quantity)")).show()
```

```
+---------+----+--------------+
|InvoiceNo|quan|count(Quantity)|
+---------+----+--------------+
|   536596|   6|             6|
...
|  C542604|   8|             8|
+---------+----+--------------+
```

運用映射做分組

有時候，可以將轉換操作定義為一系列的映射行為，其中鍵是欄位，值則是要執行的聚合函式（字串）。在同一行中可以重複使用多個欄位的名稱：

```scala
// 在 Scala 中
df.groupBy("InvoiceNo").agg("Quantity"->"avg", "Quantity"->"stddev_pop").show()
```

```python
# 在 Python 中
df.groupBy("InvoiceNo").agg(expr("avg(Quantity)"),expr("stddev_pop(Quantity)"))\
  .show()
```

```sql
-- in SQL
SELECT avg(Quantity), stddev_pop(Quantity), InvoiceNo FROM dfTable
GROUP BY InvoiceNo
```

```
+---------+----------------+--------------------+
|InvoiceNo|   avg(Quantity)|stddev_pop(Quantity)|
+---------+----------------+--------------------+
|   536596|             1.5|  1.1180339887498947|
...
|  C542604|            -8.0|  15.173990905493518|
+---------+----------------+--------------------+
```

視窗函式

還可以使用視窗函式來完成一些獨特的聚合操作，像是從現有資料中定義一個特定的 "視窗 " 來做計算，透過定義視窗的規則，可以指定哪些列會被傳遞到此函式中。這有點抽象，有點類似標準的 group-by 操作，所以接著來稍作區分。

利用 *group-by* 來處理資料時，每個列只能被分進一個組別中。而視窗函式會基於被稱為框的一組列計算出表格裡面每個輸入列的回傳值。每個列可以被分進一至多個框中。一個常見的應用案例是用來計算某些數值的移動平均值，每個列代表一天。因此，每一個列最後會剩下七個不同的框。稍後會討論如何定義框，但為了提供參考，Spark 支援了三種視窗函式：排名函式，分析函式和聚合函式。

圖 7-1 說明如何將指定的 Row 分至多個框之中。

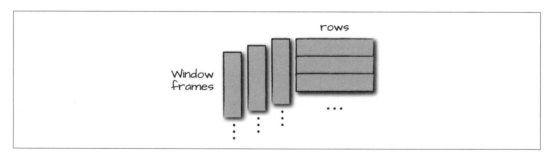

圖 7-1　視窗函式視圖

為了演示此過程，範例中添加了一個日期欄位，並將發票日期轉換成僅包含日期資訊放入（不包含時間資訊）：

```scala
// 在 Scala 中
import org.apache.spark.sql.functions.{col, to_date}
val dfWithDate = df.withColumn("date", to_date(col("InvoiceDate"),
  "MM/d/yyyy H:mm"))
dfWithDate.createOrReplaceTempView("dfWithDate")
```

```python
# 在 Python 中
from pyspark.sql.functions import col, to_date
dfWithDate = df.withColumn("date", to_date(col("InvoiceDate"), "MM/d/yyyy H:mm"))
dfWithDate.createOrReplaceTempView("dfWithDate")
```

使用視窗函式的第一步是定義視窗的規則。請注意，這裡的**分區**與到目前為止所談及的分區綱要概念無關。只是一個類似的概念，用來描述將如何區分組別。順序關係取決於分區內的排序，最後，需要定義框的規範（rowsBetween 語句），根據對當前輸入列的引用方式，指定哪些列會被包含在框之中。下面的範例中將觀察以前到現在所有的列：

```scala
// 在 Scala 中
import org.apache.spark.sql.expressions.Window
import org.apache.spark.sql.functions.col
val windowSpec = Window
  .partitionBy("CustomerId", "date")
  .orderBy(col("Quantity").desc)
  .rowsBetween(Window.unboundedPreceding, Window.currentRow)
```

```python
# 在 Python 中
from pyspark.sql.window import Window
from pyspark.sql.functions import desc
windowSpec = Window\
  .partitionBy("CustomerId", "date")\
  .orderBy(desc("Quantity"))\
  .rowsBetween(Window.unboundedPreceding, Window.currentRow)
```

接著使用聚合函式來了解每個指定客戶更細部的資訊。一個最典型的例子就是找到過去這段時間最大的購買數量。為了回答此問題，透過傳入欄位名稱或表達式來使用之前介紹的聚合函式。另外指定了視窗的規則，它定義此函式將執行於哪些資料框中：

```scala
import org.apache.spark.sql.functions.max
val maxPurchaseQuantity = max(col("Quantity")).over(windowSpec)
```

```python
# 在 Python 中
from pyspark.sql.functions import max
maxPurchaseQuantity = max(col("Quantity")).over(windowSpec)
```

它會回傳一個欄位（或表達式），並且可以在 DataFrame 中使用 select 語句來做查詢。不過在此之前，需要先建立購買數量的排名。為此，使用 dense_rank 函式來找出每個客戶在哪一天有最大的購買數量。使用 dense_rank 而非 rank 是為了避免計算時，序列中產生空值的狀況（或是重複的列）：

```scala
// 在 Scala 中
import org.apache.spark.sql.functions.{dense_rank, rank}
val purchaseDenseRank = dense_rank().over(windowSpec)
val purchaseRank = rank().over(windowSpec)
```

```python
# 在 Python 中
from pyspark.sql.functions import dense_rank, rank
purchaseDenseRank = dense_rank().over(windowSpec)
purchaseRank = rank().over(windowSpec)
```

這也會回傳一個可以在 select 語句中使用的欄位。現在執行 select 來查看視窗值計算結果：

```scala
// 在 Scala 中
import org.apache.spark.sql.functions.col

dfWithDate.where("CustomerId IS NOT NULL").orderBy("CustomerId")
  .select(
    col("CustomerId"),
    col("date"),
    col("Quantity"),
    purchaseRank.alias("quantityRank"),
    purchaseDenseRank.alias("quantityDenseRank"),
    maxPurchaseQuantity.alias("maxPurchaseQuantity")).show()
```

```python
# 在 Python 中
from pyspark.sql.functions import col

dfWithDate.where("CustomerId IS NOT NULL").orderBy("CustomerId")\
  .select(
    col("CustomerId"),
    col("date"),
    col("Quantity"),
    purchaseRank.alias("quantityRank"),
    purchaseDenseRank.alias("quantityDenseRank"),
    maxPurchaseQuantity.alias("maxPurchaseQuantity")).show()
```

```sql
-- in SQL
SELECT CustomerId, date, Quantity,
  rank(Quantity) OVER (PARTITION BY CustomerId, date
                       ORDER BY Quantity DESC NULLS LAST
```

```
               ROWS BETWEEN
                 UNBOUNDED PRECEDING AND
                 CURRENT ROW) as rank,

    dense_rank(Quantity) OVER (PARTITION BY CustomerId, date
                        ORDER BY Quantity DESC NULLS LAST
                        ROWS BETWEEN
                          UNBOUNDED PRECEDING AND
                          CURRENT ROW) as dRank,

    max(Quantity) OVER (PARTITION BY CustomerId, date
                   ORDER BY Quantity DESC NULLS LAST
                   ROWS BETWEEN
                     UNBOUNDED PRECEDING AND
                     CURRENT ROW) as maxPurchase
FROM dfWithDate WHERE CustomerId IS NOT NULL ORDER BY CustomerId

+----------+----------+--------+------------+-----------------+---------------+
|CustomerId|      date|Quantity|quantityRank|quantityDenseRank|maxP...Quantity|
+----------+----------+--------+------------+-----------------+---------------+
|     12346|2011-01-18|   74215|           1|                1|          74215|
|     12346|2011-01-18|  -74215|           2|                2|          74215|
|     12347|2010-12-07|      36|           1|                1|             36|
|     12347|2010-12-07|      30|           2|                2|             36|
...
|     12347|2010-12-07|      12|           4|                4|             36|
|     12347|2010-12-07|       6|          17|                5|             36|
|     12347|2010-12-07|       6|          17|                5|             36|
+----------+----------+--------+------------+-----------------+---------------+
```

Grouping Sets

在本章到目前為止，已經看到了如何操作簡單的 group-by 表達式，並且可用這些表達式在一欄位聚合裡面的值。但是，有時候想要做更複雜的計算 - 例如，跨多個組之間的聚合。可以透過 *Grouping Sets* 來達到此目的。Grouping Sets 是一種用來將多個分組聚合結合在一起的低階工具。讓你能夠在 group-by 語句中做任意的聚合。

接著透過一個例子來做更清楚的說明。範例中想獲得所有股票代碼和客戶的總數量。因此，將使用以下 SQL 表達式：

```
// 在 Scala 中
val dfNoNull = dfWithDate.drop()
dfNoNull.createOrReplaceTempView("dfNoNull")
```

```
# 在 Python 中
dfNoNull = dfWithDate.drop()
dfNoNull.createOrReplaceTempView("dfNoNull")
```

```
-- in SQL
SELECT CustomerId, stockCode, sum(Quantity) FROM dfNoNull
GROUP BY customerId, stockCode
ORDER BY CustomerId DESC, stockCode DESC
```

```
+----------+---------+-------------+
|CustomerId|stockCode|sum(Quantity)|
+----------+---------+-------------+
|     18287|    85173|           48|
|     18287|   85040A|           48|
|     18287|   85039B|          120|
...
|     18287|    23269|           36|
+----------+---------+-------------+
```

可以使用 Grouping Sets 來達到等效的操作：

```
-- in SQL
SELECT CustomerId, stockCode, sum(Quantity) FROM dfNoNull
GROUP BY customerId, stockCode GROUPING SETS((customerId, stockCode))
ORDER BY CustomerId DESC, stockCode DESC
```

```
+----------+---------+-------------+
|CustomerId|stockCode|sum(Quantity)|
+----------+---------+-------------+
|     18287|    85173|           48|
|     18287|   85040A|           48|
|     18287|   85039B|          120|
...
|     18287|    23269|           36|
+----------+---------+-------------+
```

Grouping Sets 會受到聚合後 null 值的影響，如果不過濾掉 null 值，則會得到不正確的結果。這觀念也適用於之後的 cube 和 rollup。

如果還想計算無論客戶或股票代碼如何所包含的項目總數該怎麼辦？使用傳統的 group-by，是無法達到效果的。但是，對於 grouping Sets 來說很簡單：只需指定希望在哪個級別做該分組的聚合。實際上，就是將幾個不同的分組做結合：

```sql
-- in SQL
SELECT CustomerId, stockCode, sum(Quantity) FROM dfNoNull
GROUP BY customerId, stockCode GROUPING SETS((customerId, stockCode),())
ORDER BY CustomerId DESC, stockCode DESC


+----------+---------+-------------+
|customerId|stockCode|sum(Quantity)|
+----------+---------+-------------+
|     18287|    85173|           48|
|     18287|   85040A|           48|
|     18287|   85039B|          120|
...
|     18287|    23269|           36|
+----------+---------+-------------+
```

GROUPING SETS 運算子只能在 SQL 中使用。要在 DataFrames 中執行相同操作，可以使用 rollup 和 cube 運算子來獲得相同的結果。接著來看看這些操作。

rollup 函式

到目前為止，我們一直關注在明確的分組行為。當設定多個用來分組的欄位鍵時，Spark 會檢查這些鍵與資料集中可實際形成的組合。rollup 是一種多維度的聚合，可為我們執行各種 group-by 方式的計算。

接著建立一個可隨時間（使用我們新建立的**日期**欄位）和空間（使用**地區**欄位）查詢的 rollup，並再創建一個新的 DataFrame，包含了所有日期的累計，DataFrame 中每個日期的累計以及 DataFrame 中每個日期與每個地區的小計：

```scala
val rolledUpDF = dfNoNull.rollup("Date", "Country").agg(sum("Quantity"))
  .selectExpr("Date", "Country", "`sum(Quantity)` as total_quantity")
  .orderBy("Date")
rolledUpDF.show()
```

```python
# 在 Python 中
rolledUpDF = dfNoNull.rollup("Date", "Country").agg(sum("Quantity"))\
  .selectExpr("Date", "Country", "`sum(Quantity)` as total_quantity")\
  .orderBy("Date")
rolledUpDF.show()
```

```
+----------+--------------+--------------+
|      Date|       Country|total_quantity|
+----------+--------------+--------------+
|      null|          null|       5176450|
|2010-12-01|United Kingdom|         23949|
|2010-12-01|       Germany|           117|
|2010-12-01|        France|           449|
...
|2010-12-03|        France|           239|
|2010-12-03|         Italy|           164|
|2010-12-03|       Belgium|           528|
+----------+--------------+--------------+
```

你會發現有很多的 null 值，兩個 rollup 欄位的 null 值代表了大量的這兩個欄位累計：

```
rolledUpDF.where("Country IS NULL").show()

rolledUpDF.where("Date IS NULL").show()

+----+-------+--------------+
|Date|Country|total_quantity|
+----+-------+--------------+
|null|   null|       5176450|
+----+-------+--------------+
```

cube 函式

cube 函式會比 rollup 更複雜一些。cube 不是按結構層次來處理元素，而是在所有維度上執行相同的操作。這代表它不僅會在整個時間區段內按照日期執行，還會按照地區做分組。再次提出此問題，能建立一個包含以下內容的表格嗎？

- 所有日期和地區的總數
- 所有地區的每個日期的總計
- 每個地區在每個日期的總計
- 所有日期中每個地區的總數

使用方法非常相似，但這次用的是 cube，而不是 rollup：

```
// 在 Scala 中
dfNoNull.cube("Date", "Country").agg(sum(col("Quantity")))
  .select("Date", "Country", "sum(Quantity)").orderBy("Date").show()

# 在 Python 中
```

```
from pyspark.sql.functions import sum

dfNoNull.cube("Date", "Country").agg(sum(col("Quantity")))\
  .select("Date", "Country", "sum(Quantity)").orderBy("Date").show()

+----+-------------------+-------------+
|Date|            Country|sum(Quantity)|
+----+-------------------+-------------+
|null|              Japan|        25218|
|null|           Portugal|        16180|
|null|        Unspecified|         3300|
|null|               null|      5176450|
|null|          Australia|        83653|
...
|null|             Norway|        19247|
|null|          Hong Kong|         4769|
|null|              Spain|        26824|
|null|     Czech Republic|          592|
+----+-------------------+-------------+
```

這幾乎包含了所有表格內部資訊的總結，快速且易於存取，這是用來建立其一個快速彙總表的好方法。

元數據分組

有時，在使用 cube 和 rollup 時，也希望能夠查詢到聚合級別的計算，以便輕鬆的將數值過濾掉。可以使用 grouping_id 來達此目的，它提供了一個可用來指定結果集合中聚合級別的欄位。以下範例中的查詢回傳了四個不同的 Grouping ID：

表 7-1　Grouping ID 的目的

Grouping ID	Description
3	出現在最高級別的聚合中，無論 customerId 和 stockCode 為何，都可計算出總數量。
2	出現在各個股票代碼的聚合中。無論客戶為何，都可計算出每個股票代碼的總數量。
1	可用來計算每個客戶的總數量，無論購買的是什麼東西。
0	可用來計算各個 customerId 和 stockCode 組合的總數量。

這有點抽象，需要多花點時間理解：

```
// 在 Scala 中
import org.apache.spark.sql.functions.{grouping_id, sum, expr}
```

```
dfNoNull.cube("customerId", "stockCode").agg(grouping_id(), sum("Quantity"))
.orderBy(expr("grouping_id()").desc)
.show()

+----------+---------+------------+------------+
|customerId|stockCode|grouping_id()|sum(Quantity)|
+----------+---------+------------+------------+
|      null|     null|           3|     5176450|
|      null|    23217|           2|        1309|
|      null|   90059E|           2|          19|
...
+----------+---------+------------+------------+
```

pivot 函式

pivot 可以將列轉換為欄位。例如，在當前的資料中有一個**地區**的欄位。使用 pivot 函式，可以依據給定的每個地區用某些函式來進行聚合，並透過易於查詢的方式做顯示：

```
// 在 Scala 中
val pivoted = dfWithDate.groupBy("date").pivot("Country").sum()
```

```
# 在 Python 中
pivoted = dfWithDate.groupBy("date").pivot("Country").sum()
```

現在，此 DataFrame 將為地區、數值變數和指定日期的每種組合產生一個欄位。例如，對於 USA 有以下 Column：USA_sum(Quantity)，USA_sum(UnitPrice)，USA_sum(CustomerID)。這代表資料集中的每個數值的欄位都會有（因為只對這些欄位做聚合）。

以下是此資料的查詢範例和結果：

```
pivoted.where("date > '2011-12-05'").select("date" ,"`USA_sum(Quantity)`").show()

+----------+-----------------+
|      date|USA_sum(Quantity)|
+----------+-----------------+
|2011-12-06|             null|
|2011-12-09|             null|
|2011-12-08|             -196|
|2011-12-07|             null|
+----------+-----------------+
```

現在可以使用單個分組來計算出所有的欄位，但是 pivot 的值取決於你希望如何檢索資料。如果在某個欄位中具有足夠低的基數以便將其轉換為多個欄位，讓用戶可以查看綱要並立即知道要查詢的內容，它是非常方便的一種方式。

使用者自定義聚合函式

使用者自定義聚合函式（UDAF）是用戶可以根據自己的公式或業務規則來定義自己的聚合函式。可以使用 UDAF 計算輸入的資料組（而非單一個列）的自定義計算。Spark 透過維護 AggregationBuffer 來存儲每組輸入資料的中間結果。

要創建 UDAF，必須從 UserDefinedAggregateFunction 基礎類別繼承並實作以下方法：

- inputSchema 將輸入參數表示為 StructType

- bufferSchema 將中間 UDAF 結果表示為 StructType

- dataType 表示回傳的 DataType

- deterministic 是一個 Boolean，指定 UDAF 在輸入資料相同時是否可回傳相同結果

- initialize 允許初始化聚合緩衝區的值

- update 描述如何根據給定的列來更新內部緩衝區

- merge 描述如何合併兩個聚合緩衝區

- evaluate 將生成聚合的最終結果

以下範例執行了 BoolAnd 操作，它將判斷所有的列（對於指定的欄位）是否為真；若不是將回傳否：

```scala
// 在 Scala 中
import org.apache.spark.sql.expressions.MutableAggregationBuffer
import org.apache.spark.sql.expressions.UserDefinedAggregateFunction
import org.apache.spark.sql.Row
import org.apache.spark.sql.types._
class BoolAnd extends UserDefinedAggregateFunction {
  def inputSchema: org.apache.spark.sql.types.StructType =
    StructType(StructField("value", BooleanType) :: Nil)
  def bufferSchema: StructType = StructType(
    StructField("result", BooleanType) :: Nil
  )
  def dataType: DataType = BooleanType
  def deterministic: Boolean = true
  def initialize(buffer: MutableAggregationBuffer): Unit = {
    buffer(0) = true
  }
  def update(buffer: MutableAggregationBuffer, input: Row): Unit = {
    buffer(0) = buffer.getAs[Boolean](0) && input.getAs[Boolean](0)
```

```
  }
  def merge(buffer1: MutableAggregationBuffer, buffer2: Row): Unit = {
    buffer1(0) = buffer1.getAs[Boolean](0) && buffer2.getAs[Boolean](0)
  }
  def evaluate(buffer: Row): Any = {
    buffer(0)
  }
}
```

現在，只是實例化類別並將其註冊為一個函式：

```
// 在 Scala 中
val ba = new BoolAnd
spark.udf.register("booland", ba)
import org.apache.spark.sql.functions._
spark.range(1)
  .selectExpr("explode(array(TRUE, TRUE, TRUE)) as t")
  .selectExpr("explode(array(TRUE, FALSE, TRUE)) as f", "t")
  .select(ba(col("t")), expr("booland(f)"))
  .show()

+----------+----------+
|booland(t)|booland(f)|
+----------+----------+
|      true|     false|
+----------+----------+
```

UDAF 目前僅在 Scala 或 Java 中可以使用。但是，在 Spark 2.3 中，也可以呼叫已註冊的 Scala 或 Java 的 UDF 和 UDAF，就像在第六章的 UDF 部分中所示。有關更多資訊，請到 SPARK-19439（*https://issues.apache.org/jira/browse/SPARK-19439*）。

結論

本章介紹了可以在 Spark 中執行的各種型別與聚合類型。了解簡單的分組到視窗函式，以及 rollup 和 cube。第八章將討論如何執行關聯，將不同的資料源組合在一起。

關聯

第七章介紹了如何對單一資料集做聚合，但大多數的狀況，Spark 應用程式將匯集大量不同的資料集。因此，關聯是 Spark 負載中很重要的一部分。Spark 能夠與不同資料溝通，這代表著可以利用公司內部的各種資料來源。本章不僅介紹 Spark 中的多種關聯以及使用方式，還介紹了一些基本的內部結構，以便了解 Spark 實際上是如何在群集上執行關聯。這些基礎知識可以避免執行時發生內存不足並解決以前無法解決的問題。

關聯表達式

關聯可將兩組資料（*左側*和*右側*）匯集在一起，並比較左側與右側的一至多個*鍵*的值以得到*關聯表達式*的結果，決定 Spark 是否應該將左右兩側的資料集合在一起。最常見的關聯表達式 equi-join，比較左右資料集中指定的鍵是否相等，如果相等，Spark 便會將左右兩個資料集做組合；對於不匹配的鍵則相反，Spark 會丟棄沒有匹配到鍵的資料列。除了 equi-join 之外，Spark 還有一些更高階的關聯策略，甚至可以使用複合型別並執行諸如在做關聯時檢查數組中是否存在某個鍵之類的操作。

關聯類型

關聯表達式用來決定兩個資料列是否*應該*做關聯，而關聯類型則決定了結果集合中包含了*那些*內容。Spark 提供了多種不同的關聯類型來做使用：

- 內部關聯（保留鍵存在資料集左右兩側的資料列）

- 外部關聯（保留鍵存在資料集左右其中一側的資料列）

- 左側關聯（保留鍵存在資料集左側的資料列）

- 右側關聯（保留鍵存在資料集右側的資料列）

- 左側半關聯（只保留鍵存在資料集右側的左側資料列）

- 左側反關聯（只保留鍵不存在資料集右側的左側資料列）

- 自然關聯（通過隱式匹配，將具有相同名稱的兩個資料集之間欄位進行關聯）

- 交叉（或笛卡爾）關聯（將左側資料集中的每一個資料列與右側資料集中的每一個資料列做匹配）

如果曾使用過關聯式資料庫系統，甚至 Excel 電子表格進行操作，那麼將不同資料集關聯在一起的概念應該不會過於抽象。接著繼續展示每種關聯類型的範例，可以讓你更容易理解要如何將這些應用於自己的問題中。因此，創建一些可以在範例中使用的簡單資料集：

```scala
// 在 Scala 中
val person = Seq(
    (0, "Bill Chambers", 0, Seq(100)),
    (1, "Matei Zaharia", 1, Seq(500, 250, 100)),
    (2, "Michael Armbrust", 1, Seq(250, 100)))
  .toDF("id", "name", "graduate_program", "spark_status")
val graduateProgram = Seq(
    (0, "Masters", "School of Information", "UC Berkeley"),
    (2, "Masters", "EECS", "UC Berkeley"),
    (1, "Ph.D.", "EECS", "UC Berkeley"))
  .toDF("id", "degree", "department", "school")
val sparkStatus = Seq(
    (500, "Vice President"),
    (250, "PMC Member"),
    (100, "Contributor"))
  .toDF("id", "status")
```

```python
# 在 Python 中
person = spark.createDataFrame([
    (0, "Bill Chambers", 0, [100]),
    (1, "Matei Zaharia", 1, [500, 250, 100]),
    (2, "Michael Armbrust", 1, [250, 100])])\
  .toDF("id", "name", "graduate_program", "spark_status")
graduateProgram = spark.createDataFrame([
    (0, "Masters", "School of Information", "UC Berkeley"),
```

```
    (2, "Masters", "EECS", "UC Berkeley"),
    (1, "Ph.D.", "EECS", "UC Berkeley")])\
  .toDF("id", "degree", "department", "school")
sparkStatus = spark.createDataFrame([
    (500, "Vice President"),
    (250, "PMC Member"),
    (100, "Contributor")])\
  .toDF("id", "status")
```

接下來，將它們註冊為表格，以便在整個章節中都可以使用：

```
person.createOrReplaceTempView("person")
graduateProgram.createOrReplaceTempView("graduateProgram")
sparkStatus.createOrReplaceTempView("sparkStatus")
```

內部關聯

內部關聯將兩個 DataFrame 或表格中的鍵做比較，僅包含（並關聯在一起）結果為 true 的資料列。下面範例中將 graduateProgram DataFrame 與 person DataFrame 關聯在一起並建立一個新的 DataFrame：

```
// 在 Scala 中
val joinExpression = person.col("graduate_program") === graduateProgram.col("id")
```

```
# 在 Python 中
joinExpression = person["graduate_program"] == graduateProgram['id']
```

兩個 DataFrame 中皆沒有相同的鍵將不會顯示在新生成的 DataFrame 中。例如，以下表達式將導致新生成的 DataFrame 中的值為零：

```
// 在 Scala 中
val wrongJoinExpression = person.col("name") === graduateProgram.col("school")
```

```
# 在 Python 中
wrongJoinExpression = person["name"] == graduateProgram["school"]
```

內部關聯是預設的關聯方式，因此只需要指定左側的 DataFrame 並透過 JOIN 表達式與右側做關聯：

```
person.join(graduateProgram, joinExpression).show()

-- in SQL
SELECT * FROM person JOIN graduateProgram
  ON person.graduate_program = graduateProgram.id

+---+----------------+----------------+----------------+---+-------+----------+---
| id|            name|graduate_program|     spark_status| id| degree|department|...
+---+----------------+----------------+----------------+---+-------+----------+---
|  0|   Bill Chambers|               0|           [100]|  0|Masters| School...|...
|  1|   Matei Zaharia|               1|[500, 250, 100]|  1|  Ph.D.|      EECS|...
|  2|Michael Armbrust|               1|     [250, 100]|  1|  Ph.D.|      EECS|...
+---+----------------+----------------+----------------+---+-------+----------+---
```

也可以傳入第三個參數 joinType 來明確指定關聯的類型：

```
// 在 Scala 中
var joinType = "inner"
```

```
# 在 Python 中
joinType = "inner"
```

```
person.join(graduateProgram, joinExpression, joinType).show()

-- in SQL
SELECT * FROM person INNER JOIN graduateProgram
  ON person.graduate_program = graduateProgram.id

+---+----------------+----------------+----------------+---+-------+--------------
| id|            name|graduate_program|     spark_status| id| degree| department...
+---+----------------+----------------+----------------+---+-------+--------------
|  0|   Bill Chambers|               0|           [100]|  0|Masters|     School...
|  1|   Matei Zaharia|               1|[500, 250, 100]|  1|  Ph.D.|       EECS...
|  2|Michael Armbrust|               1|     [250, 100]|  1|  Ph.D.|       EECS...
+---+----------------+----------------+----------------+---+-------+--------------
```

外部關聯

外部關聯會比較兩個 DataFrame 或表格中的鍵，並涵蓋（並連接在一起）結果為 true 或 false 的資料列。如果左側或右側 DataFrame 中沒有相同的資料列，Spark 將放入 null：

```
joinType = "outer"
```

```
person.join(graduateProgram, joinExpression, joinType).show()

-- in SQL
SELECT * FROM person FULL OUTER JOIN graduateProgram
```

```
    ON graduate_program = graduateProgram.id

+----+--------------+----------------+----------------+---+-------+------------
|  id|          name|graduate_program|   spark_status| id| degree| departmen...
+----+--------------+----------------+----------------+---+-------+------------
|   1|  Matei Zaharia|               1|[500, 250, 100]|  1|  Ph.D.|        EEC...
|   2|Michael Armbrust|              1|     [250, 100]|  1|  Ph.D.|        EEC...
|null|          null|            null|           null|  2|Masters|        EEC...
|   0|  Bill Chambers|               0|          [100]|  0|Masters|     School...
+----+--------------+----------------+----------------+---+-------+------------
```

左側外部關聯

左側外部關聯比較兩個 DataFrame 或表格中的鍵，並包含左側 DataFrame 中的所有的資料列，以及右側 DataFrame 與左側匹配的所有的資料列。如果右側 DataFrame 中沒有相等的資料列，Spark 將放入 null：

```
joinType = "left_outer"

graduateProgram.join(person, joinExpression, joinType).show()

-- in SQL
SELECT * FROM graduateProgram LEFT OUTER JOIN person
  ON person.graduate_program = graduateProgram.id
```

```
+---+-------+----------+----------+----+----------------+----------------+---
| id| degree|department|    school|  id|            name|graduate_program|...
+---+-------+----------+----------+----+----------------+----------------+---
|  0|Masters| School...|UC Berkeley|   0|   Bill Chambers|               0|...
|  2|Masters|      EECS|UC Berkeley|null|            null|            null|...
|  1|  Ph.D.|      EECS|UC Berkeley|   2|Michael Armbrust|               1|...
|  1|  Ph.D.|      EECS|UC Berkeley|   1|   Matei Zaharia|               1|...
+---+-------+----------+----------+----+----------------+----------------+---
```

右側外部關聯

右側外部關聯比較兩個 DataFrame 或表格中的鍵，並包含右側 DataFrame 中的所有的資料列，以及左側 DataFrame 與右側匹配的所有資料列。如果左側 DataFrame 中沒有相等的資料列，Spark 將放入 null：

```
joinType = "right_outer"

person.join(graduateProgram, joinExpression, joinType).show()
```

```
-- in SQL
SELECT * FROM person RIGHT OUTER JOIN graduateProgram
  ON person.graduate_program = graduateProgram.id
```

```
+----+---------------+----------------+---------------+---+-------+-----------+
| id|           name|graduate_program|    spark_status| id| degree| department|
+----+---------------+----------------+---------------+---+-------+-----------+
|   0|  Bill Chambers|               0|          [100]|  0|Masters|School of...|
|null|           null|            null|           null|  2|Masters|       EECS|
|   2|Michael Armbrust|              1|     [250, 100]|  1|  Ph.D.|       EECS|
|   1|  Matei Zaharia|               1|[500, 250, 100]|  1|  Ph.D.|       EECS|
+----+---------------+----------------+---------------+---+-------+-----------+
```

左側半關聯

半關聯與其他的關聯方式有些不同,它們不會包含任何右側 DataFrame 中的值,僅比較這些值是否存在於右側 DataFrame 中;如果該值存在,那這些資料列將會被保留在結果中,即使左側 DataFrame 中存在重複的鍵也是如此。可將左側半關聯當作 DataFrame 上的一種過濾器,而非傳統的關聯功能:

```
joinType = "left_semi"
```

```
graduateProgram.join(person, joinExpression, joinType).show()
```

```
+---+-------+--------------------+-----------+
| id| degree|          department|     school|
+---+-------+--------------------+-----------+
|  0|Masters|School of Informa...|UC Berkeley|
|  1|  Ph.D.|                EECS|UC Berkeley|
+---+-------+--------------------+-----------+
```

```
// 在 Scala 中
val gradProgram2 = graduateProgram.union(Seq(
    (0, "Masters", "Duplicated Row", "Duplicated School")).toDF())
```

```
gradProgram2.createOrReplaceTempView("gradProgram2")
```

```
# 在 Python 中
gradProgram2 = graduateProgram.union(spark.createDataFrame([
    (0, "Masters", "Duplicated Row", "Duplicated School")]))
```

```
gradProgram2.createOrReplaceTempView("gradProgram2")
```

```
gradProgram2.join(person, joinExpression, joinType).show()
```

```
-- in SQL
```

```
SELECT * FROM gradProgram2 LEFT SEMI JOIN person
  ON gradProgram2.id = person.graduate_program

+---+-------+--------------------+----------------+
| id| degree|          department|          school|
+---+-------+--------------------+----------------+
|  0|Masters|School of Informa...|     UC Berkeley|
|  1|  Ph.D.|                EECS|     UC Berkeley|
|  0|Masters|      Duplicated Row|Duplicated School|
+---+-------+--------------------+----------------+
```

左側反關聯

左側反關聯的功能與左側半關聯相反。與左半連接一樣,它們實際上並不包含任何右側 DataFrame 中的值,僅比較這些值是否存在於右側 DataFrame 中。但是,它們不是保留右側 DataFrame 中存在的值,而是只保留第二個 DataFrame 中沒有相對應鍵的值。將反關聯視為 NOT IN 的 SQL-style 過濾器:

```
joinType = "left_anti"
graduateProgram.join(person, joinExpression, joinType).show()

-- in SQL
SELECT * FROM graduateProgram LEFT ANTI JOIN person
  ON graduateProgram.id = person.graduate_program

+---+-------+----------+-----------+
| id| degree|department|     school|
+---+-------+----------+-----------+
|  2|Masters|      EECS|UC Berkeley|
+---+-------+----------+-----------+
```

自然關聯

自然關聯在將要關聯的欄位上進行隱式預測。它會找到匹配的欄位並回傳結果,並且左側、右側和外部自然關聯都支援。

> 隱式的方式通常都很危險!下面的查詢條件將回傳錯誤的結果,因為兩個 DataFrames/ 表格共用了一個欄位的名稱(id),但它代表資料集中不同的內容,應該謹慎使用此關聯方式。
>
> ```
> -- in SQL
> SELECT * FROM graduateProgram NATURAL JOIN person
> ```

交叉（笛卡爾）關聯

最後的關聯方式稱為交叉關聯或*笛卡爾乘積*。最簡單的交叉關聯是不指定斷言的內部關聯。交叉關聯會將左側 DataFrame 中的全部的資料列關聯到右側 DataFrame 中的每一列中，這會導致生成的 DataFrame 中包含的列數非常龐大。如果每個 DataFrame 中有 1,000 列，則這些資料列經過交叉關聯後會產生 1000000（1000x1000）個資料列。因此，要使用交叉關聯時必須使用 cross join 關鍵字明確聲明：

```
joinType = "cross"
graduateProgram.join(person, joinExpression, joinType).show()

-- in SQL
SELECT * FROM graduateProgram CROSS JOIN person
  ON graduateProgram.id = person.graduate_program
```

```
+---+-------+----------+-----------+---+----------------+---------------+------
| id| degree|department|     school| id|            name|graduate_program|spar...
+---+-------+----------+-----------+---+----------------+---------------+------
|  0|Masters| School...|UC Berkeley|  0|   Bill Chambers|              0|   ...
|  1|  Ph.D.|      EECS|UC Berkeley|  2|Michael Armbrust|              1| [2...
|  1|  Ph.D.|      EECS|UC Berkeley|  1|   Matei Zaharia|              1|[500...
+---+-------+----------+-----------+---+----------------+---------------+------
```

如果真的打算進行交叉關聯，可以明確的呼叫它：

```
person.crossJoin(graduateProgram).show()

-- in SQL
SELECT * FROM graduateProgram CROSS JOIN person
```

```
+---+----------------+---------------+----------------+---+-------+----------+
| id|            name|graduate_program|    spark_status| id| degree|  departm...|
+---+----------------+---------------+----------------+---+-------+----------+
|  0|   Bill Chambers|              0|           [100]|  0|Masters|   School...|
...
|  1|   Matei Zaharia|              1|[500, 250, 100]|  0|Masters|   School...|
...
|  2|Michael Armbrust|              1|     [250, 100]|  0|Masters|   School...|
...
+---+----------------+---------------+----------------+---+-------+----------+
```

 應該只在非不得已的情況下才使用交叉關聯，百分之百確定這是你所需要的關聯方式，因為這種方式非常的危險！進階的用戶可以將會話級別的參數 spark.sql.crossJoin.enable 設定為 true，用來允許交叉關聯時不會發出警告，或者不需要 Spark 來為你嘗試執行另一種關聯方式來做替代。

使用關聯時的挑戰

在執行關聯時，會出現一些特定的挑戰和常見問題。本章的其餘部分將為這些常見問題解答，接著解釋 Spark 如何利用高級別的方式執行關聯。這代表本書後半部分將會介紹一些優化方式。

關聯複合型別

這看起來似乎有點難度，但實際上並非如此。任何表達式都可以是有效的關聯表達式，假設它會回傳一個 Boolean：

```
import org.apache.spark.sql.functions.expr

person.withColumnRenamed("id", "personId")
  .join(sparkStatus, expr("array_contains(spark_status, id)")).show()

# 在 Python 中
from pyspark.sql.functions import expr

person.withColumnRenamed("id", "personId")\
  .join(sparkStatus, expr("array_contains(spark_status, id)")).show()

-- in SQL
SELECT * FROM
  (select id as personId, name, graduate_program, spark_status FROM person)
  INNER JOIN sparkStatus ON array_contains(spark_status, id)
```

```
+--------+---------------+----------------+---------------+---+--------------+
|personId|           name|graduate_program|   spark_status| id|        status|
+--------+---------------+----------------+---------------+---+--------------+
|       0|  Bill Chambers|               0|          [100]|100|   Contributor|
|       1|  Matei Zaharia|               1|[500, 250, 100]|500|Vice President|
|       1|  Matei Zaharia|               1|[500, 250, 100]|250|    PMC Member|
|       1|  Matei Zaharia|               1|[500, 250, 100]|100|   Contributor|
|       2|Michael Armbrust|              1|     [250, 100]|250|    PMC Member|
|       2|Michael Armbrust|              1|     [250, 100]|100|   Contributor|
+--------+---------------+----------------+---------------+---+--------------+
```

重複欄位名稱處理

關聯時會遇到的一個棘手問題是如何處理結果 DataFrame 中重複欄位名稱。在 DataFrame 中，每個欄位在 Spark 的 SQL 引擎 Catalyst 中都有一個唯一的 ID，此唯一 ID 純粹是內部使用，無法直接拿來參考。這使得要引用具有重複欄位名稱 DataFrame 時會非常困難。

可能發生兩種不同的情況：

- 指定的關聯表達式不會從輸入的 DataFrame 中刪除任何一個鍵，並且鍵具有相同的欄位名稱

- 未執行關聯的兩個欄位具有相同的名稱

建立一個有問題的資料集，可以用它來說明這些問題：

```
val gradProgramDupe = graduateProgram.withColumnRenamed("id", "graduate_program")
```

```
val joinExpr = gradProgramDupe.col("graduate_program") === person.col(
  "graduate_program")
```

現在有兩個 graduate_program 的欄位，接著對該鍵做關聯：

```
person.join(gradProgramDupe, joinExpr).show()
```

當引用其中一個欄位時，就會遇到問題：

```
person.join(gradProgramDupe, joinExpr).select("graduate_program").show()
```

使用前述程式碼片段將會收到錯誤。在此特殊範例中，Spark 將產生以下訊息：

```
org.apache.spark.sql.AnalysisException: Reference 'graduate_program' is
ambiguous, could be: graduate_program#40, graduate_program#1079.;
```

方法 1：不同的關聯表達式

具有兩個相同名稱的鍵時，最簡單的修復方法是將關聯表達式從 Boolean 表達式改為字串或序列，這會在做關聯期間自動刪除其中一個欄位：

```
person.join(gradProgramDupe,"graduate_program").select("graduate_program").show()
```

方法 2：在關聯之後刪除該欄位

另一種方法是在關聯之後刪除有問題的欄位。執行此操作時，需要透過源頭 DataFrame 來參考該欄位；如果執行關聯時使用相同的鍵名稱，或源頭 DataFrames 具有相同名稱的欄位，則可以執行此操作：

```
person.join(gradProgramDupe, joinExpr).drop(person.col("graduate_program"))
  .select("graduate_program").show()
```

```
val joinExpr = person.col("graduate_program") === graduateProgram.col("id")
person.join(graduateProgram, joinExpr).drop(graduateProgram.col("id")).show()
```

這是 Spark SQL 分析過程的一種技巧，因為 Spark 無需解析該欄位，顯式引用的欄位將會被跳過。請注意該欄位會如何使用 .col 方法而不是 column 函式。這可以透過特定的 ID 來隱式指定該欄位。

方法 3：在關聯之前先對欄位重新命名

如果在做關聯之前先對欄位重新命名，將可完全避免此問題：

```
val gradProgram3 = graduateProgram.withColumnRenamed("id", "grad_id")
val joinExpr = person.col("graduate_program") === gradProgram3.col("grad_id")
person.join(gradProgram3, joinExpr).show()
```

Spark 如何執行關聯

要了解 Spark 是如何來執行關聯，需要了解兩個核心資源：點到點的通訊策略和每個節點的計算策略。這些 Spark 內部的運作原理可能與你的業務問題並無相關，但是理解 Spark 是如何執行關聯可以解釋作業需如何快速完成，或是作業尚未結束之間的差異。

通訊策略

Spark 在執行關聯期間以兩種不同的方式進行群集之間的通訊。它可能是進行全面性通訊的**洗牌式關聯**，或是進行**廣播式關聯**，此時相比於單點處理的狀況，有更多的細節需要注意。由於成本的優化以及通訊策略進步，這些 Spark 內部機制的優化方式可能會隨著時間而改變；因此我們將專注於高階範例，以幫助你深入了解在一些場景中時常會發生的狀況，並運用 正確的方式來加快工作量。

首先先將關聯的核心表格假設為只會有大表或小表，雖然事實上是各種尺寸都有（如果你有一個「中等大小的表格」，情況會有所不同），但這可以幫助我們將概念解釋清楚。

大表格與大表格

當你將一張大表格與另一張大表格做關聯時，會透過洗牌關聯的方式，如圖 8-1 所示。

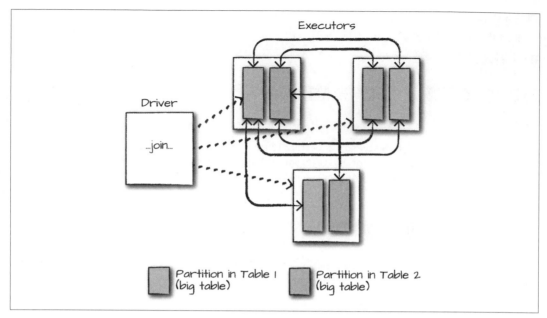

圖 8-1 關聯兩張大表格

在洗牌關聯中,每個節點都會與其他節點進行通訊,並且根據節點上具有的某個鍵或一組鍵(要關聯的鍵)來共享資料。

這種關聯方式會消耗非常多資源,因為網路可能會變得擁塞,特別是如果資料的分區沒有做好時。

此關聯方式描述了如何從一個大表格將資料取出並關聯到另一張大表格。例如,每天從物聯網接收到幾十億條消息的公司,需要確認每日變化。將 deviceId,messageType 和 date 以一個欄位做關聯,date - 1 day 則以另一個欄位做關聯。

在圖 8-1 中,DataFrame 1 和 DataFrame 2 都是大型的 DataFrame。這代表所有工作節點(可能還有每個分區)在整個關聯過程中都需要互相通訊(沒有智能的資料分區方式)。

大表格與小表格

當表格小到符合單個工作節點的記憶體時,可以試著優化關聯的方式。雖然可以使用大表格與大表格的通訊策略,但這裡使用廣播關聯的效果會更好,也就是將小的 DataFrame 複製到群集中的每個工作節點上(無論是一台機器還是多台機器)。雖然這聽起來很消耗資源,但是這種方式可以避免**整個**關聯過程中執行所有節點間的通訊。相反的,只會在開始時執行一次,並讓每個工作節點單獨執行工作,不必等待或與任何其他工作節點通訊,如圖 8-2 所示。

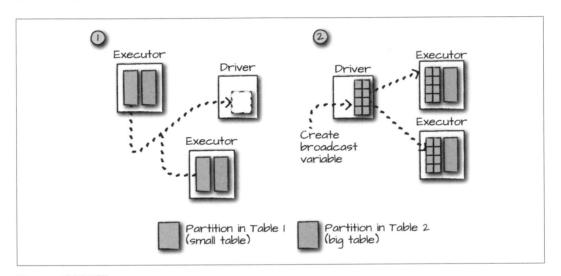

圖 8-2　廣播關聯

此種關聯方式一開始是一個大型通訊,就像以前的關聯類型中一樣。但是在第一次之後,節點之間將不再進一步做通訊。

這代表只會在每個節點上單獨執行關聯,反而使 CPU 成為最大的瓶頸。對於當前的資料集而言,可以看到 Spark 透過執行計劃自動將其設定成廣播關聯:

```
val joinExpr = person.col("graduate_program") === graduateProgram.col("id")

person.join(graduateProgram, joinExpr).explain()

== Physical Plan ==
*BroadcastHashJoin [graduate_program#40], [id#5....
:- LocalTableScan [id#38, name#39, graduate_progr...
+- BroadcastExchange HashedRelationBroadcastMode(....
   +- LocalTableScan [id#56, degree#57, departmen....
```

透過 DataFrame API，對小型的 DataFrame 使用正確的函式，可以明確對優化器發出使用廣播關聯的提示。在此例子中，可以看到相同的計劃；但是，這並非每次都會是這種結果：

```
import org.apache.spark.sql.functions.broadcast
val joinExpr = person.col("graduate_program") === graduateProgram.col("id")
person.join(broadcast(graduateProgram), joinExpr).explain()
```

SQL 介面也包括提供執行關聯的**提示**功能，但是這些並非**強制執行**，因此優化器可能會選擇忽略。可以使用特殊註解的語法來設定其中一個提示。MAPJOIN，BROADCAST 和 BROADCASTJOIN 都支援：

```
-- in SQL
SELECT /*+ MAPJOIN(graduateProgram) */ * FROM person JOIN graduateProgram
  ON person.graduate_program = graduateProgram.id
```

這也不是完全不用付出代價的：如果試圖廣播太大的資料，可能會導致驅動端節點崩潰（因為執行 collect 是非常耗效能的）。這可能是未來提供優化的領域。

小表格與小表格

在使用小表格進行關聯時，最好讓 Spark 自己決定如何執行，也可以隨時強制執行廣播關聯。

結論

在本章中討論了關聯，這可能是最常見的使用案例。有一件事尚未提及：如何在**進行關聯之前**對資料進行正確的分區，可以得到更高的執行效率，因為即使是有計劃的進行洗牌，若兩個不同 DataFrame 的資料已經位於同一台機器，則 Spark 可以完全避免洗牌的步驟。

嘗試先將一些資料進行分區，並觀察看看進行關聯時是否速度有加快。在第九章中，將討論 Spark 的資料源 API。當決定好要用哪種順序來進行關聯時，其實還有一些其他的含義。因為某些關聯的方式就如同過濾器，可以降低工作負載的消耗，因為可以確保減少資料透過網路來做交換。

下一章將跳脫用戶操作的層面，並使用結構化 API 來讀取和寫入資料。

資料源

本章將正式的介紹 Spark 可以使用的各種資料源以及更多由社群所建構的其他資料源。Spark 有六種 " 核心 " 資料源和社區編寫的數百個外部資料源，從各種不同型別的資料源讀取和寫入資料以及龐大的社群貢獻能力可以說是 Spark 最大的優勢之一。以下是 Spark 的核心資料源：

- CSV
- JSON
- Parquet
- ORC
- JDBC/ODBC connections
- Plain-text files

如前面所提到的，Spark 擁有眾多社群所創建的資料源。這裡只是一個小樣本：

- Cassandra（*http://bit.ly/2DSafT8*）
- HBase（*http://bit.ly/2FkKN5A*）
- MongoDB（*http://bit.ly/2BwA7yq*）
- AWS Redshift（*http://bit.ly/2GlMsJE*）
- XML（*http://bit.ly/2GitGCK*）
- And many, many others

本章的目標是讓讀者能夠運用 Spark 的核心資料源進行資料的讀寫，並了解在與第三方資料源集成時應該了解的內容。為達到這目標，接著將專注於認識與理解資料源的核心概念。

資料源 API 的結構

將資料從某些格式讀取和寫入之前，先介紹資料源 API 的整體組織結構。

讀取端 API 結構

讀取資料的核心結構如下：

```
DataFrameReader.format(...).option("key", "value").schema(...).load()
```

之後將使用這樣的格式設定讀取所有的資料源。format 是可選填的，預設的狀況下 Spark 將使用 Parquet 格式。option 可透過鍵與值的設定將如何讀取資料的方式參數化。最後，schema 也是可選填的，自己提供資料源綱要或是使用綱要推斷。每種格式都有一些必要的參數，將在查看每種格式時再來進行討論。

 Spark 社群中有很多簡寫符號，讀取端的資料源 API 也不例外。本書盡量保持一致的寫法，並同時展示一些簡寫符號。

讀取資料基礎

DataFrameReader 是 Spark 讀取資料的基礎。透過使用 SparkSession 的 read 來對他做存取：

```
spark.read
```

有了 DataFrame 的讀取器後，指定了幾個參數：

- The *format*
- The *schema*
- The *read mode*
- A series of *options*

format、option 和 schema 各自回傳一個可以進一步做轉換操作的 `DataFrameReader`，除了 option 外，其他都是可選填的。

每個資料源都有一組特定的 option，用來定義如何將資料讀入 Spark 中（之後很快會介紹這些 option）。至少，必須為 `DataFrameReader` 提供讀取資料的路徑。

以下是整個資料源結構的範例：

```
spark.read.format("csv")
  .option("mode", "FAILFAST")
  .option("inferSchema", "true")
  .option("path", "path/to/file(s)")
  .schema(someSchema)
  .load()
```

還有其他多種方式可以設定 option；例如，可以建立一個映射結構並傳送給 Spark 做設定。現在，我們依然使用剛剛介紹最直接的方式來進行。

讀取模式

從外部資料源讀取資料時很常會遇到格式錯誤的資料，尤其是使用半結構化資料源時。讀取模式指定當 Spark 遇到格式錯誤的記錄時會如何處理。表 9-1 列出了有哪些讀取模式。

表 9-1　Spark 的讀取模式

Read mode	Description
permissive	遇到損壞的記錄時將所有欄位設定為 null，並將所有損壞的記錄放在名為 _corrupt_record 的字串 Column 中
dropMalformed	刪除記錄含有格式異常的 Row
failFast	遇到格式錯誤的記錄後立即失敗

預設為 `permissive`。

寫入端 API 結構

寫入資料的核心結構如下：

```
DataFrameWriter.format(...).option(...).partitionBy(...).bucketBy(...).sortBy(
  ...).save()
```

之後將使用這樣的格式設定所有的寫入資料源。format 是可選填的，預設情況下，Spark 使用 parquet 格式。option，可以設定如何寫出給定的資料。PartitionBy、bucketBy 和 sortBy 僅適用基於文件的資料源；可以使用這些參數來控制目標文件的輸出。

寫入資料基礎

寫入與讀取資料的基礎非常相似，寫入資料使用 DataFrameWriter 而不是 DataFrameReader。因為總是需要輸出給定的資料源，透過使用 DataFrame 的 write 來對 DataFrameWriter 做存取：

```
// 在 Scala 中
dataFrame.write
```

得到了一個 DataFrameWriter 後，需要定義三個參數：format，一系列的 option 和 save 模式。至少，必須指定輸出的路徑。之後將會介紹一些可能會用到的 option，這些 option 會因數據源而異。

```
// 在 Scala 中
dataframe.write.format("csv")
  .option("mode", "OVERWRITE")
  .option("dateFormat", "yyyy-MM-dd")
  .option("path", "path/to/file(s)")
  .save()
```

儲存模式

儲存模式定義了如果 Spark 在指定位置查詢資料會如何處理（假設所有條件都相同）。表 9-2 列出了有哪些儲存模式。

表 9-2　Spark 的儲存模式

Save mode	Description
append	將輸出的資料附加到該位置已存在的檔案中
overwrite	完全覆蓋已存在的任何資料
errorIfExists	如果指定的位置已存在資料或檔案，則會引發錯誤並導致寫入失敗
ignore	如果指定的位置已存在資料或檔案，則不對當前的 DataFrame 執行任何操作

預設為 errorIfExists。這代表著如果 Spark 正在寫入的位置找到已存在的資料，則會發生寫入失敗。之後將盡可能的介紹使用資料源時所需要的核心概念，以下進一步了解 Spark 支援的原生資料源。

CSV 檔案

CSV 代表用逗號分隔值的格式。這是一種很常見的文本檔案格式，每一行代表一筆紀錄，逗號分隔紀錄中的每個欄位。CSV 檔案看起來很有結構性，實際上它可能是最麻煩的檔案格式之一，因為在生產環境中很難對它們包含的內容或結構做出假設。

也因為如此，CSV 讀取器有很多參數。這些參數讓你能夠解決諸如處理某些跳脫字元之類的問題，例如當檔案以逗點符號作為分隔符號時欄位值中包含逗點，又或是有非正規的 null 表示值。。

CSV 檔案參數

表 9-3 展示了 CSV 讀取器中可用的參數。

表 9-3　CSV 資料格式的參數

Read/write	Key	Potential values	Default	Description
Both	sep	任何單一字串字元	,	用作每個欄位與值的分隔符的單個字元
Both	header	true, false	false	一個 Boolean 標誌，用於說明檔案中的第一行是否為欄位的名稱
Read	escape	任何字串字元	\	Spark 應該用來跳脫檔案中的其他字元
Read	inferSchema	true, false	false	指定 Spark 在讀取檔案時是否推斷欄位的型別
Read	ignoreLeadingWhiteSpace	true, false	false	說明是否忽略正在讀取的值前綴空格
Read	ignoreTrailingWhiteSpace	true, false	false	說明是否忽略正在讀取的值後綴空格
Both	nullValue	任何字串字元	""	說明哪個字元表示檔案中的 null 值

Read/write	Key	Potential values	Default	Description
Both	nanValue	任何字串字元	NaN	說明 CSV 檔案中哪個字元代表 NaN 或缺失的字元
Both	positiveInf	任何字串或字元	Inf	說明哪些字元代表正無限值
Both	negativeInf	任何字串或字元	-Inf	說明哪些字元代表負無限值
Both	compression 或 codec	None, uncompressed, bzip2, deflate, gzip, lz4 或 snappy	none	說明 Spark 使用什麼壓縮編解碼器來讀取或寫入檔案
Both	dateFormat	任何符合 java 的 SimpleDataFormat 的字串或字元	yyyy-MM-dd	說明任何日期型別欄位的日期格式
Both	timestampFormat	任何符合 java 的 SimpleDateFormat 的字串或字元	yyyy-MM-dd'T'HH:mm:ss.SSSZZ	說明任意時間戳型別的欄位格式
Read	maxColumns	任何整數	20480	說明檔案中最大的欄位數量
Read	maxCharsPerColumn	任何整數	1000000	說明欄位中的最大的字元數
Read	escapeQuotes	true, false	true	說明 Spark 是否跳脫在資料列中找到的引號
Read	maxMalformedLogPerPartition	任何整數	10	設定 Spark 為每個分區記錄的格式錯誤資料行最大數量。超出此數字的格式錯誤的記錄將被忽略
Write	quoteAll	true, false	false	指定是否所有值都應該用引號括起來,而不是僅僅跳脫具有引號字元的值
Read	multiLine	true, false	false	允許讀取多行 CSV 檔案,其中 CSV 文件中的每個邏輯列可能跨越檔案中的多個資料列

讀取 CSV 檔案

與其他格式一樣，讀取 CSV 文件時，必須先為該格式建立一個 DataFrameReader。在此將格式指定為 CSV：

```
spark.read.format("csv")
```

接著可以選擇指定綱要以及模式。還有一些參數設定是本書開頭介紹過的，另一些是尚未見過的。

將 CSV 檔案的 header 參數設定為 true，將 mode 設定為 FAILFAST，將 inferSchema 設定為 true：

```
// 在 Scala 中
spark.read.format("csv")
  .option("header", "true")
  .option("mode", "FAILFAST")
  .option("inferSchema", "true")
  .load("some/path/to/file.csv")
```

如上所述，可以使用 mode 來指定對異常資料的容忍度。例如可以使用這些模式和第五章中提到的綱要來確保檔案符合期望的資料：

```
// 在 Scala 中
import org.apache.spark.sql.types.{StructField, StructType, StringType, LongType}
val myManualSchema = new StructType(Array(
  new StructField("DEST_COUNTRY_NAME", StringType, true),
  new StructField("ORIGIN_COUNTRY_NAME", StringType, true),
  new StructField("count", LongType, false)
))
spark.read.format("csv")
  .option("header", "true")
  .option("mode", "FAILFAST")
  .schema(myManualSchema)
  .load("/data/flight-data/csv/2010-summary.csv")
  .show(5)
```

當不希望資料被指定為某種格式時，事情會變得很棘手。例如，採用當前的綱要並將所有欄位的型別更改為 LongType，這與實際的綱要不匹配，但 Spark 對於這樣的作法並不會有什麼問題，只有當 Spark 實際讀取資料時，問題才會出現。一旦啟動 Spark 作業，由於資料不符合指定的綱要，它將會失敗（在執行作業之後）：

```
// 在 Scala 中
val myManualSchema = new StructType(Array(
                        new StructField("DEST_COUNTRY_NAME", LongType, true),
                        new StructField("ORIGIN_COUNTRY_NAME", LongType, true),
                        new StructField("count", LongType, false) ))

spark.read.format("csv")
  .option("header", "true")
  .option("mode", "FAILFAST")
  .schema(myManualSchema)
  .load("/data/flight-data/csv/2010-summary.csv")
  .take(5)
```

通常，Spark 只會在作業執行階段而不是在定義 DataFrame 時發生失敗 - 即使指定一個不存在的檔案。這是因為第二章所提惰性求值概念的原因。

寫入 CSV 檔案

與讀取資料時一樣，在寫入 CSV 檔案時有多種參數（表 9-3 中列出）可以使用。許多讀取檔案的參數在寫入資料時並不適用（例如 maxColumns 和 inferSchema）。以下是一個例子：

```
// 在 Scala 中
val csvFile = spark.read.format("csv")
  .option("header", "true").option("mode", "FAILFAST").schema(myManualSchema)
  .load("/data/flight-data/csv/2010-summary.csv")

# 在 Python 中
csvFile = spark.read.format("csv")\
  .option("header", "true")\
  .option("mode", "FAILFAST")\
  .option("inferSchema", "true")\
  .load("/data/flight-data/csv/2010-summary.csv")
```

例如，可以很容易地讀取 CSV 檔案並將其作為 TSV 檔案寫出：

```
// 在 Scala 中
csvFile.write.format("csv").mode("overwrite").option("sep", "\t")
  .save("/tmp/my-tsv-file.tsv")

# 在 Python 中
csvFile.write.format("csv").mode("overwrite").option("sep", "\t")\
  .save("/tmp/my-tsv-file.tsv")
```

查看目標目錄時，可以發現 *my tsv-file* 實際上是一個包含大量檔案的資料夾：

```
$ ls /tmp/my-tsv-file.tsv/

/tmp/my-tsv-file.tsv/part-00000-35cf9453-1943-4a8c-9c82-9f6ea9742b29.csv
```

這實際上代表寫出時 DataFrame 中的分區數量。如果在此之前重新分區資料，最後會得到不同數量的檔案。將在本章最後討論這種權衡方式。

JSON 檔案

對於熟悉 JavaScript 的人來說，應該很熟悉 JavaScript Object Notation 或通常稱之為 JSON。在開始使用這種資料格式之前有些需要先討論的地方。在 Spark 中使用 JSON 檔案時，通常是引用行分隔的 JSON 檔案，每個檔案是否具有大型的 JSON 物件或是陣列，其結果會有很大的差異。

是要使用行分隔或是多行切割皆由一個參數控制：multiLine。將此參數設為 true 時，可將整個檔案作為一個 json 物件來讀取，之後 Spark 會將其解析為 DataFrame。事實上以行分隔的 JSON 是一種更穩定的格式，因為它可以將新的紀錄資料附加到檔案後（而非讀取整個檔案之後再將其輸出），這是比較建議使用的方式。

以行分隔的 JSON 流行的另一個關鍵原因是因為 JSON 物件本身就具有結構性，而 JavaScript（JSON 的基底）具有基本型別，Spark 可以為資料做出更多推論，使得它更容易使用。由於已經形成物件，因此看到可設定的參數明顯少於 CSV。

JSON 檔案參數

表 9-4 列出了 JSON 物件可用的參數及其說明。

表 9-4　JSON 資料源的參數

Read/write	Key	Potential values	Default	Description
Both	compression 或 codec	None, uncompressed, bzip2, deflate, gzip, lz4 或 snappy	none	指定 Spark 應該使用什麼壓縮編解碼器來讀取或寫入檔案
Both	dateFormat	任何符合 Java 的 SimpleDateFormat 的字串或字元	yyyy-MM-dd	指定任何日期型別欄位的日期格式

Read/write	Key	Potential values	Default	Description
Both	timestampFormat	任何符合 Java 的 SimpleDateFormat 的字串或字元	yyyy-MM-dd'T'HH:mm:ss. SSSZZ	指定任意時間戳型別的欄位格式
Read	primitiveAsString	true, false	false	將所有值自動推斷為字串型別
Read	allowComments	true, false	false	忽略 JSON 記錄中 Java/C++ 樣式的註解
Read	allowUnquotedFieldNames	true, false	false	允許不帶有引號的 JSON 欄位名稱
Read	allowSingleQuotes	true, false	true	允許除了雙引號外，也可使用單引號
Read	allowNumericLeadingZeros	true, false	false	允許數字前綴為零（例如，00012）
Read	allowBackslashEscapingAnyCharacter	true, false	false	允許使用反斜線來跳脫某些字元
Read	columnNameOfCorruptRecord	Any string	spark.sql. column&NameOf CorruptRecord 的值	若欄位含有因為 permissive 模式所導致的字串錯誤，允許進行重新命名，將會覆蓋原來設定的值
Read	multiLine	true, false	false	允許讀取不是用行分隔的 JSON 檔案

讀取行分隔的 JSON 檔案僅在設定 format 和 option 中有所不同：

```
spark.read.format("json")
```

讀取 JSON 檔案

接著來看一個讀取 JSON 檔案並比較不同參數的範例：

```
// 在 Scala 中
spark.read.format("json").option("mode", "FAILFAST").schema(myManualSchema)
  .load("/data/flight-data/json/2010-summary.json").show(5)

# 在 Python 中
spark.read.format("json").option("mode", "FAILFAST")\
  .option("inferSchema", "true")\
  .load("/data/flight-data/json/2010-summary.json").show(5)
```

寫入 JSON 檔案

寫入 JSON 檔案就像讀取一樣簡單,並且與資料源沒有相關性,可以使用之前創建的 CSV DataFrame 作為 JSON 檔案來源。這也遵循著之前的規則:每個分區將寫出一個檔案,整個 DataFrame 將輸出成一個資料夾。檔案裡面每行都是一個 JSON 物件:

```scala
// 在 Scala 中
csvFile.write.format("json").mode("overwrite").save("/tmp/my-json-file.json")
```

```python
# 在 Python 中
csvFile.write.format("json").mode("overwrite").save("/tmp/my-json-file.json")
```

```
$ ls /tmp/my-json-file.json/

/tmp/my-json-file.json/part-00000-tid-543....json
```

Parquet 檔案

Parquet 是一個開源並以欄位為存儲導向的格式,提供了多種存儲的優化,適合使用於資料分析。它運用了欄位的壓縮方式,可以節省存儲空間,也可以讀取單個欄位而不用讀取整個檔案。它也是 Apache Spark 預設的檔案格式。建議可以將資料寫入 Parquet 進行長期存儲,因為從 Parquet 檔案中讀取資料會比從 JSON 或 CSV 更有效率。Parquet 的另一個優點是它支援複合型別。這代表如果欄位是一個陣列(在 CSV 檔案中會失敗)、映射或結構,仍然可以快速的進行讀取或寫入。以下是如何將 Parquet 設定為讀取格式的範例:

```
spark.read.format("parquet")
```

讀取 Parquet 檔案

Parquet 可以設定的參數很少,因為它在存儲資料時強制執行自己的綱要。因此,只需要設定 format。也可以透過強制設定綱要來限制 DataFrame 輸出,但通常不需要做此設定,因為在讀取時會自動使用綱要來做設定,類似使用 CSV 檔案的自動推斷模式。但是,對於 Parquet 檔案,此自動推斷的方法更強大,因為綱要就內建於檔案之中(因此不需要推斷)。

以下是一些從 parquet 讀取資料的例子:

```
spark.read.format("parquet")

// 在 Scala 中
spark.read.format("parquet")
  .load("/data/flight-data/parquet/2010-summary.parquet").show(5)

# 在 Python 中
spark.read.format("parquet")\
  .load("/data/flight-data/parquet/2010-summary.parquet").show(5)
```

Parquet 的參數

正如剛剛所提到的，Parquet 能設定的參數很少 - 實際上只有兩個 - 因為它已經有了定義明確的規範，並且與 Spark 中的概念緊密結合。表 9-5 列出示了這些參數。

 即使只有兩個參數，如果使用了不相容的 Parquet 檔案，仍然會遇到問題。使用不同版本的 Spark（特別是舊版本）寫入 Parquet 檔案時要特別小心，因為這可能會導致嚴重的錯誤。

表 9-5 　Parquet 資料源的參數

Read/Write	Key	Potential Values	Default	Description
Write	compression 或 codec	None, uncompressed, bzip2, deflate, gzip, lz4 或 snappy	none	指定 Spark 應該使用什麼壓縮編解碼器來讀取或寫入檔案
Read	mergeSchema	true, false	設定 spark.sql.parquet.mergeSchema 的值	可以將欄位添加到同一個表/資料夾中新寫入的 Parquet 檔案中。使用此參數可啟用或禁用此功能

寫入 Parquet 檔案

寫入 Parquet 檔案就像讀取一樣簡單，只需指定儲存檔案的位置即可。並且適用相同的分區規則：

```
// 在 Scala 中
csvFile.write.format("parquet").mode("overwrite")
  .save("/tmp/my-parquet-file.parquet")

# 在 Python 中
csvFile.write.format("parquet").mode("overwrite")\
  .save("/tmp/my-parquet-file.parquet")
```

ORC 檔案

ORC 是一種自帶描述且型別明確的欄位式檔案格式,專為 Hadoop 工作負載而設計。它針對大型流式的讀取進行了優化,且併入了快速查詢所需資料列的功能。ORC 實際上沒有讀取資料的參數,因為 Spark 已經非常熟悉 ORC 的檔案格式。一個會被問到的問題是:ORC 和 Parquet 有什麼區別?大多數情況下,它們是非常相似;最根本的區別在於 Parquet 進一步加強對於 Spark 優化,而 ORC 則是針對 Hive 進行優化。

讀取 Orc 檔案

以下是如何將 ORC 檔案讀入 Spark 的範例:

```scala
// 在 Scala 中
spark.read.format("orc").load("/data/flight-data/orc/2010-summary.orc").show(5)
```

```python
# 在 Python 中
spark.read.format("orc").load("/data/flight-data/orc/2010-summary.orc").show(5)
```

寫入 Orc 檔案

實際上,它也遵循到目前為止所看到的模式,指定 format 然後儲存檔案:

```scala
// 在 Scala 中
csvFile.write.format("orc").mode("overwrite").save("/tmp/my-json-file.orc")
```

```python
# 在 Python 中
csvFile.write.format("orc").mode("overwrite").save("/tmp/my-json-file.orc")
```

SQL 資料庫

SQL 資料源是功能非常強大的連接器之一,因為可以連接各種系統(只要該系統使用 SQL)。例如,可以連接到 MySQL,PostgreSQL 或 Oracle 資料庫,也可以連接到 SQLite,即以下範例中所要做的事情。當然,資料庫不僅僅是一組原始檔案,有關連接資料庫的方式還有很多參數要設定,例如需要開始考慮身份驗證和連接等問題(需要確定 Spark 群集是否連的到資料庫系統的網絡)。

為了避免資料庫設定分散了本書所專注的內容,接下來使用了一個在 SQLite 上執行的參考範例。使用 SQLite 可以跳過很多細節,因為它可以在本地電腦上以最少的設定工作,但無法在分散式系統中作業,如果要在分散式環境中處理這些範例,則需要連接到另一種資料庫。

雖然運用 SQLite 提供了一個參考範例，但可能不是你想要在生產中使用的方式。SQLite 在分散式系統中不一定能很好地作業，因為它需要在寫入時鎖定整個資料庫。這裡提供的範例也將以類似的方式來使用 MySQL 或 PostgreSQL。

要從這些資料庫讀取和寫入，需要做兩件事：在 spark 的 classpath 中引入特定資料庫的 Java Database Connectivity（JDBC）驅動程式，並為驅動程序本身提供合適的 JAR。例如，為了能夠從 PostgreSQL 讀取和寫入，可以執行以下內容：

```
./bin/spark-shell \
--driver-class-path postgresql-9.4.1207.jar \
--jars postgresql-9.4.1207.jar
```

與其他的資料源一樣，在讀取和寫入 SQL 資料庫時，有許多參數可用。表 9-6 列出了使用 JDBC 資料庫時可以設定的所有參數。

表 9-6　JDBC 資料源的參數

Property Name	Meaning
url	要連接 JDBC 的 URL。可以在 URL 中指定特定源的連接屬性；例如，*jdbc:postgresql://localhost/test?user=fred&password=secret*
dbtable	要讀取的 JDBC 表格。可以使用在 SQL 查詢的 FROM 子句中有效的任何內容。也可以在括號中使用子查詢，而不是完整的表格。
driver	連接到此 URL 的 JDBC 驅動程式的類別名稱

Property Name	Meaning
partitionColumn, lowerBound, upperBound	如果指定了這些參數，還需設定一些其他的參數，也必須指定 numPartitions，這些屬性描述了從多個 worker 中平行讀取時如何對表格進行分區。partitionColumn 必須是表格中的某個數字類型欄位。請注意，lowerBound 和 upperBound 僅用於決定分區進行的方式，而非用來對表格中的資料列填值。因此，表格中的所有資料列都會被切成多個分區並回傳。此參數僅適用於讀取模式。
numPartitions	在對表格讀寫時可用平行的最大分區數。這也代表了 JDBC 的最大並發連接數。如果要寫入的分區數超過此限制，可以在寫入之前使用 coalesce（numPartitions）將其減少到此限制之內。
fetchsize	JDBC 抓取資料的大小，用來設定每次往返要獲取的資料數。這可以幫助提升 JDBC 驅動程式的性能，預設為低讀取大小（例如，在 Oracle 中一次抓 10 筆資料列）。此參數僅適用於讀取模式。
batchsize	JDBC 批處理的大小，用於設定每次往返要寫入的資料數。這可以幫助提升 JDBC 驅動程式的性能，此參數僅適用於寫入模式。預設值為 1000。
isolationLevel	設定交易隔離的級別，適用於當前連接。它可以設定為 NONE，READ_COMMITTED，READ_UNCOMMITTED，REPEATABLE_READ 或 SERIALIZABLE 其中之一，對應於 JDBC 的 Connection 物件定義的標準交易隔離級別。預設值為 READ_UNCOMMITTED。此參數僅適用於寫入模式。有關更多的資訊，請參閱 java.sql.Connection 中的文件。
truncate	這是與 JDBC 寫入器相關的參數。啟用 SaveMode.Overwrite 後，Spark 會清空現有的表格，而不是刪除並重新創建。這在執行時會更有效率，並且防止刪除表格的元數據（例如，索引）。但是，在某些情況下並不會起作用，例如當新資料具有不同的綱要時。預設值為 false。此參數僅適用於寫入模式。
createTableOptions	這是與 JDBC 寫入器相關的參數。如果設定此參數，允許在建立表格時設定特定資料庫的表格和分區參數（例如，CREATE TABLE t (name string) ENGINE=InnoDB）。此參數僅適用於寫入模式。
createTableColumnTypes	建立表格時要使用的資料庫欄位資料型別而非使用預設值。資料型別的資訊應與 CREATE TABLE columns 語法相同的格式設定（例如，"name CHAR（64），comments VARCHAR（1024）"）。指定的型別應該是有效的 Spark SQL 資料型別。此選參數僅適用於寫入模式。

從 SQL 資料庫讀取資料

在讀取檔案時，SQL 資料庫與之前看到的其他資料源並無不同。先指定 format 和 option，然後讀取資料：

```scala
// 在 Scala 中
val driver = "org.sqlite.JDBC"
val path = "/data/flight-data/jdbc/my-sqlite.db"
val url = s"jdbc:sqlite:/${path}"
val tablename = "flight_info"
```

```
# 在 Python 中
driver = "org.sqlite.JDBC"
path = "/data/flight-data/jdbc/my-sqlite.db"
url = "jdbc:sqlite:" + path
tablename = "flight_info"
```

定義好連接的屬性之後，可以測試與資料庫的連接以確保其正常運行。這是一種故障排除的技術，可確認資料庫是否可用於 Spark 驅動程式。這與 SQLite 相關性較小，因為 SQLite 只是電腦上的檔案，但如果使用的是 MySQL，則可以使用以下測試連接的方式：

```
import java.sql.DriverManager
val connection = DriverManager.getConnection(url)
connection.isClosed()
connection.close()
```

接著繼續從 SQL 表格中讀取成 DataFrame：

```
// 在 Scala 中
val dbDataFrame = spark.read.format("jdbc").option("url", url)
  .option("dbtable", tablename).option("driver",  driver).load()
```

```
# 在 Python 中
dbDataFrame = spark.read.format("jdbc").option("url", url)\
  .option("dbtable", tablename).option("driver",  driver).load()
```

SQLite 只有相當簡單的設定（例如，無使用者帳號）。其他資料庫，如 PostgreSQL，需要更多設定參數。接著進行剛剛執行的相同讀取，而這次使用的是 PostgreSQL：

```
// 在 Scala 中
val pgDF = spark.read
  .format("jdbc")
  .option("driver", "org.postgresql.Driver")
  .option("url", "jdbc:postgresql://database_server")
  .option("dbtable", "schema.tablename")
  .option("user", "username").option("password","my-secret-password").load()
```

```
# 在 Python 中
pgDF = spark.read.format("jdbc")\
  .option("driver", "org.postgresql.Driver")\
  .option("url", "jdbc:postgresql://database_server")\
  .option("dbtable", "schema.tablename")\
  .option("user", "username").option("password", "my-secret-password").load()
```

在建立此 DataFrame 時，與其他方式沒有什麼區別：可以查詢、對它做轉換操作，或是對它做關聯也不會出現問題，另外，它已經具備了綱要。因為 Spark 會從表格本身收集此資訊並將型別映射成 Spark 資料型別，接著從不同的位置獲取資料來做驗證，並對它做查詢：

```
dbDataFrame.select("DEST_COUNTRY_NAME").distinct().show(5)

+-----------------+
|DEST_COUNTRY_NAME|
+-----------------+
|         Anguilla|
|           Russia|
|         Paraguay|
|          Senegal|
|           Sweden|
+-----------------+
```

現在可以對資料庫做查詢了！在開始之前，有一些值得討論的細節。

查詢下推

首先，Spark 在建立 DataFrame 之前會盡可能的先過濾資料庫裡的資料。例如，在上一個查詢範例中，可以從查詢計劃中看到它只從表格中選擇相關的欄位名稱：

```
dbDataFrame.select("DEST_COUNTRY_NAME").distinct().explain

== Physical Plan ==
*HashAggregate(keys=[DEST_COUNTRY_NAME#8108], functions=[])
+- Exchange hashpartitioning(DEST_COUNTRY_NAME#8108, 200)
   +- *HashAggregate(keys=[DEST_COUNTRY_NAME#8108], functions=[])
      +- *Scan JDBCRelation(flight_info) [numPartitions=1] ...
```

在某些查詢狀況中，Spark 可以執行的更有效率。例如，如果在 DataFrame 上使用過濾器，Spark 會先將過濾器推送到資料庫，可以在 PushedFilters 之下的解釋計劃中看到。

```
// 在 Scala 中
dbDataFrame.filter("DEST_COUNTRY_NAME in ('Anguilla', 'Sweden')").explain

# 在 Python 中
dbDataFrame.filter("DEST_COUNTRY_NAME in ('Anguilla', 'Sweden')").explain()

== Physical Plan ==
*Scan JDBCRel... PushedFilters: [*In(DEST_COUNTRY_NAME, [Anguilla,Sweden])],
...
```

Spark 無法將全部的函式都轉換成可在 SQL 資料庫中使用的函式。因此,有時會想將整個查詢都傳遞給 SQL,並得到 DataFrame 的回傳結果。看起來似乎有點複雜,實際上的操作非常簡單,只需指定 SQL 查詢,而非指定表格名稱。當然,需要以特殊方式來做指定;必須在括號中打包查詢並給予別名 - 在這種情況下,給它相同的表格名稱:

```scala
// 在 Scala 中
val pushdownQuery = """(SELECT DISTINCT(DEST_COUNTRY_NAME) FROM flight_info)
  AS flight_info"""
val dbDataFrame = spark.read.format("jdbc")
  .option("url", url).option("dbtable", pushdownQuery).option("driver",  driver)
  .load()
```

```python
# 在 Python 中
pushdownQuery = """(SELECT DISTINCT(DEST_COUNTRY_NAME) FROM flight_info)
  AS flight_info"""
dbDataFrame = spark.read.format("jdbc")\
  .option("url", url).option("dbtable", pushdownQuery).option("driver",  driver)\
  .load()
```

對此表格做查詢時,實際上是得到該查詢的結果,可以在解釋計劃中看到。Spark 甚至不知道表格實際的綱要,它只是從之前查詢結果所產生的:

```
dbDataFrame.explain()

== Physical Plan ==
*Scan JDBCRelation(
(SELECT DISTINCT(DEST_COUNTRY_NAME)
  FROM flight_info) as flight_info
) [numPartitions=1] [DEST_COUNTRY_NAME#788] ReadSchema: ...
```

平行讀取資料庫

本書的所有內容都討論了分區及其在資料處理中的重要性。Spark 有一種基礎演算法,可將多個檔案讀入一個分區中,或是相反的狀況,將一個檔案切割並分散到多個分區,具體取決於檔案大小,檔案類型以及壓縮的 " 可拆分性 "。SQL 資料庫也具有與檔案相同的靈活性,但必須手動做設定。可以設定的內容(如前面的參數所示)是指定最大分區數,可以限制平行讀取和寫入的數量:

```scala
// 在 Scala 中
val dbDataFrame = spark.read.format("jdbc")
  .option("url", url).option("dbtable", tablename).option("driver", driver)
  .option("numPartitions", 10).load()
```

```
# 在 Python 中
dbDataFrame = spark.read.format("jdbc")\
  .option("url", url).option("dbtable", tablename).option("driver",  driver)\
  .option("numPartitions", 10).load()
```

在此案例中，由於沒有太多的資料，將維持一個分區。但是此設定可以確保資料在讀取或寫入時不會造成資料庫過分負載：

```
dbDataFrame.select("DEST_COUNTRY_NAME").distinct().show()
```

還有一些優化在另一個 API 集合下。可以透過連接直接將斷言推送到 SQL 資料庫中，這種優化方式可以透過指定斷言來控制某些分區中資料的儲存位置。看起來非常難懂，透過一個簡單的例子來做說明。在資料中只需要來自兩個國家的資料：安圭拉和瑞典，可以過濾掉其他資料並將結果送入資料庫，也可以透過 Spark 中的分區進一步做操作。透過在建立資料源時指定斷言列表來實現：

```scala
// 在 Scala 中
val props = new java.util.Properties
props.setProperty("driver", "org.sqlite.JDBC")
val predicates = Array(
  "DEST_COUNTRY_NAME = 'Sweden' OR ORIGIN_COUNTRY_NAME = 'Sweden'",
  "DEST_COUNTRY_NAME = 'Anguilla' OR ORIGIN_COUNTRY_NAME = 'Anguilla'")
spark.read.jdbc(url, tablename, predicates, props).show()
spark.read.jdbc(url, tablename, predicates, props).rdd.getNumPartitions // 2
```

```python
# 在 Python 中
props = {"driver":"org.sqlite.JDBC"}
predicates = [
  "DEST_COUNTRY_NAME = 'Sweden' OR ORIGIN_COUNTRY_NAME = 'Sweden'",
  "DEST_COUNTRY_NAME = 'Anguilla' OR ORIGIN_COUNTRY_NAME = 'Anguilla'"]
spark.read.jdbc(url, tablename, predicates=predicates, properties=props).show()
spark.read.jdbc(url,tablename,predicates=predicates,properties=props)\
  .rdd.getNumPartitions() # 2
```

```
+-----------------+-------------------+-----+
|DEST_COUNTRY_NAME|ORIGIN_COUNTRY_NAME|count|
+-----------------+-------------------+-----+
|           Sweden|      United States|   65|
|    United States|             Sweden|   73|
|         Anguilla|      United States|   21|
|    United States|           Anguilla|   20|
+-----------------+-------------------+-----+
```

如果指定沒有交集的斷言,最終結果會出現大量重複的資料列。以下是一組斷言範例,它會產生重複的資料列:

```scala
// 在 Scala 中
val props = new java.util.Properties
props.setProperty("driver", "org.sqlite.JDBC")
val predicates = Array(
  "DEST_COUNTRY_NAME != 'Sweden' OR ORIGIN_COUNTRY_NAME != 'Sweden'",
  "DEST_COUNTRY_NAME != 'Anguilla' OR ORIGIN_COUNTRY_NAME != 'Anguilla'")
spark.read.jdbc(url, tablename, predicates, props).count() // 510
```

```python
# 在 Python 中
props = {"driver":"org.sqlite.JDBC"}
predicates = [
  "DEST_COUNTRY_NAME != 'Sweden' OR ORIGIN_COUNTRY_NAME != 'Sweden'",
  "DEST_COUNTRY_NAME != 'Anguilla' OR ORIGIN_COUNTRY_NAME != 'Anguilla'"]
spark.read.jdbc(url, tablename, predicates=predicates, properties=props).count()
```

基於移動窗口的分區

接著來看看要如何依照斷言來進行分區。在此例子中,將根據數字類型的欄位 count 進行分區,為第一個分區以及最後一個分區指定最小值與最大值。超出邊界的值都將被分到第一個分區或最後的分區之中。然後,設定想要的分區數(這是平行度級別)。Spark 平行對資料庫做查詢並回傳 numPartitions 分區。只需修改上限和下限,便可控制值將要被分配到哪個分區中,不需要像前面的例子一樣進行過濾:

```scala
// 在 Scala 中
val colName = "count"
val lowerBound = 0L
val upperBound = 348113L // this is the max count in our database
val numPartitions = 10
```

```python
# 在 Python 中
colName = "count"
lowerBound = 0L
upperBound = 348113L # this is the max count in our database
numPartitions = 10
```

將由低至高將資料平均分配到間隔中:

```scala
// 在 Scala 中
spark.read.jdbc(url,tablename,colName,lowerBound,upperBound,numPartitions,props)
  .count() // 255
```

```
# 在 Python 中
spark.read.jdbc(url, tablename, column=colName, properties=props,
                lowerBound=lowerBound, upperBound=upperBound,
                numPartitions=numPartitions).count() # 255
```

寫入資料到 SQL 資料庫

將資料寫入 SQL 資料庫就像前面的方式一樣容易。只需指定 URI 並根據指定的寫入模式將資料寫出。在以下範例，指定 overwrite 模式，它會覆蓋整個表格。以之前定義好的 CSV DataFrame 來執行此操作：

```
// 在 Scala 中
val newPath = "jdbc:sqlite://tmp/my-sqlite.db"
csvFile.write.mode("overwrite").jdbc(newPath, tablename, props)
```

```
# 在 Python 中
newPath = "jdbc:sqlite://tmp/my-sqlite.db"
csvFile.write.jdbc(newPath, tablename, mode="overwrite", properties=props)
```

接著查看結果：

```
// 在 Scala 中
spark.read.jdbc(newPath, tablename, props).count() // 255
```

```
# 在 Python 中
spark.read.jdbc(newPath, tablename, properties=props).count() # 255
```

也可以將此新表格附加到其他表格中：

```
// 在 Scala 中
csvFile.write.mode("append").jdbc(newPath, tablename, props)
```

```
# 在 Python 中
csvFile.write.jdbc(newPath, tablename, mode="append", properties=props)
```

可以看到，計數增加了：

```
// 在 Scala 中
spark.read.jdbc(newPath, tablename, props).count() // 765
```

```
# 在 Python 中
spark.read.jdbc(newPath, tablename, properties=props).count() # 765
```

文字檔案

Spark 也可以讀取純文字檔案，檔案中的每一行都成為 DataFrame 中的紀錄，接著進行相對應的轉換操作。舉個例子來做說明，假設需要將一些 Apache 日誌檔案解析為更結構化的格式，或者可能想要解析一些純文字來進行自然語言處理。因為 Dataset API 原生型別彈性的優點，可以很好的處理文字檔案。

讀取文字檔案

讀取文字檔案非常簡單：只需將型別指定為 textFile 即可。使用 textFile 將忽略分區目錄的名稱。要依據分區來讀取或寫入文字檔案，應該使用 text，將依照分區做讀寫：

```
spark.read.textFile("/data/flight-data/csv/2010-summary.csv")
  .selectExpr("split(value, ',') as rows").show()
```

```
+--------------------+
|                rows|
+--------------------+
|[DEST_COUNTRY_NAM...|
|[United States, R...|
...
|[United States, A...|
|[Saint Vincent an...|
|[Italy, United St...|
+--------------------+
```

寫入文字檔案

寫入文字檔案時，需要確保只有一個字串欄位；否則寫入將失敗：

```
csvFile.select("DEST_COUNTRY_NAME").write.text("/tmp/simple-text-file.txt")
```

如果在執行寫入操作時運用分區（將在接下來的幾頁中討論分區），可以一次寫入更多的欄位。但是，這些欄位將顯示為要寫入資料夾中的目錄，而不是每個檔案上的Column：

```
// 在 Scala 中
csvFile.limit(10).select("DEST_COUNTRY_NAME", "count")
  .write.partitionBy("count").text("/tmp/five-csv-files2.csv")

# 在 Python 中

csvFile.limit(10).select("DEST_COUNTRY_NAME", "count")\
  .write.partitionBy("count").text("/tmp/five-csv-files2py.csv")
```

進階 I/O 概念

如先前所述，可以透過在寫入之前控制分區來指定寫入檔案時的平行度，還可以透過兩件事來控制特定的資料佈局：分段和分區（在此暫時討論）。

可拆分檔案型別與壓縮

某些檔案格式基本上是「可拆分的」，這可以提高執行速度，因為它使 Spark 可以避免讀取整個檔案，只存取滿足查詢所需的檔案部分。此外，如果使用的是 Hadoop 分散式檔案系統（HDFS）之類的系統，如果將檔案拆分成多塊，則可以提供進一步的優化。與此同時也需要管理壓縮，並非所有壓縮方式都是可拆分的。為了使 Spark 作業能平穩運行，如何存儲資料具有重大意義。建議 Parquet 使用 gzip 來做壓縮。

平行讀取資料

多個執行程序並不能同時從同一個檔案做讀取，但它們可以同時讀取不同的檔案。這代表從含有多個檔案的資料夾中讀取時，這些檔案都將成為 DataFrame 中的一個分區，並由可用的執行程序平行執行讀取（其餘檔案排在後面）。

平行寫入資料

輸出的檔案或資料的數量取決於 DataFrame 在寫出資料時的分區數。預設情況下，每個資料分區輸出一個檔案。這代表著雖然指定為單一「檔案」，但實際上是資料夾中的一些檔案，可以指定檔案的名稱，每個分區輸出一個檔案。

例如，以下的程式碼：

```
csvFile.repartition(5).write.format("csv").save("/tmp/multiple.csv")
```

最終在該資料夾中會產生五個檔案。從列表中可以看到：

```
ls /tmp/multiple.csv

/tmp/multiple.csv/part-00000-767df509-ec97-4740-8e15-4e173d365a8b.csv
/tmp/multiple.csv/part-00001-767df509-ec97-4740-8e15-4e173d365a8b.csv
/tmp/multiple.csv/part-00002-767df509-ec97-4740-8e15-4e173d365a8b.csv
/tmp/multiple.csv/part-00003-767df509-ec97-4740-8e15-4e173d365a8b.csv
/tmp/multiple.csv/part-00004-767df509-ec97-4740-8e15-4e173d365a8b.csv
```

分區

分區是一種允許在編輯時控制儲存的資料（以及儲存位置）的工具。將檔案寫入分區目錄（或表格）時，基本上是將欄位形成資料夾，這可以在之後讀取時跳過大量資料，允許只讀取與問題相關的資料，而不必掃描整個資料集。所有基於檔案的資料源都支援這種方式：

```scala
// 在 Scala 中
csvFile.limit(10).write.mode("overwrite").partitionBy("DEST_COUNTRY_NAME")
  .save("/tmp/partitioned-files.parquet")
```

```python
# 在 Python 中
csvFile.limit(10).write.mode("overwrite").partitionBy("DEST_COUNTRY_NAME")\
  .save("/tmp/partitioned-files.parquet")
```

寫入完成後，將得到 Parquet「檔案」中的資料夾列表：

```
$ ls /tmp/partitioned-files.parquet

...
DEST_COUNTRY_NAME=Costa Rica/
DEST_COUNTRY_NAME=Egypt/
DEST_COUNTRY_NAME=Equatorial Guinea/
DEST_COUNTRY_NAME=Senegal/
DEST_COUNTRY_NAME=United States/
```

每個都有 Parquet 檔案，並含有之前斷言結果為真的資料：

```
$ ls /tmp/partitioned-files.parquet/DEST_COUNTRY_NAME=Senegal/

part-00000-tid.....parquet
```

這是在做其他操作前過濾表格時可以使用最容易的優化。例如，使用日期做為分區特別常見，因為通常只想查看前一周或某時間段的資料（而不是掃描整個記錄列表）。這可以為讀者提供大量的加速。

切分 bucket

切分 bucket 是另一種檔案組織方法，可以使用該方法來控制寫入每個檔案的資料。這有助於避免之後讀取資料時進行洗牌，因為具有相同 bucket ID 的資料將全部分組到一個物理分區中。這代表資料會根據你希望之後如何使用的方式進行預分區，可以避免在做資料關聯或聚合時的洗牌操作。

相較於在特定的欄位（可能寫出大量資料夾）上進行分區，對資料切分 bucket 可能更加適合。這將建立一定數量的檔案並將資料組織到這些「bucket」中：

```
val numberBuckets = 10
val columnToBucketBy = "count"

csvFile.write.format("parquet").mode("overwrite")
  .bucketBy(numberBuckets, columnToBucketBy).saveAsTable("bucketedFiles")

$ ls /user/hive/warehouse/bucketedfiles/

part-00000-tid-1020575097626332666-8....parquet
part-00000-tid-1020575097626332666-8....parquet
part-00000-tid-1020575097626332666-8....parquet
...
```

只有受 Spark 管理的表格才支援 bucket 切分。有關切分 buckct 和分區的更多資訊，請查看 Spark Summit 2017 年的演講（*https://sparksummit.org/2017/events/why-you-should-care-about-data-layout-in-the-filesystem/*）。

寫入複合型別

如第六章中所述，Spark 有各種不同的內部型別。雖然 Spark 可以與這些型別一起使用，但並不是每種型別都適用於所有的資料檔案格式。例如，CSV 檔案不支援複合型別，而 Parquet 和 ORC 則支援複合型別。

管理檔案大小

管理檔案大小對資料的寫入來說不是一個重要的因素，但是對資料的讀取來說卻十分重要。當在編輯大量的小檔案時，需要管理這些檔案，這是很重要的元數據。許多檔案系統（如 HDFS）都無法很好的處理大量的小檔案，但是 Spark 卻特別擅長處理這種問題，這被稱之為 " 小檔案問題 "。反之亦然：也不希望檔案太大，因為當你只需要處理幾筆資料列時，卻必須讀取整個資料塊，會變得非常沒效率。

Spark 2.2 導入了一種以更自動的方式控制檔案大小的新方法。如先前所述，輸出檔案的數量是在寫入時（以及選擇分區欄位）分區數量的衍生物。現在，可以利用其他工具來限制輸出檔案的大小，以便得到最佳的結果。使用 maxRecordsPerFile 參數並指定數量，透過控制輸出到每個檔案的紀錄數來控制檔案大小。例如，如果將寫入器的參數設定為 df.write.option("maxRecordsPerFile", 5000)，Spark 將會確保每個檔案最多只包含 5000 筆紀錄。

結論

本章討論了用 Spark 讀取和寫入資料時的各種參數，這幾乎涵蓋了 Spark 一般用戶需要了解的內容。有一些方法可以實作自己的資料源；但是，這裡暫時省略了此操作的說明，因為目前正在開發新的 API 以更好的方式支援 Structured Streaming。如果你對如何實作自定義資料源感興趣，有良好組織和維護的 Cassandra Connector（*https://github.com/datastax/spark-cassandra-connector*）是良好的參考專案。

在第十章將討論 Spark SQL 以及它如何與結構化 API 中的內容進行互動操作。

Spark SQL

Spark SQL 是 Spark 的重要特色，本章將介紹 Spark SQL 的核心概念，但不會重申既定的 ANSI-SQL 規則或逐一說明每個 SQL 表達式的細節。本書說明 DataFrame 程式碼時會一併附上 SQL 程式碼以利讀者互相參考，更多的範例則收錄在附錄及參考文獻中。

簡言之，Spark SQL 可以對資料庫中的資料表或視圖執行 SQL 查詢，亦可用系統函式、使用者自訂函式及查詢計畫分析來最佳化工作。這些功能直接與 DataFrame 和 Dataset 整合。如同先前章節所述，無論是透過 SQL 或是 DataFrame 操作資料，編譯後期底層皆為相同的程式碼。

何為 SQL ？

SQL（結構查詢語言）是表達資料相關性操作的特定領域語言，被用於所有關聯式資料庫及部分「NoSQL」資料庫中，使資料庫操作得以簡化。SQL 無所不在，即便技術評論家預測其未來會衰退，但仍是相當彈性的資料操作工具並被許多商業行為所依賴。Spark 實作了操作 SQL 資料庫的主要標準 ANSI SQL:2003（*https://en.wikipedia.org/wiki/SQL:2003*），這代表 Spark 可以執行熱門的 TPC-DS （*http://www.tpc.org/ default.asp*）校能衡量指標。

大數據與 SQL: Apache Hive

在 Spark 崛起前，Hive 是大數據 SQL 存取層的主要工具，Hive 一開始是由 Facebook 所開發，後來逐漸成為業界透過 SQL 操作大數據的熱門工具，讓分析人員能使用 SQL 查詢，促進了 Hadoop 在各個產業的推廣。雖然一開始 Spark 是一個藉由 Resilient Distributed Datasets（RDDs）操作的泛用資料處理引擎，但後來許多使用者也改用 Spark SQL。

大數據與 SQL: Spark SQL

隨著 Spark 2.0 的釋出，為了增加對 Hive 的支援，作者群實作了同時支援 ANSI-SQL 及 HiveQL 查詢的原生 SQL 解析器。此功能搭配 DataFrame，成為各個領域企業內的重要分析工具。例如 2016 年下半年 Facebook 宣布已經開始使用 Spark（*https://code. facebook.com/posts/1671373793181703/ apache-spark-scale-a-60-tb-production-use-case/*）並從中獲益，該部落格的作者宣稱：

> 我們曾質疑是否能以單一 *Spark* 工作取代上百個 *Hive* 任務，經過一連串效能及可靠度改善後，我們已經能讓 *Spark* 處理正式環境中的排名資料，以 *Spark* 為基礎的資料處理流程相較舊有的 *Hive* 流程效能有顯著的改善（增進 *4.5* 到 *6* 倍 *CPU* 運算能力、節省 *3* 到 *4* 倍的並縮短 *5* 倍的延遲），並且在正式環境已經運行了數個月。

Spark SQL 的威力來自幾個關鍵要點：SQL 分析任務可藉由 Thrift Server 或 Spark SQL 介面應用 Spark 運算能力，資料工程師及資料科學家可以透過 Spark SQL 處理絕大多數的資料流。用 SQL 的方式擷取資料、再以 DataFrame 處理資料、接著傳進 Spark MLlib 大規模機器學習演算法中，最後取得結果寫入他處，所有的處理步驟都可藉由此統一的 API 完成。

Spark SQL 被用在線上分析處理（OLAP），而不是線上交易處理（OLTP），這代表 Spark SQL 不適合用在極度低延遲性的查詢，除非日後有修改才可能會支援。

 Spark SQL 被設計成線上分析處理資料庫（OLAP），而非線上交易處理資料庫（OLTP），這代表 Spark SQL 不適合用在極度低延遲性的查詢。即便已經確定未來會進行適度修改以支援這類的應用，但目前為止仍不合適。

Spark 與 Hive 的相關性

因為 Spark 可以連接 Hive 元數據庫，所以兩者有相當大的關聯。Hive 元數據庫是 Hive 跨 session 維護資料表內資訊的方式。可以透過 Spark SQL 連接你的 Hive 元數據庫（如果已經存在）並讀取資料表元數據以降低讀取資料的時間，此特色相當受到從 Hadoop 環境遷移至 Spark 運行工作的使用者歡迎。

Hive 元數據庫

連接 Hive 元數據庫必須設定幾個參數，首先 Spark SQL 中元數據庫版本 (spark.sql.hive.metastore.version) 的設定必須與待操作的 Hive 元數據庫一致，預設值為 1.2.1。另外若要更改 HiveMetastoreClient 初始化的方式可以修改 spark.sql.hive.metastore.jars 設定。雖然 Spark 使用預設版本的 Java Virtual Machine（JVM），但可以透過特定 Maven 儲存庫或 classpath 指定期望的版本。此外為了與各種儲存 Hive 元數據的資料庫溝通，必須提供合適的類別前綴字，此設定位於（*spark.sql.hive.metastore.sharedPrefixes*）。Spark 與 Hive 會共享這些前綴字類別。

如果想連接自己的元數據庫，可以參考（*http://bit.ly/2DFlcrL*）文件以取得最新狀況及更多資訊。

如何執行 Spark SQL 查詢

Spark 提供了幾種執行 SQL 查詢的介面。

Spark SQL CLI

Spark SQL CLI 是本地模式下執行基本 Spark SQL 查詢的方便工具。注意 Spark SQL CLI 不能連結 Thrift JDBC 伺服器。在 Spark 目錄下執行以下指令開啟 Spark SQL CLI：

```
./bin/spark-sql
```

可以變更 conf/. 下的 *hive-site.xml*、*core-site.xml* 及 *hdfs-site.xml* 檔案內容來設定 Hive。若要檢視完整的選項設定說明，可以執行 ./bin/spark-sql -- help 指令。

Spark 的程式 SQL 介面

在設定伺服器之外，亦可用 SparkSession 物件的 sql 方法，透過 Spark 語言 API 進行隨機查詢，查詢結果會返回 DataFrame，本章稍後會陸續說明。例如，可以用 Python 或 Scala 執行下列程式碼：

```
spark.sql("SELECT 1 + 1").show()
```

spark.sql("SELECT 1 + 1") 指令返回程式可繼續操作的 DataFrame，像其他轉換一樣會以延遲方式執行。這是個強大的介面，因為在某些轉換下，以 SQL 程式碼進行會比以 DataFrame 簡單。

也可以簡單地將多行字串放入函式中表達多行查詢。例如，可以 Python 或 Scala 執行下列程式碼：

```
spark.sql("""SELECT user_id, department, first_name FROM professors
  WHERE department IN
    (SELECT name FROM department WHERE created_date >= '2016-01-01')""")
```

更強大之處是可以在 SQL 及 DataFrame 間操作。例如，可以先建立一個 DataFrame，用 SQL 進行操作，接著再以 DataFrame 方式操作，這是一個很強而有力且方便使用的抽象層：

```
// 在 Scala 中
spark.read.json("/data/flight-data/json/2015-summary.json")
  .createOrReplaceTempView("some_sql_view") // DF => SQL

spark.sql("""
SELECT DEST_COUNTRY_NAME, sum(count)
FROM some_sql_view GROUP BY DEST_COUNTRY_NAME
""")
  .where("DEST_COUNTRY_NAME like 'S%'").where("`sum(count)` > 10")
  .count() // SQL => DF

# 在 Python 中
spark.read.json("/data/flight-data/json/2015-summary.json")\
  .createOrReplaceTempView("some_sql_view") # DF => SQL

spark.sql("""
SELECT DEST_COUNTRY_NAME, sum(count)
FROM some_sql_view GROUP BY DEST_COUNTRY_NAME
""")\
  .where("DEST_COUNTRY_NAME like 'S%'").where("`sum(count)` > 10")\
  .count() # SQL => DF
```

SparkSQL Thrift JDBC/ODBC Server

遠端程式可透過 Spark 提供的 Java Database Connectivity（JDBC）介面執行 SQL 查詢，常見的使用案例如：使用 Tableau 商業智慧軟體進行商業分析。Thrift JDBC/Open Database Connectivity（ODBC）伺服器實作了 HiveServer2 1.2.1 版本介面，可以 beeline 腳本測試 Spark 或 Hive 1.2.1 版的 JDBC 伺服器。

在 spark 目錄下執行以下指令可啟動 JDBC/ODBC 伺服器：

```
./sbin/start-thriftserver.sh
```

此腳本接受所有 bin/spark-submit 指令的選項，執行 ./sbin/start-thriftserver.sh --help 可查看所有 Thrift Server 可用的設定選項。伺服器預設監聽 localhost:10000，可以覆寫環境變數或系統屬性以修改此設定。

以環境變數設定：

```
export HIVE_SERVER2_THRIFT_PORT=<listening-port>
export HIVE_SERVER2_THRIFT_BIND_HOST=<listening-host>
./sbin/start-thriftserver.sh \
  --master <master-uri> \
  ...
```

以系統屬性設定：

```
./sbin/start-thriftserver.sh \
  --hiveconf hive.server2.thrift.port=<listening-port> \
  --hiveconf hive.server2.thrift.bind.host=<listening-host> \
  --master <master-uri>
  ...
```

執行以下指令可測試連線：

```
./bin/beeline
```

```
beeline> !connect jdbc:hive2://localhost:10000
```

使用 Beeline 會需要帳號及密碼。在非安全模式下，只需在機器輸入帳號即可；在安全模式下，需依照 beeline 文件（*https://cwiki.apache.org/confluence/display/Hive/HiveServer2+Clients*）指示。

Catalog

Catalog 是 Spark SQL 的高階抽象層，Catalog 是元數據儲存的抽象層，與資料庫中的資料、資料庫、資料表、函式及視圖相關。catalog 位於 org.apache.spark.sql.catalog.Catalog 套件，包含許多實用函式如：列出資料表、資料庫及函式，後續會簡短介紹，因為這部分是顯而易見的，所以會略過程式碼範例。本章只顯示被執行的 SQL，使用程式介面時記得要用 spark.sql 包裹住執行。

資料表

為了以 Spark SQL 操作，必須要先定義資料表，資料表在邏輯上等同於資料經結構化後的 DataFrame，可以執行關聯、過濾、聚合資料表等在前面章節提到的需多操作，資料表與 DataFrame 決定性的不同處是：DataFrame 是在程式語言中定義，而資料表則是在資料庫中定義，資料表建立的預設資料庫是 default（假設不變更資料庫），後續會更進一步討論。

很重要的一點是，在 Spark 2.X 版本中，資料表一定含有資料，除了視圖之外，不會有不包含資料的臨時資料表，故在移除資料庫時會有遺失資料的風險。

受 Spark 管理資料表 1

另一個重要觀念是受管理與不受管理資料表。資料表一般儲存兩樣重要資訊，資料表內的資料以及資料表相關的資訊。Spark 可以管理檔案的元數據，從檔案定義資料表可建立不受管理資料表，從 DataFrame 使用 saveAsTable 則可建立受 spark 追蹤相關資訊的受管理資料表。

這會讀取資料表並以 Spark 定義的格式寫入到新位置，在執行計畫中可看到寫入到 Hive 的預設倉儲位置。可藉由建立 SparkSession 時設定 spark.sql.warehouse.dir 以選擇位置路徑，Spark 預設為 /user/hive/warehouse：

本章稍後會討論 Spark 資料庫，在此先討論顯示資料表的方式。show tables IN databaseName 可用來顯示資料表，databaseName 代表欲查詢的資料庫名稱。

如果在全新的叢集或本機模式則會返回零個結果。

建立資料表

Spark 可由多種來源建立資料表，其中一個特別之處是可在 SQL 中重複使用 Data Source API，不需要先定義一個資料表再將資料讀入，Spark 可快速地完成這些，甚至可以在讀取檔案時指定各種複雜選項，以下是讀取前面章節飛航資料的簡單方法：

```
CREATE TABLE flights (
  DEST_COUNTRY_NAME STRING, ORIGIN_COUNTRY_NAME STRING, count LONG)
USING JSON OPTIONS (path '/data/flight-data/json/2015-summary.json')
```

亦可以對某些欄位增加註解，幫助其他開發者了解資料表中的資料：

```
CREATE TABLE flights_csv (
  DEST_COUNTRY_NAME STRING,
  ORIGIN_COUNTRY_NAME STRING COMMENT "remember, the US will be most prevalent",
  count LONG)
USING csv OPTIONS (header true, path '/data/flight-data/csv/2015-summary.csv')
```

也可以由查詢來建立資料表：

```
CREATE TABLE flights_from_select USING parquet AS SELECT * FROM flights
```

此外，可以指定只在資料表目前不存在時才建立：

此範例中沒有明確以 USING 指定格式，所以會建立 Hive 相容性資料表。

```
    CREATE TABLE IF NOT EXISTS flights_from_select
      AS SELECT * FROM flights
```

最後，可以使用第九章提過的分區 Dataset 來控制資料分布：

```
CREATE TABLE partitioned_flights USING parquet PARTITIONED BY (DEST_COUNTRY_NAME)
AS SELECT DEST_COUNTRY_NAME, ORIGIN_COUNTRY_NAME, count FROM flights LIMIT 5
```

這些資料表在跨 Spark session 時仍可使用。目前 Spark 沒有暫存資料表，可以本章稍後會說明的暫時視圖代替。

建立外部資料表

如同本章一開始提到的，Hive 是一個大數據 SQL 系統，而 Spark SQL 可完全相容於 Hive SQL（HiveQL）陳述式，其中可能遇到的使用案例是將既有的 Hive 陳述式轉為 Spark SQL，幸運的是大部分 Hive 陳述式可以直接轉換成 Spark SQL。範例中建立了不受管理資料表，Spark 會管理該資料表的元數據，但不管理資料，可以用 CREATE EXTERNAL 陳述式建立資料表。

可以檢視以下指令定義的檔案：

```
CREATE EXTERNAL TABLE hive_flights (
  DEST_COUNTRY_NAME STRING, ORIGIN_COUNTRY_NAME STRING, count LONG)
ROW FORMAT DELIMITED FIELDS TERMINATED BY ',' LOCATION '/data/flight-data-hive/'
```

亦可由 select 子句建立外部資料表：

```
CREATE EXTERNAL TABLE hive_flights_2
ROW FORMAT DELIMITED FIELDS TERMINATED BY ','
LOCATION '/data/flight-data-hive/' AS SELECT * FROM flights
```

插入資料至資料表

插入遵循標準 SQL 語法：

```
INSERT INTO flights_from_select
  SELECT DEST_COUNTRY_NAME, ORIGIN_COUNTRY_NAME, count FROM flights LIMIT 20
```

藉由提供分區資訊可以只寫入特定分區，注意這會依循分區結構（可能會造成上述查詢執行過慢），但只會在指定分區增加檔案：

```
INSERT INTO partitioned_flights
  PARTITION (DEST_COUNTRY_NAME="UNITED STATES")
  SELECT count, ORIGIN_COUNTRY_NAME FROM flights
  WHERE DEST_COUNTRY_NAME='UNITED STATES' LIMIT 12
```

描述資料表元數據

先前介紹過可以在建立資料表時增加註解，描述資料表元數據可顯示這些相關註解：

```
DESCRIBE TABLE flights_csv
```

下述指令也可以用來查看資料分區結構（只在分區資料表有效）：

```
SHOW PARTITIONS partitioned_flights
```

刷新資料表元數據

資料表元數據維護是確保讀取最新資料的重要任務，有兩個指令可以刷新資料表元數據，REFRESH TABLE 可以刷新所有和資料表相關的快取（特別是檔案），如果資料表先前曾被暫存，會惰性地在下次被掃描時再次暫存：

```
REFRESH table partitioned_flights
```

另一個相關指令是 REPAIR TABLE，會刷新 catalog 中該資料表的分區，此指令專注於收集新分區資訊，手動新增分區後就需要修復資料表：

```
MSCK REPAIR TABLE partitioned_flights
```

移除資料表

資料表無法刪除只能「移除」，DROP 指令可移除資料表，如果移除了受管理資料表（如 flights_csv），資料和資料表定義都會被去除：

```
DROP TABLE flights_csv;
```

移除資料表會刪除資料，所以必須非常小心。

試圖移除不存在的資料表會顯示錯誤，DROP TABLE IF EXISTS 指令可只對存在的資料表進行移除：

```
DROP TABLE IF EXISTS flights_csv;
```

This deletes the data in the table, so exercise caution when doing this.

移除不受管理資料表

如果移除不受管理資料表（如 hive_flights），雖然資料不會被刪除，但是資料表名稱將不能連結至這些資料。

快取資料表

如同 DataFrame，資料表也可快取和刪除快取，可用以下方法快取資料表：

```
CACHE TABLE flights
```

刪除快取方法如下：

```
UNCACHE TABLE FLIGHTS
```

視圖

在建立資料表之餘，亦可以定義視圖，視圖是既有資料表的一種轉換—基本上是將查詢計畫儲存，方便組織或重複使用查詢邏輯，Spark 有多種不同的視圖概念，可以是全局、單一資料庫或單一 session。

建立視圖

對末端使用者而言，視圖看起來像資料表，但不會將所有資料重新覆寫到另一個新的位置，視圖只在查詢時才將來源資料呈現，這些查詢可能是 filter、select、更大範圍的 GROUP BY 或 ROLLUP。例如，下面範例中建立了一個目的地為 United States 的視圖以縮小班機查詢範圍：

```
CREATE VIEW just_usa_view AS
  SELECT * FROM flights WHERE dest_country_name = 'United States'
```

如同資料表，可以建立只在目前 session 且不會註冊到資料庫的暫時視圖：

```
CREATE TEMP VIEW just_usa_view_temp AS
  SELECT * FROM flights WHERE dest_country_name = 'United States'
```

也可以建立全局視圖，全局暫時視圖可以無視所屬資料庫，在 Spark 應用程式中都可看到，但在 session 結束時會被移除。

```
CREATE GLOBAL TEMP VIEW just_usa_global_view_temp AS
  SELECT * FROM flights WHERE dest_country_name = 'United States'

SHOW TABLES
```

以下範例的關鍵字可覆寫指定的既有視圖，暫時視圖與一般視圖皆可覆寫：

```
CREATE OR REPLACE TEMP VIEW just_usa_view_temp AS
  SELECT * FROM flights WHERE dest_country_name = 'United States'
```

現在可以像資料表一般查詢視圖：

```
SELECT * FROM just_usa_view_temp
```

視圖是 Spark 只在查詢時才執行的一種有效轉換，代表只有在真正查詢資料表時才實行過濾（不會提早），建立視圖等同於從既有 DataFrame 建立新 DataFrame。

事實上，可以比較 Spark DataFrame 與 Spark SQL 的查詢計畫，DataFrame 的查詢計畫如下：

```
val flights = spark.read.format("json")
  .load("/data/flight-data/json/2015-summary.json")
val just_usa_df = flights.where("dest_country_name = 'United States'")
just_usa_df.selectExpr("*").explain
```

SQL 的如下（由視圖查詢）：

```
EXPLAIN SELECT * FROM just_usa_view
```

或著是：

```
EXPLAIN SELECT * FROM flights WHERE dest_country_name = 'United States'
```

鑑於此事實，不論是 DataFrame 或 SQL 都可輕鬆撰寫自己的邏輯—端看哪個方式用起來較輕鬆且好維護。

移除視圖

移除視圖的方式和移除資料表一樣，只需要將資料庫改成視圖，移除視圖和移除資料表的主要不同處是，移除視圖只有定義會被移除，沒有資料會被刪除。

```
DROP VIEW IF EXISTS just_usa_view;
```

資料庫

資料庫是組織資料表的工具，如同先前所提，如果沒有特別指定，Spark 會使用預設資料庫。任何在 Spark 中執行的 SQL 陳述式（包括 DataFrame 指令）都是在資料庫 context 中執行，這代表如果切換了資料庫，任何使用者定義資料表將會留在先前的資料庫，必須使用不同方法查詢。

這有可能會造成疑惑，特別是在和同事分享相同 context 或 session 時，所以必須適當地設定資料庫。

可用以下指令查看所有資料庫：

```
SHOW DATABASES
```

建立資料庫

建立資料庫同樣可依照本章先前介紹的模式，可以使用 CREATE DATABASE 關鍵字：

```
CREATE DATABASE some_db
```

設定資料庫

為了進行明確的查詢，可以在資料庫名稱之後用 USE 關鍵字設定：

```
USE some_db
```

在設定資料庫之後，所有查詢將會試著以此資料庫解讀資料表名稱，由於使用了不同資料庫，原本可正常運作的查詢可能會失敗或產生不同的結果：

```
SHOW tables

SELECT * FROM flights -- fails with table/view not found
```

然而，可以在查詢不同資料庫時使用正確的前綴：

```
SELECT * FROM default.flights
```

執行以下指令可查看目前使用的資料庫。

```
SELECT current_database()
```

當然，也可以切換回預設資料庫：

```
USE default;
```

移除資料庫

移除資料庫則相對簡單，只需使用 DROP DATABASE 關鍵字：

```
DROP DATABASE IF EXISTS some_db;
```

select 陳述式

Spark 查詢支援以下 ANSI SQL（此處列出 select 表達式）：

```
SELECT [ALL|DISTINCT] named_expression[, named_expression, ...]
    FROM relation[, relation, ...]
    [lateral_view[, lateral_view, ...]]
```

```
    [WHERE boolean_expression]
    [aggregation [HAVING boolean_expression]]
    [ORDER BY sort_expressions]
    [CLUSTER BY expressions]
    [DISTRIBUTE BY expressions]
    [SORT BY sort_expressions]
    [WINDOW named_window[, WINDOW named_window, ...]]
    [LIMIT num_rows]

named_expression:
    : expression [AS alias]

relation:
    | join_relation
    | (table_name|query|relation) [sample] [AS alias]
    : VALUES (expressions)[, (expressions), ...]
        [AS (column_name[, column_name, ...])]

expressions:
    : expression[, expression, ...]

sort_expressions:
    : expression [ASC|DESC][, expression [ASC|DESC], ...]
```

case⋯when⋯then 陳述式

在許多情況下,可以用 case...when...then...end 陳述式有條件的取代 SQL 中的值,這和 if 陳述式一樣重要:

```
SELECT
  CASE WHEN DEST_COUNTRY_NAME = 'UNITED STATES' THEN 1
       WHEN DEST_COUNTRY_NAME = 'Egypt' THEN 0
       ELSE -1 END
FROM partitioned_flights
```

進階主題

在定義資料儲存位置與資料組織方法後開始探討查詢。SQL 查詢是指執行一組指令的 SQL 陳述式,SQL 陳述式可以是操作、定義或控制,本書專注於最常見的操作案例。

複合型別

複合型別和標準 SQL 不同，是標準 SQL 中所沒有的強大的特色，理解如何適當操作是很重要的，Spark SQL 中有三種核心複合型別：結構、列表及映射。

結構

結構和映射類似，提供了在 Spark 中建立或查詢巢狀資料的方式，可以簡單的用括號包裹住一組欄位（或表達式）：

```
CREATE VIEW IF NOT EXISTS nested_data AS
  SELECT (DEST_COUNTRY_NAME, ORIGIN_COUNTRY_NAME) as country, count FROM flights
```

現在可以查詢查看這組資料：

```
SELECT * FROM nested_data
```

甚至可以查詢結構中的個別欄位—只需要使用點符號：

```
SELECT country.DEST_COUNTRY_NAME, count FROM nested_data
```

也可以用結構名稱及 select 所有子欄位達到 select 結構中所有子值，雖然不是真的欄位，但可以簡單的視為欄位處理：

```
SELECT country.*, count FROM nested_data
```

列表

如果使用過程式語言的列表，會對 Spark SQL 的列表感到熟悉，有許多方式可以建立陣列和列表，可以使用 collect_list 函式建立列表，也可以用 collect_set 建立不含重複值的陣列，這些都是只有在聚合時才可使用的聚合函式：

```
SELECT DEST_COUNTRY_NAME as new_name, collect_list(count) as flight_counts,
  collect_set(ORIGIN_COUNTRY_NAME) as origin_set
FROM flights GROUP BY DEST_COUNTRY_NAME
```

也可以用下述方式在欄位中手動建立陣列：

```
SELECT DEST_COUNTRY_NAME, ARRAY(1, 2, 3) FROM flights
```

如同 python 陣列查詢語法，可用位置查詢列表：

```
SELECT DEST_COUNTRY_NAME as new_name, collect_list(count)[0]
FROM flights GROUP BY DEST_COUNTRY_NAME
```

亦可用 explode 函式將陣列轉換回 rows，這邊建立一個聚合的視圖來做示範：

```
CREATE OR REPLACE TEMP VIEW flights_agg AS
  SELECT DEST_COUNTRY_NAME, collect_list(count) as collected_counts
  FROM flights GROUP BY DEST_COUNTRY_NAME
```

現在可以將結果陣列中每個值的複合型別 explode 成 row，陣列中每個值的 DEST_COUNTRY_NAME 會重複，和原先 collect 相反並返回原本的 DataFrame：

```
SELECT explode(collected_counts), DEST_COUNTRY_NAME FROM flights_agg
```

函式

在複合型別之外，Spark SQL 提供了許多種複雜函式，可以在 DataFrame 函式參考資料中找到大部分函式，然而，也可以用 SQL 查看這些函式，SHOW FUNCTION 陳述式可以列出 Spark SQL 中的函式：

```
SHOW FUNCTIONS
```

也可以指明是否顯示系統函式（Spark 內建）和使用者函式：

```
SHOW SYSTEM FUNCTIONS
```

使用者函式由 Spark 環境的共同使用者定義，與前面章節中所提的使用者自訂函式相同（本章稍後會介紹如何建立）：

```
SHOW USER FUNCTIONS
```

SHOW 指令可以傳遞含星號（*）字串過濾，以下可查看所有以「s」開頭的函式：

```
SHOW FUNCTIONS "s*";
```

也可以選擇性的包含 LIKE 關鍵字：

```
SHOW FUNCTIONS LIKE "collect*";
```

雖然列出函式很有幫助，但常常會需要了解特定函式更多細節，使用 DESCRIBE 關鍵字可返回特定函式文件。

使用者自訂函式

如第三章與第四章所介紹，Spark 可以自訂函式並以分散式的方式使用，可以像前面一樣定義函式，以所選的語言撰寫函式並註冊：

```
def power3(number:Double):Double = number * number * number
spark.udf.register("power3", power3(_:Double):Double)

SELECT count, power3(count) FROM flights
```

亦可以透過 Hive CREATE TEMPORARY FUNCTION 語法註冊。

子查詢

子查詢可以在其他查詢中明確指定查詢，使得在 SQL 中明確指定一些複雜邏輯變的可能，Spark 中有兩種基礎子查詢，**關聯子查詢**使用查詢外部範圍的資訊以補充子查詢中資訊，**非關聯子查詢**則不使用外部範圍資訊，這些查詢都可以返回一個（純量子查詢）或多個值，Spark 也支援可過濾返回值的**斷言子查詢**。

非關聯斷言子查詢

例如，以下範例由兩個**非關聯**查詢組成，第一個查詢取得目的地國家的前五筆：

```
SELECT dest_country_name FROM flights
GROUP BY dest_country_name ORDER BY sum(count) DESC LIMIT 5
```

返回以下結果：

```
+-----------------+
|dest_country_name|
+-----------------+
|    United States|
|           Canada|
|           Mexico|
|   United Kingdom|
|            Japan|
+-----------------+
```

現在將上述查詢當成子查詢過濾條件，查看起始國家是否有和目的地國家一樣的：

```
SELECT * FROM flights
WHERE origin_country_name IN (SELECT dest_country_name FROM flights
    GROUP BY dest_country_name ORDER BY sum(count) DESC LIMIT 5)
```

由於不包含任何查詢的外部範圍資訊，所以此查詢是非關聯的，可以獨立執行。

關聯斷言子查詢

關聯斷言子查詢允許內部查詢使用外部範圍資訊，舉例來說，如果想知道是否有從目的地返回的航班，可以查詢是否有航班目的地國家和起始國家相同或起始國家和目的地相同。

```
SELECT * FROM flights f1
WHERE EXISTS (SELECT 1 FROM flights f2
            WHERE f1.dest_country_name = f2.origin_country_name)
AND EXISTS (SELECT 1 FROM flights f2
            WHERE f2.dest_country_name = f1.origin_country_name)
```

EXISTS 可確認子查詢中是否有內容，有值則返回 true，在前面加上 not 運算子可反轉邏輯，等同於找出一個無法返回的航班。

非關聯純量查詢

非關聯純量查詢可帶來額外的資訊，例如如果想新增 count 最大值為欄位，可以使用以下方式：

```
SELECT *, (SELECT max(count) FROM flights) AS maximum FROM flights
```

多種功能

Spark SQL 還有許多本章前面敘述以外的特色，在此將逐一敘述和效能調校及 SQL 程式碼除錯相關的部分。

設定

表格 10-1 中列出 Spark SQL 應用程式的許多設定，可以在應用程式初始化時設定，亦可在應用程式執行時設定（如同本書中前面提到的洗牌分區設定）。

表 10-1　Spark SQL 設定

屬性名稱	預設值	意義
spark.sql. inMemoryColumnarStorage. compressed	true	設定為 true 時，Spark SQL 依照資料統計自動選擇每個欄位的壓縮編碼。
spark.sql. inMemoryColumnarStorage. batchSize	10000	控制欄位緩存的批次大小，較大的批次大小可改善記憶體使用及壓縮，但快取資料時會有 OutOfMemoryErrors（OOMs）風險。
spark.sql.files. maxPartitionBytes	134217728 (128 MB)	讀取檔案包裹進單一分區的最大位元組。
spark.sql.files. openCostInBytes	4194304 (4 MB)	打開檔案的估計成本，以同時可掃描的位元組數計算，將複數檔案放入分區時使用，設定最好大於估計時間；儲存小檔案的分區會比包含大型檔案的分區速度要快（會優先進入排程）。
spark.sql.broadcastTimeout	300	廣播關聯時的廣播等待逾時秒數。
spark.sql. autoBroadcastJoinThreshold	10485760 (10 MB)	設定關聯時資料表廣播到所有工作節點的最大位元組，可設定為 -1 將廣播關閉，注意目前統計只支援以 ANALYZE TABLE COMPUTE STATISTICS noscan 指令執行過的 Hive 元數據庫資料表。
spark.sql.shuffle. partitions	200	關聯或聚合時資料洗牌的使用分區數設定。

SQL 設定值

雖然第十五章才討論設定，但這邊先簡單說明如何由 SQL 做設定，以下是設定洗牌分區的範例：

```
SET spark.sql.shuffle.partitions=20
```

結論

由本章中可清楚了解 Spark SQL 與 DataFrame 息息相關，並可學習使用本書中所有範例語法，在第十一章將會聚焦另一個新觀念：可做型別結構安全轉換的 Datasets。

第十一章

Datasets

Datasets 是結構化 API 的基礎型別。前面的章節已經使用 DataFrames 做了一些事；要知道，它是 Row 型別的 Datasets，且可用於 Spark 多種程式語言中。Datasets 是 Java Virtual Machine（JVM）一個嚴謹的語言特色，只能用於 Scala 和 Java。使用 Datasets 時可以定義每個欄位所包含的物件型別。在 Scala 中，這會是一個 Case Class 物件，其本質上定義了可以使用的綱要（schema）；在 Java 中，則是定義一個 Java Bean。有經驗的使用者經常將 Datasets 稱為 Spark 中的「具型別的 API 集合」。請參閱第四章以瞭解更多資訊。

第四章討論了 Spark 擁有的型別，像是：StringType、BigIntType、StructType 等。這些 Spark 特有的型別可對應各種語言中的型別，如 String、Integer 和 Double。使用 DataFrame API 時，不會創建字串或整數，Spark 會透過 Row 物件操作資料。實際上，如果使用 Scala 或 Java，所有「DataFrames」都是 Row 型別的 Datasets。為了有效地支援特定領域物件，需要一個稱為「Encoder」（編碼器）的特殊概念。編碼器將特定領域型別 T，映射到 Spark 的內部型別系統。

例如，一個具有兩個欄位，name（string）和 age（int）的 Person 類別，編碼器會指示 Spark 在執行期產生程式碼，將 Person 物件序列化為二進位結構。當使用 DataFrames 或「標準」結構化 API 時，此二進位結構會是一個 Row。若要自訂特定領域物件，在 Scala 中可以指定一個 Case Class；在 Java 中則會指定一個 JavaBean。Spark 將允許以分散式的方式操作自訂物件（不再是 Row 物件）。

使用 Dataset API 時，Spark 會將每列的資料由 Spark Row 格式轉換為自訂的物件（Case Class 或是 Java 類別）。此轉換會降低操作的速度，但是可以提供更多的靈活性。你可能會注意到效能上有些影響，但這程度遠不及在 Python 中呼叫使用者定義函式（UDF）般，因為效能成本不會像切換程式語言那樣的嚴重，但這點仍須注意。

何時該使用 Datasets

你可能會思考，若使用 Datasets 會降低效能，那為何要使用它們？主要有下列兩個因素：

- 當你想要執行 DataFrame 無法支援的操作時

- 當你想要或需要型別安全，並且願意接受效能影響的成本時

接著進一步的探討此議題。有些操作無法使用在前面章節中看到的結構化 API 來表達。雖然這些操作並不是特別常見，但你可能需要在一個特定函式中（而不是在 SQL 或 DataFrame 中），撰寫大量的商業邏輯。此時就適用 Datasets。此外，Dataset API 是型別安全。對該型別無效的操作（例如兩個字串型別的變數相減）在編譯期就會回報錯誤，而不會到執行期才發生。如果正確性和趨於完美的程式碼是你的首要考量，那麼即使需要犧牲一部分效能，對你來說這仍是一個很好的選擇。這不會保護你免於資料格式錯誤的影響，但可以讓你更優雅地處理和組織它。

另一個可能使用 Datasets 的時機是，你希望在單節點工作負載和 Spark 工作負載之間重複使用整個列的各種轉換操作。如果你對 Scala 有些經驗，你可能會注意到 Spark 的 API 反射（reflect）了 Scala Sequence Types 的 API（但以分散式的方式運行）。事實上 Scala 的發明者 Martin Odersky 在 2015 年的 Spark Summit Europe（*https://spark-summit. org/eu-2015/events/spark-the-ultimate-scala-collections/*）上就表明了這一點。因此，使用 Datasets 的一個優點是，如果將所有資料和轉換操作定義成 Case Class，那麼在分散式和本機端，重複使用它們的工作負載是很容易的。此外，將 DataFrames 收集回本機磁碟時，物件將具備正確的類別和型別，這有時讓後續的操作更加容易。

最流行的使用案例可能是串聯使用 DataFrames 和 Datasets，根據工作負載手動權衡效能和型別安全之間的取捨。在完成大量以 DataFrame 為基礎的資料擷取、轉換和載入（ETL）操作後，想要將資料收集到驅動端且以單節點的函式庫操作時進行 Dataset 的轉換；或是 Spark SQL 轉換操作前期，在執行過濾和進一步操作之前，解析（parsing）每個列的時候採用 Dataset。

創建 Datasets

創建 Datasets 有點像手動操作，你需要提前知道並且定義綱要。

在 Java 中：Encoders（編碼器）

Java Encoders 相當簡單，你只需指定類別，然後在遇到 DataFrame（Dataset<Row> 型別）時，將會對其進行編碼：

```
import org.apache.spark.sql.Encoders;

public class Flight implements Serializable{
  String DEST_COUNTRY_NAME;
  String ORIGIN_COUNTRY_NAME;
  Long DEST_COUNTRY_NAME;
}

Dataset<Flight> flights = spark.read
  .parquet("/data/flight-data/parquet/2010-summary.parquet/")
  .as(Encoders.bean(Flight.class));
```

在 Scala 中：Case Class

要在 Scala 中創建 Datasets，你需要定義一個 Scala Case Class。Case Class 是一個具有以下特性的一般類別：

- 不可變動的（immutable）
- 可透過模式匹配來解構（decomposable）
- 允許基於結構（而非參考）進行比較
- 易於使用和操作

這些特性使它在資料分析上相當有價值，因為可以很容易的推斷出 Case Class。其中最重要的特徵是，Case Class 是不可變動的，並且允許透過結構而不是值來進行比較。

以下是 Scala 文件（*http://docs.scala-lang.org/tutorials/tour/case-classes.html*）對它的描述：

- 不可變動性使你無需追踪事物可能在何時或是何處發生了改變

- 用值進行比較，允許你在比較實例時，就像原始型別（primitive value）間的比較一樣；不再有關於類別的實例到底是透過值還是參考來進行比較的不確定性。

- 模式匹配簡化了進行分支的邏輯，從而減少了錯誤並提高了程式碼的可讀性。

在 Spark 中使用 Datasets 時，這些優點同樣存在。

開始來創建 Dataset，為其中一個 Dataset 定義一個 Case Class：

```
case class Flight(DEST_COUNTRY_NAME: String,
                  ORIGIN_COUNTRY_NAME: String, count: BigInt)
```

現在定義了一個 Case Class，這表示 dataset 中的一條記錄。更簡明地說，有一個表示航班的 Dataset。除了綱要之外沒有定義任何方法。當讀入資料時，我們將獲得一個 DataFrame。但僅需使用 as 方法即可將其強制轉型為指定的列型別：

```
val flightsDF = spark.read
  .parquet("/data/flight-data/parquet/2010-summary.parquet/")
val flights = flightsDF.as[Flight]
```

行動操作

可以看到 Datasets 的強大功能，但重要的是無論是使用 Datasets 或 DataFrames，都要對兩者共通的一些行動操作如 collect、take 和 count 進行瞭解：

```
flights.show(2)

+-----------------+-------------------+-----+
|DEST_COUNTRY_NAME|ORIGIN_COUNTRY_NAME|count|
+-----------------+-------------------+-----+
|    United States|            Romania|    1|
|    United States|            Ireland|  264|
+-----------------+-------------------+-----+
```

你也將看到，當我們真正去訪問其中一個 Case Class 時，我們不需要做任何型別強制操作，我們只需指定 Case Class 的名稱屬性，然後不僅是期望的值，連同預期的型別也都將一併取得：

```
flights.first.DEST_COUNTRY_NAME // 美國
```

轉換操作

在 Datasets 上的轉換操作，就如同在 DataFrames 上看到的一樣。你在這章節讀到的任何轉換操作，都可作用於 Dataset 上，而且我們建議你查閱關於聚合或關聯的特定章節。

除了這些轉換操作之外，Datasets 還允許執行比在 DataFrames 上更複雜且是強型別的轉換操作，因為操縱的是原始的 Java Virtual Machine（JVM）型別。為了說明此原始物件的操作，讓我們來對你剛剛創建的 Dataset 進行過濾（filter）。

過濾

以下為一個簡單的例子：創建一個接受 Flight 作為參數的簡單函式，並回傳一個布林值，用以描述出發地和目的地是否相同。這不是 UDF（至少，不算是在 Spark SQL 中定義 UDF 的方式）而是泛型函式。

 下面的範例中將創建一個函式來定義此 filter。這與迄今為止在本書中所做過的事有很大的不同。透過指定一個函數，我們正在強制 Spark 在 Dataset 中的每一列上評估（evaluate）此函式。這可能是非常耗費資源的。對於簡單的 filter，首選的方式始終為撰寫 SQL 表達式。這將大大降低過濾資料的成本，同時仍允許稍後將其作為 Dataset 繼續進行操作：

```
def originIsDestination(flight_row: Flight): Boolean = {
  return flight_row.ORIGIN_COUNTRY_NAME == flight_row.DEST_COUNTRY_NAME
}
```

現在可以將此函式傳遞給 filter 方法，指定對於每一列，它應該驗證此函數是否回傳 true，在此過程中也將達到過濾我們的 Dataset 的目的：

```
flights.filter(flight_row => originIsDestination(flight_row)).first()
```

結果是：

```
Flight = Flight(United States,United States,348113)
```

正如之前看到的，此函式根本不需要在 Spark 程式碼中執行。與 UDF 類似，在把它放入 Spark 使用前，可以先在本機端機器使用它，並用本機資料測試它。例如，此 dataset 足夠小，可以收集到驅動端（作為一個航班的陣列），可以在此 dataset 上操作並執行完全相同的過濾操作：

```
flights.collect().filter(flight_row => originIsDestination(flight_row))
```

結果是：

```
Array[Flight] = Array(Flight(United States,United States,348113))
```

我們可以看到，我們得到的答案與以前完全相同。

映射

過濾是一種簡單的轉換操作，但有時你需要將一個值映射（map）成另一個值。使用上一個範例中的函式執行過此操作：它接受一個航班作為參數，並回傳一個布林值，但有時可能真的需要執行更複雜的東西，例如擷取一個值，比較一組值，或一些類似的操作。

最簡單的例子是對 Dataset 進行操作，以便從每一列中擷取一個值。這實際上就像在 Dataset 上執行 DataFrame 的 select 操作一樣。接著擷取出目的地：

```
val destinations = flights.map(f => f.DEST_COUNTRY_NAME)
```

請注意，最終會得到一個 String 類型的 Dataset。這是因為 Spark 已經知道該結果應該回傳的 JVM 型別，而且如果由於某種原因導致型別失效，則在編譯期的檢查中就會知道，也從中受益。

可以收集（collect）它，並在驅動端上取得一個字串陣列：

```
val localDestinations = destinations.take(5)
```

這些你可能感覺是微不足道、沒有必要、甚至在 DataFrames 上就可以達到一樣的效果；但事實上，我們仍建議你這樣做，因為你可以從中獲得很多好處。你將獲得諸如程式碼生成之類的優勢，這在任意的使用者定義函式（UDF）中是不可能實現的。但是，這可以在很多更複雜的逐列操作派上用場。

關聯

正如之前介紹的那樣，關聯的運用與在 DataFrames 上相同。然而，Datasets 還提供了一種更複雜的方法，即 joinWith 方法。joinWith 大致等於一個 co-group（在 RDD 術語中），基本上你會在一個 joinWith 內部使用兩個巢狀的 Datasets。每欄代表一個 Dataset，可以相應地操作這些 Dataset。當你需要在關聯中維護更多資訊，或對整個結果繼續執行更複雜的操作（如進階 map 或 filter）時，此功能非常有用。

創建一個虛構的航班元數據 dataset 來示範 joinWith：

```scala
case class FlightMetadata(count: BigInt, randomData: BigInt)

val flightsMeta = spark.range(500).map(x => (x, scala.util.Random.nextLong))
  .withColumnRenamed("_1", "count").withColumnRenamed("_2", "randomData")
  .as[FlightMetadata]

val flights2 = flights
  .joinWith(flightsMeta, flights.col("count") === flightsMeta.col("count"))
```

請注意，範例中最終得到了一種鍵值對的 Dataset，其中每一列代表一個 Flight（航班）和 Flight Metadata（航班元數據）。當然，這可以將這些查詢成具有複雜型別的 Dataset 或 DataFrame：

```scala
flights2.selectExpr("_1.DEST_COUNTRY_NAME")
```

可以像之前一樣 collect 它們：

```scala
flights2.take(2)

Array[(Flight, FlightMetadata)] = Array((Flight(United States,Romania,1),...
```

當然，一個「一般的」關聯也可以處理得很好，儘管在這種情況下你會注意到我們最終得到了一個 DataFrame（也因此丟失了我們的 JVM 型別資訊）。

```scala
val flights2 = flights.join(flightsMeta, Seq("count"))
```

隨時可以定義另一個 Dataset 來恢復原狀。同樣重要且要注意的是，關聯一個 DataFrame 和一個 Dataset 是沒有問題的 - 最終可以得到相同的結果：

```scala
val flights2 = flights.join(flightsMeta.toDF(), Seq("count"))
```

分組與聚合

分組和聚合遵循先前聚合章節中的基本標準，所以 groupBy 的 rollup 和 cube 仍然適用，但這些會回傳 DataFrames 而不是 Datasets（你會丟失型別資訊）：

```
flights.groupBy("DEST_COUNTRY_NAME").count()
```

這往往不是什麼太大的問題，但如果你想保留型別資訊，你可以選擇其它分組和聚合的方式。一個很好的例子是 groupByKey 方法。它允許你依照 Dataset 中的特定鍵進行分組，並獲得一個有型別的 Dataset 作為回傳結果。但是，此函式不接受特定的欄位名，而是接受函式。這使你可以指定更複雜的分組功能，這些功能更類似於以下內容：

```
flights.groupByKey(x => x.DEST_COUNTRY_NAME).count()
```

雖然這提供了靈活性，但它也是一個權衡取捨，因為引入了 JVM 型別以及 Spark 無法優化的功能。這意謂著你將看到性能差異，可以在檢視執行計畫時看到這一點。在下文中，你可以看到將新欄位附加到 DataFrame（函式的結果），然後對其執行分組：

```
flights.groupByKey(x => x.DEST_COUNTRY_NAME).count().explain

== Physical Plan ==
*HashAggregate(keys=[value#1396], functions=[count(1)])
+- Exchange hashpartitioning(value#1396, 200)
   +- *HashAggregate(keys=[value#1396], functions=[partial_count(1)])
      +- *Project [value#1396]
         +- AppendColumns <function1>, newInstance(class ...
         [staticinvoke(class org.apache.spark.unsafe.types.UTF8String, ...
            +- *FileScan parquet [D...
```

在利用 Dataset 上的鍵執行分組後，可以在 Key Value Dataset 上以函式操作，這將會像對原始物件進行分組操作一樣。

```
def grpSum(countryName:String, values: Iterator[Flight]) = {
  values.dropWhile(_.count < 5).map(x => (countryName, x))
}
flights.groupByKey(x => x.DEST_COUNTRY_NAME).flatMapGroups(grpSum).show(5)

+--------+--------------------+
|      _1|                  _2|
+--------+--------------------+
|Anguilla|[Anguilla,United ...|
|Paraguay|[Paraguay,United ...|
|  Russia|[Russia,United St...|
| Senegal|[Senegal,United S...|
|  Sweden|[Sweden,United St...|
```

```
+--------+--------------------+

def grpSum2(f:Flight):Integer = {
  1
}
flights.groupByKey(x => x.DEST_COUNTRY_NAME).mapValues(grpSum2).count().take(5)
```

甚至可以創建新的操作並定義如何將分組歸納（reduce）：

```
def sum2(left:Flight, right:Flight) = {
  Flight(left.DEST_COUNTRY_NAME, null, left.count + right.count)
}
flights.groupByKey(x => x.DEST_COUNTRY_NAME).reduceGroups((l, r) => sum2(l, r))
  .take(5)
```

不難理解的是，這是一個相較於掃描後就立即做聚合操作還要更昂貴的過程，特別的是因為它最終會產生相同的結果：

```
flights.groupBy("DEST_COUNTRY_NAME").count().explain

== Physical Plan ==
*HashAggregate(keys=[DEST_COUNTRY_NAME#1308], functions=[count(1)])
+- Exchange hashpartitioning(DEST_COUNTRY_NAME#1308, 200)
   +- *HashAggregate(keys=[DEST_COUNTRY_NAME#1308], functions=[partial_count(1)])
      +- *FileScan parquet [DEST_COUNTRY_NAME#1308] Batched: tru...
```

這是警惕使用者在使用 Datasets 若有搭配使用者定義編碼時，應該更精確小心，並且只應在具特定意義的地方使用。這可能是在大量資料 pipleline 的開頭或是結尾。

結論

本章介紹了 Datasets 的基礎知識，並提供了一些激勵性的範例。雖然篇幅不多，但實際上在這一章裡，已將所有重要的 Datasets 基本概念以及使用方法都傳授到位。將它們視為高階結構化 API 和低階 RDD API 之間的混合體可能會較好理解，這也是第十二章的主題。

## 第三篇

低階 API

彈性分散式資料集（RDD）

本書前一篇介紹了 Spark 的結構化 API。幾乎在所有情況下，你應該都該透過那些 API。
話雖如此，在高階操作無法滿足你的業務或工程問題時，你可能需要使用 Spark 的低階
API，特別是彈性分散式資料集（Resilient Distributed Dataset，RDD）、SparkContext。
和分散式共享變數如累加器和廣播變數。本篇後續的章節將介紹這些 API 以及如何使用
它們。

> 如果你是 Spark 的新手，那麼建議不要從這邊切入。從結構化 API 開始可
> 以更快提升工作效率！

何謂低階 API？

Spark 有兩組低階 API：有一組用於操作分散式資料集（RDD），而另一組用於分配和操
作分散式共享變數（廣播變數和累加器）。

何時使用低階 API？

通常會在以下三種情況下使用低階 API：

- 在高階的 API 中找不到所需的功能；例如，需要非常嚴密地控制資料在叢集中的物
  理位置。

- 維護一些前人遺留並使用 RDD 撰寫的程式碼。

- 自訂一些共享變數操作時。在第十四章會進一步討論共享變數。

上述是使用這些低階 API 的可能原因，但僅**理解**這些工具仍相當有幫助。所有 Spark 工作負載都是由這些低階 API 所組成的。在呼叫一個 DataFrame 轉換操作時，實際上它會轉換成一系列的 RDD 操作。瞭解這一點將有助於往後對複雜的程式進行除錯。

即使是希望充分利用 Spark 的進階開發人員，我們仍建議專注在結構化 API。但有時你必須「降階」使用一些低階工具來完成的任務。例如降階以使用前人遺留的程式碼實現自訂分區或者在資料管線執行過程中更新和追踪變數。這些工具可以提供更細微的控制，也可以讓你免於節細控制之苦。

如何使用低階 API ？

SparkContext 是低階 API 的進入點，可以透過 SparkSession 存取。SparkSession 是在 Spark 叢集中執行計算的工具。第十五章將進一步討論，但現在你只需要知道可以透過以下方式存取 SparkContext：

```
spark.sparkContext
```

關於 RDD

RDD 是 Spark 1.X 系列中的主要 API，在 2.X 中仍可使用但並不常見。正如本書前面提到，幾乎所有執行過的 Spark 程式碼，無論是 DataFrame 還是 Dataset，都可以編譯為 RDD。本書下一篇介紹的 Spark UI 會進一步描述 RDD 工作（job）執行的情況。因此，至少應該對 RDD 為何以及如何使用有基本的了解。

簡言之，RDD 代表一個不可變動的並且可以平行操作的記錄（record）的分區集合。與 DataFrame 不同（每條記錄都是結構化的列，並且包含了已知綱要的欄位）在 RDD 中，記錄只是代表 Java，Scala 或 Python 物件。

RDD 提供你完整的控制權，因為 RDD 中的每條記錄僅是一個 Java 或 Python 物件。你可以在這些物件中以任何格式儲存任何想要的內容。這提供你強大的能力，但有潛在的問題，每次操作和轉換，都必須手動定義，這意謂著必須不厭其煩地「重造輪子」來完成想要執行的任務。此外優化也需要更多手動介入，因為不像結構化 API 般，Spark 不會知道記錄的內部結構。例如，Spark 的結構化 API 會自動以優化的方式，將資料以二進位壓縮的格式進行儲存，所以要達到同樣的空間效率和性能，你必須在物件中實作這種格式的型別，且讓所有低階操作使用它。同樣的例子還有 Spark SQL 中會自動重新排序過濾和聚合來優化執行，而這部分你在低階 API 也是需要手動實作。因此出於眾多原因，強烈建議盡可能使用 Spark 結構化 API。

此外，RDD API 類似 Dataset，其儲存和操作不涉及結構化資料引擎，這在本書的前一篇中見過。但是在 RDD 和 Dataset 之間切換非常簡單並且低成本，因此可以隨時切換讓這兩類 API 截長補短，本篇將說明如何做到這一點。

RDD 的型別

如果你查閱 Spark 的 API 文件，會發現有很多 RDD 的子類別。在大多數情況下，這些是 DataFrame API 用優化的物理執行計劃所用。但作為使用者，可能只會建立兩類 RDD：「通用」RDD 型別或是鍵值對 RDD，後者提供額外的函式功能，例如基於鍵的聚合。端看目的，這兩種類 RDD 會是唯二重要的 RDD 類型。兩者都代表物件的集合，但鍵值對 RDD 具有特殊的操作，和基於鍵的自訂分區概念。

讓我們正式定義 RDD。在每個 RDD 內部都具有五個主要特性：

- 一個分區列表
- 計算分區的函式
- 與其他 RDD 的依賴關係列表
- 用於鍵值對 RDD 的分區器（Partitioner 為可選的，例如可指定 RDD 使用雜湊分區）
- 計算每個分割（split）的優先位置列表（可選的，如 Hadoop 分散式檔案系統 HDFS 檔案的區塊位置）

> 分區器可能是你希望在程式中使用 RDD 的核心原因之一。如果正確使用，指定自訂的分區器可以顯著提高性能和穩定性。第十三章中介紹鍵值對 RDD 時會進一步討論。

這些特性決定了 Spark 如何規劃和執行使用者程式的。不同類型的 RDD 對於上述特性會實作各自的版本，並允許自定義新的資料來源。

RDD 遵循在前面章節中看過的 Spark 程式設計模範。它們提供了惰性（lazily）評估的轉換操作，和急切（eagerly）評估的**行動操作**，以分散式的方式操作資料。這些與 DataFrame、Datasets 上的轉換和行動操作的作用方式相同。但 RDD 沒有「列」的概念；單筆記錄（record）只是原始的 Java、Scala 或 Python 物件，並且可以手動控制，而不像結構化 API 一般使用已定義函式庫。

RDD API 可用於 Python、Scala 和 Java。在 Scala 和 Java，對於操作原始物件時的成本，兩者在性能面上幾乎相同。但在 Python 中使用 RDD 可能會損耗大量效能。運行 Python RDD 等同於逐行運行 Python 的使用者定義函式（UDF）。正如在第六章所述。將資料序列化到 Python 程序中進行操作，然後將其序列化回 Java 虛擬機器（JVM）。這種作法讓 Python RDD 操作的成本很多。即使很多人過去都使用這種方式作為生產級程式碼的開發，仍建議在 Python 中使用結構化 API，並且只在絕對必要時才降階使用 RDD。

何時使用 RDD？

通常，除非有非常不得已的原因，否則不應手動建立 RDD。它是一種低階的 API，提供你強力的操作，但也喪失諸如在結構化 API 中許多優化選項的功能。對於絕大多數使用案例來說，DataFrames 比 RDD 更有效率、更穩定且更具表達力。想要使用 RDD 最有可能的原因是需要對資料的物理分佈進行更細微的控制（自訂資料分區）。

Case Class 的 Dataset 和 RDD

我們在網路上發現了一個有趣的問題：Case Class 和 Datasets 的 RDD 之間有什麼區別？不同之處在於，Datasets 可以利用結構化 API 提供的豐富功能和優化。使用 Datasets 時，無需煩惱該選擇 JVM 型別還是以 Spark 型別進行操作，可以選擇最容易或最靈活方式。因為你同時擁有魚與熊掌。

建立 RDD

討論過一些關鍵的 RDD 特性後，開始應用以便更好理解該如何使用它們。

在 DataFrame、Datasets 和 RDD 之間進行交互操作

取得 RDD 最簡單的方法之一便是透過現有的 DataFrame 或 Dataset。將其轉換為 RDD 很簡單：僅需使用 rdd 方法。注意到若從 Dataset[T] 轉換為 RDD，將獲得適當的原生型別 T（僅適用於 Scala 和 Java）：

```
// 在 Scala 中：把 Dataset[Long] 轉換成 RDD[Long]
spark.range(500).rdd
```

因為 Python 沒有 Datasets－它只有 DataFrames－你會得到一個 Row 型別的 RDD：

```
# 在 Python 中
spark.range(10).rdd
```

要對此資料進行操作，需要將 Row 物件轉換為正確的型別或從中擷取（extract）值，如下面的範例所示。結果為 Row 型別的 RDD：

```
// 在 Scala 中
spark.range(10).toDF().rdd.map(rowObject => rowObject.getLong(0))
```

```
# 在 Python 中
spark.range(10).toDF("id").rdd.map(lambda row: row[0])
```

可以使用相同的方法從 RDD 建立 DataFrame 或 Dataset。需要做的就是在 RDD 上呼叫 toDF 方法：

```
// 在 Scala 中
spark.range(10).rdd.toDF()
```

```
# 在 Python 中
spark.range(10).rdd.toDF()
```

這將產生一個 Row 型別的 RDD。此型別是 Spark 用於結構化 API 內部的 Catalyst 資料格式。此功能使你可以根據使用案例需求在結構化和低階 API 之間切換。（第十三章會更進一步討論此問題。）

RDD API 與第十一章中的 Dataset API 非常相似（因為 RDD 是 Dataset 的低階表示），它們都沒有結構化 API 俱備的，許多方便功能和介面。

從本機端的集合取得

要從一般集合中建立 RDD，需要透過 SparkContext 的 parallelize 方法（它位於 SparkSession 中）。這會將單節點的一般集合轉換為分散式集合。建立此分散式集合時，還能指定分區數量。範例中建立了兩個分區的 RDD：

```
// 在 Scala 中
val myCollection = "Spark The Definitive Guide : Big Data Processing Made Simple"
  .split(" ")
val words = spark.sparkContext.parallelize(myCollection, 2)
```

```
# 在 Python 中
myCollection = "Spark The Definitive Guide : Big Data Processing Made Simple"\
  .split(" ")
words = spark.sparkContext.parallelize(myCollection, 2)
```

另一個功能是指定 RDD 的名稱，此名稱將會顯示在 Spark UI 中：

```scala
// 在 Scala 中
words.setName("myWords")
words.name // myWords
```

```python
# 在 Python 中
words.setName("myWords")
words.name() # myWords
```

從各資料源取得

雖然可以從資料源或文字檔建立 RDD，但通常最好是透過各資料源的 API。RDD 沒有 DataFrames 的「資料源 API」的概念；它們主要只定義了依賴結構和分區列表。第九章中看過的 Data Source API 通常是更好的資料讀取方式。雖然如此說，還是可以使用 sparkContext 將資料讀取成 RDD。例如逐行讀取文字檔的方式為：

```
spark.sparkContext.textFile("/some/path/withTextFiles")
```

這將建立一個 RDD，RDD 中的每筆記錄都代表文字檔中的一行。或者，可以使用將每個文字檔案當成一筆記錄的方式來讀入檔案。這裡的使用案例假設各檔中的內容是一個大型 JSON 物件，或是一些你會獨立操作的文件，

```
spark.sparkContext.wholeTextFiles("/some/path/withTextFiles")
```

在此 RDD 中，第一個物件為檔案名稱，文字檔案內容則是第二個字串物件。

操作 RDD

操縱 RDD 的方式與操作 DataFrame 幾乎相同。如上所述，核心差異在於操作的對象是原生 Java 或 Scala 物件而不是 Spark 型別。RDD 這邊還缺少了幫助簡化計算的「助手（helper）」函式，你必須自定義每個 filter、map、聚合函式或其化操作。

為了示範一些資料操作，以下使用之前建立的簡單 RDD(words) 來說明更多細節。

轉換操作

在大多數情況下，轉換操作都反映了結構化 API 中對應的功能。就像使用 DataFrames 和 Datasets 一般，可以對一個 RDD 指定轉換操作來產生另一個 RDD。這種情況下，後者 RDD 將依賴對前者 RDD，其中包含資料的一些操縱方式。

distinct

在 RDD 上呼叫 distinct 方法，會從中刪除重複的項目：

```
words.distinct().count()
```

操作結果會是 10。

filter

過濾操作等同於 SQL 中的 where 子句。這會查看 RDD 中的記錄判斷哪些符合斷言（predicate）函式。斷言函式僅能回傳布林型別。函式的輸入會是每一個列。下列範例對 RDD 進行 filter 操作，僅保留字母「S」開頭的單字：

```
// 在 Scala 中
def startsWithS(individual:String) = {
  individual.startsWith("S")
}

# 在 Python 中
def startsWithS(individual):
  return individual.startswith("S")
```

定義了斷言函式後可以開始過濾資料。若讀過第十一章應該會感到很熟悉，因為僅是一個函式對 RDD 中的記錄逐條進行操作而已。函式會作用於 RDD 中的每筆記錄：

```
// 在 Scala 中
words.filter(word => startsWithS(word)).collect()

# 在 Python 中
words.filter(lambda word: startsWithS(word)).collect()
```

結果會是 *Spark* 與 *Simple*。可以看到，如同 Dataset API，結果會回傳原生型別。不需要將資料強制轉換為 Row 型別，並在處理後轉回來。

map

映射操作與第十一章所見相同。給予正確地輸入並指定一個函式，將返回一個期望結果。函式將作用於每筆記錄上。以下範例會將目前處理的字詞映射成：字詞、字詞開頭字母，以及字詞開頭字母是否是為「S」開頭的布林值。

範例中使用相關的 lambda 語法，完全以行內（inline）的方式實作函式：

```scala
// 在 Scala 中
val words2 = words.map(word => (word, word(0), word.startsWith("S")))
```

```python
# 在 Python 中
words2 = words.map(lambda word: (word, word[0], word.startswith("S")))
```

接著可以透過另一個新函式以對應的布林值進行過濾操作：

```scala
// 在 Scala 中
words2.filter(record => record._3).take(5)
```

```python
# 在 Python 中
words2.filter(lambda record: record[2]).take(5)
```

結果將回傳（「Spark」、「S」和「true」）的 tuple，以及（「Simple」、「S」和「True」）的 tuple。

flatMap

flatMap 基於上述的 map 函式，提供了擴充功能。有些時候，每一筆來源列因為處理邏輯將回傳多筆結果列。例如，可能希望將字詞組藉由 **flatMap** 映射成一組字元。因為每個字詞都由字元組成，所以應該使用 **flatMap** 來展開。**flatMap** 要求 map 函式的結果是可迭代的（iterable）且可以被擴展的（expanded）物件型別。

```scala
// 在 Scala 中
words.flatMap(word => word.toSeq).take(5)
```

```python
# 在 Python 中
words.flatMap(lambda word: list(word)).take(5)
```

結果會產生出 S、P、A、R、K。

sort

要對 RDD 進行排序，可以使用 sortBy 方法，如同其他 RDD 操作般，需要指定一個函式。函式會指定排序所用的值，並依此進行排序。下例按字詞的長度，從最長到最短排序：

```scala
// 在 Scala 中
words.sortBy(word => word.length() * -1).take(2)
```

```python
# 在 Python 中
words.sortBy(lambda word: len(word) * -1).take(2)
```

隨機分割

還可以使用 random split 方法將 RDD 隨機分割成 RDD 陣列，函式可以接受一個權重陣列和亂數種子作為參數：

```scala
// 在 Scala 中
val fiftyFiftySplit = words.randomSplit(Array[Double](0.5, 0.5))
```

```python
# 在 Python 中
fiftyFiftySplit = words.randomSplit([0.5, 0.5])
```

這會回傳一個可以個別操作的 RDD 陣列。

行動操作

如同在 DataFrames 和 Datasets 中一般，需指定行動操作，以啟動轉換操作。行動操作要不是將資料收集到驅動端，就是將資料寫入外部資料源。

reduce

可以使用 reduce 指定一個函式，以將任何類型的 RDD 聚合成一個值。下例中將給定一組數值並指定一個函式，聚合函式接受兩個輸入值，範例中將兩個值加總。若有函數式程式的經驗，應該看過類似概念：

```scala
// 在 Scala 中
spark.sparkContext.parallelize(1 to 20).reduce(_ + _) // 210
```

```python
# 在 Python 中
spark.sparkContext.parallelize(range(1, 21)).reduce(lambda x, y: x + y) # 210
```

也可以使用 reduce 函式來獲取剛剛定義的字詞中，長度最長的字詞。關鍵在於定義正確的聚合函式：

```scala
// 在 Scala 中
def wordLengthReducer(leftWord:String, rightWord:String): String = {
  if (leftWord.length > rightWord.length)
    return leftWord
  else
    return rightWord
}

words.reduce(wordLengthReducer)
```

```
# 在 Python 中
def wordLengthReducer(leftWord, rightWord):
  if len(leftWord) > len(rightWord):
    return leftWord
  else:
    return rightWord

words.reduce(wordLengthReducer)
```

此 reducer 就是一個很好的例子，因為你可能得到兩種結果中的任一個。由於分區上的 reduce 操作具有不確定性，因此這例子中，你可能會得到「definitive」或「processing」（長度均為 10）。這意謂著有時候你會拿到其中一個，而有時卻返回另外一個。

count

此方法相當直覺。例如用於計算 RDD 中的列數：

```
words.count()
```

countApprox

雖然此方法回傳的值有點奇怪，但其實相當精巧。這是剛才看到的 count 方法的求近似值版本，但它必須在時限制值內執行完成（如果逾時，則允許回傳不完整的結果）。

信心程度是結果的誤差範圍中包含實際值的機率。也就是說，如果 countApprox 被重複地以信心程度 0.9 作為參數呼叫，則 90% 的結果中將包含實際值。信心程度必須在 [0,1] 範圍內，否則將拋出異常：

```
val confidence = 0.95
val timeoutMilliseconds = 400
words.countApprox(timeoutMilliseconds, confidence)
```

countApproxDistinct

此函式有兩種實作方式，並且皆基於論文：「HyperLogLog in Practice: Algorithmic Engineering of a State-of-the-Art Cardinality Estimation Algorithm.」的 streamlib 的實作。

第一個實作傳遞給函式的參數是相對精度。越小的值精度越準但需要更多空間。該值必須大於 0.000017：

```
words.countApproxDistinct(0.05)
```

另一個實作有更多控制權；可以根據兩個參數指定相對精度：一個用於「常規」資料，另一個用於表示稀疏程度。這兩個參數是 p 和 sp，其中 p 是精度，sp 是稀疏精度。相對準確度接近值 1.054 / sqrt(2^p)。設定一個非零值（sp > p）可以在基數較小時降低記憶體消耗並提高準確率。兩個值都是整數：

```
words.countApproxDistinct(4, 10)
```

countByValue

此方法會對給定的 RDD 計數值。然而，實作方式是最終將結果集合載入到驅動端的記憶體計算。因此，應該只在運算的資料集較小時才使用此方法（因為所有資料都會被載入到驅動端的記憶體中）。此方法只在筆數比較少，或不同項目數量較少的情況下使用才有意義：

```
words.countByValue()
```

countByValueApprox

此函式與前一個函式雷同，但僅計算近似值。這方法必須在時限內執行完畢（第一個參數），若逾時則允許回傳不完整的結果。

信心程度是結果的誤差範圍包含真值的機率。也就是說，如果 countApprox 被重複地以信心程度 0.9 作為參數呼叫，90% 的結果中將包含實際值。信心程度必須在 [0,1] 範圍內，否則將拋出異常：

```
words.countByValueApprox(1000, 0.95)
```

first

first 方法會回傳在資料集中的第一個值。

```
words.first()
```

max and min

max 和 min 方法分別會回傳最大值和最小值。

```
spark.sparkContext.parallelize(1 to 20).max()
spark.sparkContext.parallelize(1 to 20).min()
```

take

take 與相關的衍生方法可以從 RDD 中獲取指定數量的值。這會先掃描一個分區，其結果也將用於估計滿足元素數量所需的分區數。

此函式有許多變化版，例如 takeOrdered，takeSample 和 top。可以使用 takeSample 從 RDD 拿取固定大小的隨機樣本。可以指定一些輸入參數，包括：是否要使用 withReplacement、值的數量，以及隨機種子。top 實際上與 takeOrdered 相反，因為它會根據隱式排序選擇最高值：

```scala
words.take(5)
words.takeOrdered(5)
words.top(5)
val withReplacement = true
val numberToTake = 6
val randomSeed = 100L
words.takeSample(withReplacement, numberToTake, randomSeed)
```

儲存檔案

儲存檔案經常意謂著寫入純文字檔。而 RDD 無法實際「儲存」到傳統意義上的資料源。你必須遍歷分區，並將每個分區的內容保存到外部資料庫。這是低階的作法，同時也是高階 API 中底層的實際操作。Spark 會負責處理每個分區，並將其寫入目的地。

儲存成文字檔

要儲存成一個文字檔，需指定路徑和的壓縮編解碼器（可選）：

```scala
words.saveAsTextFile("file:/tmp/bookTitle")
```

要設置壓縮編解碼器，必須從 Hadoop 函式庫匯入適當的編解碼器。可以在 org.apache.hadoop.io.compress 函式庫中找到它們：

```scala
// 在 Scala 中
import org.apache.hadoop.io.compress.BZip2Codec
words.saveAsTextFile("file:/tmp/bookTitleCompressed", classOf[BZip2Codec])
```

SequenceFiles

Spark 最初源自於 Hadoop 生態系統，所以它與各種 Hadoop 工具整合良好。sequenceFile 是一個由二進位鍵值對組成的 flat file。MapReduce 中廣泛採用此編碼作為輸入和輸出的格式。

Spark 可以使用 saveAsObjectFile 方法，或透過輸出鍵值對來寫入 sequenceFiles，如第十三章所述：

```
words.saveAsObjectFile("/tmp/my/sequenceFilePath")
```

Hadoop 的格式檔案

你可以將檔案儲存成各種不同的 Hadoop 格式檔案。這些格式允許你指定類別、輸出格式、Hadoop 設定和壓縮綱要（schemas）。（有關這些格式的資訊，請參閱 Hadoop：The Definitive Guide [O'Reilly，2015]，中文版：Hadoop 技術手冊）除非需要 Hadoop 生態系統整合或某些前人遺留的 mapReduce 任務，否則這類格式大致上來說是無關緊要的。

快取

快取 Dataset 與 DataFrame 的原則同樣適用於 RDD，你可以快取或持久化 RDD。預設情況下，快取和持久化資料僅使用記憶體。如果使用本章前面提到的 setName 函式，則可以為快取命名，快取方式如下例：

```
words.cache()
```

可以將單例（singleton）物件：org.apache.spark.storage.StorageLevel 中的儲存等級指定為各種儲存等級，各儲存等級的組成其實是由參數組合而成的，例如：僅限於記憶體、僅限於磁碟、兩者皆使用，和不使用 heap（off heap）等。

也可以查詢儲存等級（第二十章討論持久化時，會進一步說明儲存等級）：

```
// 在 Scala 中
words.getStorageLevel

# 在 Python 中
words.getStorageLevel()
```

查核點

DataFrame API 中所沒有的一個功能，就是查核點的概念。查核點會將 RDD 寫入磁碟以便將使用時，可以參考該 RDD 寫入磁碟上的快照資料不需從此 RDD 的源頭重新計算。這類似於快取，除了一點：它不儲存在記憶體中，只儲存在磁碟。

這在執行迭代計算時很有用，使用方式類似快取：

```
spark.sparkContext.setCheckpointDir("/some/path/for/checkpointing")
words.checkpoint()
```

現在在參考此 RDD 時，將從查核點直接讀入而不是從來源資料重新計算。這有助於優化效能。

將 RDD 傳送至系統命令

管線 (pipe) 方法可能是 Spark 中有趣的方法之一。透過管線，可以將元素管線化給一個分叉（forked）的外部程序並且將返回一個 RDD 結果集。每個分區都會執行一次程序，來得到計算後產生的 RDD。每個輸入分區的元素都被寫入一個 stdin（標準輸入），每個輸入元素由換行符號分隔。產生的分區由 stdout（標準輸出）組成，stdout 的各行即為輸出分區裡的元素。即使是空的分區，程序也會被喚醒。

可以提供兩個函式來定義印出的行為。

以下為一個簡單的範例，將每個分區管線化且傳遞給指令 wc。每列都會成為新的一行，並傳入，因此如果執行了行計數，將會得到每個分區各別行的數量：

```
words.pipe("wc -l").collect()
```

範例中每個分區有五行。

mapPartitions

上一個函式說明了 Spark 實際執行時，是基於每個分區運行。你可能已經注意到，RDD 上的 map 函式回傳的特徵簽名實際上是 MapPartitionsRDD。這是因為 map 只是 mapPartitions 以「逐列」方式運算的另一種稱呼，mapPartitions 可以分區作為單位，進行映射（各分區以迭代器（iterator）表示）。這是因為叢集中，此操作會在每個分區上運行（而不是在特定的列上）。下列範例將在每個分區建立一個值「1」，並用後續表達式做加總（sum）計算擁有的分區數：

```
// 在 Scala 中
words.mapPartitions(part => Iterator[Int](1)).sum() // 2

# 在 Python 中

words.mapPartitions(lambda part: [1]).sum() # 2
```

當然，這代表以分區為單位對所有分區執行操作。這對於在 RDD 的子資料集上執行某些操作非常有用。可以收集一個分區內的全部值，或是把資料分組到一個分區，然後使用任意的函式進行操作。

舉例來說，可以透過一些自定義的機器學習演算法來做管線處理，並以公司的部分資料集訓練一個單獨的模型。Facebook 的工程師在 Spark Summit East 2017 上做了一個有趣的展示，在他們特別的管線處理實作中，展示了類似的使用案例（*https://spark-summit.org/east-2017/events/experiences-with-sparks-rdd-apis-for-complex-custom-applications/*）。

與 mapPartitions 類似的其他函式包括 mapPartitionsWithIndex。此函式可以指定一個索引（在分區內）的函式和一個遍歷分區內所有項目的迭代器作為輸入。分區索引是 RDD 中的分區號碼，它標示資料集中每條記錄所在的位置（並且可用於除錯）。可以使用它來測試你的 map 函式是否正常運行：

```
// 在 Scala 中
def indexedFunc(partitionIndex:Int, withinPartIterator: Iterator[String]) = {
  withinPartIterator.toList.map(
    value => s"Partition: $partitionIndex => $value").iterator
}
words.mapPartitionsWithIndex(indexedFunc).collect()

# 在 Python 中
def indexedFunc(partitionIndex, withinPartIterator):
  return ["partition: {} => {}".format(partitionIndex,
    x) for x in withinPartIterator]
words.mapPartitionsWithIndex(indexedFunc).collect()
```

foreachPartition

mapPartitions 需要回傳值才能正常運作，而此函式卻不用。foreachPartition 只是迭代資料的所有分區。不同之處在於該函式沒有回傳值。這讓某些分區操作非常有用，例如將操作寫入資料庫。實際上，這也代表寫入的多少個資料源連接器。若需要以隨機 ID 指定輸出到 temp 目錄，可以建立自己的文字檔案來源：

```
words.foreachPartition { iter =>
  import java.io._
  import scala.util.Random
  val randomFileName = new Random().nextInt()
  val pw = new PrintWriter(new File(s"/tmp/random-file-${randomFileName}.txt"))
  while (iter.hasNext) {
      pw.write(iter.next())
  }
  pw.close()
}
```

如果掃描 /tmp 目錄可以找到這兩個檔案。

glom

glom 是一個有趣的函式,它取出資料集的每個分區,並將其轉換為陣列。若要將資料收集到驅動端,並希望每個分區成為一個陣列,此函式將非常有用。但這可能導致嚴重的穩定性問題,若有大型分區或大量分區,驅動端很容易崩潰。

下面的範例中,可以看到獲得兩個分區,每個字詞分別屬於一個分區:

```
// 在 Scala 中
spark.sparkContext.parallelize(Seq("Hello", "World"), 2).glom().collect()
// Array(Array(Hello), Array(World))

# 在 Python 中
spark.sparkContext.parallelize(["Hello", "World"], 2).glom().collect()
# [['Hello'], ['World']]
```

結論

在章說明了 RDD API 的基礎知識,其中大多是單一 RDD 的操作。第十三章涉及更高階的 RDD 操作,例如關聯(join)和鍵值對 RDD。

進階 RDD

第十二章探討了單一 RDD 操作的基礎知識。學習了如何建立 RDD，以及為何要使用它
們。此外，也討論了 map、filter、reduce 以及如何建立轉換單一 RDD 的函式。本章將
介紹進階的 RDD 操作，其中將重點介紹鍵值（key-value）RDD，這是操作資料的一種
強大抽象方式。還會涉及一些進階的主題例如自訂分區，這可能會是想優先使用 RDD
的原因。另外透過自訂分區功能，可以精確地控制資料在叢集上的分佈，並相應地操作
各個分區。在開始之前，我們先概述即將要討論的主要議題：

- 聚合與鍵值 RDD

- 自訂分區

- RDD 關聯

這組 API 從 Spark 創建之初便已存在，在網路上有很多相關範例。這也使
得搜尋和找尋它們的使用方法相當容易。

接著使用上一章中用過的資料集

```scala
// 在 Scala 中
val myCollection = "Spark The Definitive Guide : Big Data Processing Made Simple"
  .split(" ")
val words = spark.sparkContext.parallelize(myCollection, 2)
```

```python
# 在 Python 中
myCollection = "Spark The Definitive Guide : Big Data Processing Made Simple"\
  .split(" ")
words = spark.sparkContext.parallelize(myCollection, 2)
```

鍵值基礎（鍵值 RDD）

RDD 中有許多的方法都要求資料為鍵值格式方能使用。要判斷這類方法，可以根據方法名開頭為 < 某種操作 > ByKey 作為提示。當方法名稱中看到 ByKey 時，就意謂著只能在 PairRDD 上執行此操作。最簡單的方法是，將目前的 RDD 映射成基本的鍵值結構。這代表在 RDD 的每筆記錄中都有兩個值：

```scala
// 在 Scala 中
words.map(word => (word.toLowerCase, 1))
```

```python
# 在 Python 中
words.map(lambda word: (word.lower(), 1))
```

keyBy

上述例子示範建立鍵的簡單方法。另外也能透過 keyBy 函式達成，僅需指定從既有資料中建立鍵的函式即可。範例會以字詞中的第一個字母作為鍵，並將各筆記錄轉換成鍵值對 RDD：

```scala
// 在 Scala 中
val keyword = words.keyBy(word => word.toLowerCase.toSeq(0).toString)
```

```python
# 在 Python 中
keyword = words.keyBy(lambda word: word.lower()[0])
```

值映射

擁有一組鍵值對後便可開始操作。若元素為一個 tuple，Spark 會假設第一個元素是鍵，而第二個元素是值。採用此格式時，可以明確地指定對值做映射操作（並忽略各個鍵）。當然，可以手動執行此操作，但使用此函式可以明確知道僅要修改值時，這可以幫助防錯：

```scala
// 在 Scala 中
keyword.mapValues(word => word.toUpperCase).collect()
```

```python
# 在 Python 中
keyword.mapValues(lambda word: word.upper()).collect()
```

以下為 Python 的輸出：

```
[('s', 'SPARK'),
 ('t', 'THE'),
 ('d', 'DEFINITIVE'),
 ('g', 'GUIDE'),
```

```
     (':', ':'),
     ('b', 'BIG'),
     ('d', 'DATA'),
     ('p', 'PROCESSING'),
     ('m', 'MADE'),
     ('s', 'SIMPLE')]
```

（Scala 的輸出結果相同，為簡潔起見省略。）

如同第十二章所見，也可以對列進行 flatMap。將每個列進行展開，並讓每列代表一個字元。下面範例將省略輸出，但結果陣列中，每個元素都代表一個字元：

```
// 在 Scala 中
keyword.flatMapValues(word => word.toUpperCase).collect()
```

```
# 在 Python 中
keyword.flatMapValues(lambda word: word.upper()).collect()
```

擷取鍵與值

使用鍵值對格式時，還可以以下列方法擷取特定鍵或值的集合：

```
// 在 Scala 中
keyword.keys.collect()
keyword.values.collect()
```

```
# 在 Python 中
keyword.keys().collect()
keyword.values().collect()
```

查尋（lookup）

有時可能會想對 RDD 查尋特定鍵的值。請注意，因為每個值都有一個鍵，因此，若查尋「s」鍵所對應的所有值，結果將為「Spark」和「Simple」：

```
keyword.lookup("s")
```

sampleByKey

有兩種方法可以鍵值對 RDD 進行取樣（以近似取值或精確取值來取樣）。兩種操作都可以設定是否「取代」（replacement），也可以設定鍵的分數（fraction）來進行取樣。此操作為簡單地隨機取樣，對 RDD 進行一次取樣產生的樣本大小大約等於對所有鍵值取 math.ceil(項目數量 * 取樣率) 的總和：

```
// 在 Scala 中
val distinctChars = words.flatMap(word => word.toLowerCase.toSeq).distinct
  .collect()
import scala.util.Random
val sampleMap = distinctChars.map(c => (c, new Random().nextDouble())).toMap
words.map(word => (word.toLowerCase.toSeq(0), word))
  .sampleByKey(true, sampleMap, 6L)
  .collect()

# 在 Python 中
import random
distinctChars = words.flatMap(lambda word: list(word.lower())).distinct()\
  .collect()
sampleMap = dict(map(lambda c: (c, random.random()), distinctChars))
words.map(lambda word: (word.lower()[0], word))\
  .sampleByKey(True, sampleMap, 6).collect()
```

另一個 sampleByKeyExact 與 sampleByKey 的不同之處在於，需要一個額外的 RDD 以建立樣本大小，該大小與對所有鍵值取 math.ceil(項目數量 * 取樣率) 的總和完全相等，信賴程度為 99.99%。在沒有設定「取代」的情況下進行取樣時，需要額外對 RDD 再進行一次取樣，以確保樣本數量；在設定了「取代」進行取樣時，則需要額外兩次取樣：

```
// 在 Scala 中
words.map(word => (word.toLowerCase.toSeq(0), word))
  .sampleByKeyExact(true, sampleMap, 6L).collect()
```

聚合

可以在普通 RDD 或 PairRDD 上執行聚合類的操作，這取決於使用的聚合函式。下面以先前的資料集示範：

```
// 在 Scala 中
val chars = words.flatMap(word => word.toLowerCase.toSeq)
val KVcharacters = chars.map(letter => (letter, 1))
def maxFunc(left:Int, right:Int) = math.max(left, right)
def addFunc(left:Int, right:Int) = left + right
val nums = sc.parallelize(1 to 30, 5)

# 在 Python 中
chars = words.flatMap(lambda word: word.lower())
KVcharacters = chars.map(lambda letter: (letter, 1))
def maxFunc(left, right):
  return max(left, right)
def addFunc(left, right):
```

```
    return left + right
nums = sc.parallelize(range(1,31), 5)
```

完成這幾個操作後，可以執行 countByKey 之類的操作，它會計算每個鍵對應的元素數量。

countByKey

此函式可以計算每個鍵的元素數，並將結果存成本機端的一個 Map。也可以使用近似取值執行此操作（在 Scala 或 Java 中可以指定逾時和信賴程度）：

```
// 在 Scala 中
val timeout = 1000L //milliseconds
val confidence = 0.95
KVcharacters.countByKey()
KVcharacters.countByKeyApprox(timeout, confidence)

# 在 Python 中
KVcharacters.countByKey()
```

瞭解聚合實作

有幾種方法可以建立 PairRDD；然而，瞭解如何實作對於工作穩定性來說至關重要。讓我們比較兩個基本的函式：groupByKey 和 reduceByKey。這將在基於鍵的方法執行這些操作，但相同的基本原則適用於 groupBy 和 reduce 方法。

groupByKey

查閱 API 文件時，你可能會猜想 groupByKey 搭配每個分組上的 map 函式是加總各個鍵計數值的最佳作法：

```
// 在 Scala 中
KVcharacters.groupByKey().map(row => (row._1, row._2.reduce(addFunc))).collect()

# 在 Python 中
KVcharacters.groupByKey().map(lambda row: (row[0], reduce(addFunc, row[1])))\
  .collect()
# 注意，這是在 Python 2 之中，reduce 在 Python 3 中必須從 functools 中被 import 進來
```

然而，對大多數情況來說，這種作法是不正確的。其根本問題為，每個執行器在函式作用前，就牛將每個鍵所有的值都保留在記憶體中。這樣會有什麼問題？若鍵偏斜（key skew），某些分區可能會因特定鍵持有大量的值而導致過載（overloaded）並且導致 OutOfMemoryErrors。顯然這不會導致資料集出現問題，但可能會是嚴重的叢集應用程式議題。這不保證一定會發生，但有可能。

這裡有讓 groupByKey 函式派上用場的案例。如果每個鍵對應的值數量一致，並且知道它們可以順利運作於給定執行器的記憶體中，那麼將不會有問題。當你這樣做時，確切地知道你正在做什麼非常重要。其它的使用案例裡，比較常見的作法為：使用 reduceByKey。

reduceByKey

因為任務是一個簡單的計數，更穩的作法是執行相同的 flatMap，然後在 map 函式中將每個字母都映射成第一個字，然後使用以 reduceByKey 函式實作加總的聚合操作。這種作法更加穩定，因為 reduce 發生在每個分區中並且不需要將所有內容都放在記憶體中。此外，在操作執行期間不會發生洗牌，且一切都發生在各個工作器上，直到最終的 reduce 操作。這極大地增強了操作的執行速度以及穩定性：

```
KVcharacters.reduceByKey(addFunc).collect()
```

操作的結果如下：

```
Array((d,4), (p,3), (t,3), (b,1), (h,1), (n,2),
...
(a,4), (i,7), (k,1), (u,1), (o,1), (g,3), (m,2), (c,1))
```

reduceByKey 方法回傳一組鍵與對應聚合結果的 PairRDD，但不保證元素的順序性。因此，若工作負載具有結合律性質但不要求聚合操作的順序時，相當適合使用此函式。

其他聚合方法

Spark 還有許多進階的聚合方法。在大多數情況下，這些方法大部分的實作細節取決於你特定的工作負載。我們發現在現今的 Spark 中很少有用戶遇到這種工作負載（或需要執行此類操作）。當使用結構化 API 可以讓執行聚合變得簡單得多時，實在沒有太多理由使用這些極為低階的工具。這些函式允許你在叢集機器上，對於要如何進行聚合執行進行非常低階且精細的控制。

aggregate

另一個函式是 aggregate。此函式需要一個 null 和起始值，並且指定兩個不同的聚合函式。第一個聚合函式會作用於分區，而第二個聚合函式則會跨分區產生最終結果。初始值在兩個聚合函式中都會發揮作用：

```
// 在 Scala 中
nums.aggregate(0)(maxFunc, addFunc)
```

```
# 在 Python 中
nums.aggregate(0, maxFunc, addFunc)
```

aggregate 確實有一些效能上的影響,因為最終的聚合是在驅動端執行。如果執行器的結果集太大,則驅動端可能發生 OutOfMemoryError 並失效。還有另一種 treeAggregate 函式,它與 aggregate 執行同樣的操作(以使用者角度來說)但採取不同的執行策略。它基本上在驅動端執行最終聚合之前,下推了一些子聚合(執行器間建立了一個樹狀結構)。多層次的聚合可以幫助確保驅動端在聚合過程中不會耗盡記憶體。這些基於樹的實作通常是為了提高某些操作的穩定性:

```
// 在 Scala 中
val depth = 3
nums.treeAggregate(0)(maxFunc, addFunc, depth)
```

```
# 在 Python 中
depth = 3
nums.treeAggregate(0, maxFunc, addFunc, depth)
```

aggregateByKey

此函式與 aggregate 函式相同,但不是依分區進行,而是以鍵來劃分。起始值和函式遵循相同字義:

```
// 在 Scala 中
KVcharacters.aggregateByKey(0)(addFunc, maxFunc).collect()
```

```
# 在 Python 中
KVcharacters.aggregateByKey(0, addFunc, maxFunc).collect()
```

combineByKey

除了聚合函式外,還可以指定組合器(combiner)。組合器對給定的鍵進行操作,並根據函式合併值。然後各組合器的不同輸出進行合併以提供最終結果。也可以指定輸出分區的數量(就像自訂輸出分區器一樣):

```
// 在 Scala 中
val valToCombiner = (value:Int) => List(value)
val mergeValuesFunc = (vals:List[Int], valToAppend:Int) => valToAppend :: vals
val mergeCombinerFunc = (vals1:List[Int], vals2:List[Int]) => vals1 ::: vals2
// 現在將這些函式定義為函式變數
val outputPartitions = 6
KVcharacters
  .combineByKey(
    valToCombiner,
```

```
        mergeValuesFunc,
        mergeCombinerFunc,
        outputPartitions)
    .collect()

# 在 Python 中
def valToCombiner(value):
  return [value]
def mergeValuesFunc(vals, valToAppend):
  vals.append(valToAppend)
  return vals
def mergeCombinerFunc(vals1, vals2):
  return vals1 + vals2
outputPartitions = 6
KVcharacters\
  .combineByKey(
    valToCombiner,
    mergeValuesFunc,
    mergeCombinerFunc,
    outputPartitions)\
  .collect()
```

foldByKey

foldByKey 使用交換函式和中性的「零值」（zero value）合併每個鍵的值。zero value 能以任意次數添加到結果中，而不會更動更改結果（例如，加法中的 0，或乘法中的 1）：

```
// 在 Scala 中
KVcharacters.foldByKey(0)(addFunc).collect()
```

```
# 在 Python 中
KVcharacters.foldByKey(0, addFunc).collect()
```

CoGroups

CoGroups 能夠在 Scala 中將最多三組鍵值對 RDD 進行組合（在 Python 中則為兩個）。它透過鍵來關聯。這實際上就是 RDD 上基於分組的關聯操作。執行此操作時，還可以指定多個輸出分區數或自訂分區功能來精確地控制這些資料如何在叢集中分佈（本章後面將討論分區函式）：

```
// 在 Scala 中
import scala.util.Random
val distinctChars = words.flatMap(word => word.toLowerCase.toSeq).distinct
val charRDD = distinctChars.map(c => (c, new Random().nextDouble()))
```

```
val charRDD2 = distinctChars.map(c => (c, new Random().nextDouble()))
val charRDD3 = distinctChars.map(c => (c, new Random().nextDouble()))
charRDD.cogroup(charRDD2, charRDD3).take(5)

# 在 Python 中
import random
distinctChars = words.flatMap(lambda word: word.lower()).distinct()
charRDD = distinctChars.map(lambda c: (c, random.random()))
charRDD2 = distinctChars.map(lambda c: (c, random.random()))
charRDD.cogroup(charRDD2).take(5)
```

結果一邊會是一組鍵值，另一邊則是所有相關的值。

關聯（Join）

RDD 的關聯與在結構化 API 中看過的大致相同，但 RDD 需要手動處理較多的細節。它們都遵循相同的基本格式：指定想要關聯的兩個 RDD 以及可選的輸出分區數量或自訂分區函式的輸出。

內關聯（Inner Join）

以下先展示一個內部關聯。請注意範例中如何設定期望的輸出分區數：

```
// 在 Scala 中
val keyedChars = distinctChars.map(c => (c, new Random().nextDouble()))
val outputPartitions = 10
KVcharacters.join(keyedChars).count()
KVcharacters.join(keyedChars, outputPartitions).count()

# 在 Python 中
keyedChars = distinctChars.map(lambda c: (c, random.random()))
outputPartitions = 10
KVcharacters.join(keyedChars).count()
KVcharacters.join(keyedChars, outputPartitions).count()
```

其他關聯也都遵循相同的基本格式。可以在第八章了解以下關聯類型的概念：

- fullOuterJoin（全外關聯）

- leftOuterJoin（左外關聯）

- rightOuterJoin（右外關聯）

- 笛卡兒（再次提醒，此非常危險！它不接受關聯鍵並且可能產生大量的輸出。）

zip

zip 是最後一種關聯類型（其實它根本不算是關聯，但它確實結合了兩個 RDD，所以值得將它歸類為關聯）。假設兩個 RDD 具有相同的長度，**zip** 允許將它們如拉鏈般「鏈」在一起。此操作會產生一個 `PairRDD`。另外注意兩個輸入 RDD 必須具有相同的分區數以及相同的元素數量：

```scala
// 在 Scala 中
val numRange = sc.parallelize(0 to 9, 2)
words.zip(numRange).collect()
```

```python
# 在 Python 中
numRange = sc.parallelize(range(10), 2)
words.zip(numRange).collect()
```

zip 操作的結果如下，兩組 RDD 被「鏈」在一起：

```
[('Spark', 0),
 ('The', 1),
 ('Definitive', 2),
 ('Guide', 3),
 (':', 4),
 ('Big', 5),
 ('Data', 6),
 ('Processing', 7),
 ('Made', 8),
 ('Simple', 9)]
```

控制分區

使用 RDD 時可以控制資料在叢集中的物理分佈方式。其中一些方法與結構化 API 基本相同，但額外關鍵的一點（結構化 API 中不存在）是指定分區函式的能力（自訂分區器（`Partitioner`），將在稍後討論基本方法時說明）。

coalesce

coalesce 能有效地降低工作器內的分區，避免重分區時觸發資料洗牌。例如有一個字詞 RDD 目前有兩個分區，可以透過使用 **coalesce** 將其分區數降為一個而不引起資料洗牌：

```scala
// 在 Scala 中
words.coalesce(1).getNumPartitions // 1
```

```
# 在 Python 中
words.coalesce(1).getNumPartitions() # 1
```

重新分區（repartition）

重分區操作允許指定更多或更少的分區數量，但過程中會跨節點執行資料洗牌。使用 map 和 filter 類的操作時，增加分區數可以提高平行度：

```
words.repartition(10) // gives us 10 partitions
```

repartitionAndSortWithinPartitions

此操作能夠重新分區並且指定每個輸出分區的順序。在此省略該範例，因為文件中就已經說明得非常清楚。其中分區和鍵的比較，皆都可由使用者指定。

自訂分區

此功能會是你想要使用 RDD 的主要原因之一。結構化 API 中不能自訂分區器，因為它們實際上沒有對應的邏輯。這些屬於低階的實作細節，對工作是否成功運行有顯著的影響。自訂分區操作的典型應用為 PageRank，控制叢集上資料的佈局以避免洗牌。在購物資料集中，這可能意謂著根據每個客戶 ID 進行分區（稍後將介紹此範例）。

簡言之，自訂分區的唯一目標是讓資料均勻的分佈在叢集上，以利解決資料傾斜等問題。

若要使用自訂分區器，則應從結構化 API 降階到 RDD 應用自訂的分區器然後隨即轉回 DataFrame 或 Dataset。透過這種方式，僅在需要時自訂分區就可以獲得兩者的效果。

要自訂分區需要實作一個繼承 Partitioner 自定義類別。只有當處理大量領域知識資料且遭遇空間問題時才需如此，若只是想要對值（甚至只有一組值或欄位）進行分區，那麼在 DataFrame API 中進行即可。

讓我們來看一個例子：

```
// 在 Scala 中
val df = spark.read.option("header", "true").option("inferSchema", "true")
  .csv("/data/retail-data/all/")
val rdd = df.coalesce(10).rdd

# 在 Python 中
df = spark.read.option("header", "true").option("inferSchema", "true")\
  .csv("/data/retail-data/all/")
```

```
rdd = df.coalesce(10).rdd

df.printSchema()
```

Spark 有兩個內建的分區器，可以在 RDD API 中使用它們，分別是 HashPartitioner 與 RangePartitioner。這兩個分別適用於離散值和連續值。Spark 的結構化 API 已經使用了這兩個分區器，當然也能在 RDD 中使用：

```scala
// 在 Scala 中
import org.apache.spark.HashPartitioner
rdd.map(r => r(6)).take(5).foreach(println)
val keyedRDD = rdd.keyBy(row => row(6).asInstanceOf[Int].toDouble)

keyedRDD.partitionBy(new HashPartitioner(10)).take(10)
```

儘管 HashPartitioner 和 RangePartitioner 很有用，但它們仍相當簡陋。有時需要一些非常低階的分區邏輯處理非常大的資料集和嚴重的鍵偏斜情況。鍵偏斜僅意謂著某些鍵擁有較其他鍵多出很多元素。要盡可能地拆散這些鍵以提高平行度並防止在執行過程中出現 OutOfMemoryError。

一個可能的作法是元素在鍵與特定格式匹配時，對更多鍵進行分區。例如可能知道資料集中有兩個客戶總是讓你的分析工作失效，如此相較於其它客戶 ID，需要更進一步拆分這兩個客戶 ID。事實上，這兩個客戶資料如此傾斜，以致需要被單獨的操作，而所有其他人則可歸類為一群。這例子顯然有點諷刺，但的確可能在資料中發生類似的情況：

```scala
// 在 Scala 中
import org.apache.spark.Partitioner
class DomainPartitioner extends Partitioner {
 def numPartitions = 3
 def getPartition(key: Any): Int = {
   val customerId = key.asInstanceOf[Double].toInt
   if (customerId == 17850.0 || customerId == 12583.0) {
     return 0
   } else {
     return new java.util.Random().nextInt(2) + 1
   }
 }
}

keyedRDD
  .partitionBy(new DomainPartitioner).map(_._1).glom().map(_.toSet.toSeq.length)
  .take(5)
```

執行此指令後將可以看到每個分區中的結果計數。因為是採用隨機分佈（正如在 Python 中所看到的一般）。因此後兩組數字會有所不同，但適用相同的原則。

```python
# 在 Python 中
def partitionFunc(key):
  import random
  if key == 17850 or key == 12583:
    return 0
  else:
    return random.randint(1,2)

keyedRDD = rdd.keyBy(lambda row: row[6])
keyedRDD\
  .partitionBy(3, partitionFunc)\
  .map(lambda x: x[0])\
  .glom()\
  .map(lambda x: len(set(x)))\
  .take(5)
```

此自訂鍵的分佈邏輯僅在 RDD 層級使用。當然，這是一個簡單的例子，但能展現以任意邏輯指定叢集內分佈資料的能力。

自訂序列化

最後一個值得討論的進階主題是 *Kryo* 序列化。任何想要平行化的物件（或函式）都必須是可序列化的：

```scala
// 在 Scala 中
class SomeClass extends Serializable {
  var someValue = 0
  def setSomeValue(i:Int) = {
    someValue = i
    this
  }
}

sc.parallelize(1 to 10).map(num => new SomeClass().setSomeValue(num))
```

預設序列化的效能可能非常慢。Spark 可以使用 Kryo 函式庫（第二版）更快地序列化物件。Kryo 比 Java 序列化更快且更緊湊（通常高達 10 倍），但不支持所有可序列化類型，並要求提前註冊在程式中將使用的類別以獲得最佳性能。

可以透過 SparkConf 初始化工作，並將「spark.serializer」的值設定為「org.apache.spark.serializer.KryoSerializer」來使用 Kryo（本書下一篇將討論此議題）。此設定配置了工作器節點傳輸資料間和序列化 RDD 到磁碟時所使用的序列化器。Kryo 不是預設序列化器只有一個原因那就是需要自行註冊，但建議在任何網路密集型（network-intensive）的應用程式中試用它。從 Spark 2.0.0 開始，當需要對簡單類型的 RDD、陣列，或字串型別進行洗牌時，內部將採用 Kryo 序列化器。

Spark 將許多經常被使用的核心 Scala 類別自動地應用了 Kryo 序列化器，這些類別描述在 Twitter chill 函式庫中的 AllScalaRegistrar。

要為 Kryo 註冊類別，需透過 registerKryoClasses 方法：

```scala
// 在 Scala 中
val conf = new SparkConf().setMaster(...).setAppName(...)
conf.registerKryoClasses(Array(classOf[MyClass1], classOf[MyClass2]))
val sc = new SparkContext(conf)
```

結論

本章中討論了許多 RDD 的進階主題。特別值得注意的是關於自訂分區的部分，它允許你使用非常具體的函式來分配資料。第十四章中將討論 Spark 另一種低階工具：分散式變數。

分散式共享變數

除彈性分散式資料集（RDD）外，Spark 中的第二種低階 API 是兩類「分散式共享變數」：廣播和累加器變數。這些變數可以用在自訂的使用者函式中（例如 RDD 或 DataFrame 的 map 函式），並且運行於叢集環境時有特別的特性。具體而言，**累加器**允許將所有任務的資料添加到共享結果中（例如實作一個計數器以便追蹤工作的輸入記錄中，有多少未能成功解析）而**廣播**變數允許在每個工作節點儲存一個大的值，並在許多 Spark 操作中反覆使用無需再次發送。本章將討論每種變數背後的開發動機以及如何使用它們。

廣播變數

廣播變數可以在叢集內有效率地共享不可變值數值，並且不需封裝在函式閉包中。在驅動節點中使用變數僅需在函式閉包中簡單地引用（例如在 map 操作中），但這可能較無效率，尤其是存取諸如查詢表或機器學習模型之類的大型物件。原因是在閉包中使用變數時，必須反覆在工作節點上進行反序列化（每個任務一次）。此外，如果在多個 Spark 操作和工作中使用相同的變數，也會反覆發送給每個工作所在的工作節點。

這就是廣播變數的來由。廣播變數是共享的，不可變的變數可以被快取在叢集中的每個節點上，而不需每個單一任務皆序列化。典型的使用案例是傳遞一個大型查詢表（該表的大小能夠容納於執行器的記憶體），然後在函式中使用它（如圖 14-1 所示）。

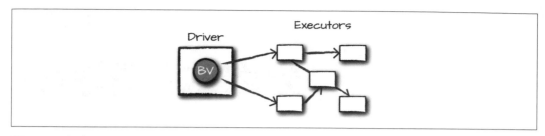

圖 14-1　廣播變數

例如，假設你有一個字詞或數值列表：

```scala
// 在 Scala 中
val myCollection = "Spark The Definitive Guide : Big Data Processing Made Simple"
  .split(" ")
val words = spark.sparkContext.parallelize(myCollection, 2)
```

```python
# 在 Python 中
my_collection = "Spark The Definitive Guide : Big Data Processing Made Simple"\
  .split(" ")
words = spark.sparkContext.parallelize(my_collection, 2)
```

你想用其他資訊補充字詞列表，這可能是幾千個位元組幾百萬個位元組，甚至是幾十億個位元組。若從 SQL 的角度思考，技術上來說這是一個右關聯（right join）：

```scala
// 在 Scala 中
val supplementalData = Map("Spark" -> 1000, "Definitive" -> 200,
                           "Big" -> -300, "Simple" -> 100)
```

```python
# 在 Python 中
supplementalData = {"Spark":1000, "Definitive":200,
                    "Big":-300, "Simple":100}
```

可以在 Spark 上廣播此結構，並使用 suppBroadcast 來參考它。此值為不可變，當觸發操作時，會在叢集內的所有節點上進行惰性複製：

```scala
// 在 Scala 中
val suppBroadcast = spark.sparkContext.broadcast(supplementalData)
```

```python
# 在 Python 中
suppBroadcast = spark.sparkContext.broadcast(supplementalData)
```

透過 value 方法取得此變數的實際值，。如此在序列化函式中使用此方法無需序列化資料。這可以為你節省大量的序列化和反序列化成本，也因為 Spark 在叢集內使用廣播，讓資料被傳輸得更有效率：

```
// 在 Scala 中
suppBroadcast.value

# 在 Python 中
suppBroadcast.value
```

現在可以使用此值轉換 RDD。下例將根據映射中可能會有的值建立鍵值對。對於缺少的值將以 0 替代：

```
// 在 Scala 中
words.map(word => (word, suppBroadcast.value.getOrElse(word, 0)))
  .sortBy(wordPair => wordPair._2)
  .collect()

# 在 Python 中
words.map(lambda word: (word, suppBroadcast.value.get(word, 0)))\
  .sortBy(lambda wordPair: wordPair[1])\
  .collect()
```

在 Python 中將會回傳以下的值，而在 Scala 中則回傳相似的陣列：

```
[('Big', -300),
 ('The', 0),
...
 ('Definitive', 200),
 ('Spark', 1000)]
```

這與傳遞到閉包的唯一區別在於以更有效率的作法完成了這項工作（當然，這取決於資料量和執行器數量。對於小型叢集上非常少量的資料（幾 KB），可能就不適用）。雖然傳遞此小型 dictionary（Python 中的鍵值對集合的型別名稱）成本可能不是太大，但若有更大量的資料，為每個任務進行序列化資料的成本可能非常高。

需要注意的是，範例中僅在 RDD 的上下文環境中使用廣播變數；但也能在 UDF 或 Dataset 中使用並獲得相同的效益。

累加器

累加器（如圖 14-2 所示）是 Spark 的第二種共享變數，這是一種更新各種轉換操作內部數值的方式，其更新結果將以高效且容錯的方式回傳給驅動端節點。

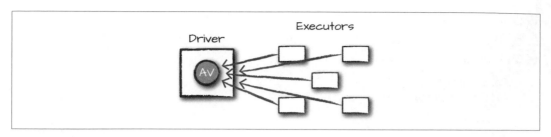

圖 14-2　累加器變數

累加器提供一個可變變數能讓 Spark 叢集安全地逐列更新。可以將它們用於除錯目的（比如追蹤每個分區的某個變數值，以便隨著時間應用它們）建立低階的聚合。累加器意謂著變數僅會透過結合律和累加操作進行「累加」的動作，因此可以有效率地支援平行操作。可以使用它們來實現計數器（如同在 MapReduce 裡）或加總的功能。Spark 原生就支援數值類型別的累加器，程式設計師可以自行增加新型別的支援。

對於僅在行動操作內更新的累加器，Spark 保證每個任務對累加器的更新僅生效一次，意謂著重新啟動的任務不會更新該值。但在轉換操作中，則在小心，若任務或工作階段被重新執行，則各個任務對於值的更新可能生效超過一次。

累加器不會改變 Spark 的惰性求值模式。如果 RDD 操作更新了累加器，只有在 RDD 被實際計算時，值才會被一次性地更新（例如在該 RDD 或依賴於該 RDD 的 RDD 上呼叫行動操作時）。因此在 map() 這類的惰性轉換操作中進行累加器更新時，不能保證累加器更新一定會執行。

可以為累加器命名也可以是忽略的。命名過的累加器將會在 Spark UI 中顯示累加器結果，而未命的則不會特別顯示。

基本範例

以本書稍早前建立的 Flight 資料集為例，執行自訂的聚合任務。此範例中將使用 Dataset 而不是 RDD API，但應用方式非常相似：

```scala
// 在 Scala 中
case class Flight(DEST_COUNTRY_NAME: String,
                  ORIGIN_COUNTRY_NAME: String, count: BigInt)
val flights = spark.read
  .parquet("/data/flight-data/parquet/2010-summary.parquet")
  .as[Flight]
```

```
# 在 Python 中
flights = spark.read\
  .parquet("/data/flight-data/parquet/2010-summary.parquet")
```

現在建立一個累加器來計算往返中國的航班數量。即使可以在 SQL 中以相當簡單的方式完成此需求,但很多事情可能並不那麼直覺。累加器提供一種進行這類計數的程式化方法。以下展示了如何建立一個未命名的累加器:

```
// 在 Scala 中
import org.apache.spark.util.LongAccumulator
val accUnnamed = new LongAccumulator
val acc = spark.sparkContext.register(accUnnamed)

# 在 Python 中
accChina = spark.sparkContext.accumulator(0) 但
```

使用案例更適合使用命名的累加器。有兩種方法可以為累加器命名:分別為較快速的方法和相對常規的方法。最簡單的透過 SparkContext。或是實例化一個累加器並賦予其名稱:

```
// 在 Scala 中
val accChina = new LongAccumulator
val accChina2 = spark.sparkContext.longAccumulator("China")
spark.sparkContext.register(accChina, "China")
```

在函式中以字串指定累加器的名稱,或將其作為註冊器(register)函式的第二個參數。命名過的累加器將顯示在 Spark UI 中,而未命名的累加器則含。

下一步是定義更新累加器的方式。以下為一個相當直覺的函式:

```
// 在 Scala 中
def accChinaFunc(flight_row: Flight) = {
  val destination = flight_row.DEST_COUNTRY_NAME
  val origin = flight_row.ORIGIN_COUNTRY_NAME
  if (destination == "China") {
    accChina.add(flight_row.count.toLong)
  }
  if (origin == "China") {
    accChina.add(flight_row.count.toLong)
  }
}

# 在 Python 中
def accChinaFunc(flight_row):
  destination = flight_row["DEST_COUNTRY_NAME"]
  origin = flight_row["ORIGIN_COUNTRY_NAME"]
```

```
if destination == "China":
  accChina.add(flight_row["count"])
if origin == "China":
  accChina.add(flight_row["count"])
```

接著透過 foreach 函式迭代的航班資料集的每一列。因為 foreach 是一個行動操作，Spark 可以提供內部執行的保證。

foreach 方法將對 DataFrame 中的每一列運行一次（假設沒有進行過濾）並讓每一列運行定義函式以遞增累加器：

```
// 在 Scala 中
flights.foreach(flight_row => accChinaFunc(flight_row))
```

```
# 在 Python 中
flights.foreach(lambda flight_row: accChinaFunc(flight_row))
```

執行過程相當快，但若過程中瀏覽了 Spark UI，可以在每個執行器檢視相關的值，如此可在以程式化方式查詢之前即可得知結果（如圖 14-3 所示）。

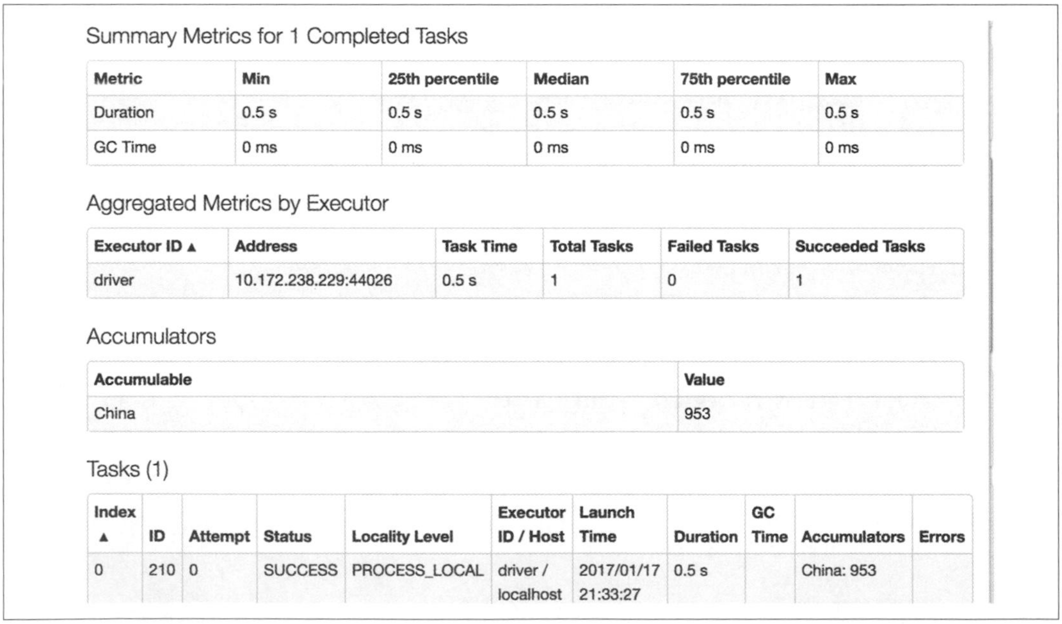

Summary Metrics for 1 Completed Tasks

Metric	Min	25th percentile	Median	75th percentile	Max
Duration	0.5 s	0.5 s	0.5 s	0.5 s	0.5 s
GC Time	0 ms	0 ms	0 ms	0 ms	0 ms

Aggregated Metrics by Executor

Executor ID ▲	Address	Task Time	Total Tasks	Failed Tasks	Succeeded Tasks
driver	10.172.238.229:44026	0.5 s	1	0	1

Accumulators

Accumulable	Value
China	953

Tasks (1)

Index ▲	ID	Attempt	Status	Locality Level	Executor ID / Host	Launch Time	Duration	GC Time	Accumulators	Errors
0	210	0	SUCCESS	PROCESS_LOCAL	driver / localhost	2017/01/17 21:33:27	0.5 s		China: 953	

圖 14-3　執行器 Spark UI

當然，也可以透過程式化的方式進行查詢。為此，透過 value 屬性取得累加值：

```scala
// 在 Scala 中
accChina.value // 953
```

```python
# 在 Python 中
accChina.value # 953
```

自訂累加器

雖然 Spark 提供了一些預設累加器類型，但有時可能希望建立自訂的累加器。為此，需要繼承 AccumulatorV2 類別。這需要實作幾個抽象方法（如下面的範例所示）。例子中僅新增偶數值到累加器。雖然此例子相當簡單，但應該能說明建構自己的累加器有多麼容易：

```scala
// 在 Scala 中
import scala.collection.mutable.ArrayBuffer
import org.apache.spark.util.AccumulatorV2

val arr = ArrayBuffer[BigInt]()

class EvenAccumulator extends AccumulatorV2[BigInt, BigInt] {
  private var num:BigInt = 0
  def reset(): Unit = {
    this.num = 0
  }
  def add(intValue: BigInt): Unit = {
    if (intValue % 2 == 0) {
        this.num += intValue
    }
  }
  def merge(other: AccumulatorV2[BigInt,BigInt]): Unit = {
    this.num += other.value
  }
  def value():BigInt = {
    this.num
  }
  def copy(): AccumulatorV2[BigInt,BigInt] = {
    new EvenAccumulator
  }
  def isZero():Boolean = {
    this.num == 0
  }
}
val acc = new EvenAccumulator
```

```
val newAcc = sc.register(acc, "evenAcc")

// 在 Scala 中
acc.value // 0
flights.foreach(flight_row => acc.add(flight_row.count))
acc.value // 31390
```

若是 Python 的使用者，還可以透過繼承 AccumulatorParam 來自定義累加器（*https://spark.apache.org/docs/1.1.0/api/python/pyspark.accumulators.AccumulatorParam-class.html*），並如同前面的例子般使用自定義累加器。

結論

本章介紹了分散式共享變數。這些工具都有助於優化或除錯工作。第十五章將說明如何在叢集上運行 Spark，讓你進一步地瞭解如何運用此分散式處理引擎。

## 第四篇

生產級應用程式

如何在叢集上運行 Spark

到目前為止，本書皆專注於 Spark 程式撰寫上的特性，先前已介紹結構化 API 如何將邏輯操作轉換為邏輯計畫，再將其轉換為 Resilient Distributed Dataset（RDD）操作組成的實體計畫。本章將著重在介紹 Spark 執行程式碼時會發生什麼事，與使用的叢集管理員或執行的程式碼內容無關，所有 Spark 程式碼都是以此方式運作。

本章涵蓋幾個重要主題：

- Spark 應用程式的架構與元件
- Spark 應用程式內部與外部生命週期
- 重要的低階執行特性，如管線化
- 執行 Spark 應用程式的必須條件

首先由架構開始說明。

Spark 應用程式架構

在第二章中，討論了部分 Spark 應用程式的高階元件，此處將再複習一次：

Spark 驅動器

驅動器是「掌控」Spark 應用程式的程序，是執行 Spark 應用程式的控制器，維護 Spark 叢集所有狀態（執行器的狀態與任務），。它必須與集群管理器連接才能獲取實體資源並啟動執行器，驅動器只是在電腦上的一個程序，負責維護在群集上運行的應用程序的狀態。

Spark 執行器

Spark 執行器的核心任務是取得 Spark 驅動器分配的任務，執行並回報狀態（成功或失敗）與結果，每個 Spark 應用程式皆有獨立的執行器程序。

叢集管理員

Spark 驅動器與執行器不會憑空出現，需要靠叢集管理員協助，叢集管理員負責維護執行 Spark 應用程式的機器叢集，容易混淆的一點，叢集管理員也有自己的「驅動器」（又稱 master）及「執行器」抽象層，主要的差異為綁定實體機器而非程序（如 Spark），圖 15-1 顯示基本的叢集設定，圖中左邊的機器是 *Cluster Manager Driver Node*，圓圈代表管理每個工作節點的 daemon 程序，此時還沒有 Spark 應用程式運行，只有叢集管理員上的程序。

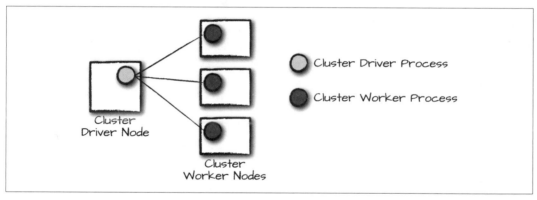

圖 15-1　叢集驅動器與執行器（還未有 Spark 應用程式）

當開始執行 Spark 應用程式時，會向叢集管理器請求資源來執行，根據應用程式的設定方式指定執行 Spark 驅動器的實體位置，或者可能只是要求執行器的資源。在 Spark 應用程式執行的過程中，叢集管理員會負責維護應用程式運行的底層機器。

Spark 目前支援三種叢集管理員：簡易內建獨立叢集管理員、Apache Mesos 以及 Hadoop YARN，目前還在持續增加，使用前記得確認相關的叢集管理員文件。

到目前為止已介紹應用程式的基本元件，接著介紹執行應用程式所面臨的第一個抉擇：選擇執行模式。

執行模式

執行模式決定執行應用程式時的實體位置，有三種模式可選擇：

- 叢集模式
- 客戶端模式
- 本機模式

會以圖 15-1 為樣版逐一說明，後續範例圖表中實線長方形代表 Spark 驅動器程序，虛線長方形代表執行器程序。

叢集模式

叢集模式可能是 Spark 應用程式最常見的執行方式，在叢集模式中，使用者提交編譯好的 JAR、Python script 或 R script 到叢集管理員，接著啟動叢集中工作節點上的驅動器程序與執行器程序，即叢集管理員會負責維護所有與 Spark 應用程式相關的程序。圖 15-2 顯示叢集管理員將驅動器放置在一個工作節點，再將執行器放置到其他工作節點。

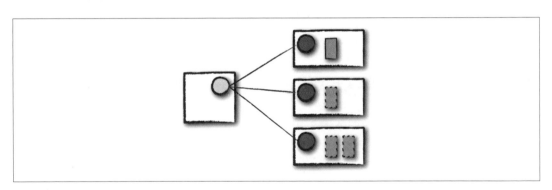

圖 15-2　Spark 的叢集模式

客戶端模式

客戶端模式幾乎和叢集模式一樣，除了 Spark 驅動器在提交應用程式的客戶端機器上，代表由客戶端機器負責維護 Spark 驅動器程序，叢集管理員維護執行器程序。在圖 15-3 中，由非同一叢集的機器執行 Spark 應用程式，這些機器常被認為是閘道器機器或邊緣節點，在圖 15-3 中可看見驅動器在叢集以外的機器執行，但工作程序仍在叢集中。

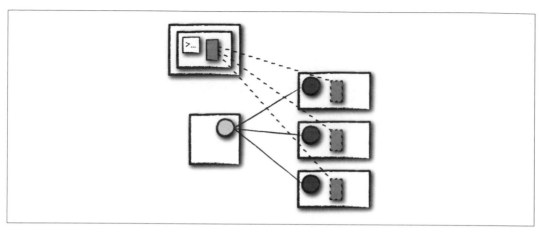

圖 15-3　Spark 的客戶端模式

本機模式

本機模式與前兩種模式截然不同：只在單一機器運行整個 Spark 應用程式。透過單一機器上的執行緒達到平行化，是學習 Spark、測試應用程式或本機開發常見的方式，但不推薦用來運行正式應用程式。

Spark 應用程式生命週期（Spark 外部）

本章至目前為止已涵蓋討論 Spark 應用程式所需的專業用語，接著將探討整個 Spark 應用程式的生命週期，以一個 spark-submit（已在第三章介紹）的應用程式為範例，假設叢集已執行四個節點，一個驅動器（指叢集管理員驅動器而非 Spark 驅動器）及三個工作節點，實際的叢集管理員在此時還不顯得重要，本節會使用前述名詞一步步介紹 Spark 應用程式從初始化到程式結束的生命週期。

本節將以前面介紹過的符號來描述，此外，再加入代表網路溝通的線條，深色箭頭代表 Spark 或 Spark 相關程序的溝通，虛線代表一般溝通（例如叢集管理員溝通）。

客戶端請求

首先提交一個實際的應用程式，一個編譯好的 JAR 檔或函式庫，此時，程式碼在本地機器執行並向叢集管理員驅動器節點提出請求（圖 15-4），此處只明確地向 *Spark 驅動器程序*請求資源，假設叢集管理員接受請求並將驅動器放置到叢集節點中，先前提交的客戶端程序會結束，應用程式關閉後改成在叢集上執行。

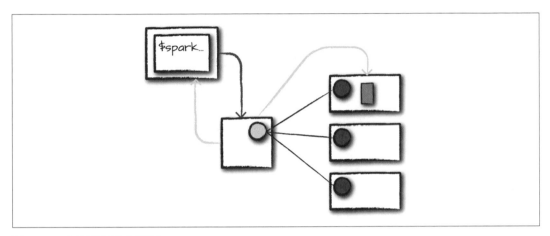

圖 15-4 　向驅動器請求資源

可在終端機執行以下指令完成上述步驟：

```
./bin/spark-submit \
  --class <main-class> \
  --master <master-url> \
  --deploy-mode cluster \
  --conf <key>=<value> \
  ... # other options
  <application-jar> \
  [application-arguments]
```

啟動

現在驅動器程序已放置到叢集中開始執行使用者程式碼（圖 15-5），程式碼必須包含 SparkSession 以初始化 Spark 叢集（例如驅動器 + 執行器），SparkSession 接著會與叢集管理員溝通（較深線條），要求在叢集啟動 Spark 執行器程序（較淺線條），使用者透過原先 spark-submit 命令列參數可設定執行器數量及相關設定。

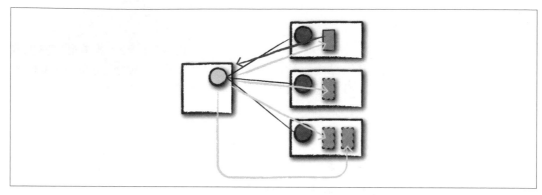

圖 15-5　啟動 Spark 應用程式

叢集管理員啟動執行器程序做出回應（假設運行正常），並發送包含執行器位置的相關資訊給驅動器程序，待一切都正確連結後就建立了「Spark 叢集」。

執行

有了「Spark 叢集」之後，Spark 接著會開始執行程式碼，如圖 15-6 中所示，驅動器與工作結點會互相溝通、執行程式碼及移動資料，驅動器負責排定任務至各工作節點，各節點則回報任務執行的成功或失敗狀態（此處僅簡短描述細節）。

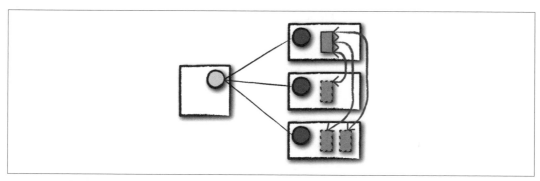

圖 15-6　應用程式執行

完成

Spark 應用程式完成後，驅動器程序會回報成功或失敗狀態並關閉（圖 15-7），叢集管理員會關閉驅動器在 Spark 叢集上的執行器，此時，可從叢集管理員取得 Spark 應用程式執行成功或失敗的資訊。

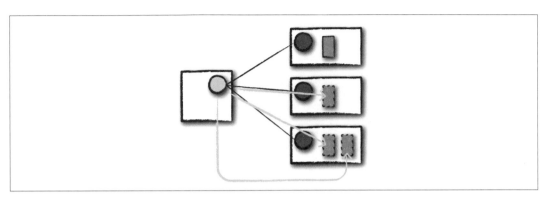

圖 15-7　應用程式關閉

Spark 應用程式生命週期（Spark 內部）

前面介紹完 Spark 應用程式生命週期（基本上是支援 Spark 的架構），接著介紹應用程式執行後 Spark 內部所發生的事，亦即「使用者程式碼」（使用者真正撰寫定義 Spark 應用程式的程式碼），每個應用程式會產生一個或多個 *Spark* 工作，應用程式中的 Spark 工作會依序被執行（除非使用執行緒啟動多個平行的行動）。

The SparkSession

任何 Spark 應用程式都需要先建立 SparkSession，在互動模式中已自動建立完成，但在其他應用程式中必須手動建立。

某些舊程式碼可能仍使用 `new SparkContext` 方式，應該改為 SparkSession 的 builder 方法，此方法可實體化 Spark 及 SQL Contexts 並確保沒有 context 衝突，使用多個函式在同樣的 Spark 應用程式中建立 session：

```
// Creating a SparkSession in Scala
import org.apache.spark.sql.SparkSession
val spark = SparkSession.builder().appName("Databricks Spark Example")
  .config("spark.sql.warehouse.dir", "/user/hive/warehouse")
  .getOrCreate()

# Creating a SparkSession in Python
from pyspark.sql import SparkSession
spark = SparkSession.builder.master("local").appName("Word Count")\
    .config("spark.some.config.option", "some-value")\
    .getOrCreate()
```

有了 SparkSession 後就可以執行 Spark 程式碼，由 SparkSession 可操作所有低階及舊有的 context 與設定，SparkSession 類別是在 Spark 2.X 才加入，舊有程式碼是直接建立 SparkContext 並使用 SQLContext 操作結構化 API。

The SparkContext

SparkSession 中的 SparkContext 物件代表與 Spark 叢集的連結，此類別可與某些低階 API 溝通，如 RDD，在舊版範例及文件中一般儲存為 sc 變數，透過 SparkContext 可以建立 RDD、累加器及廣播變數，使程式碼可在叢集上執行。

大多數狀況下，不需要明確初始化 SparkContext；只需要透過 SparkSession 存取，如果一定要使用，應該以常見方法 getOrCreate 建立：

```
// 在 Scala 中
import org.apache.spark.SparkContext
val sc = SparkContext.getOrCreate()
```

The SparkSession, SQLContext, and HiveContext

在先前的 Spark 版本，SQLContext 與 HiveContext 提供了操作 DataFrame 與 SparkSQL 的方式，一般在範例、文件及舊有程式碼中儲存為 sqlContext 變數，舊版本 Spark 1.X 版提供了 SparkContext 與 SQLContext 兩種 context，前者著重於對 Spark 中心抽象層較細部的控制，後者專注於 Spark SQL 等高階工具；在 Spark 2.X 版本中，社群將兩個 API 合併成現有的 SparkSSession，然而，這兩個 API 仍然存在且可過 SparkSession 進入，但目前已不再需要使用 SQLContext，大多時候也不需使用 SparkContext。

初始化 SparkSession 後，是時候執行一些程式碼了，如前面章節介紹，所有 Spark 程式碼會編譯成為 RDD，下一節會使用邏輯指示（DataFrame 工作）一步步介紹隨時間變化所發生的事。

邏輯指示

如本書一開始介紹，Spark 程式碼主要由轉換操作與行動操作組成，如何建立取決於使用者─可透過 SQL、低階 RDD 操作或機器學習演算法，為了理解 Spark 如何在叢集執行，了解如何宣告命令如 DataFrame，以及如何轉為實體執行是很重要的環節，此節需確保在乾淨環境執行（如新的 Spark shell），以更好確認工作、階段及任務數量。

邏輯指示到實體執行

雖然第二篇已介紹，但本節會再次介紹 Spark 如何將程式碼轉為實際在叢集上運行的指令，此處會以更多程式碼逐行介紹底層發生的事以幫助理解 Spark 應用程式，後續章節會討論監控，透過 Spark UI 追蹤 Spark 工作的更多細節，當前範例中只會簡單介紹，進行三步驟工作：使用簡單 DataFrame、以 value-by-value 操作重新分區，接著聚合某些值並收集最後結果。

 程式碼以 Spark 2.2 及 Python 撰寫執行（用 Scala 會得到相同結果），工作數不太可能大幅度減少，但更改實體執行策略還是對 Spark 底層優化有所幫助。

```python
# 在 Python 中
df1 = spark.range(2, 10000000, 2)
df2 = spark.range(2, 10000000, 4)
step1 = df1.repartition(5)
step12 = df2.repartition(6)
step2 = step1.selectExpr("id * 5 as id")
step3 = step2.join(step12, ["id"])
step4 = step3.selectExpr("sum(id)")

step4.collect() # 2500000000000
```

執行上述程式碼後，可以看到行動操作觸發了一個完整的 Spark 工作，查看執行計畫可以對實體執行計畫的有更多理解，可以從 Spark UI 的 SQL 分頁取得這些資訊（在真正執行查詢後）：

```
step4.explain()

== Physical Plan ==
*HashAggregate(keys=[], functions=[sum(id#15L)])
+- Exchange SinglePartition
   +- *HashAggregate(keys=[], functions=[partial_sum(id#15L)])
      +- *Project [id#15L]
         +- *SortMergeJoin [id#15L], [id#10L], Inner
            :- *Sort [id#15L ASC NULLS FIRST], false, 0
            :  +- Exchange hashpartitioning(id#15L, 200)
            :     +- *Project [(id#7L * 5) AS id#15L]
            :        +- Exchange RoundRobinPartitioning(5)
            :           +- *Range (2, 10000000, step=2, splits=8)
            +- *Sort [id#10L ASC NULLS FIRST], false, 0
               +- Exchange hashpartitioning(id#10L, 200)
                  +- Exchange RoundRobinPartitioning(6)
                     +- *Range (2, 10000000, step=4, splits=8)
```

在呼叫 collect（或其他行動操作）後，由階段及任務個別組成的 Spark 工作會開始執行，如果是在本機機器下執行可打開 localhost:4040 查看 Spark UI，在「工作」分頁查看階段與任務的進一步細節。

Spark 工作

一般來說，一個行動操作對應一個 Spark 工作，行動操作總是會返回結果，每個工作又可拆分為一系列**階段**，階段數則取決於有多少洗牌操作發生。

前述工作可拆分為下列階段與任務：

- 含 8 個任務的階段 1

- 含 8 個任務的階段 2

- 含 6 個任務的階段 3

- 含 5 個任務的階段 4

- 含 200 個任務的階段 5

- 含 1 個任務的階段 6

這些數量可能讓人感到困惑，後續會花一些時間解釋過程中發生了什麼事。

階段

Spark 的階段代表可的一群任務。一般來說，Spark 會盡可能在同一階段包含越多工作（例如盡可能在工作中包含越多的轉換操作），但在發生**洗牌**操作後引擎會啟動一個新的階段，洗牌代表資料實體重新分區，例如，讀取檔案後以鍵值排序 DataFrame 或分組資料（需要發送包含相同鍵值的資料到同一個節點），此類型分區需要跨執行器移動資料。

在先前的工作中，前兩個階段與建立 DataFrame 的**範圍**相關，預設以範圍建立的 DataFrame 會有 8 個分區，接著是重新分區，資料洗牌會改變分區數量，DataFrame 分別被洗牌成 6 個分區及 5 個分區，對應到階段 3 及階段 4 的任務數量。

階段 3 與階段 4 執行了這些 DataFrame，並在此階段結束後發生關聯（洗牌），因為 Spark SQL 設定，任務突然間變成了 200 個，spark.sql.shuffle.partitions 預設值是 200，代表在執行中發生洗牌時，預設會輸出 200 個洗牌分區，修改此設定可改變輸出分區數量。

 分區數量是很重要的參數，第十九章中會涵蓋更多細節，此數值應該根據叢集中的核心數設定，以確保能有效率的執行，以下是設定方法：

```
spark.conf.set("spark.sql.shuffle.partitions", 50)
```

一個好的經驗法則是分區數量應大於叢集中執行器數量，與工作量中許多因素有關，如果是在本機執行程式碼，因為本機可能沒有能平行執行該數量的執行器，所以會將此值設定較低；如果有更多可用的執行器核心，則可將叢集設定設為大於預設值。不論分區數量高低，整個階段都是平行計算的，傳送最後結果至驅動器前，會先聚集個別分區結果至同一分區，此部分設定在本書先前已介紹許多次。

任務

Spark 階段由**任務**組成，每個任務與在單一執行器執行的資料區塊與轉換操作有關，如果資料只分佈在一個大分區，則只會有一個任務；如果有 1000 個小分區，則會有 1000 個可平行執行的任務。相對於分區是資料單元，任務只是運行資料（分區）的計算單位，將資料分區調整成較大的分區數代表有更多的資料可以被平行執行，雖然不是萬靈丹，但是開始優化的一個簡單方法。

執行細節

Spark 的任務與階段有許多值得複習的重要特性。首先，Spark 會自動將可以一起運作的階段與任務管線化，例如一個 map 操作後接著另一個 map 操作；第二，為了對應所有洗牌操作，Spark 可以將資料寫入至穩定的儲存（如硬碟）以在多個工作中重複利用，此觀念在開始透過 SparkUI 監控應用程式後會再討論。

管線化

使 Spark 成為「記憶體計算工具」很重要的一點是，不像先前工具（如 MapReduce），Spark 在寫入資料至記憶體或硬碟前會盡可能的同時運行越多步驟。優化 Spark 運行的關鍵一點是管線化，這是在 RDD 階層之下發生的，有了管線化，任何直接互相分享資料且不需要在節點間傳輸的操作任務，都可以摺疊成單一階段，例如，如果撰寫一個基於 RDD 的程式來做 map，再做 filter，最後再做另一個 map，將產生單一階段，其中的任務會立刻讀取輸入資料，首先傳遞至 map，透過 filter 傳遞，再透過最後的 map 傳遞，這種管線化的計算會比每個步驟都寫入中繼資料至記憶體或硬碟要快，DataFrame 或 SQL 計算在運作 select、filter 及 select 時也是使用一樣的管線。

由實作觀點來看，管線化可使應用程式撰寫更加清晰，雖然 Spark 執行時會自動進行管線化，但如果曾透過 Spark UI 或日誌檔案監控應用程式，將會看到許多 RDD 或 DataFrame 操作被管線化成單一階段。

洗牌持久化

另一個常見特點是洗牌持久化。當 Spark 需要執行跨節點的資料交換操作，例如 reduce-by-key 操作（輸入資料需要依鍵值從各節點中聚集），底層引擎無法再進行管線化，改進行跨網路洗牌操作，在執行階段，Spark 會先將「來源」任務（發送至 Spark 的資料）在本機磁碟寫成洗牌檔案，分組及聚合階段，接著啟動與執行從各洗牌檔案收集來的資料任務進行計算（例如獲取與處理特定鍵值範圍的資料），將洗牌檔案寫入本機磁碟使得 Spark 較來源階段晚執行此階段（如果沒有足夠執行器同時執行兩者），也讓底層引擎可以在任務失敗後不用重新執行全部任務，只需要重新啟動 reduce 任務。

洗牌持久化有個副作用，在執行涵蓋已洗牌資料的新工作時，不會返回洗牌的「來源」資料，因為洗牌檔案已經寫入磁碟，Spark 會用來執行後續工作階段而不需要將前面流程重作一次，預先洗牌階段在 Spark UI 與日誌中標示為「skipped」，此自動優化方式可減少執行同樣資料工作的耗時，也可以使用 DataFrame 或 RDDcache 方法自行快取，明確控制需要快取的資料，以達到更好的工作效能，在執行 Spark 聚合行動操作後可在 Spark UI 查看相關運作行為。

結論

本章討論了叢集中執行 Spark 應用程式所發生的事，執行程式碼後叢集如何運行，以及在程序執行期間 Spark 應用程式中做了哪些工作，相信讀者可以清楚了解 Spark 應用程式內部與外部的運作方式，將來可成為除錯應用程式的進入點，第十六章將探討撰寫 Spark 應用程式所必須考慮的。

開發 Spark 應用程式

在第十五章學到了 Spark 如何在叢集上運行程式碼，本章將介紹開發獨立 Spark 應用程式並部署到叢集有多麼容易，使用簡單的樣版來分享如何結構化應用程式，包括設定建構工具及單元測試，樣版於本書的程式碼儲存庫（*https://github.com/databricks/Spark-The-Definitive-Guide*）附上，由於從頭撰寫應用程式並不困難，此樣版並非必要，接著開始第一個應用程式。

撰寫 Spark 應用程式

Spark 應用程式由兩件事組合：Spark 叢集及程式碼。在範例中，叢集為木機模式且應用程式將會預先定義，以各種語言開始介紹應用程式。

基於 scala 的簡易 App

Scala 是 Spark 的「原生」程式語言，自然是撰寫應用程式的最佳方式，除此之外並無其他區別。

 Scala 對某些背景的人可能看起來令人害怕，但就算只為了能多理解 Spark 一點也值得去學習。此外，可不需學習該語言的所有來龍去脈；從基礎開始，你會發現使用 Scala 很容易立即變得有生產力，使用 Scala 也開啟了許多可能性，經過一些練習之後，對 Spark 程式碼庫進行程式碼追蹤亦不困難。

可 以 使 用 sbt 或 Apache Maven 建 構 應 用 程 式，這 是 兩 個 以 Java Virtual Machine（JVM）為基礎的建構工具，如同其他建構工具，分別都有自己特別之處，但由 sbt 開始可能較簡單，可以在 sbt 網站（*http://www.scala-sbt.org/index.html*）下載、安裝並學習 sbt，也可以在 Maven 網站（*https://maven.apache.org/*）安裝 Maven。

為了設定以 sbt 建構的 Scala 應用程式，需指定 *build.sbt* 檔案以管理套件資訊，在 *build. sbt* 中有幾個關鍵處需引入：

- 專案元數據（套件名稱、套件版本資訊等）

- 解決相依性位置

- 函式庫所需相依性

還有更多可指定的選項，然而已在本書討論範圍之外（可以在網站及 sbt 文件中找到相關資訊），另外也有一些包含其他重點的此類主題書籍（*http://shop.oreilly.com/ product/9781783282678.do*）可參考，*build.sbt* 檔案可能看起來如以下範例（範例樣版在 *https://github.com/databricks/Spark-The-Definitive-Guide/blob/master/ project-templates/scala/ build.sbt*），注意必須指定 Scala 及 Spark 版本。

```
name := "example"
organization := "com.databricks"
version := "0.1-SNAPSHOT"
scalaVersion := "2.11.8"

// Spark Information
val sparkVersion = "2.2.0"

// allows us to include spark packages
resolvers += "bintray-spark-packages" at
  "https://dl.bintray.com/spark-packages/maven/"

resolvers += "Typesafe Simple Repository" at
  "http://repo.typesafe.com/typesafe/simple/maven-releases/"

resolvers += "MavenRepository" at
  "https://mvnrepository.com/"

libraryDependencies ++= Seq(
  // spark core
  "org.apache.spark" %% "spark-core" % sparkVersion,
  "org.apache.spark" %% "spark-sql" % sparkVersion,
// the rest of the file is omitted for brevity
)
```

定義完成建構檔案，可以開始新增程式碼到專案中，此處將使用標準 Scala 專案結構，
可以在 sbt 參考手冊中找到（*http://www.scala-sbt.org/0.13/docs/Directories.html*）（資料夾
結構與 Maven 專案相同）：

```
src/
  main/
    resources/
      <files to include in main jar here>
    scala/
      <main Scala sources>
    java/
      <main Java sources>
  test/
    resources
      <files to include in test jar here>
    scala/
      <test Scala sources>
    java/
      <test Java sources>
```

將原始碼放進 Scala 與 Java 資料夾中，在此案例中，將下列程式碼放進檔案；可以初始
化 SparkSession、執行應用程式以及結束：

```scala
object DataFrameExample extends Serializable {
  def main(args: Array[String]) = {

    val pathToDataFolder = args(0)

    // start up the SparkSession
    // along with explicitly setting a given config
    val spark = SparkSession.builder().appName("Spark Example")
      .config("spark.sql.warehouse.dir", "/user/hive/warehouse")
      .getOrCreate()

    // udf registration
    spark.udf.register("myUDF", someUDF(_:String):String)
    val df = spark.read.json(pathToDataFolder + "data.json")
    val manipulated = df.groupBy(expr("myUDF(group)")).sum().collect()
      .foreach(x => println(x))

  }
}
```

注意如何定義透過 spark-submit 提交給叢集交執行的 main 類別。

現在專案已經設定好並且加入了一些程式碼，可以使用 sbt assemble 建構「uber-jar」，以及包含所有相依庫到單一 JAR 檔的「fat-jar」，此方法雖然在某些部署上很簡單，但有可能造成複雜化（特別是相依性衝突），一個輕量的方式是執行 sbt package，將會收集所有相依性檔案到 target 資料夾，但不會打包所有檔案成一個大 JAR 檔。

執行應用程式

可以在 spark-submit 使用含 JAR 檔的 target 資料夾為參數，在建構 Scala 套件後（*https://github.com/databricks/Spark-The-Definitive-Guide/tree/master/project-templates/scala*），可得到以下程式碼在本機 spark-submit 的內容（此片段利用宣告 $SPARK_HOME 變數來建立路徑，也可用實際 Spark 目錄位置來替換掉 $SPARK_HOME）：

```
$SPARK_HOME/bin/spark-submit \
    --class com.databricks.example.DataFrameExample \
    --master local \
    target/scala-2.11/example_2.11-0.1-SNAPSHOT.jar "hello"
```

撰寫 Python 應用程式

撰寫 PySpark 應用程式和撰寫一般 Python 應用程式或套件並無差別，與撰寫命令列應用程式特別類似，在此 Spark 沒有建構的概念，只有 Python 腳本，只需在叢集上執行腳本就可以執行應用程式。

為了方便程式碼重新使用，將多個 Python 檔案打包成 Spark 程式碼的 egg 或 ZIP 檔案是很常見的，為了引用這些檔案，可以使用 spark-submit 的 --py-files 引數增加 *.py*、*.zip* 或 *.egg* 檔案來與應用程式一同提交。

現在是時候執行程式碼了，以 Python 建立等同於「Scala/Java main 類別」的程式碼，將腳本指定為可執行以建構 SparkSession，以下是當作主引數傳遞給 spark-submit 的腳本內容：

```
# 在 Python 中
from __future__ import print_function
if __name__ == '__main__':
    from pyspark.sql import SparkSession
    spark = SparkSession.builder \
        .master("local") \
        .appName("Word Count") \
```

```
        .config("spark.some.config.option", "some-value") \
        .getOrCreate()

    print(spark.range(5000).where("id > 500").selectExpr("sum(id)").collect())
```

提交後取得能在應用程式中傳遞的 SparkSession，在執行期傳遞此變數比在每個 Python 類別都實體化此變數要來的好。

Python 開發時可以使用 pip（*https://pypi.python.org/pypi/pip*）指定 PySpark 為相依庫，可以執行 pip install pyspark 命令，像使用其他 Python 套件一樣，此方式有助於編輯器中的程式碼完成，這是 Spark2.2 才新增的，可能需要經歷一個或兩個版本才會完全可用於正式環境，但 Python 在 Spark 社群是非常受歡迎的，已確定未來會成為 Spark 的根基。

執行應用程式

在撰寫完成程式碼之後，是時候提交並執行了（此處執行的程式碼與專案樣版中相同（*https://github.com/databricks/Spark-The-Definitive-Guide/tree/master/project-templates/python/pyspark_template*）），只需要以下列方式呼叫 spark-submit：

```
    $SPARK_HOME/bin/spark-submit --master local pyspark_template/main.py
```

撰寫 Java 應用程式

撰寫 Java Spark 應用程式與撰寫 Scala 應用程式大致相同，主要的不同是如何指定相依性。

此範例假設使用 Maven 指定相依性，在此案例中使用下列格式。在 Maven 中必須新增 Spark 套件儲存庫，才可以從該位置中取得相依庫。

```xml
    <dependencies>
      <dependency>
        <groupId>org.apache.spark</groupId>
        <artifactId>spark-core_2.11</artifactId>
        <version>2.1.0</version>
      </dependency>
      <dependency>
        <groupId>org.apache.spark</groupId>
        <artifactId>spark-sql_2.11</artifactId>
        <version>2.1.0</version>
      </dependency>
```

```
    <dependency>
        <groupId>graphframes</groupId>
        <artifactId>graphframes</artifactId>
        <version>0.4.0-spark2.1-s_2.11</version>
    </dependency>
</dependencies>
<repositories>
    <!-- list of other repositories -->
    <repository>
        <id>SparkPackagesRepo</id>
        <url>http://dl.bintray.com/spark-packages/maven</url>
    </repository>
</repositories>
```

只需自然地遵循與 Scala 專案版本相同的目錄結構（兩者都視為符合 Maven 規範），接著將使用 Java 範例建構及執行程式碼，現在可以建立指定 main 類別以執行的簡單範例（更多的細節會在本章最後敘述）：

```
import org.apache.spark.sql.SparkSession;
public class SimpleExample {
    public static void main(String[] args) {
        SparkSession spark = SparkSession
                .builder()
                .getOrCreate();
        spark.range(1, 2000).count();
    }
}
```

接著使用 mvn package 打包成套件（需要事先安裝好 Maven）。

執行應用程式

此操作將與執行 Scala 應用程式完全相同（或 Python 應用程式），只需使用 spark-submit：

```
$SPARK_HOME/bin/spark-submit \
  --class com.databricks.example.SimpleExample \
  --master local \
  target/spark-example-0.1-SNAPSHOT.jar "hello"
```

測試 Spark 應用程式

現在已了解如何撰寫及執行 Spark 應用程式，接著談論一個較不令人興奮但是仍非常重要的主題：測試。Spark 應用程式測試依賴幾個重要主旨與策略，撰寫應用程式時應該記住。

策略性原則

資料管線及 Spark 應用程式測試與撰寫一樣重要，因為需要確保輸入資料，邏輯和輸出，都能夠符合未來的業務變化。我們將討論**什麼**是你在典型的 Spark 應用程式中會想測試的，再討論為了輕鬆測試要**如何**組織程式碼。

彈性資料輸入

對不同的輸入資料保持彈性是撰寫資料管線的基礎，資料會隨著商業需求而改變，因此 Spark 應用程式及管線應該對輸入資料的改變保持彈性，或確保故障將以優雅且彈性的方式被處理，代表應該聰明地撰寫測試來處理不同輸入資料的極端案例，確保在發生真正重要的事時才警報。

商業邏輯彈性與發展

管線中的商業邏輯可能如同輸入資料一樣會發生改變，更重要的是，希望能確保從原始資料中推斷出的結果與預期一致，這代表需要以真實資料進行很健全的邏輯測試，真正確保能排除非預期結果，但有一件令人擔憂的事是試著撰寫一大堆「Spark 單元測試」只能測試 Spark 的功能，這並非你所想要的；取而代之，想要的是測試商業邏輯並確保建立的複雜商業管線能真正進行所預期的結果。

輸出與原子性的彈性

假設準備結束輸入資料的結構確認，商業邏輯也已經良好測試過，現在想確認輸出結構是否如預期，這代表需要優雅地處理輸出綱要解析，只把資料傾倒在某處，從此便不再查看是很少見的，Spark 管線更可能會輸出至其他管線，確保下游消費者了解資料「狀態」─這代表資料更新頻率以及資料是否「完成」（例如沒有延遲資料），或者資料不會在最後一刻才發生變更。

前面所提的問題是在建構管線時所需考慮的要點（不論你是否是使用 Spark），此策略性思考在制定系統基礎時很重要。

策略性重點

雖然策略性思考是很重要的，但還是多討論一些可以使應用程式更容易測試的實際應用情節，其中最重要的是以合適的單元測試來驗證商業邏輯是正確的，以及確保對輸入資料的改變保持彈性，或是已經將其結構化，未來綱要發生改變也不會變得難以控制。如何進行這些決定會落在開發者身上，因為商業領域及專業領域的不同都會發生變化。

管理 SparkSession

單元測試框架如 JUnit 或 ScalaTest 測試 Spark 程式碼是相對容易的，因為在 Spark 的本機模式中，只會建立本機模式的 SparkSession 執行測試，然而，為了使其運作良好，在管理程式碼 SparkSession 時，應該盡可能地使用相依性注入，只初始化 SparkSession 一次，並且於執行期間在相關函式及類別中傳遞，使其在測試期間容易被替換，因此在單元測試中以假 SparkSession 測試個別函式變得容易。

該使用什麼 Spark API？

Spark 提供了幾個 API 選擇，從 SQL 到 DataFrame 及 Dataset，在應用程式的可維護性和可測試性有不同影響，正確的 API 取決於團隊和需求：某些團隊及專案需要較不嚴格的 SQL 及 DataFrame API 以符合開發速度，其他則可能使用型別安全的 Dataset 及 RDD。

一般來說，建議不論使用什麼 API，對每個輸入輸出函式型別進行文件化與測試，型別安全 API 會自動強迫函式作用範圍最小化，讓其他程式碼也能方便建構，如果你的團隊偏好使用 DataFrame 或 SQL，如同任何動態語言一樣，可花一些時間文件化**以及測試**函式回傳值及輸入值型態，以避免後續產生未預期結果，低階 RDD API 是靜態型別的，建議只在需要使用低階特色如 Dataset 所缺乏的分區時使用，不應該經常使用；Dataset API 允許更多的效能優化，未來也可能提供更多特色。

另一個考量是應用程式該使用什麼程式語言：對各團隊來說這沒有正確答案，取決於個人的需求，每個語言都能提供不同的優點，一般推薦在大型應用程式或需以低階程式碼完全掌控效能時，使用靜態型別的語言如 Scala 及 Java，但 Python 及 R 則可能在別的案例更適合，例如需要使用其他外部函式庫時。每種語言中的 Spark 程式碼應該在標準單元測試框架中能容易測試。

連接單元測試框架

為了單元測試，建議使用所選擇語言的標準框架（例如 JUnit 或 ScalaTest），設定測試框架在每個測試中建立及清除 SparkSession，不同的框架提供了不同機制，例如「之前」及「之後」方法，本章將提供一些單元測試程式碼的應用程式樣版。

連接資料源

應該盡可能的確保單元測試不會連接正式環境資料源，開發者才可以在即使資料源改變也不受影響的隔離環境執行，一個簡單的方法是將所有商業邏輯功能使用 DataFrame 或 Dataset 作為輸入源，以取代多樣性的輸入源；畢竟程式碼在不同的資料源將會以一樣的方式運行，如果使用 Spark 的結構化 API，另一個方法是採用具名資料表：註冊一些假 dataset（例如從小文字檔案中或記憶體物件中讀取）為不同資料表並使用。

開發流程

Spark 應用程式的開發流程與一般開發流程類似，首先，可能會有暫存空間，例如互動式筆記等，接著建構關鍵元件及演算法，並移至更固定的位置如函式庫或套件中，因為測試簡單，極力推薦使用筆記本來做測試（本書以此進行撰寫），也有一些其他工具如 Databricks，可以讓你在筆記上執行如同正式環境般的應用程式，

在本機執行時，spark-shell 以及其多種特定程式語言的實作可能是應用程式開發的最佳方法，大多數情況來說，shell 適用互動式應用程式，spark-submit 適用 Spark 叢集的正式應用程式，可以使用 shell 互動式地執行 Spark，如同本書一開始介紹的，這也是執行 PySpark、Spark SQL 及 SparkR 的模式，在下載的 Spark bin 資料夾中你會發現多種執行 shell 的方式，簡單地執行 spark-shell（使用 Scala 語言）、spark-sql、pyspark 以及 sparkR。

在完成應用程式且建立可執行套件或腳本後，spark-submit 成為提交工作到叢集的最佳夥伴。

執行應用程式

最常見執行 Spark 應用程式的方式是透過 spark-submit，在本章前面介紹了如何執行 spark-submit；只需指定設定選項、應用程式 JAR 檔或腳本以及相關參數：

```
./bin/spark-submit \
  --class <main-class> \
  --master <master-url> \
  --deploy-mode <deploy-mode> \
  --conf <key>=<value> \
  ... # other options
  <application-jar-or-script> \
  [application-arguments]
```

在 spark-submit 提交 Spark 工作時指定在客戶端或叢集模式執行，建議盡量使用叢集模式（或在叢集上的客戶模式），以減少執行器與驅動器間的延遲。

在提交應用程式時，可傳遞 *.py* 檔案於 *.jar* 位置，並新增 **Python.zip**、**.egg** 或 **.py** 至 --py-files 搜尋路徑。

做為參考，表 16-1 列出了所有 spark-submit 可用的選項，包括只在部分叢集管理器的設定，執行 spark-submit --help 可列出所有設定選項。

表 16-1　Spark submit 協助文字

參數	敘述
--master MASTER_URL	spark://host:port、mesos://host:port、yarn 或本機。
--deploy-mode DEPLOY_MODE	在本機啟動驅動器程式（「客戶端模式」）或在叢集上其中一個工作節點（「叢集模式」）（預設：客戶端模式）。
--class CLASS_NAME	應用程式主類別（Java/Scala 應用程式）。
--name NAME	應用程式名稱。
--jars JARS	包含驅動器與執行器類別路徑，以逗號分隔的本機 JAR 檔列表。
--package	包含驅動器與執行器類別路徑，以逗號分隔的 Maven 座標 JAR 檔列表，將搜尋 Maven 本機儲存庫，接著是 Maven 中央儲存庫，以及任何以 --repositories 引入的遠端儲存庫，座標的格式應為 groupId:artifactId:version
--exclude-package	包含在驅動器與執行器類別路徑，以逗號分隔的 groupId:artifactId 列表，排除 --packages 提供的相依性檔案，以避免相依性衝突。
--repositories	以 --packages 搜尋 Maven 座標，以逗號分隔的額外遠端儲存庫列表。
--py-file PY_FILE	包含在 Python 應用程式 PYTHONPATH 路徑，以逗號分隔的 *.zip*、*.egg* 或 *.py* 檔案列表。
--file FILES	放置在每個執行器工作目錄，以逗號分隔的檔案列表。
--conf PROP=VALUE	Spark 設定屬性。

參數	敘述
--properties-file FILE	讀取額外選項的檔案路徑，如果未指定，將尋找 conf/spark-defaults.conf。
--driver-memory MEM	驅動器記憶體（例如 1000M、2G）（預設：1024M）。
--driver-java-options	傳遞至驅動器的額外 Java 選項。
driver-library-path	傳遞至驅動器的額外函式庫路徑入口。
driver-class-path	傳遞至驅動器的額外類別路徑入口，注意 JAR 檔要增加的 --jars 已自動包含在類別路徑中。
executor-memory MEM	每個執行器的記憶體（例如 1000M、2G）（預設：1G）。
proxy-user NAME	提交應用程式時模擬的使用者，此參數在 --principal / --keytab 下無作用。
--help, -h	顯示協助訊息並離開。
--verbose, -v	印出額外的除錯輸出。
--version	印出目前 Spark 版本。

另外還有一些部署相關設定（如表 16-2）

表 16-2　部署設定

叢集管理器	模式	設定	敘述
獨立	叢集	--driver-cores NUM	驅動器核心數（預設：1）。
獨立 /Mesos	叢集	--supervise	如果有設定，失敗後會重啟驅動器。
獨立 /Mesos	叢集	--kill SUBMIS SION_ID	如果有設定，刪除特定驅動器。
獨立 /Mesos	叢集	--status SUBMIS SION_ID	如果有設定，請求特定驅動器狀態。
獨立 /Mesos	兩者	--total-executor- cores NUM	所有執行器的總核心數。
獨立 /YARN	兩者	--executor-cores NUM1	每個驅動器核心數（預設：YARN 模式為 1，獨立模式為所有 wroker 上可用核心數）。
YARN	兩者	--driver-cores NUM	驅動器使用核心數，只適用叢集模式（預設：1）。
YARN	兩者	queue QUEUE_NAME	提交的 YARN 堆列名稱（預設：default）。

叢集管理器	模式	設定	敘述
YARN	兩者	--num-executors NUM	啟動的執行器數（預設：2），如果動態分配啟用，執行器初始數量將至少大於 NUM。
YARN	兩者	--archives ARCHIVES	提取至每個執行器工作目錄以逗號分隔的檔案列表。
YARN	兩者	--proncipal PRINCIPAL	執行安全性 HDFS 時登入 KDC 的用戶名。
YARN	兩者	--keytab KEYTAB	特定帳戶密鑰表的檔案完整路徑，此密鑰表將被複製至透過安全分散式快取運行應用程式 Master 的節點，週期性更新登入憑證及代理驗證碼。

應用程式執行範例

本章先前已經介紹一些本機模式的應用程式範例，如何使用一些前述選項也是值得一提。下載 Spark 時亦包含幾個範例及示範應用程式在範例目錄中，如果對於如何使用特定參數感到困擾，只需先在本機模式測試並使用 SparkPi 類別作為主類別：

```
./bin/spark-submit \
  --class org.apache.spark.examples.SparkPi \
  --master spark://207.184.161.138:7077 \
  --executor-memory 20G \
  --total-executor-cores 100 \
  replace/with/path/to/examples.jar \
  1000
```

以下範例可透過 Python 達到一樣的效果，從 Spark 目錄執行並提交 Python 應用程式（全部包含在腳本中）到獨立叢集管理器，也可以設定如同前述範例一樣的執行器限制：

```
./bin/spark-submit \
  --master spark://207.184.161.138:7077 \
  examples/src/main/python/pi.py \
  1000
```

將 master 設定為執行機器上所有核心數的 local 或 local[*] 來運行本機模式，也需要更改 /path/to/examples.jar 為所執行的 Scala 及 Spark 版本相對應檔案。

設定應用程式

Spark 包含了許多不同的設定，其中一部分已在第十五章介紹，不同的設定取決於想達到的目的，本節將深入介紹這些細節。大致上來說，這些資訊可供參考及瀏覽，主要的設定如以下類別：

- 應用程式屬性
- 執行期環境
- 洗牌行為
- Spark UI
- 壓縮及序列化
- 記憶體管理
- 執行行為
- 網路
- 調度
- 動態配置
- 安全
- 加密
- Spark SQL
- Spark 串流
- SparkR

Spark 提供了三種位置可以設定系統：

- spark 屬性控制大部分應用程式參數並透過 sparkConf 物件設定。
- java 系統屬性
- 設定檔

可以在 Spark 根目錄下的 /conf 目錄找到許多可供使用的樣版，在應用程式中設定這些屬性為固定值變數，或在執行期才指定，藉由每個節點上的 conf/spark-env.sh 腳本，使用環境變數設定每個機器的個別設定如 IP 位置，最後，可以透過 log4j.properties 進行日誌設定。

SparkConf

SparkConf 管理所有應用程式設定，可透過 import 陳述式建立，如以下範例所示，建立之後，SparkConf 在此 Spark 應用程式是不可變更的。

```scala
// 在 Scala 中
import org.apache.spark.SparkConf
val conf = new SparkConf().setMaster("local[2]").setAppName("DefinitiveGuide")
  .set("some.conf", "to.some.value")
```

```python
# 在 Python 中
from pyspark import SparkConf
conf = SparkConf().setMaster("local[2]").setAppName("DefinitiveGuide")\
  .set("some.conf", "to.some.value")
```

使用 SparkConf 的 Spark 屬性設定個別 Spark 應用程式，這些 Spark 屬性控制了 Spark 應用程式該如何執行以及叢集如何被設定，範例中依照設定使本機叢集有兩個執行緒，並指定了在 Spark UI 顯示的應用程式名稱。

可以在執行期設定，如同本章前面透過命令列參數所示，這在啟動 Spark Shell 時非常有用，它將自動包含一個基本的 Spark 應用程式，例如：

```
./bin/spark-submit --name "DefinitiveGuide" --master local[4] ...
```

重要的一點是當設定持續時間屬性時，你應該使用以下格式：

- 25ms（毫秒）
- 5s（秒）
- 10m 或 10min（分鐘）
- 3h（小時）
- 5d（天）
- 1y（年）

應用程式屬性

應用程式屬性在 spark-submit 或建立 Spark 應用程式時被設定，定義了基本應用程式元數據及一些執行特性，表 16-3 呈現了目前應用程式屬性的列表。

表 16-3　應用程式屬性

屬性名稱	預設	意義
spark.app.name	（無）	應用程式名稱，會出現在 UI 及日誌資料中。
spark.driver.cores	1	驅動器程序使用的核心數，只在叢集模式有效。
spark.driver.maxResultSize	1g	每個 Spark 行動操作所有分區序列化結果的總大小限制（例如 collect），應該至少 1M，或代表無限制的 0，如果大小超過限制，工作將被放棄，較高的限制可能造成驅動器 OutOfMemoryErrors（取決於 spark.driver.memory 以及 JVM 中物件的記憶體過載），設定適合的限制可以保護驅動器免除 OutOfMemoryErrors。
spark.driver.memory	1g	SparkContext 被初始化的驅動器程序使用記憶體量（例如 1g、2g），注意：在客戶端模式中，不要透過 SparkConf 在應用程式中直接設定，因為驅動器 JVM 在此時已啟動，改以 --driver-memory 命令列選項或預設屬性檔案設定。
spark.executor.memory	1g	每個執行器程序使用的記憶體量（例如 2g、8g）
spark.extraListeners	（無）	實作 SparkListener 以逗號分隔的類別列表；當初始化 SparkContext 時，這些類別的實體將建立並以 Spark 的 listener 匯流排，如果類別有接受 SparkContext 的單一引數建構子，該建構子將被呼叫；否則，不含引數的建構子將被呼叫，如果沒有明確建構子存在，SparkContext 在建立時將發生例外而失敗。
spark.logConf	FALSE	當 SparkContext 開始時紀錄有效的 SparkConf 為 INFO 日誌。
spark.master	（無）	連接的叢集管理器，查看允許的 master URL 列表。
spark.submit.deployMode	（無）	Spark 驅動器程式的部署模式，「客戶端」或「叢集端」代表在本機（「客戶端」）或遠端（「叢集端」）地在叢集中的一個節點啟動驅動器程式。
spark.log.callerContext	（無）	當在 Yarn/HDFS 上執行時應用程式訊息將被寫至 Yarn RM 日誌 / HDFS 稽核日誌，長度取決於 Hadoop hadoop.caller.context.max.size 設定，應該力求簡潔，一般來說最多 50 個字元。
spark.driver.supervise	FALSE	如果為 true，在發生非零結束狀態碼的失敗時會自動重啟，只在 Spark 獨立模式及 Mesos 叢集模式有影響。

可以在驅動器 port 4040 查看應用程式的 web UI 的「環境」分頁以確保這些值有正確的設定，只有透過 *spark-default.conf*、SparkConf 或命令列明確指定的值會被顯示，其他的值可以當作使用了預設值。

執行期屬性

雖然較不常見，但也可能需要在執行期設定應用程式，因為篇幅限制不會在此大量的介紹，可參考 Spark 文件（*http://bit.ly/1qnQ26w*）中執行期環境相關資料表（*http://bit.ly/2FlsX2i*），這些屬性允許設定額外的類別路徑及 python 路徑至驅動器與執行器、Python 工作器設定以及多種日誌屬性。

執行屬性

這些設定可以更細膩地控制真實執行情況，因為篇幅限制，可參考 Spark 文件（*http://bit.ly/1qnQ26w*）中執行環境相關資料表（*http://bit.ly/2nggXYy*），最常更改的設定是 spark.executor.cores（控制可用核心數）以及 spark.files.maxPartitionBytes（讀取檔案最大分區大小）。

記憶體管理設定

可能也會需要手動管理記憶體選項以嘗試優化應用程式，因為牽扯了很多較舊的觀念或 Spark 2.X 後才有的自動化記憶體管理控制，許多內容可能和終端使用者較無特別相關，因為篇幅限制不會太深入的介紹，可參考 Spark 文件（*http://bit.ly/1qnQ26w*）中記憶體管理相關資料表（*http://bit.ly/2DSESrk*）。

洗牌行為設定

前面已強調過洗牌因為頻繁的跨節點溝通造成 Spark 工作的瓶頸，因此，有一些低階設定可控制洗牌行為，因為篇幅限制，可參考 Spark 文件（*http://bit.ly/1qnQ26w*）中洗牌行為相關資料表（*http:// bit.ly/1EZHL46*）。

環境變數

透過 Spark 安裝目錄 *conf/spark-env.sh* 腳本的環境變數進行某些 Spark 設定（或 Windows 上的 *conf/spark-env.cmd*），在獨立及 Mesos 模式，此檔案可以指定機器訊息，如主機名稱，在執行本機 Spark 應用程式或提交腳本時亦會使用。

注意 *conf/spark-env.sh* 在安裝 Spark 時預設是不存在的，然而，可以複製 *conf/spark-env.sh.template* 以建立，請確保複製的檔案是可被執行的。

下列變數可在 *spark-env.sh* 設定：

JAVA_HOME

Java 安裝位置（如果沒有在預設路徑上）。

PYSPARK_PYTHON

PySpark 在驅動器及 worker 使用的 Python 二進位可執行檔（如果存在的話預設是 python2.7，否則是 python），如果有設定，spark.pyspark.python 屬性將有優先權。

PYSPARK_DRIVER_PYTHON

PySpark 在驅動器使用的 Python 二進位可執行檔（預設是 PYSPARK_PYTHON），如果有設定，spark.pyspark.driver.python 屬性將有優先權。

SPARKR_DRIVER_R

SparkR shell 使用的 R 二進位可執行檔（預設是 R），如果有設定，spark.r.shell.command 屬性將有優先權。

SPARK_LOCAL_IP

綁定的機器 IP 位址。

SPARK_PUBLIC_DNS

Spark 程式將通知其他機器的主機名稱。

除了上述變數之外，仍有一些設定 Spark 獨立叢集腳本的選項，如每台機器使用核心數及記憶體上限。因為 *spark-env.sh* 是 shell 腳本，可以在此處設定，例如，查看指定網路介面 IP 以計算設定 Spark_LOCAL_IP。

 當在叢集模式以 YARN 執行 Spark 時，需要設定 *conf/spark-defaults.conf* 檔案裡的 spark.yarn.appMasterEnv.*[EnvironmentVariableName]* 屬性環境變數，在 *spark-env.sh* 設定的環境變數將不會反應到叢集模式中 YARN 應用程式主程式，可查看 YARN- 相關 Spark 屬性以取得更多資訊。

應用程式內的工作排程

在給定的 Spark 應用程式中，不同執行緒提交的多個平行工作可同時執行，工作在此處指 Spark 行動操作，以及任何需要執行評估行動操作的任務，Spark 的排程器是執行緒安全的，並且支援應用程式服務多種請求（例如查詢多個使用者）。

Spark 排程器預設以 *FIFO* 方式執行工作，如果堆疊最前面的工作不需使用整個叢集，後面的工作可以立刻開始執行；但如果堆疊最前面的工作很大，則後面工作會延遲。

亦可以將工作設定為公平分享模式，在此模式下，Spark 以輪替方式在工作間賦予任務，所有工作可共享叢集資源，這表示小型工作在大型工作正在執行時可立刻獲得資源，不用等待大型工作結束，依然可以達到良好回應時間，此模式是最適合多個使用者的設定。

為了啟用公平排程器，在設定 SparkContext 時可將 spark.scheduler.mode property 設為 FAIR。

公平排程器也支援將工作分組為池，對每個池設定不同排程選項或權重，為較重要的工作建立高優先權池，或將不同使用者工作分組，以分配相等資源給不同使用者，不管使用者有多少並行的工作皆適用，此特色是在 Hadoop 公平排程器之後建立的。

在沒有任何介入下，新提交的工作會進入預設池，工作池可在提交執行緒時新增 spark. scheduler.pool 本機屬性至 SparkContext 設定，如下列所示（假設 sc 是 SparkContext）：

```
sc.setLocalProperty("spark.scheduler.pool", "pool1")
```

在設定此本地屬性後，所有在執行緒中提交的工作將使用此池名稱，此設定是綁定執行緒，讓執行緒代表同一個用戶同時運行多個工作，如果想清除該執行緒相關的池可設定為 null。

結論

本章了許多 Spark 應用程式相關內容；學習到如何以 Spark 語言撰寫、測試、執行與設定 Spark 應用程式，在第十七章，將討論部署以及執行 Spark 應用程式時叢集管理的設定選項。

部署 Spark

本章將探討執行 Spark 應用程式所需要的架構:

- 叢集部署選擇

- 不同的 Spark 叢集管理器

- 部署考量與設定

多數情況下,Spark 與所支援的叢集管理器運作方式都很類似,然而,如需客製化設定,代表必須了解每個叢集管理器系統的各種設定,困難之處是如何選擇叢集管理器(或決定受管理服務),對本書來說要提供每個環境每種場景特定的細節是不可能的,本章的目標不是討論每個叢集管理器的細節,而是介紹它們基礎上的差異,並提供 Spark 網站上許多可用參考資料,不幸的是,因為使用案例、經驗及資源間的變化很大,「何者是最簡單運行的叢集管理器」並沒有一個容易的答案,Spark 文件網站(*http://spark.apache.org/docs/latest/clusteroverview.html*)提供了許多案例的部署細節,本章會討論其中最相關的內容。

在撰寫此書時,Spark 有三種正式支援的叢集管理器:

- 獨立模式

- Hadoop YARN

- Apache Mesos

這些叢集管理器維護一組可以部署 Spark 應用程式的機器,每個叢集管理器有自己的管理介面,每一種介面都有自己的特性,然而,它們都會以相同方式執行 Spark 應用程式(如第十六章所介紹),接著開始第一個重點:在何處部署叢集。

何處部署運行 Spark 應用程式的叢集

對於在何處部署 Spark 叢集有兩個高階選項:在本地叢集部署或在雲端部署。

叢集部署

部署 Spark 至本地叢集有時是合適的選項,特別是已經具備管理自己資料中心的組織,。本地叢集可以對硬體有完整的控制權,代表可以為特定工作負載進行效能最佳化,然而這種方式亦有些挑戰,特別是資料分析相關的工作,如 Spark,首先,在本地叢集部署下叢集是固定大小的,然而資料分析工作的資源需求卻常常是彈性變動的,如果叢集太小,將會很難運行大型分析查詢或新的機器學習模型訓練工作,但如果叢集太大,常常會有很多資源是閒置的;第二,在本地叢集下,必須選擇及維護自己的儲存系統,如 Hadoop 檔案系統或可擴展的鍵值儲存,必須包含異地備援及災難復原。

如果將部署本地叢集,對資源使用管理的最好方式是使用叢集管理器,可以執行許多 Spark 應用程式且動態的重新分配資源,甚至允許非 Spark 應用程式在同一個叢集上,所有 Spark 支援的叢集管理器皆允許多個平行應用程式,但 YARN 及 Mesos 對動態資源分享有更好的支援,並支援非 Spark 應用程式的工作負載,處理資源分享可能是本地叢集及雲端最大的不同:在公有雲端環境下,給每個應用程式在工作時間內分配符合需求大小的叢集是很容易的。

在儲存方面,有許多不同選項,但如果想介紹所有操作細節大概需要另寫專書,最常見的 Spark 檔案系統是分散式檔案系統如 Hadoop 的 HDFS,以及鍵值儲存如 Apache Cassandra,串流訊息匯流排如 Apache Kafka 也常被使用在資料接收,這些系統對管理、備份及異地備援有很大程度的支援,有時內建在系統中,有時只能透過第三方商業工具,選擇儲存選項前,建議評估 Spark 連接器的效能與評估管理工具的可用性。

雲端 Spark

早期大數據系統被設計為本地叢集部署,但現在雲端是越來越常見部署 Spark 的平台,公有雲在大數據工作負載方面有幾個優點,第一,資源可以彈性地啟動及關閉,所以偶而執行需要幾千台機器跑多個小時的「怪獸級」工作，卻不用永遠對這些設備付費，甚至在一般操作中，為每個應用程式選擇不同種類的機器及叢集大小以最佳化預算，例如，只在深度學習工作啟動含圖形處理單元（GPUs）機器；第二，公有雲的低花費及異地備援儲存特色可方便管理大量資料。

許多想遷移至雲端環境的公司，在雲端運行應用程式的方式會與本地叢集相同，主要雲端提供者（Amazon Web Services [AWS], Microsoft Azure, Google Cloud Platform[GCP], and IBM Bluemix）皆會替客戶管理 Hadoop 叢集，提供 HDFS 儲存及 Apache Spark，然而，這其實**不是**在雲端執行 Spark 的好方式，因為使用固定大小叢集及檔案系統將無法使用到彈性化的好處，所以更好的方式是使用全域儲存系統，並從特定叢集中去耦合，如 Amazon S3、Azure Blob Storage 或 Google Cloud Storage，並為每個 Spark 工作負載動態調整機器，將計算與儲存去耦合，可以只在需要時才對運算資源付費、動態地加大規模並混和不同類型的硬體設備，基本上，在雲端執行 Spark 不代表遷移本地安裝至虛擬機器：可以在本地執行 Spark 並使用雲端儲存以使用雲端的彈性、低花費及不需管理內部運算堆疊的雲端管理工具所有好處。

許多公司提供基於 Spark 的「雲端本地化」服務，所有 Apache Spark 的安裝亦可以連接雲端儲存，由加州大學柏克萊分校 Spark 團隊建立的 Databricks 公司是一個專為 Spark 提供雲端服務的例子，Databricks 提供了一個不需繁雜 Hadoop 安裝，即可執行 Spark 工作負載的簡單方式，該公司提供了可在雲端更有效率執行 Spark 的許多特色，如自動擴展、自動終止叢集、最佳化雲端儲存連接器，以及在記事本與獨立模式工作的協同工作環境。

該公司亦提供學習 Spark 的免費社群版本（*https://databricks.com/try-databricks*），讓你可以在小型叢集上執行記事本並即時與其他人分享，有趣的是，本書**全部**使用了 Databricks 免費社群版本撰寫，因為我們發現整合 Spark 記事本、即時協作及叢集管理器是最容易生產與測試內容的方式。

在雲端執行 Spark，常常需要建立分離且短生命周期的 Spark 叢集給每個執行的工作，所以本章許多內容可能會顯得不相關，在那樣的使用情況下，獨立叢集管理器可能最容易使用；然而，如果想在許多應用程式間分享長生命周期叢集或在虛擬環境安裝 Spark，仍然會需要這部分的內容。

叢集管理器

除非使用高階管理服務，否則必須決定使用何種 Spark 叢集管理器，Spark 支援三種前述的叢集管理器：獨立叢集、Hadoop YARN 及 Mesos，讓我們一一重新探討。

獨立模式

Spark 的獨立叢集管理器是專為 Apache Spark 工作負載打造的輕量平台，可以在同一叢集上執行多個 Spark 應用程式，它也為此提供了簡單介面並可擴展為大型 Spark 工作負載，獨立模式主要的缺點是較其他叢集管理器受限，尤其是叢集只能執行 Spark，如果想快速地再叢集上執行 Spark 但卻沒有 YARN 或 Mesos 經驗時，這可能是最好的進入點。

啟動獨立叢集

要開始獨立叢集必須先設定機器，需要啟動它們，確保可透過網路溝通，取得將要在機器上執行的 Spark 版本，之後，有兩種方式可啟動叢集：手動或著使用內建啟動腳本。

先以手動啟動叢集，第一步是以下列指令啟動機器主程序：

```
$SPARK_HOME/sbin/start-master.sh
```

當執行此指令，叢集管理器主程序將在此機器啟動，一旦啟動了將會顯示 spark:// HOST:PORT 網址，在啟動叢集中每個工作器節點時可使用，在應用程式初始化時作為 SparkSession 的引數；也可以在主節點的預設網頁 UI*http://master-ip-address:8080* 中發現，有了此網址後，可登入每台機器並以此網址執行以下腳本啟動工作節點，主節點必須在網路上是可被工作節點存取的，並且埠口必須開啟。

```
$SPARK_HOME/sbin/start-slave.sh <master-spark-URI>
```

很快地，已經在另一台機器執行並且有了 Spark 叢集！此程序有些部分需要手動，幸好有腳本可協助自動化此程序。

叢集啟動腳本

設定叢集啟動腳本以自動啟動獨立叢集，在 Spark 目錄建立包含所有想當成 Spark 工作器的機器主機名稱 *conf/slaves* 檔案，每台主機名稱一行，如果沒有此檔案則會在本機啟動，當啟動了叢集，主節點機器將可以透過 Secure Shell（SSH）存取每個工作機器，預設 SSH 會平行執行且需要設為無密碼存取（使用私有金鑰），如果沒有無密碼設定，可以設定環境變數 SPARK_SSH_FOREGROUND 並依序提供每個工作器密碼。

在設定此檔案後，可至下列 $SPARK_HOME/sbin 路徑下基於 Hadoop 部署的腳本啟動或停止叢集：

$SPARK_HOME/sbin/start-master.sh

在執行腳本的機器啟動主節點實體

$SPARK_HOME/sbin/start-slaves.sh

在 *conf/slaves* 指定的每台機器啟動從節點實體

$SPARK_HOME/sbin/start-slave.sh

在執行腳本的機器啟動從節點實體

$SPARK_HOME/sbin/start-all.sh

如上述啟動主節點與多個從節點

$SPARK_HOME/sbin/stop-master.sh

停止透過 *bin/start-master.sh* 啟動的主節點

$SPARK_HOME/sbin/stop-slaves.sh

停止所有在 *conf/slaves* 指定的從節點實體

$SPARK_HOME/sbin/stop-all.sh

如上述停止主節點與多個從節點

獨立模式設定

獨立叢集有一些可用來調校應用程式的設定，結束應用程式使用的工作器核心及記憶體資源後，關閉每個工作器上的舊檔案，這些可透過環境變數或應用程式屬性控制，因為篇幅限制，無法在此全部設定，可參考 Spark 文件（*http://spark.apache.org/docs/latest/index.html*）中獨立環境變數（*http://spark.apache.org/docs/latest/sparkstandalone.html#cluster-launch-scripts*）的相關資料表。

提交應用程式

在建立了叢集後，可以使用主節點的 spark:// 網址提交應用程式，在主節點或其他機器使用 spark-submit，有一些獨立模式特定的命令列參數，在第 275 頁的「執行應用程式」中有做介紹。

Spark on YARN

Hadoop YARN 是工作排程及叢集資源管理的框架，雖然 Spark 常常被（誤）分類為「Hadoop 生態系」的一部分，但事實上，Spark 與 Hadoop 關係不大，雖然 Spark 原生支援了 Hadoop YARN 叢集管理器，但卻可以不需要 Hadoop。

透過 spark-submit 命令列參數指定主節點為 YARN，在 Hadoop YARN 上執行 Spark 工作，如同獨立模式，也有一些設定可以根據使用目的調校，因為 Hadoop YARN 是許多不同執行框架皆可泛用的排程器，這一些設定數量自然是比獨立模式要多。

雖然 YARN 叢集設定超過了本書討論範圍，但是有些很好的專書（*http://shop.oreilly. com/product/0636920033448.do*）專注探討此主題，以及受管理服務可以簡化此部分。

提交應用程式

提交應用程式到 YARN 與其他部署方式主要的不同是 --master 將改為 yarn，而不是獨立模式中的主節點 IP，Spark 將使用 HADOOP_CONF_DIR 或 YARN_CONF_DIR 找到 YARN 設定檔，一旦在 Hadoop 安裝的設定目錄中設定了這些環境變數，如同第十六章所介紹只需執行 spark-submit。

 有兩種在 YARN 上啟動 Spark 的部署模式可以使用，如前面章節所述，叢集模式有 spark 驅動器作為受 YARN 叢集管理的程序，客戶端在建立應用程式後即可離開；在客戶模式中，驅動器將在客戶端執行驅動器，YARN 只回應已同意的執行器資源至應用程式，並不維護主節點。在叢集模式中 Spark 並不一定在同一機器運行，因此函式庫及外部 jar 檔必須手動分佈或透過 --jars 命令列參數。

有一些 YARN 專用的屬性在使用 spark-submit 時可設定，可以控制優先堆疊及安全性設定如 keytab，可參考第十六章 275 頁的「執行應用程式」。

Spark on YARN 應用程式設定

部署 Spark 為 YARN 應用程式需要了解許多不同設定，以及對 Spark 應用程式所代表的意義，此節涵蓋一些基本設定的最佳範例，以及附上一些執行 Spark 應用程式重要設定的參考資料。

Hadoop 設定

如果打算使用 Spark 讀寫 HDFS，需要在 Spark 類別路徑引入兩個 Hadoop 設定檔：*hdfs-site.xml*，為 HDFS 客戶端提供了基本行為；以及 `core-site.xml`，設定了預設檔案系統名稱。這些設定檔的位置依據 Hadoop 版本不同而變，但常用的位置是 */etc/hadoop/conf*，有些工具可以很快的建立這些設定，所以了解所管理的服務如何部署這些檔案是很重要的。

為了讓 Spark 可以讀取這些檔案，可將 `HADOOP_CONF_DIR` 於 *$SPARK_HOME/sparkenv.sh* 中設定這些檔案的路徑位置，或在 `spark-submit` 應用程式時設為環境變數。

YARN 應用程式屬性

有許多 Hadoop 相關設定，以及 YARN 的運行或安全設定會間接影響 Spark 如何執行，因為篇幅限制無法在此介紹所有設定，可參考 Spark 文件（*http://spark.apache.org/docs/latest/index.html*）中關於 YARN 設定（*http://spark.apache.org/docs/latest/running-on-yarn.html#configuration*）的相關資料表。

Spark on Mesos

Apache Mesos 是另一個 Spark 可執行的叢集系統，有趣的是 Mesos 專案是由許多原先 Spark 專案的作者發起的，也包含本書其中一位作者，以下是 Mesos 專案上的介紹：

> *Apache Mesos 從機器（實體或虛擬）抽象化了 CPU、記憶體、儲存體及其他運算資源，賦予了分散式系統容錯及彈性的特性，能更容易被建構以及更有效率執行。*

整體上來說，Mesos 試圖發展為資料中心叢集擴展的管理器，除了管理生命週期短的應用程式如 Spark，也管理生命週期長的應用程式如網頁應用程式或其他資源介面，Mesos 是最重度的叢集管理器，可能因為你的組織已經部署好大規模的 Mesos 而選擇它，但它仍然是個很好的資源管理器。

Mesos 的架構龐大，很不幸地，如何部署及維護的資訊太多所以無法在此介紹，有需多關於此主題很好的專書，包括 Dipa Dubhashi 與 Akhil Das 的 *Mastering Mesos*（O'Reilly, 2016），此處目標是提出一些在 Mesos 上執行 Spark 應用程式所需考量的重點。

例如，常聽到關於 Spark 於 Mesos 的是細粒度與粗粒度模式，以往 Mesos 支援許多不同模式（細粒度與粗粒度），但此刻 Mesos 只支援粗粒度排程（細粒度已被棄用），粗粒度模式代表每個 Spark 執行器將如同單一 Mesos 任務般執行，Spark 執行器根據以下應用程式屬性調整大小：

- spark.executor.memory

- spark.executor.cores

- spark.cores.max/spark.executor.cores

提交應用程式

提交應用程式到 Mesos 叢集與其他叢集管理器類似，建議使用 Mesos 叢集模式，客戶端模式則需要一些額外設定，特別是關於叢集間的資源分配。

例如，在客戶端模式，驅動器需要在 *spark-env.sh* 設定額外資訊和 Mesos 溝通。

在 *spark-env.sh* 設定一些環境變數：

```
export MESOS_NATIVE_JAVA_LIBRARY=<path to libmesos.so>
```

此路徑一般是 *<prefix>/lib/libmesos.so*，prefix 預設是 */usr/local*，在 Mac OS X 上，該函式庫名稱是 *libmesos.dylib* 而不是 *libmesos.so*：

```
export SPARK_EXECUTOR_URI=<URL of spark-2.2.0.tar.gz uploaded above>
```

最後，設定 Spark 應用程式屬性 spark.executor.uri 為 <URL of spark-2.2.0.tar.gz>。現在在叢集上啟動 Spark 應用程式後，建立 SparkContext 時傳遞 mesos:// 網址為主節點，並在 SparkConf 變數中或初始化 SparkSession 時設定該屬性參數：

```scala
// 在 Scala 中
import org.apache.spark.sql.SparkSession
val spark = SparkSession.builder
  .master("mesos://HOST:5050")
  .appName("my app")
  .config("spark.executor.uri", "<path to spark-2.2.0.tar.gz uploaded above>")
  .getOrCreate()
```

提交叢集模式應用程式是很簡單的，與之前讀過的 spark-submit 結構一致，在第 275 頁的「執行應用程式」中有做介紹。

設定 Mesos

如同其它叢集管理器，在 Mesos 上執行 Spark 應用程式一樣有許多設定，因為篇幅限制無法在此介紹所有設定，可參考 Spark 文件（*http://bit.ly/ 1qnQ26w*）中關於 Mesos 設定（*http://bit.ly/2DPmLTf*）的相關資料表。

安全部署設定

Spark 也提供了一些可以使應用程式更安全運行的低階能力，特別是在不信任的環境中，此設定是在 Spark 之外的，主要是基於網路幫助 Spark 以更安全的方式執行，驗證、網路加密和 TLS 與 SSL 設定。因為篇幅限制無法在此介紹所有設定，可參考 Spark 文件（*http://bit.ly/ 1qnQ26w*）中關於安全設定（*http://bit.ly/2DJ0BTp*）的相關資料表。

叢集網路設定

正因為洗牌很重要，所以網路是特別需要注意的環節，這對節點間使用代理，以及 Spark 叢集執行客製化部署設定時是很有幫助的，雖然這不是為了增加 Spark 效能該去調校的設定，但在客製化場景中常常使用。因為篇幅限制無法在此介紹所有設定，可參考 Spark 文件（*http://bit.ly/ 1qnQ26w*）中關於網路設定（*http://bit.ly/2DGfT7v*）的相關資料表。

應用程式排程

Spark 有幾個運算資源排程的能力，首先，回想一下本書稍早介紹過的內容，每個 Spark 應用程式會獨立執行一組執行器程序，叢集管理器提供在跨 Spark 應用程式間排程的能力；第二，在每個 Spark 應用程式中，多個工作（例如 Spark 行動操作）如果是以不同執行緒提交則可以同時執行，這在透過網路服務請求的應用程式是很常見的，Spark 包含**公平排程器**以進行每個應用程式間資源排程，已在前面章節介紹過此主題。

如果有多個使用者需要共同使用叢集並執行不同 Spark 應用程式，不同叢集管理器有不同管理資源配置選項，所有叢集管理器皆有，最簡單選項是資源的靜態分區，每個應用程式被賦予可以使用的最大量資源，在整個週期保留資源，在 spark-submit 有許多屬性可設定控制應用程式的資源配置，可參考第十六章取得更多資訊。此外，**動態配置**（後續描述）啟用後可以讓應用程式依據目前等待任務數量動態的提高或降低資源規模，如果想讓使用者可以用較細粒度方法分享記憶體及執行器資源，可以啟動單一 Spark 應用程式並使用執行緒排程以平行地服務複數請求。

動態配置

如果想在同一個叢集執行複數 Spark 應用程式，Spark 提供了一個機制可以依據工作負載動態地調整應用程式佔據的資源，這代表如果應用程式不再使用資源後，可以將資源還回叢集，等有需要時再請求，此特色在多個應用程式於 Spark 叢集分享資源時特別有用。

此設定預設是關閉的，在所有粗粒度叢集管理器都可使用，如獨立模式、YARN 模式與 Mesos 粗粒度模式。使用此設定有兩項需求，第一，應用程式必須設定 spark.dynamicAllocation.enabled 為 true；第二，必須在相同叢集中的每個工作節點設定外部洗牌服務，並在應用程式中設定 spark.shuffle.service.enabled 為 true，外部洗牌服務可以在不刪除洗牌檔案下移除執行器，這在每個叢集管理器設定不同，工作排程設定（*http://bit.ly/2DQ3ocB*）中有所描述，因為篇幅限制無法在此介紹所有動態配置設定，可參考動態配置設定（*http://bit.ly/2ne8jL3*）的相關資料表。

各種考量

在部署 Spark 應用程式時，許多可考量的主題可能影響對叢集的選擇及設定，這些是在不同部署選項時所應該思考的內容。

其中一個重要的考量是打算執行的應用程式數量與類型，例如，YARN 很適合在以 HDFS 為基礎的應用程式使用，但一般不會在其他情境使用，此外，因為它預設資訊存於 HDFS，所以也沒有設計為對雲端良好支援，計算與儲存也大幅度的耦合再一起，代表叢集規模調整必須與計算和儲存在一起，而不能只針對其中一個，Mesos 對此有一些改進，支援較廣範圍的應用程式類型，但仍然需要預先設定機器，在某些場景還需要準備更大規模機器。例如，Mesos 叢集只用來執行 Spark 應用程式是不合理的。Spark 獨立模式是輕量的叢集管理器，在了解和使用上是很容易的；但如果想要建立更多應用程式管理架構，選擇 YARN 或 Mesos 是比較輕鬆的。

另一個挑戰是管理不同版本的 Spark。如果想執行不同 Spark 版本的應用程式，除非使用了很好的管理服務，否則必須花很多時間在管理不同 Spark 服務的設定腳本，或避免使用者使用不同 Spark 應用程式。

不管最後選擇了什麼叢集管理器，都要考慮如何設定登入、儲存日誌供日後參考，以及允許終端使用者為他們的應用程式除錯，這些對 YARN 或 Mesos 來說是「非常規的」，如果使用獨立模式則可能需要一些調整。

有件事需要考慮，也會影響你做決定，就是維護資料集的元數據庫，例如資料表目錄。在建立及維護資料表時已看見如何以 Spark SQL 做到，維護在本書主題以外的 Apache Hive 元數據庫是很值得去做的，可增加生產力以及使不同應用程式參考相同資料集。

依據各種工作負載，使用 Spark 的外部洗牌服務可能是值得考慮的，一般來說 Spark 在特定節點的本機磁碟儲存洗牌區塊（洗牌輸出），外部洗牌服務可以儲存那些洗牌區塊供所有執行器使用，代表可以任意刪除執行器卻仍然保有洗牌輸出供其他應用程式使用。

最後，至少需要設定一些基本監控以協助使用者對叢集上執行的 Spark 工作除錯，這在不同叢集管理選項中不同，將在第十八章談論此部分。

結論

本章介紹了如何選擇部署 Spark 時的一些設定選項，雖然大部分資訊與多數使用者不相關，但如果執行的是較進階使用案例時則值得一提，介紹此部分看起來似乎是個錯誤，但其實已經略過一些可控制更低階行為的設定，可以在 Spark 文件或 Spark 原始碼中找到，第十八章將探討一些監控 Spark 應用程式的設定選項。

監控與除錯

本章將介紹 Spark 應用程式監控與除錯的關鍵，透過 Spark UI 以設計的範例幫助你理解如何在執行工作的生命週期中追蹤，該範例也會幫助你理解如何除錯以及錯誤最可能於何處發生。

監控顯示

某種程度上來說，需要監控 Spark 工作以了解問題發生於何處，了解實際可監控的內容，以及概述一些可達到此目的的選項，以下重新探討可監控的元件（如圖 18-1 所示）。

Spark 應用程式與工作

在除錯或理解應用程式如何在叢集上執行時，首先會想監控 Spark UI 與 Spark 日誌，這些內容回報了應用程式在 Spark 如 RDD 與查詢計畫的相關資訊，透過本章將介紹如何使用這些 Spark 監控工具。

JVM

Spark 在個別 Java 虛擬機器（JVMs）運行執行器，因此，下一階段的細節是監控個別虛擬機器（VMs），以更好的了解程式碼如何執行。有許多實用的 JVM 工具如可提供堆疊追蹤的 *jstack*、可產生堆積傾倒的 *jmap*、可回報時間統計資料的 *jstat*，以及可進行視覺化探索眾多 JVM 屬性的 *jconsole* 等，也可以使用如 *jvisualvm* 工具以協助解析 Spark 工作。部分訊息已提供於 Spark UI，但是在進行更底層的除錯時，這些工具是很有幫助的。

作業系統 / 機器

JVM 在主機作業系統（OS）上執行，監控機器狀態以確保健康是很重要的，包含監控 CPU、網路以及 I/O，這些資訊常在叢集等級的監控回報；然而，有更多更專一的工具可以使用，如 *dstat*、*iostat* 及 *iotop*。

叢集

當然，也可以監控執行 Spark 應用程式的叢集，可能是 YARN、Mesos 或獨立叢集，透過一些監控工具來監控叢集是非常重要的，如果叢集運作異常必須立刻知道，一些受歡迎的叢集等級監控工具如 *Ganglia* 與 *Prometheus*。

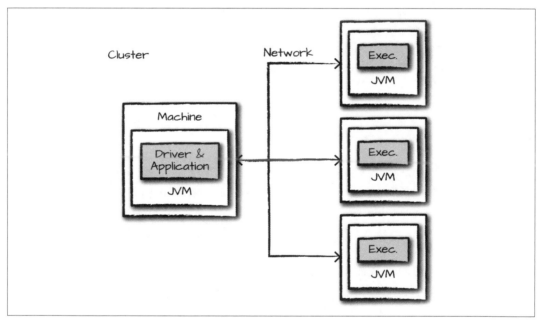

圖 18-1　可以監控的 Spark 應用程式元件

監控什麼

在簡短概述監控後，接著討論該如何監控與除錯 Spark 應用程式，主要有兩個部分需要監控：執行應用程式的**程序**（在 CPU 使用、記憶體使用層級等），以及其內部的**查詢計畫**（例如工作與任務）。

驅動器與執行器程序

監控 Spark 應用程式時一定會特別注意驅動器，因為這是所有應用程式狀態所在之處，希望能以穩定的方式執行，如果只能監控其中一台機器或單一 JVM 時，肯定會選擇驅動器；雖然如此，但了解執行器狀態對監控個別 Spark 工作也是很重要的，為了協助這些挑戰，Spark 有一個基於 Dropwizard 指標函式庫（*http://metrics.dropwizard.io*）的設定指標系統，該系統透過預設在 *$SPARK_HOME/conf/metrics.properties* 的設定檔，指定客製化檔案位置可修改 spark.metrics.conf 屬性，這些指標可以輸出至多種匯聚端，包括叢集監控解決方案如 Ganglia。

查詢、工作、階段與任務

雖然驅動器與執行器程序對監控很重要，有時需要在特定查詢除錯，Spark 可分為**查詢、工作、階段**及**任務**（已在第十五章做過介紹），這些資訊可讓你確實了解此時正在叢集上執行的是什麼，效能調校或除錯便是從這裡開始。

現在已經知道需要監控什麼了，接著讓介紹兩個最常見的方式：Spark 日誌與 Spark UI。

Spark 日誌

其中一個監控 Spark 的方式是透過日誌檔案，Spark 日誌中的異常事件或 Spark 應用程式增加的日誌可以協助確認工作在何處失敗或失敗的原因是什麼，如果使用本書提供的應用程式樣版（*https://github.com/databricks/Spark-The-Definitive-Guide*），在樣版中設定的日誌框架將使應用程式日誌在 Spark 日誌中顯示，使兩者可以很好的作關聯；然而，Python 並不能直接與基於 Java 的日誌函式庫整合，使用 Python 的 logging 模組或只是簡單印出，仍然可將結果輸出至標準錯誤並且容易查詢。

執行以下指令可以改變 Spark 的日誌等級：

```
spark.sparkContext.setLogLevel("INFO")
```

這將允許你讀取日誌，如果使用應用程式樣版，可以在相關的日誌中記錄這些資訊，可以對應用程式與 Spark 兩者監控，在本機模式執行應用程式時，日誌會印至標準錯誤，或在叢集執行 Spark 時被叢集管理器儲存至檔案，查閱每個叢集管理器的文件以了解如何找到日誌，一般來說，可透過叢集管理器的網頁 UI 查看。

這可以協助你查明遭遇的問題，並在應用程式中加入日誌敘述以方便理解；隨時間收集日誌供未來參考也是很方便的，例如，如果應用程式崩潰了，想要在不進入崩潰的應用程式下除錯；可以將日誌從寫入的機器傳送出，以防止機器崩潰或關機（例如在雲端執行）。

Spark UI

Spark UI 提供了視覺化方式在應用程式執行時監控應用程式與指標化 Spark 工作負載，在 Spark 及 JVM 層級，每個 SparkContext 執行會啟動一個網頁 UI，預設是 4040 埠口，顯示關於應用程式的資訊。在本機模式執行 Spark 應用程式，只需連至 *http://localhost:4040* 即可查看網頁 UI；如果執行了多個應用程式，將會以遞增埠口（4041、4042…等）啟動網頁 UI，叢集管理器也可以從自己的 UI 連結至每個應用程式網頁 UI。

圖 18-2 顯示所有在 Spark UI 可用的分頁

圖 18-2　Spark UI 分頁

這些分頁可進入想監控的每個部分，每個分頁是很容易理解的：

- 工作分頁為 Spark 工作。
- 階段分頁為個別階段（以及相關任務）。
- 儲存分頁包含目前在應用程式中暫存的資料與相關資訊。
- 環境分頁包含 Spark 應用程式設定相關資訊。
- SQL 分頁顯示結構化 API 查詢（包括 SQL 與 DataFrame）
- 執行器分頁提供每個執行器執行應用程式的詳細資訊。

接著透過範例說明如何深入研究查詢，打開一個新的 Spark shell 並執行以下程式碼，後續將透過 Spark UI 追蹤執行器：

```
# 在 Python 中
spark.read\
  .option("header", "true")\
```

```
.csv("/data/retail-data/all/online-retail-dataset.csv")\
.repartition(2)\
.selectExpr("instr(Description, 'GLASS') >= 1 as is_glass")\
.groupBy("is_glass")\
.count()\
.collect()
```

結果會產生三列內容，此程式碼開始了一個 SQL 查詢，移至 SQL 分頁，可以看見類似圖 18-3 的內容。

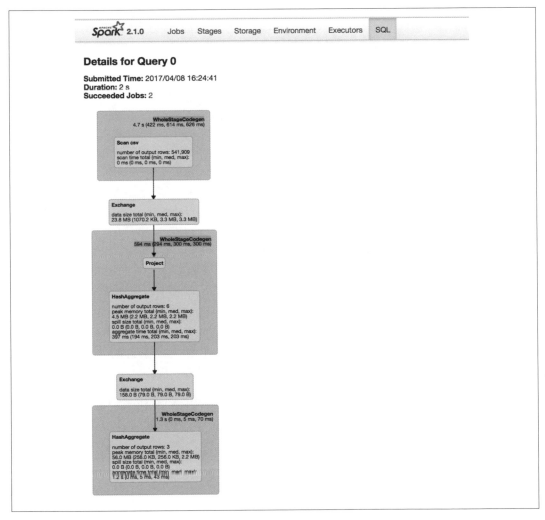

圖 18-3　SQL 分頁

首先可看到此查詢聚合的統計結果

提交時間：2017/04/08 16:24:41
持續時間：2 s
已成功工作：2

這些資訊很重要，先觀察 Spark 階段的有向無環圖（DAG），每個分頁中藍色方塊代表 Spark 任務的階段，這些階段的整個群組代表了 Spark 工作，仔細查看每個階段，以理解每段發生了什麼事，以圖 18-4 開始。

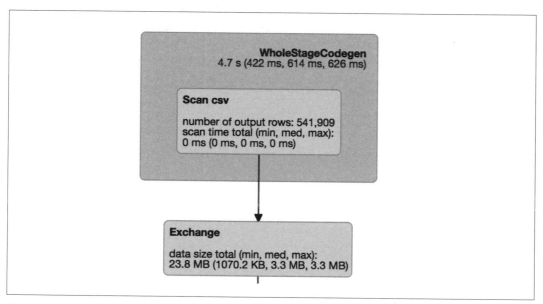

圖 18-4　階段一

上面標記 WholeStateCodegen 的方塊代表完整掃描 CSV 檔案，下方的方塊代表稱為重新分區的強制洗牌，這會將原本的資料集（DAG）轉成兩個分區。

下一步是計算（selecting/adding/filtering 欄位）與聚合，注意圖 18-5 中輸出數是 6 列，代表聚合時輸出列數與分區數的乘積，因為 Spark 為了準備最後的階段會在洗牌資料前對每個分區（此案例中是基於雜湊的聚合）聚合。

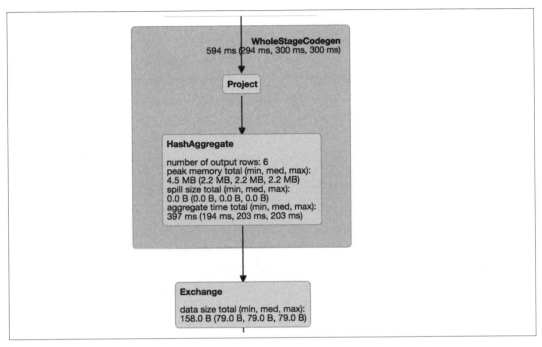

圖 18-5　階段二

最後一階段是將前面階段所見的每個分區子聚合進行聚合，合併這兩個分區為最後的三列的查詢輸出。

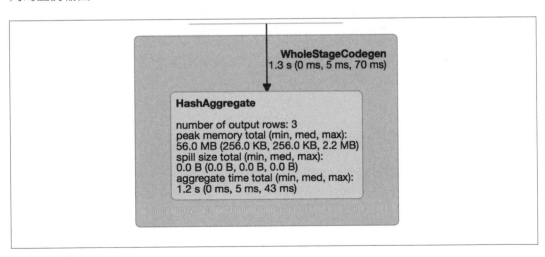

圖 18-6　階段三

進一步查看工作的執行狀況，在工作分頁的成功工作旁邊點擊第二個連結，如圖 18-7 所示，工作分為三個階段（與在 SQL 分頁中看到的相關）。

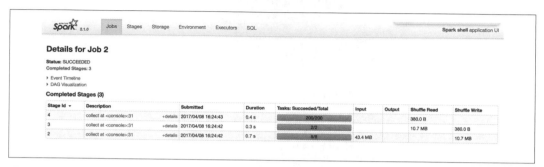

圖 18-7　工作分頁

這些階段部分訊息與在圖 18-6 所見相同，點擊其中的標示會顯示階段的細節，範例中有三個階段執行，分別有八個、兩個及兩百個任務，在深入階段的細節前讓我們複習為何產生這些階段。

第一個階段有八個任務，CSV 檔案是可分割的，Spark 將工作分散以均勻分佈至機器中不同核心，這在叢集層級發生，並說明了一個重要的優化之處：如何儲存檔案；因為呼叫了重新分區將資料移動至兩個分區，所以下一階段有兩個任務；最後的階段有兩百個任務是因為預設洗牌分區數是 200。

複習一下，點擊有八個任務的階段以查看細節，如圖 18-8 所示。

Spark 提供許多工作執行細節，首先注意最上面的指標摘要部分，提供了多種指標的統計摘要，想查看數值不均勻分散的部分（將在第十九章討論），此案例中，所有數值看起來皆一致，並無數值分散不均勻，在最下方的表格中也可以針對每個執行器檢查（此範例的機器中每個核心為同一基準），這可以協助辨識是否有特定執行器工作負載過重。

Spark 也提供了更多細部指標，如圖 18-8 所示，但可能與大部分使用者較無相關，點擊顯示額外指標並勾選（或不勾選）所有或個別指標以查看。

可以在每個想分析的階段重複此基礎分析，此部分留給讀者練習。

Total Time Across All Tasks: 5 s
Locality Level Summary: Process local: 8
Input Size / Records: 43.4 MB / 541909
Shuffle Write: 10.7 MB / 541909

▸ DAG Visualization
▸ Show Additional Metrics
▸ Event Timeline

Summary Metrics for 8 Completed Tasks

Metric	Min	25th percentile	Median	75th percentile	Max
Duration	0.5 s	0.6 s	0.6 s	0.6 s	0.6 s
GC Time	21 ms	28 ms	34 ms	34 ms	34 ms
Input Size / Records	1913.9 KB / 23602	5.9 MB / 72999	5.9 MB / 74350	5.9 MB / 74664	5.9 MB / 74722
Shuffle Write Size / Records	489.4 KB / 23602	1477.5 KB / 72999	1487.2 KB / 74350	1505.0 KB / 74664	1511.8 KB / 74722

▾ Aggregated Metrics by Executor

Executor ID ▲	Address	Task Time	Total Tasks	Failed Tasks	Killed Tasks	Succeeded Tasks	Input Size / Records	Shuffle Write Size / Records
driver	192.168.3.238:61840	5 s	8	0	0	8	43.4 MB / 541909	10.7 MB / 541909

Tasks (8)

Index ▲	ID	Attempt	Status	Locality Level	Executor ID / Host	Launch Time	Duration	GC Time	Input Size / Records	Write Time	Shuffle Write Size / Records	Errors
0	2	0	SUCCESS	PROCESS_LOCAL	driver / localhost	2017/04/08 16:24:42	0.6 s	34 ms	5.9 MB / 74350	7 ms	1511.8 KB / 74350	
1	3	0	SUCCESS	PROCESS_LOCAL	driver / localhost	2017/04/08 16:24:42	0.6 s	34 ms	5.9 MB / 74574	13 ms	1486.8 KB / 74574	
2	4	0	SUCCESS	PROCESS_LOCAL	driver / localhost	2017/04/08 16:24:42	0.6 s	34 ms	5.9 MB / 74664	9 ms	1463.8 KB / 74664	
3	5	0	SUCCESS	PROCESS_LOCAL	driver / localhost	2017/04/08 16:24:42	0.6 s	34 ms	5.9 MB / 74722	10 ms	1505.0 KB / 74722	
4	6	0	SUCCESS	PROCESS_LOCAL	driver / localhost	2017/04/08 16:24:42	0.6 s	34 ms	5.9 MB / 74076	7 ms	1487.2 KB / 74076	
5	7	0	SUCCESS	PROCESS_LOCAL	driver / localhost	2017/04/08 16:24:42	0.6 s	28 ms	5.9 MB / 72922	8 ms	1477.6 KB / 72922	
6	8	0	SUCCESS	PROCESS_LOCAL	driver / localhost	2017/04/08 16:24:42	0.6 s	28 ms	5.9 MB / 72999	11 ms	1491.0 KB / 72999	
7	9	0	SUCCESS	PROCESS_LOCAL	driver / localhost	2017/04/08 16:24:42	0.5 s	21 ms	1913.9 KB / 23602	12 ms	489.4 KB / 23602	

圖 18-8　Spark 任務

其他 Spark UI 分頁

其餘的 Spark 分頁，如儲存、環境及執行器，是很容易自行理解的。儲存分頁顯示叢集上 RDD/DataFrame 快取資訊，這可以協助查看是否某些資料快取已過期，環境分頁顯示執行環境資訊，包括在叢集上設定的 Scala、Java 資訊以及多種 Spark 屬性。

設定 Spark 使用者介面

可以對 Spark UI 進行許多設定，很多是網路相關設定如啟用存取控制，其他則是設定 Spark UI 行為（例如儲存多少工作、階段與任務），因為篇幅限制無法在此介紹所有設定，可參考 Spark 文件中關於 Spark UI 設定（*http://spark.apache.org/docs/latest/monitoring.html#spark-configuration-options*）的相關資料表。

Spark REST API

除了 Spark UI 之外，也可以透過 REST API 獲取 Spark 的狀態與指標，位址是 *http://localhost:4040/api/v1*，是在 Spark 上建立視覺化與監控工具的方式，大致上來說此 API 提供的資訊與 Spark UI 相同，除了不含任何 SQL 相關資訊，如果想自行建立基於 Spark UI 的報告解決方案是很有用的，因為篇幅限制無法在此介紹 API 端點列表，可參考

Spark 文件中關於 REST API 端點（*http://spark.apache.org/docs/latest/monitoring.html#rest-api*）的相關資料表。

Spark UI 歷史資料伺服器

一般來說，Spark UI 只有在 SparkContext 正在執行時可使用，所以在應用程式崩潰或結束後改怎麼獲取資訊呢？Spark 為此提供了 Spark 歷史資料伺服器，重建 Spark UI 與 REST API，提供了已設定應用程式的**事件日誌**，可以在 Spark 文件（*https://spark.apache.org/docs/latest/monitoring.html*）找到如何使用此工具的最新資料。

要使用此歷史伺服器，首先需要設定應用程式儲存事件日誌至某特定位置，設定 `spark.eventLog.enabled` 與設定事件日誌位置設定 `spark.eventLog.dir` 以啟用，之後，一旦儲存了事件，即可執行歷史伺服器為獨立應用程式，可以根據這些日誌自動重建 web UI，某些叢集管理器與雲端服務也自動設定了日誌紀錄並已預設執行歷史伺服器。

Spark 除錯與第一線協助

先前部分定義了一些核心的「重要訊號」，可以用來監控及確認 Spark 應用程式是否健康，本章其餘部分將介紹 Spark 除錯時的「第一線協助」：將複習 Spark 工作的一些訊號與問題徵兆，包括可能觀察到的訊號（例如任務過慢），以及 Spark 本身的徵兆（例如 `OutOfMemoryError`），因為有許多議題可能影響 Spark 工作，所以無法在此介紹全部，本節將討論 Spark 一些較常遇到的議題，在訊號與徵兆之外，也將檢視這些議題的一些可能解決辦法。

大部分關於修復議題的建議可參考第十六章討論的設定工具。

Spark 工作未開始

此議題可能經常遇到，特別是在才剛開始一個新的部署或環境。

訊號與徵兆

- Spark 工作未開始
- Spark UI 未顯示叢集上驅動器外的任何節點
- Spark UI 回報錯誤資訊

可能解決辦法

此狀況大部分發生在叢集或應用程式資源需求未設定正確，Spark 在分散式設定中會與網路、檔案系統及其他資源有關，在設定叢集的過程中，可能未正確設定某些部分，導致運行驅動器的節點無法與執行器聯繫，可能是因為未正確指定開啟的 IP 及埠口，或未正確打開，最可能是叢集等級、機器或設定議題；另一個可能是應用程式對每個執行器請求的資源超過叢集管理器目前所閒置，此情況下驅動器會永遠等待執行器以啟動。

- 確認機器可使用預期的埠口與其他機器溝通。

- 確認 Spark 資源設定正確，以及叢集管理器對 Spark 的支援設定正確，嘗試先執行簡單的應用程式確認是否成功；一個常見的議題是對每個執行器請求了過多記憶體，超出叢集管理器目前所閒置的，因此，查看有多少閒置記憶體（於 Spark UI）以及 spark-submit 記憶體設定。

執行前錯誤

這可能發生在部署新應用程式或對先前可運行的程式碼新增內容時。

訊號與徵兆

- 命令未執行且輸出大量錯誤訊息。

- Spark UI 未顯示執行的工作、階段與任務。

可能解決辦法

確認 Spark UI 環境分頁顯示應用程式正確資訊後，請再檢查一次程式碼，常常發生一個簡單筆誤或錯誤欄位名稱導致 Spark 不能編譯成底層的 Spark 計畫（在使用 DataFrame API 時）

- 查看 Spark 回傳的錯誤訊息，確認程式碼沒有任何問題，例如提供了錯誤的輸入檔案路徑或檔案名稱。

- 重新確認叢集上使用的驅動器、工作器與儲存裝置間網路連接正確。

- 有可能是函式庫或類別路徑議題，導致載入錯誤版本的函式庫，試著簡化應用程式直到重現此問題（例如只讀取一個資料集）。

執行中錯誤

此類問題發生在叢集上執行過或在遭遇錯誤前已執行過，可能是部分排程工作或執行一段時間後錯誤的互動式查詢。

訊號與徵兆

- 一個 Spark 工作在叢集上執行成功，但下一個則失敗。

- 多步驟查詢的其中一步失敗。

- 昨天執行過的排程工作今天卻執行失敗。

- 很難解析錯誤訊息

可能解決辦法

- 查看資料是否已經存在或格式是否正確，資料隨時間改變或上游資料改變都可能造成應用程式發生未預期結果。

- 如果錯誤訊息在執行查詢時很快跳出來（例如在任務執行前），很可能是查詢計畫分析錯誤，代表可能拼錯查詢欄位名稱，或查詢的欄位、視圖、資料表並不存在。

- 閱讀堆疊追蹤以發現相關元件線索（例如運行什麼操作器或階段）。

- 嘗試逐步重新確認輸入資料及確認資料是否如預期以分隔問題，也嘗試在分隔問題至應用程式最小版本前先移除邏輯。

- 如果一個工作執行任務一段時間後才失敗，可能是輸入資料有問題，綱要可能不正確或某些列不符合綱要，例如，有時候綱要可能指定資料不含空值但實際資料卻有，這將造成轉換錯誤。

- 亦有可能是程式碼處理資料時崩潰，此案例中 Spark 將顯示程式碼拋出的例外，在 Spark UI 中將看到任務標示為「失敗」，也可以查看該機器的日誌以了解為何發生錯誤，在程式碼中增加更多日誌以了解正在處理何項資料。

任務過慢或落後

此問題在優化應用程式時相當常見，可能是工作在機器上分配不平均（「傾斜」），或其中一台機器較其他機器慢（例如硬體問題）。

訊號與徵兆

下列是此議題可能的徵兆：

- Spark 階段執行，但剩下一些花費很長時間的任務。

- 這些過慢任務在 Spark UI 顯示與同樣的資料集相關。

- 發生在一個階段後的另一個階段。

- 擴大機器數量不一定對 Spark 應用程式有幫助，一些任務可能仍然比其他任務慢。

- 在 Spark 指標中，某些執行器讀寫的資料比其他執行器多。

可能解決辦法

任務過慢常被稱為「落後」，有很多的原因，大多是因為 DataFrame 或 RDD 資料分區不平均所致，當此現象發生，某些執行器可能執行比其他更多的工作，一個特別常見的案例是使用了 group-by-key 操作，其中某些鍵值的資料比其他多，在此案例中，查看 Spark UI 時，會看見某些節點洗牌資料較其他節點多。

- 增加分區數量以減少每個分區資料量。

- 以其他組合欄位重新分區，例如，以傾斜的 ID 欄位或空值很多的欄位分區可能會導致落後，在後者例子中，先過濾掉空值是較合理的。

- 盡可能增加執行器記憶體。

- 監控發生問題的執行器並確認是否為同一執行器；也可能是有不健康的執行器或機器在叢集中，例如磁碟可能快滿了。

- 如果此問題與關聯或聚合有關，查看第 311 頁的「關聯過慢」或第 310 頁的「聚合過慢」。

- 確認是否使用者自訂函式（UDFs）在物件分配或商業邏輯過於耗費資源，嘗試盡可能轉換為 DataFrame 程式碼。

- 確認 UDF 或使用者自訂聚合函式（UDAFs）執行的批量資料夠小，使用太普通鍵值可能使聚合拉取大量資料進記憶體，導致該執行器必須執行較其他執行器更大量的工作。

- 進行**推測性執行調校**，在第 312 頁討論的「讀寫過慢」，使 Spark 執行過慢任務的第二份副本，這問題是缺陷節點造成時很有幫助，因為任務將在更快的節點執行，然而，推測性執行會耗費額外資源造成一額外些成本。此外，對一些使用最終一致性的儲存系統而言，如果寫入是非冪等的，則可以重複輸出資料結束（已在第十七章討論設定）。

- 另一個常見議題可能在使用資料集時發生，因為資料集執行了許多物件實體化將紀錄轉換為 Java 物件供 UDF 使用，可能造成許多垃圾收集，如果正在使用資料集，在 Spark UI 中查看垃圾收集指標以確認是否與任務過慢相關。

落後可能是最難除錯的議題之一，因為有太多可能因素，然而，這極有可能造成資料歪斜，所以開始查看 Spark UI 以確認任務間的資料是否不平衡。

聚合過慢

如果聚合過慢，在行動操作前先重新檢視「任務過慢」部分的議題，因為可能會看見一樣的問題。

訊號與徵兆

- 呼叫 groupBy 時任務過慢。

- 聚合後工作過慢。

可能解決辦法

不幸地，此議題不一定能解決，有時工作中的資料有一些傾斜鍵值，這些操作會執行較慢。

- 在聚合前增加分區數量，減少每個任務中處理的數量可能有幫助。

- 增加執行器記憶體可以幫助緩和此問題，如果單一鍵有許多資料，可以讓執行器減少存取磁碟並較快完成，雖然仍比執行器處理其他鍵值要慢。

- 如果發現任務在聚合後仍執行緩慢，代表資料集可能在聚合後仍不平衡，嘗試呼叫**重新分區**進行隨機分區。

- 確保聚合的過濾與 SELECT 陳述式可協助只在需要的資料集工作，Spark 的查詢優化器在結構化 API 將自動達成這些。

- 確保空值表示正確（使用 Spark 的空值概念），而不是其他預設值如「空字串」或「空」，Spark 常常在工作中先跳過空值進行優化，但無法對自行設定的佔位符號優化。

- 一些聚合函式天生較慢，例如，collect_list 與 collect_set 是很慢的聚合函式，因為它們必須回傳所有符合的物件至驅動器，應避免在追求效能的程式碼中使用。

關聯過慢

關聯與聚合兩者都會發生洗牌，所以會有一些類似的徵兆與解決方法。

訊號與徵兆

- 關聯階段花費很長時間，在一個或多個任務中都可能發生。
- 聚合前後的階段操作正常。

可能解決辦法

- 許多關聯可被優化（手動或自動）成其他類型的關聯，在第八章介紹如何選擇不同關聯類型。

- 實驗不同關聯順序可能有助於加速工作，特別是如果有些關聯過濾了大量資料，則應該先被處理。

- 在關聯之前，先對資料集做分區可能有助於減少資料在叢集間移動，特別是在被使用多個關聯操作的同樣資料集，值得測試不同的關聯前分區，但再次記住，這並不是「免費的」會造成洗牌花費。

- 關聯過慢也可能由資料傾斜造成，此部分不一定可改善，但是加大 Spark 應用程式及／或增加執行器數量可能有幫助，如先前部分所述。

- 確保所有過濾與 select 陳述式在關聯上使用，有助於確認工作只在需要關聯的資料集。

- 確保空值被正確處理（使用空值），而不是一些預設「空字串」或「空」，如同聚合部分所述。

- 有時 Spark 不知道任何輸入 DataFrame 或資料表統計值，無法適當地執行廣播關聯，如果要關聯的資料表很小，可以嘗試強制廣播（如第八草討論），或使用 Spark 統計集合指令分析資料表。

讀寫過慢

讀寫過慢可能很難診斷，特別是使用了網路檔案系統。

訊號與徵兆

- 從分散式檔案系統或外部系統讀取資料過慢。

- 對網路檔案系統或 blob 儲存寫入資料過慢。

可能解決辦法

- 推測性調校（設定 `spark.speculation` 為 `true`）可能有助於讀寫過慢，嘗試啟動相同操作的任務，確認第一個任務是否只是短暫問題，推測性執行是很強大的工具並且與一致性檔案系統相容，然而，可能造成一些最終一致性雲端服務，如 Amazon S3，資料重複寫入，所以需確認是否支援所使用的儲存系統連接器。

- 確保充足的網路連接，Spark 叢集可能只是不夠網路頻寬連接儲存系統。

- 對於和 Spark 一起在同樣節點運行的分散式檔案系統如 HDFS，確認 Spark 可以如同檔案系統以相同主機名稱辨識節點，將啟用 Spark 執行在地化意識排程，可以在 Spark UI 看到「在地化」欄位，將在下一章討論更多有關在地化的內容。

驅動器 OutOfMemoryError 或未回應

這是相當嚴重的問題，因為這將會使應用程式崩潰，常發生於收集太多資料回驅動器，使驅動器記憶體耗盡。

訊號與徵兆

- Spark 應用程式未回應或崩潰。

- 驅動器日誌產生 `OutOfMemoryErrors` 或垃圾收集訊息。

- 命令執行很久或未執行。

- 互動很慢或不存在。

- 驅動器 JVM 記憶體使用量很高。

可能解決辦法

有許多可能原因導致此問題發生，診斷不一定會很直接。

- 程式碼可能使用了一些操作如 collect，嘗試收集過大資料集至驅動器節點。

- 可能使用過大的資料做廣播關聯，使用 Spark 的最大廣播關聯設定以更好控制廣播的資料量大小。

- 長時間執行的應用程式在驅動器產生了大量物件且無法釋放，Java 的 *jmap* 工具可以印出堆積直方圖有效查看填滿了驅動器 JVM 記憶體的物件，然而，注意 *jmap* 在執行時會將 JVM 暫停。

- 盡可能增加驅動器記憶體分配，提升可操作資料量。

- JVM 記憶體耗盡問題可能發生在使用另一種程式語言時，如 Python，因為兩種語言間資料轉換會在 JVM 耗用過多記憶體，嘗試確認問題是否與選定的語言相關，並回傳較少資料至驅動器節點，或將資料寫入檔案以取代以記憶體物件形式回傳。

- 如果與其他使用者分享 SparkContext（例如透過 SQL JDBC 伺服器以及一些筆記本環境），確保其他人不會造成驅動器大量記憶體分配的動作（例如在程式碼中操作過大陣列或收集大量資料集）。

執行器 OutOfMemoryError 或未回應

Spark 應用程式有時可以由此情況自動回復，取決於真正的根本問題。

訊號與徵兆

- 執行器日誌中產生 OutOfMemoryErrors 或垃圾收集訊息，可以在 Spark UI 中查看。

- 執行器崩潰或無回應。

- 某些節點任務過慢且未回復。

可能解決辦法

- 增加執行器可用記憶體以及執行器數量。

- 透過 Python 相關設定增加 PySpark 工作器大小。

- 查看執行器日誌中的垃圾收集錯誤訊息，某些任務可能正在執行，特別是使用 UDF 時，可能建立了大量需要垃圾收集的物件。重新分區資料以增加平行度，減少每個任務數據量，以及確保所有執行器取得等量工作。

- 確保空值被正確處理（使用空值），而不是預設「空字串」或「空」，如同先前部分所述。

- 這可能發生在 RDD 或資料集的物件實體化。盡可能使用一些 UDF 與結構化操作。

- 使用 Java 監控工具如 *jmap* 取得執行器上的記憶體耗用堆積直方圖，查看何項類別占最多空間。

- 如果執行器的節點也有其他工作負載（如同時運行鍵值儲存系統等），試著獨立出該 Spark 工作。

結果含未預期空值

訊號與徵兆

- 轉換操作後的未預期空值。

- 以前運作正常的排程生產工作無法執行或產生錯誤結果。

可能解決辦法

- 可能是資料格式改變但商業邏輯卻沒修正，之前運作正常的程式碼不再有效。

- 使用累加器嘗試計數紀錄或某些型態，並跳過紀錄以解析或處理錯誤可能會有幫助，因為預期解析的資料格式可能並不正確；大多時候使用者在解析原始資料為較好操作格式時，會將累加器置於 UDF 中並計數，可計算有效與無效紀錄數並根據事實採取對應操作。

- 確保轉換操作確實產生有效查詢計畫，Spark SQL 的隱式型別強制轉換有時會產生令人困惑結果，例如，SQL 表達式 SELECT 5*"23" 會產生 115，因為字串型別「23」會轉換為整數型別的 23；但是表達式 SELECT 5 * " " 會產生空值，因為空字串轉換為整數會產生空值，確認中間資料及綱要如預期（嘗試使用 printSchema），並查看最終查詢計畫的所有 CAST 操作。

磁碟空間不足錯誤

訊號與徵兆

- 顯示「磁碟空間不足」錯誤且工作失敗。

可能解決辦法

- 最簡單的解決方法是增加更多磁碟空間，增加工作節點空間或連結雲端環境的外部儲存。

- 如果叢集儲存空間有限，某些節點可能因為 資料傾斜而耗盡空間，如前面所述將資料重新分區可能有幫助。

- 有許多儲存設定可以測試，有些可決定日誌在機器上儲存多久才清除，查看第十六章的 Spark 執行器日誌滾動設定以取得更多資訊。

- 嘗試手動移除一些有問題的過期日誌檔案或舊的洗牌檔案，可以幫助減緩問題，雖然並非永久修復。

序列化錯誤

訊號與徵兆

- 顯示序列化錯誤且工作失敗。

可能解決辦法

- 在使用結構化 API 時較不常見，但可能試著在執行器上以 UDF 或 RDD 執行一些客製化邏輯，序列化至執行器的任務或分享的資料無法序列化，這常發生在某些程式碼或資料無法序列化至 UDF 或函式，或使用了無法序列化的特殊資料型別，如果正在使用（或意圖使用 Kryo 序列化），驗證真正註冊的類別以序列化。

- 嘗試不要在 Java 或 Scala 類別內部建立 UDF 時使用任何封閉物件的欄位，這可能造成 Spark 嘗試序列化無法序列化的封閉物件，以相同可視範圍複製相關欄位至本機變數以使用。

結論

本章介紹一些監控及除錯 Spark 工作與應用程式的主要工具，以及常見的議題及解決方法。在除錯任何複雜軟體時，建議採用一個原則，一步步接近除錯問題，增加日誌以了解工作在何處崩潰，以及每個階段接受了什麼型態的資料，嘗試盡可能分隔問題至最小片段程式碼。至於平行運算的資料傾斜議題，使用 Spark UI 快速查看每個任務有多少工作正在執行。在第十九章，將討論以多種工具進行效能調校。

效能調校

第十八章介紹了 Spark 使用者介面（UI）及 Spark 應用程式的基礎，使用該章所介紹的工具，可以確認工作是否有確實執行；然而，有時候也會因為一些理由需要能更快或更有效率的執行，這正是本章主題，在這裡將討論一些能使工作執行更快的選項。

如同監控，調校也有許多層面可以嘗試，例如，如果有一個極快速的網路，將使 Spark 工作更快，因為洗牌常常是 Spark 工作耗費較大的一步，但大多數情況不太可能控制這樣的環境，因此將討論可透過程式碼或設定選項方面的調整。

對 Spark 工作可能有許多想優化的部分，值得逐一說明，以下是一些方向：

- 程式碼層級設計選擇（例如 RDD 對 DataFrame）
- 靜態資料
- 關聯
- 聚合
- 動態資料
- 個別應用程式屬性
- 執行器 Java 虛擬機器（JVM）內部
- 工作器節點
- 叢集與部署屬性

此列表並非全部，但至少是本章討論主題的基礎，此外，有兩種可改變 Spark 工作執行特性的方式，可以**間接**靠設定值或更改執行環境，這些是在 Spark 應用程式或工作中應改善的；另一個選擇是，可以嘗試**直接**改變執行特性，或是在個別工作、階段或任務層級設計，但這幾種修改都是針對應用程式特定功能，對整體效能影響有限；許多則是對**間接**與**直接**皆有影響，之後將逐一清楚說明。

使用良好的監控及工作歷史追蹤可幫助了解如何改善效能，沒有了這些資訊，確認工作效能是否提升會變得很困難。

間接效能強化

如同討論，有許多可協助 Spark 工作執行更快的間接加強方式，將跳過如「改善硬體」這類型淺顯的問題並專注在所可以控制的事。

設計選擇

雖然良好的設計選擇可以優化效能，但常常不會在流程中優先被考慮，在設計應用程式時，做出良好設計選擇是很重要的，因為這不但可以幫助寫出更好的 Spark 應用程式，也可以在外部變化下執行地更穩定且一致，這些稍早已在本書討論過，這邊將再次介紹一些基礎部分。

Scala、Java、Python 與 R

這類問題一般來說很難回答，將取決於使用情境，例如，如果想在執行完大量 ETL 工作後執行一些單一節點機器學習，推薦以 SparkR 程式碼執行萃取、轉換及讀取（ETL），接著再使用 R 大量的機器學習系統執行單一節點機器學習演算法，這可以使用到 R 及 Spark 的強項；如同先前提過很多次的，Spark 的結構化 API 在不同語言間速度及穩定度是一致的，這代表應該使用你擅長或符合使用情境的語言。

當需要引入無法以結構化 API 建立的客製化轉換操作則有些複雜，這可能是 RDD 轉換操作或使用者自訂函式（UDFs），如果使用這些，因為執行特性，所以 R 與 Python 不是個好選擇，轉換語言在定義函式時也較難提供嚴謹的型別及操作保證，使用 Python 為主要應用程式，並且部分移植至 Scala 或撰寫特定 UDF 時使用 Scala 是很強大的技巧，在整個使用性、維護性及效能皆達到得很好的平衡。

DataFrame、SQL、Dataset 與 RDD

此問題也經常出現，答案很簡單，在所有語言中 DataFrame、Dataset 及 SQL 速度都相等，這代表在其中任一個語言使用 DataFrame 效能皆相等，然而，如果想定義 UDF，使用 Python 或 R 時會遇到較多效能問題，使用 Java 及 Scala 則較少，如果想優化效能，應該盡快嘗試使用 DataFrame 及 SQL，雖然所有 DataFrame、SQL 及 Dataset 程式碼皆編譯成 RDD，但使用 Spark 的優化引擎將轉為比手動優化「更好的」RDD 程式碼且花費更少心力，此外，手動優化將無法使用到 Spark 引擎每次更新時加入的最新優化方法。

最後，如果想使用 RDD，推薦使用 Scala 或 Java，如果沒辦法的話，建議在應用程式中限制 RDD 的「範圍」至最小，這是因為 Python 在執行 RDD 程式碼時會序列化很多資料往返程序，這是在執行大數據時是代價昂貴的且會降低穩定性。

雖然這不完全與效能調校相關，但記住，Spark 在不同語言間功能性支援不同是很重要的，這部分已在第十六章討論過。

RDD 物件序列化

在第三篇，簡短的討論了 RDD 轉換操作時可用的序列化函式庫，在處理客製化資料型別時，會想要使用 Kryo（*https://github.com/EsotericSoftware/kryo*）序列化，因為比 Java 序列化更加緊密有效率，然而，需註冊在應用程式中使用的類別是較不方便的。

可以設定 spark.serializer 為 org.apache.spark.serializer.KryoSerializer 以使用 Kryo 序列化，將需要明確地透過 spark.kryo.classesToRegister 以 Kryo 序列器註冊類別，有許多進階的控制參數描述於 Kryo 文件（*https://github.com/EsotericSoftware/kryo*）。

傳入類別名稱至已建立的 SparkConf 註冊類別：

```
conf.registerKryoClasses(Array(classOf[MyClass1], classOf[MyClass2]))
```

叢集設定

此部分影響很大，但因為硬體及使用案例間差異很大所以很難規定，一般來說，監控機器如何執行是優化叢集設定最有價值的部分，特別是在單一叢集執行許多應用程式時（無論是否是 Spark 的）。

叢集／應用程式大小與分享

有些是資源分享與排程問題，然而，如何在叢集層級或應用程式層級分享資源有很多選項，查看第十六章後段內容以及第十七章所列出的一些設定。

動態分配

Spark 提供了依工作負載動態調整應用程式所佔據資源的機制，這代表應用程式不再使用資源後可以將資源還回叢集，下次有需求時再請求，此設定在多個應用程式於 Spark 叢集分享資源時特別有用，預設是關閉的，在所有粗粒度叢集管理器皆可使用，即獨立模式、YARN 模式、Mesos 粗粒度模式，如果想啟用此機制，設定 spark.dynamicAllocation.enabled 為 true，Spark 文　件（*https://spark.apache.org/docs/latest/job-scheduling.html#configuration-and-setup*）提供了更多可調校的個別參數。

排程

在經歷前述章節後，討論了許多不同的潛在優化方式，可以排程器池協助 Spark 工作平行執行，或以某些設定如動態分配或 max-executor-cores 協助 Spark 應用程式平行執行，排程優化和一些研究與實驗相關，但是透過設定 spark.scheduler.mode 為 fair 來讓不同使用者共享資源，以及設定 max-executor-cores 來指定最大執行器核心數是最快的方式。可以依據叢集管理器設定 spark.cores.max 修改預設值，此參數可確保應用程式不會取得所有叢集資源，叢集管理器也提供了一些有助於優化多個 Spark 應用程式的基礎排程，如第十六章與第十七章所討論的。

靜態資料

儲存資料時，同一份資料常常會被組織內其他人多次讀取以進行許多不同的分析，在大數據專案中確保資料儲存後可以被有效的讀取是很重要的，這牽涉儲存系統選擇、資料格式選擇以及一些優化特色如資料分區的使用。

基於檔案的長期資料儲存

有許多不同檔案格式可以使用，從最簡單的逗號分隔值（CSV）與二進位 blob，到較複雜的格式如 Apache Parquet，最簡單的優化 Spark 工作方式是在儲存資料時遵循規範並盡可能選擇最有效率的儲存格式。

一般來說應該盡量採用結構化二進位型態儲存資料，特別是會經常讀取資料時，雖然「CSV」似乎有良好結構，但是在解析時很慢，而且有許多特殊案例及痛點，例如，不適當地換行符號在讀取大量檔案時常造成很大的麻煩，可以選擇最有效率的檔案格式是 Apache Parquet，Parquet 以欄位導向二進位型態儲存資料，並且追蹤關於每個檔案的統計資料，可以很快的略過部分檔案不用進行完整查詢，透過內建 Parquet 資料源與 Spark 很好的整合在一起。

可分割的檔案型態與壓縮

無論選擇什麼檔案格式，應該確保它是「可分割的」，這代表不同任務可以平行地讀取檔案的不同部分，已在第十八章看到它的重要性，讀取檔案時所有核心都可以做部分工作，這是因為檔案是可分割的，如果沒有使用可分割的檔案格式，例如格式不良的 JSON 檔案，必須在單一機器讀取整個檔案，大大地降低了平行化。

可分割性主要特別之處是壓縮格式，ZIP 檔案或 TAR 檔案無法分割，代表即使有 10 個 ZIP 檔案與 10 個核心，因為無法平行化 ZIP 檔案，所以只有一個核心可以讀取檔案，這在資源使用上是很糟糕；相反地，使用 gzip、bzip2 或 lz4 壓縮的檔案一般在平行處理框架如 Hadoop 或 Spark 下是可分割的。對輸入資料來說，最簡單的分割方式是以多個檔案上傳，最好每個檔案大小不超過幾百 MB。

資料表分區

已在第九章討論了資料表分區，此處將再次提醒此重點，資料表分區以不同鍵值目錄參考至儲存檔案，例如資料中日期欄位，儲存管理器如 Apache Hive 支援此概念，可作為 Spark 內建資料來源，正確分區資料使 Spark 在只需要特定鍵值範圍資料時可以略過許多不相關檔案，例如，如果使用者經常以「日期」或「客製化 ID」過濾資料，就將資料以這些欄位分區，這會大量減少終端使用者查詢時必須讀取的資料量，有效地增加速度。

然而分區有一個缺點，如果分區粒度過細時會造成許多小檔案，嘗試在檔案系統中列出所有檔案會造成額外花費。

分桶（Bucketing）

之前也在第九章討論了分桶，但是要在此重述，分桶資料的重要性是讓 Spark 可以根據關聯或聚合，可能被使用者執行的方式「預分區」資料，可以改善效能及穩定度，因為資料可以被均勻的分散至各分區，而不是只傾斜在一或兩個分區，例如，如果某欄位經常在讀取資料後立即被關聯，可以使用分桶以確保資料有被良好分區，這可以幫助在關聯前避免洗牌並協助加速資料讀取，分桶一般來說作為分區之後的第二個分割資料方式。

檔案數量

在以分區及分桶組織資料外，也需考慮儲存的檔案數量及大小，如果有許多小檔案，在列出與讀取時會造成花費，例如，如果從 Hadoop 分散式檔案系統（HDFS）讀取資料，此資料以資料塊儲存，大小最大至 128MB（預設），這代表如果有 30 個檔案，每個 5MB，你可能需要請求 30 個資料塊，但相同資料也可能只請求 2 個資料塊（共150MB）。

雖然資料儲存方式不是萬靈丹，但是還是會有些權衡如下，許多小檔會使排程器較難定位資料與讀取所有檔案，這可能增加網路與排程器的工作負擔；較少的大檔可以減輕排程器負擔，但是會使任務執行較久，在案例中，如果想達到平行，可以執行比輸入檔案更多的任務，如果使用的是可分割檔案格式，Spark 可以將每個檔案分割以分成多個任務，一般來說，推薦限制檔案大小為每個檔案至少幾十 MB 資料。

其中一個在寫入資料時控制資料分區的方式是透過 Spark 2.2 的寫入選項，可以指定 maxRecordsPerFile 選項至寫入操作，控制將多少資料寫成單一檔案。

資料在地化

另一個分享叢集環境很重要的 方向是資料在地化。資料在地化指定了特定節點保持特定資料的偏好，而非透過網路交換資料塊，如果執行的儲存系統與 Spark 節點相同，系統支援在地化提示，Spark 會嘗試排程任務為距離每個資料塊較近，例如 HDFS 儲存裝置也提供了此選項，有許多設定會影響在地化，但如果 Spark 偵測到使用本地儲存系統時預設是開啟的，將會在 Spark 網頁 UI 上看到資料讀取任務標示為「本地」。

統計資料收集

Spark 內部建立了查詢優化器，可以在使用結構化 API 時根據適當輸入資料擬定查詢計畫，然而，為了讓優化器能做出此種決定，需要收集（並維護）使用資料表的統計資料，統計資料共分兩種：資料表層級與欄位層級統計資料。統計資料收集只在具名資料表可以使用，無法在任意 DataFrame 或 RDD 使用。

執行以下命令可以收集資料表層級統計資料：

```
ANALYZE TABLE table_name COMPUTE STATISTICS
```

指定欄位名稱則可以收集欄位層級統計資料：

```
ANALYZE TABLE table_name COMPUTE STATISTICS FOR
COLUMNS column_name1, column_name2, ...
```

欄位層級統計資料收集較慢，但是可以提供優化器較多該欄位的資訊，兩種統計資料皆可以協助關聯、聚合、過濾以及其他操作（例如進行廣播關聯時自動選擇），這是 Spark 快速成長的一部分，未來依據統計資料的不同優化方法可能會被陸續加入。

 可以在 JIRA 議題上追蹤已花費為基礎的優化方法進度（*https://issues. apache.org/jira/browse/SPARK-16026*），也可以特過 Spark-16026（*https:// issues.apache.org/jira/browse/SPARK-16026*）設計文件查看及學習此特色，此部分在撰寫書籍時仍正在發展中。

洗牌設定

設定 Spark 外部洗牌服務（如第十六章及第十七章討論）通常可以提高效能，因為允許節點在執行器忙碌時（例如垃圾收集），可以從遠端機器讀取洗牌資料，但可能也會造成複雜性及維護性花費，所以並不一定需要在部署中採用，除了設定外部洗牌服務之外，也有許多關於洗牌的設定，如每個執行器並行的連接數，通常使用預設值就可以了。

此外，對於 RDD 的工作，序列化格式在洗牌效能上有很大的影響，Kryo 較 Java 序列化好，如同第 319 頁「RDD 物件序列化」所述，對所有工作而言，洗牌的分區數量是很重要的，如果分區數太少，太少節點能使用將導致傾斜；但是如果分區過多，則會在啟動上造成較多花費，試著讓洗牌的每個輸出分區有至少幾十 MB 資料。

記憶體壓力與垃圾收集

在執行 Spark 工作期間，執行器或驅動器可能過慢完成任務，因為缺少了足夠記憶體或「記憶體壓力」所導致，應用程式在執行期間使用了太多記憶體、垃圾收集執行太頻繁或 JVM 垃圾收集執行過慢，其中一種減緩此問題的策略是盡可能使用結構化 API，這不但會增加 Spark 工作執行效率，也會大幅減少記憶體壓力，因為這沒有使用 JVM 物件，Spark SQL 只是使用內部格式執行運算。

Spark 文件包含了一些基於應用程式 RDD 與 UDF 垃圾收集調校很好的方針，將在下一個部分中介紹。

測量垃圾收集的影響

垃圾收集調校的第一步是收集發生頻率與花費時間的統計資料，可以使用 spark.executor.extraJavaOptions 設定參數將 -verbose:gc -XX:+PrintGCDetails -XX:+PrintGCTimeStamps 加入 Spark 的 JVM 選項，下次執行 Spark 工作時，可以看到每次垃圾收集發生時會將訊息印在工作器的日誌，這些日誌將在叢集的工作器節點（在工作目錄的標準輸出檔案），而不是驅動器。

垃圾收集調校

為了進一步調校垃圾收集，首先需要了解一些關於 JVM 記憶體管理的基本資訊：

- Java 堆積空間分為兩個區域：新世代與舊世代，新世代維護短生命週期物件；舊世代則維護長生命週期物件。

- 新世代進一步可分為三個區域：伊甸園區、倖存者區 1 與倖存者區 2。

以下是垃圾收集流程的簡單描述：

1. 當伊甸園區滿了，伊甸園區會執行次要垃圾收集，伊甸園區與倖存者區 1 存活的物件都會被複製到倖存者區 2。

2. 倖存者區被交換。

3. 如果物件存在夠久或倖存者區 2 滿了，物件會被移至舊世代儲存區。

4. 最後，當舊世代區接近滿了，完整的垃圾收集將會啟動，追蹤所有堆積上的物件、刪除未參考物件以及移動其他物件至未使用空間，所以垃圾收集操作常常是最緩慢的。

Spark 中垃圾收集調校的目標是確保只有長生命週期的快取資料集可以存於舊世代，新世代則有效率的調整空間以儲存短生命週期物件，避免完整垃圾收集，只收集任務執行期間建立的暫時物件，某些步驟可能會有幫助。

透過垃圾收集的統計資料，可以查看是否執行太頻繁，如果完整垃圾收集在任務完成前調用了許多次，代表沒有足夠記憶體執行任務，應該減少 Spark 快取的記憶體使用量（(spark.memory.fraction)）。

如果次要垃圾收集太過頻繁，甚至大於主要垃圾收集，配置更多記憶體至伊甸園區可能可以得到改善，設定伊甸園區大小較任務記憶體需求高一些，如果伊甸園區是 E，你可以使用 -Xmn=4/3*E 選項設定新世代大小（放大 4/3 倍為倖存者區使用空間）。

舉例來說，如果任務是從 HDFS 讀取資料，任務使用的記憶體量可由 HDFS 讀取的資料塊大小估計，注意解壓縮的區塊尺寸常常會是 2 到 3 倍，所以如果想有三或四個任務的工作空間，HDFS 區塊大小是 128MB 的話，可以預估伊甸園區尺寸為 43,128MB。

嘗試以 -XX:+UseG1GC 進行 G1GC 垃圾收集，在某些垃圾收集為瓶頸且無法減少大小時可以改善效能，注意在使用較大執行器堆積時，以 -XX:G1HeapRegionSize 增加 G1 區域大小是很重要的。

監控新設定下垃圾收集頻率及次數的改變。

過去經驗是垃圾收集調校的影響取決於應用程式與可用的記憶體量，更多的調校選項於網頁上描述，由高階角度來看，管理完整垃圾收集發生頻率可以幫助減少過載，可以在工作中設定執行器 spark.executor.extraJavaOptions 指定垃圾收集調校旗標。

直接效能強化

在先前內容，介紹了一些適合所有工作效能優化，進入此部分及解決方案前先掠過先前幾頁，此處解決方案是特定階段或工作的「OK 繃」，需要分開檢視及優化每個階段或工作。

平行

在嘗試加速特定階段時首先應該先增加平行度，一般來說，如果階段處理大量資料，建議叢集中每個 CPU 至少有 2 或 3 個任務，透過 spark.default.parallelism 屬性設定並根據叢集中核心數調校 spark.sql.shuffle.partitions。

過濾改善

另一個經常進行的效能強化是盡可能將條件過濾移動至早期的 Spark 工作，有時這些過濾會被推至資料來源本身，這代表可以避免讀取這些不相關的資料至最終結果，啟用分區與分桶也可以有所幫助，盡可能提早過濾資料，Spark 工作將會執行的更快。

重分區及合併

重分區呼叫可能造成洗牌，然而，有時重分區可以在叢集中平衡資料以優化整個工作的執行，一般而言，應該盡可能洗牌最少的資料，為了此理由，如果正在嘗試減少DataFrame 或 RDD 的整個分區數量，首先應該嘗試 coalesce 方法，這將不會執行洗牌，而是會在相同節點合併分區為單一分區，repartition 方法雖然較慢但可以跨網路洗牌資料以達到負載平衡，重分區在執行關聯或呼叫 cache 前特別有幫助，記得重分區並非免費，但是可以改善整個應用程式效能及工作平行度。

客製化分區

如果工作仍然過慢或不穩定，也可以從 RDD 層級執行客製化分區，定義客製化分區函式，將資料在叢集間組織為較 DataFrame 層級精確度更細的層級，這是較少見的需求，但是也是個選項，查看第三篇以取得更多資訊。

使用者定義函式（UDFs）

一般來說，避免 UDF 是很好的優化方向，UDF 是昂貴的，因為強制資料在 JVM 中呈現為物件，而且有時候在查詢中進行多次，應該盡可能使用結構化 API 執行操作，因為這會以較高階語言操作更有效率的方式進行轉換操作，使資料可以在批次中 UDF 使用的工作仍在持續進行中，例如 Python 的向量化 UDF（*https://issues.apache.org/jira/browse/SPARK-21190*）擴展可以使用 Pandas dataframe 一次給程式碼多筆紀錄，第十八章有討論UDF 及它的執行成本。

暫時資料儲存（快取）

在重複使用相同資料集的應用程式中，其中一個實用的優化方法是快取。快取會將DataFrame、資料表或 RDD 放入叢集中不同執行器的暫時儲存（記憶體或磁碟），並使後續的讀取更快速，雖然快取可能聽起來像可以隨時使用，但是他也有一些缺點，因為快取資料會發生序列化、反序列化以及儲存花費，例如，如果只打算處理資料集一次（在後續的轉換操作中），快取只會讓應用程式更慢。

快取的使用案例很簡單：當你在 Spark 中操作資料，不論是互動式 session 或獨立應用程式，想要重複使用某些資料集（例如 DataFrame 或 RDD），例如，在互動式資料，可能讀取與清除資料並重複使用多個統計模型；或著在獨立應用程式中，執行重複使用相同資料集的迭代演算法，此時可以讓 Spark 在 DataFrame 或 RDD 上使用 cache 方法快取資料集。

快取是惰性操作的，代表只在被存取時被快取，RDD API 及結構化 API 在實際執行快取時不同，在介紹儲存層級之前重新檢視這些細節，當快取一個 RDD，實際上快取了物理上真實的資料（例如位元），當此資料再次被存取時，Spark 將返回對應資料，這是透過 RDD 參考完成；然而，在結構化 API 中，快取依靠物理計畫完成，這代表有效地儲存物理計畫為鍵值（與物件參考不同），在結構化工作執行前執行查詢。這可能造成困惑，因為有時期望存取原始資料而不是快取的資料，在使用時需記住此特色。

有不同的**儲存層級**可以用來快取資料指定儲存型態，表 19-1 列出了這些層級。

表 19-1　資料快取儲存階級

儲存層級	意義
MEMORY_ONLY	儲存 RDD 為 JVM 中反序列化 Java 物件，如果 RDD 不適合記憶體，某些分區將不會被快取，並在每次需要時重新計算，這是預設設定。
MEMORY_AND_DISK	儲存 RDD 為 JVM 中反序列化 Java 物件，如果 RDD 不適合記憶體，將不適合分區儲存於磁碟，並在需要時讀取。
MEMORY_ONLY_SER (Java and Scala)	儲存 RDD 為序列化 Java 物件（每個分區 1byte 陣列），一般來說空間上比反序列化物件更有效率，特別是使用快速序列器時，但是會用更多的 CPU 來讀取。
MEMORY_AND_DISK_SER (Java and Scala)	類似 MEMORY_ONLY_SER，但是將不符合記憶體的分區轉至磁碟，以取代需要時的重新計算。
DISK_ONLY	只在磁碟儲存 RDD 分區。
MEMORY_ONLY_2, MEMORY_AND_DISK_2, etc.	與前面層級相同，但是在兩個叢集節點上複製每個分區。
OFF_HEAP (experimental)	類似 MEMORY_ONLY_SER 但是儲存資料於非堆積記憶體，這需要啟用非堆積記憶體。

更多這些選項的資訊可查看第 282 頁的「記憶體管理設定」。

圖 19-1 顯示簡單的流程描述，從 CSV 檔案讀取初始的 DataFrame，並且使用轉換操作從中衍生一些新的 DataFrame，可以增加快取以避免必須重新計算原始 DataFrame（例如讀取與解析 CSV 檔案）多次。

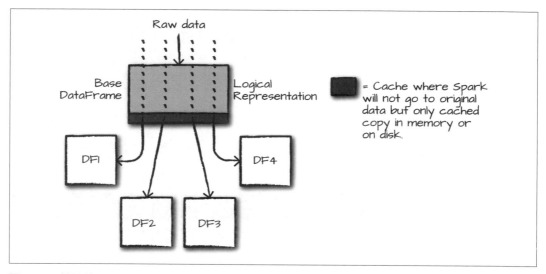

圖 19-1　快取的 DataFrame

透過程式碼介紹：

```
# 在 Python 中
# Original loading code that does *not* cache DataFrame
DF1 = spark.read.format("csv")\
  .option("inferSchema", "true")\
  .option("header", "true")\
  .load("/data/flight-data/csv/2015-summary.csv")
DF2 = DF1.groupBy("DEST_COUNTRY_NAME").count().collect()
DF3 = DF1.groupBy("ORIGIN_COUNTRY_NAME").count().collect()
DF4 = DF1.groupBy("count").count().collect()
```

「惰性」建立的 DataFrame（DF1），以及其他三個 DataFrame 存取 DF1，所有下游 DataFrame 只分享共同來源（DF1）並且執行與前述程式碼重複的工作，在此案例中只是讀取及解析原始 CSV 資料，但是有時可能是密集流程，特別是對大資料來說。

在機器中那些命令需花費一到兩秒執行，幸運地是快取可以幫助加速，當請求快取 DataFrame，Spark 會在第一次計算時將資料儲存至記憶體或磁碟，任何 之後的查詢，都將會參考至儲存於記憶體的而非原始檔案，使用 DataFrame 的**快取**方法：

```
DF1.cache()
DF1.count()
```

使用上述計數以直接緩存資料（基本上執行行動操作以強制 Spark 儲存至記憶體），因為快取是惰性的，資料只有在第一次在 DataFrame 上執行行動操作時快取，現在資料已被快取，前述命令將變得更快，在執行下列程式碼時可看見：

```python
# 在 Python 中
DF2 = DF1.groupBy("DEST_COUNTRY_NAME").count().collect()
DF3 = DF1.groupBy("ORIGIN_COUNTRY_NAME").count().collect()
DF4 = DF1.groupBy("count").count().collect()
```

再次執行程式碼將節省時間超過一半！這並不奇怪，想像建立大資料集或需要大量計算時使用（並非只讀取檔案），此儲存可以很廣泛，也很適合迭代的機器學習工作負載，因為需要存取相同資料很多次。

Spark 的**快取**命令預設將資料放入記憶體，如果叢集記憶體已滿則只快取部分資料集，為了取得更多控制，persist 方法使用 StorageLevel 物件以指定於何處快取資料：在記憶體、在磁碟或兩者。

關聯

關聯是常見的優化區域，在優化關聯時最大的武器是了解每個關聯做了什麼以及如何執行，這對於優化有很大的幫助，此外，相等關聯對 Spark 而言最容易優化，應該盡可能優先使用，嘗試更改關聯順序的內部關聯過濾，可能大幅度提升速度，使用廣播關聯可以協助 Spark 在使用查詢計畫時進行智慧執行計畫，如第八章所述。盡量避免笛卡爾關聯或完整外部關聯常是穩定度及優化的目標，因為在查看整個資料流程而非其中某個特定工作區域後，常常可以優化為不同過濾型態的關聯；最後，遵循此章其他部分內容可能會對關聯有明顯影響，例如，在關聯前收集資料表統計資料將幫助 Spark 做出智慧關聯決定，將資料適當分桶也可以幫助 Spark 避免在關聯時發生大量洗牌行為。

聚合

大多數情況下，除了在聚合前過濾資料，並保持有足夠分區數量之外，沒有太多方式可以優化特定的聚合，然而，如果使用 RDD，控制聚合實際執行方式（例如可能在 groupByKey 後使用 reduceByKey）可以協助並改善程式碼速度及穩定度。

廣播變數

在前面章節提過廣播關聯與變數，這是個優化的好選項，基本的前提是如果一些大片段資料在跨程式的多個 UDF 呼叫中使用，可以廣播它以在每個節點儲存副本，避免在每個工作重複發送這些資料，例如，廣播變數在儲存查詢資料表或機器學習模型時很實用，也可以使用 SparkContext 建立廣播變數以廣播任意物件，並且在任務中參考這些變數，如第十四章所討論。

結論

有許多不同優化 Spark 應用程式效能並且執行更快成本更低的方式，一般來說，主要優先順序是（1）透過分區與有效率的二進位格式如同小資料般讀取資料（2）確保平行化足夠，在分區時叢集上的資料並無傾斜（3）盡可能使用高階 API 如結構化 API，使用已優化過的程式碼，如同其他軟體優化工作，也應該確保在工作中優化對的操作：第十八章所述的 Spark 監控工具可查看花費最長時間的階段，一旦辨識出可優化的工作，本章中所述工具將可為使用者最重要的效能優化部分。

## 第五篇

串流

## 第二十章

串流處理基礎

串流處理是許多大數據應用程式的關鍵需求。一旦應用程式計算的是有價值的東西 - 譬如客戶活動的報告或新的機器學習模型－組織希望在生產環境中持續計算該 KPI。如此一來,規模大小不一的組織開始採用串流處理(甚至通常是新型應用程式的第一版)。

幸運的是,Apache Spark 對串流高度支援已經有悠久的歷史。2012 年該專案項目包含 Spark Streaming 及其 DStreams API,是首批實現串流處理的 API 之一,並使用 map 和 reduce 之類的高階函式運算子。現在有數百間企業在生產環境中使用 DStream 進行大型即時應用,通常每小時會處理數 TB 的資料。它與 Resilient Distributed Dataset(RDD)API 非常相似,但 DStreams API 是基於 Java / Python 物件,這是相對低階的操作,限制了高階優化的機會。因此,在 2016 年,Spark 項目增加了結構化串流(Structured Streaming),直接在 DataFrame 上建構的新串流 API,並提供豐富的優化,此外與其他使用 DataFrame 和 Dataset 的原始碼整合也非常容易。結構化串流 API 在 Apache Spark 2.2 中已標記為穩定,並且在 Spark 社群中也反映出它迅速地被採用。

本書僅關注結構化串流 API,它直接與本書前面討論過的 DataFrame 與 Dataset API 整合。對於撰寫新的串流應用程式它是一個可以納入採用的框架。若你對 DStreams 感興趣,那麼許多其他書籍都有介紹此 API,包括幾本 Spark Streaming 專門的書籍,例如 Francois Garillot 和 Gerard Maas 的 *Learning Spark Streaming*(O'Reilly,2017)。 與 RDD 和 DataFrames 之間的關係相同,結構化串流提供了 DStreams 大部分功能的超集合(superset),並且由於自動產生程式碼(code generation)和 Catalyst 優化器,通常表現更好。

在討論 Spark 串流 API 之前，下列將正式定義串流和批次處理。本章將討論一些後續介紹串流處理時需要用到的核心概念。在此不會深入探討此主題，但會涵蓋足夠的概念，讓你了解此領域的系統。

何謂串流處理？

串流處理是不斷結合新資料來計算結果的行為。串流處理中，輸入的資料沒有邊界沒有預定的開始或結束。它的形式很簡單，就是一系列到達串流處理系統的事件（例如，信用卡交易網站點擊或物聯網（IoT）裝置的感測器資料）。使用者應用程式可以透過事件串流進行各種查詢（例如追蹤每種類型事件的出現次數，或將資料聚合到每小時的視窗（window）中）。應用程式將在運行時隨著時間輸出多個版本的結果，或是在外部「匯聚端」系統（如鍵值對儲存系統）中保持最新狀態。

當然可以將串流處理與**批次處理**進行比較。批次計算會輸入固定的資料集。通常可能是資料倉儲中的大型資料集，其中包含應用程序相關的事件（例如過去一個月所有網站的到訪記錄或感測器的資料）。批次處理也需要一個查詢邏輯，這類似於串流處理但僅計算結果一次。儘管串流和批次處理聽起來不同，但在實作中它們經常需要協同工作。例如，串流應用程式通常需要將輸入資料與批次處理作業定期寫入的資料集進行**關聯**，串流工作的輸出通常是批次處理作業中查詢的對象（例如檔案或表格）。此外，應用程式中的任何商業邏輯都需要在串流處理和批次處理執行中保持一致：例如以自訂程式碼來計算客戶的結算金額，分別以串流和批次處理的方式執行所獲得的結果可能不同！為了滿足這些需求，結構化串流（Structured Streaming）從一開始就設計成能與 Spark 其它元件**輕鬆互動操作**（包括批次處理的應用程式）。實際上，結構化串流的開發人員創造了「**連續型應用程式**（*continuous application*）」此名詞，它用以處理端到端（end-to-end）應用程式（*http://bit.ly/2bvecOm*），這包括串流、批次和互動式工作。這些工作都可以處理相同的資料並提供最終產出。結構化串流的重點是以端到端方式構建此類應用程式時變得簡單，而不是僅僅停留在串流等級處理每筆記錄。

串流處理的使用案例

前面將串流處理定義為在無邊際的資料集內進行遞增式的處理。這種說法看似有點奇怪。在了解串流的優缺點前，讓我們解釋一下什麼情況可能會想要使用串流。以下將描述六種常見的案例，這些例子來自各種串流處理系統的不同需求。

通知和告警

最顯著的串流可能與通知和告警的使用案例有關。在一系列事件中，如果某事件或一系列事件發生，則觸發通知或告警機制。這不一定意謂著自主或預先以程式定義好的決策；告警也可用於通知需要採取某些行動。一個可能的例子為物流中心向某位員工發出提示，並告之需要從倉庫的某處拿取某項物品並運送給客戶。無論是上述何種案件下，通知都需要即時發出。

即時報表

許多企業運用串流系統來實現任何員工都可查看的即時儀表板。例如，本書的作者每天在 Databricks 中利用結構化串流運行即時報告儀表板（本書的兩位作者都在這家公司服務）。這些儀表板可用來監控整體平台使用情況、系統負載、正常運行時間，甚至是新推出的功能以及其他應用程式的使用情況。

遞增式 ETL

最常見的串流應用程式之一便是降低公司將資料萃取出來並寫入資料倉儲的作業時間－簡言之即為「將批次處理工作串流化」。Spark 批次處理作業通常用於萃取、轉換和載入（ETL）工作，這些工作將原始資料轉換為 Parquet 等結構化格式以實現高效能的查詢。使用結構化串流，這些工作可以在數秒鐘內合併新資料，讓使用者能夠更快地在下游系統中進行查詢。在這類使用案例中，至關重要的是資料僅被處理一次（exactly once）並容錯：通常不希望在寫入倉儲前丟失任何資料，但也不希望重複寫入相同的資料。此外，串流式系統需要以交易（transaction）的方式對資料倉儲進行更新，以免部分寫入的資料混淆了執行中的查詢。

即時地更新資料以滿足服務

串流系統經常以交互式的方式計算來自另一個應用程式的資料。例如，Google Analytics 等網路分析產品可能會持續追蹤每個網頁的訪問次數，並使用串流系統，使這些計數保持最新。當使用者與產品的 UI 互動時，此 Web 應用程式將查詢最新的計數。要能達成此案例需要一些條件，串流系統要能夠對鍵值式儲存系統（或其它系統）執行**遞增式**更新，並且經常需要這些更新是交易性（*transactional*）的，以避免執行 ETL 時破壞應用程式中的資料。

即時決策

串流式系統上的即時決策，涉及了分析新的輸入資料，並以商業邏輯自動的進行回應。此使用案例為某間銀行希望基於近期的歷史交易記錄，自動驗證客戶信用卡上的新交易是否有盜刷疑慮，若刷卡被判定為盜刷則拒絕交易。此決策需要在處理每筆交易時即時進行，因此，開發人員可以在串流系統中實作此商業邏輯，並在交易串流上運行。這類應用程式可能需要維護每個用戶的大量狀態，以追蹤消費模式，並自動將此狀態與新交易進行比對。

線上機器學習

即時決策使用案例的衍生應用為線上機器學習。在此案例中，你可能希望對多個使用者的串流和歷史資料的組合訓練模型。此案例可能比上述信用卡交易案例更為複雜：公司可能希望不斷更新所有客戶行為的模型並透過模型測試每筆交易（而不是基於單一客戶寫死程式碼規則）。對串流處理系統而言，這是最具挑戰性的課題，因為需要跨多個客戶進行聚合、關聯靜態資料集、與整合機器學習函式庫，以及低延遲的反應時間。

串流處理的優點

在了解一些串流使用案例後，讓我們分析一下串流處理的優點。在大多情況下，批次處理更容易理解、排除錯誤與實作。此外，批次處理資料的能力比起多數串流系統有更高的資料處理吞吐量。但是，在兩種情況下，串流處理是必不可少的。首先，串流處理可以降低延遲：當應用程式需要快速反應時（在幾分鐘幾秒或幾毫秒的時間範圍內），將需要一個串流系統，可以將狀態保留在記憶體中獲得可接受的性能。前面描述的許多決策和告警案例都屬於此類。其次，串流處理在結果更新方面，也比重複進行批次處理工作更有效率，（因為會自動遞增）。例如若要統計過去 24 小時內的網路流量，一個比較直接的作法是以批次處理，每次運行時掃描 24 小時內所有的資料。相比之下，串流式系統可以記住先前計算的狀態，並且僅對新的資料計數。

若希望串流系統每小時更新一次報告，則它每次僅需處理 1 小時內的資料（自上次計算完後以來的新資料）。在批次處理系統中，則要手動實作這些遞增計算才能獲得相同的效果，這使得必須額外做很多串流系統已經自動實現的功能。

串流處理的挑戰

前面說明了串流處理的動機和優點，如你所知的，天下沒有白吃的午餐。以下將討論一些在串流操作上的挑戰。以下假設一個案例應用程式將從感測器接收輸入訊息（例如在汽車內），感測器會在不同時間回報偵測值。因為希望在串流訊息中搜尋特定值或某些值的模式。一個具體的挑戰是，輸入的記錄到達應用程式端時沒有一定順序的：由於延遲和重傳機制，收到事件的順序可能如下，其中 time 欄位是實際測量的時間點：

```
{value: 1, time: "2017-04-07T00:00:00"}
{value: 2, time: "2017-04-07T01:00:00"}
{value: 5, time: "2017-04-07T02:00:00"}
{value: 10, time: "2017-04-07T01:30:00"}
{value: 7, time: "2017-04-07T03:00:00"}
```

不論在任一種資料處理系統中，都可以將邏輯建構為：若收到值為「5」的事件就執行某些行動。在串流系統中，可以快速回應這類獨立事件。然而，如果想根據收到特定順序的值之後才觸發某些操作，那麼會變得相當複雜，例如，先收到 2 然後 10 再來 5。在批次處理的情況下這並不特別困難，因為可以簡單地按 time 欄位對所有事件進行排序，然後確認 10 的發生順序確實在 2 到 5 之間。但，這對串流處理系統來說較難達成。原因是串流系統會單獨接收每個事件，這需要追蹤事件中的某些狀態來記住 2 和 5 事件，並意識到 10 事件發生在它們之間。在串流上記住這種狀態會帶來更多挑戰。若擁有巨量的資料（例如數百萬個感測器產生的事件串流）並且狀態本身容量很大該如何處理？若系統中的機器出現故障，遺失某些狀態怎麼處理？若負載不平衡且某台機器運行緩慢怎麼辦？當某些事件的分析「完成」時，應用程式該如何向下游消費者發出信號（例如模式 2-10-5 沒有出現）？維持一段固定的時間即可，還是要無限期地記住狀態？這些和其他的挑戰（如需要系統支援事務性的輸入和輸出）在想要部署串流應用程式時就可能會出現。

總結一下，前一段和其他幾段中描述的挑戰如下：

- 根據應用程式時間戳（也稱為事件時間）處理亂序的資料

- 維持大量的狀態

- 支援高資料吞吐量

- 儘管機器出現故障，但每個事件仍僅能被處理一次

- 處理負載不平衡和落後情況

- 低延遲回應事件

- 關聯位於其它儲存系統中的外部資料

- 決定在新事件抵達時，如何更新輸出匯聚端

- 以交易性的方式將資料寫入輸出系統

- 在執行期更新應用程式的商業邏輯

這些主題中每一個都是大規模串流系統中，研究和開發的活躍領域。要了解不同的串流系統如何應對這些挑戰，以下將介紹一些你將在其中看到的，最常見的設計概念。

串流處理設計要點

為了克服所描述的各項挑戰（包括高吞吐量、低延遲和處理亂序資料），有多種方法來設計串流系統。在描述 Spark 可用的選項前，我們先說明串流處理系統最常見的設計要點。

一次性記錄與陳述式 API

設計串流 API 最簡單方法，就是將每個事件傳遞給應用程式並以自訂的程式碼做應對的處理。這是許多早期串流系統（像是 Apache Storm）的實作方法，當應用程式需要完全掌控資料的處理時，它有重要的地位。提供這種**一次性記錄**（*record-at-a-time*）的串流 API。但這僅為使用者提供一個「管道（plumbing）」集合，將事件共同連接到一個應用程式中。而這些系統並只有改善稍早描述的那些複雜問題，例如維持狀態需由應用程式管理。以一次性記錄 API 來實作的話，需要負責追蹤長時間週期裡的事件狀態。一段時間後將其刪除以清出空間，並需要在失敗後以不同方式處理重複事件。

正確地撰寫這些系統的程式可能非常具有挑戰性。從本質上來講，低階 API 需要深厚的專業知識才能開發和維護。因此，許多較新的串流系統提供**陳述式**（*declarative*）API，應用程式指定遇到事件時要計算的內容**為何**，但不說明要**如何**計算以及如何從失效中恢復。例如，Spark 的原始 DStreams API 提供了基於 *map*、*reduce*，和 *filter* 等在串流上操作的函數式 API。內部 DStream API 會自動追蹤每個運算子處理的資料量，可靠地保存任何相關狀態，並在需要時從失敗中恢復計算。像是 Google Dataflow 和 Apache Kafka Streams 等系統也提供了類似的函數式 API。但 Spark 的結構化串流 API 則更進一步，從**函數式**操作切換到**關聯式**（類似 SQL 操作），無需撰寫程式就能實現更豐富的執行並且自動優化。

事件時間與處理時間

對於陳述式 API 來說，其次須注意的問題是系統原生有無支援**事件時間**（*event time*）。事件時間處理是基於來源資料中各個記錄的時間戳。來處理資料的方式，而不是用串流應用程式接收到記錄的時間（稱為**處理時間**（*processing time*））。特別是使用事件時間時，記錄可能**無序地**到達系統（例如事件來自不同的網路），並且不同來源的資料彼此之間可能不同步（某些記錄可能比同一事件時間的其他記錄晚到達）。如果應用程式從可能延遲的資料來源收集資料（如手機或物聯網設備），則事件時間處理能力至關重要：沒有它，當一些資料遲到時，你會錯過重要的模式。相反，如果你的應用程式僅處理本機端事件（例如，在同一資料中心生成的事件），那麼你可能不需要複雜的事件處理。

使用事件時間時，有幾個應用程式須共同關注的要點，包括允許系統合併遲到事件的狀態，並決定何時給定的事件時間的視窗，該次輸出結果才是安全的（如系統可能已經接收到該時間點前的所有輸入時）。因此，許多陳述式系統（包括結構化串流）API「原生」即整合了事件時間處理能力，這樣一來，這些問題在應用程式中可以被自動處理掉。

連續性與微批次執行

經常會看到最終設計上大概會是連續性與微批次架構的選擇。在基於**連續性處理**（*continuous processing*）的系統中，系統中的每個節點都在不斷地監聽來自其他節點的訊息並向其子節點輸出更新。以下說明假設應用程式在多個輸入串流上實作 map-reduce 計算。

在連續性處理系統中，執行 map 邏輯的各個節點，會從輸入來源依序讀取事件記錄，並進行計算，隨後將它們發送到適當的 reducer。Reducer 在獲得新記錄時會更新其狀態。其中的關鍵是每個獨立的記錄都會應用此處理流程（如圖 20-1 所示）。

圖 20-1　連續性處理

連續性處理在輸入速率相對低時，提供盡可能低的**延遲**，因為每個節點都會立即回應新消息。但連續性處理系統的最大吞吐量通常較低，每條記錄都會產生顯著的開銷（例如，呼叫作業系統將封包發送到下游節點）。此外，連續性系統通常具有固定的運算子拓撲，在不停止整個系統的情況下拓撲無法在執行時期改動，而這可能會引起負載均衡的問題。

對比之下，微批次（*micro-batch*）系統會等待並累積小量批次的輸入資料（比如等待500 毫秒），然後以分散式的任務集合平行處理每個批次作業，（類似在 Spark 中執行批次處理工作）。微批次系統通常可以讓每個節點都達到高吞吐量，因為它們應用與批次系統相同的優化機制（例如向量化處理），並且不會產生任何單筆記錄的額外的開銷成本。（如圖 20-2 所示）。

圖 20-2　微批次

因此，可以用更少的節點來達到相同的資料處理速率。微批次系統還可以使用動態負載平衡技術來因應不斷變化的工作負載（例如增加或減少任務數量）。然而缺點也很明顯，由於累積微批次需要等待時間，這導致較高的基礎延遲。在實務上，大規模的串流應用在分散計算負載時通常會優先考慮吞吐量，因此 Spark 傳統上是微批次處理架構。然而，在結構化串流中還有一種積極發展的項目，就是在同一 API 下支援連續性處理模式。

在這兩種執行模式之間進行選擇時，應該注意主要取決的因素為：期望的延遲和總營運成本（TCO）。根據應用的需求，微批次系統可以簡易地將延遲從 100 毫秒增加遲到 1秒，在這種情況下通常用更少的節點來達成相同的吞吐量，進而降低營運成本（包括由於節點故障頻率較低而降低的維護成本）。對於低延遲的應用情境則應該考慮採用連續性處理系統，或將微批次系統與快速服務層結合使用以提供低延遲**查詢**（例如將資料輸出到 MySQL 或 Apache Cassandra，它們可以在幾毫秒內便回應給客戶端）。

Spark 的串流 API

前面介紹了一些串流處理的高階設計作法，但目前為止還沒有詳細討論 Spark 的串流 API。Spark 包含兩個串流 API，正如在本章開頭所述。Spark Streaming 早期的 DStream API 純粹是微批次處理導向的。它具有陳述式（基於函數式的）API，但不支援事件時間處理。較新的結構化串流 API 增添了更高階的優化、事件時間與連續性處理的支援。

DStream API

自 2012 年首次發佈以來，Spark 的 DStream API 已經被廣泛使用。例如 DStreams 是 2016 年 Datanami 調查中使用最廣泛的處理引擎（*https://www.datanami.com/2016/07/07/investments-fast-data-analytics-surge/*）。由於提供高階 API 介面和簡單的恰好一次性的語義，許多公司在生產級環境中大規模使用 Spark Streaming。Spark Streaming 原生也支援與 RDD 程式碼的互動，例如與靜態資料關聯等操作。操作 Spark Streaming 並不比操作普通 Spark 叢集困難很多。但是，DStreams API 有一些限制。首先，它完全基於 Java / Python 物件和函式而不是 DataFrame 和 Dataset 這類如結構化表般更豐富複雜的概念。這限制了引擎執行優化的機會。其次，API 純粹基於處理時間－要支援事件時間處理的操作，應用程式需要自行定義。最後，DStreams 只能以微批次方式運行，並且某部分 API 需指定微批次的持續時間，使其難以支援替代的執行模式。

結構化串流

結構化串流（Structured Streaming）是基於 Spark 結構化 API 所建構的高階串流 API。它適用於各種運用結構化處理的環境，並支援 Scala，Java，Python，R 和 SQL 等語言。就像 DStream，它是高階的聲明式 API，但如同本書前一篇介紹的結構化資料模型，結構化串流可以自動執行更多類型的優化。這與 DStream 不同，並且結構化串流原生支援事件時間資料處理能力（所有視窗運算子都自動支援此功能）。在 Apache Spark 2.2，系統只能在微批次模型中運行，但 Databricks 的 Spark 團隊宣布了一項名為 Continuous Processing 的項目（*https://issues.apache.org/jira/browse/SPARK-20928*）新增了連續性執行模式。這成為 Spark 2.3 使用者的選項之一。

除了簡化串流處理外更重要的是，結構化串流的設計也讓使用 Apache Spark 整合串流、批次和互動式查詢的端到端連續性應用程式變得更加簡單。例如 Structured Streaming 不需使用 DataFrames 之外的 API，只需撰寫一個普通的 DataFrame（或 SQL）計算並在串流上啟用。當資料到達時，結構化串流將以遞增的方式自動更新此次計算的結果。

這對撰寫端到端資料應用程式時相當有幫助：開發人員不需要維護其批次處理程式碼的串流版本，尤其對於不同的執行系統來說，這兩個版本的程式碼可能會有不同步的風險。另一個例子，結構化串流可以將資料輸出到 Spark SQL 可用的標準匯聚端（例如 Parquet 表），如此一來可以簡單地從另一個 Spark 應用程式查詢串流狀態。在未來的 Apache Spark 版本中，我們期望越來越多的專案項目與結構化串流整合，其中包括 MLlib 中的線上學習演算法。

通常，結構化串流是 DStream API 更易於使用和更高性能的演變版本，所以本書將專注於此新式 API。許多概念（例如建構一個轉換操作圖之外的計算）也適用於 DStream，這部分將留給其他書籍。

結論

本章介紹了串流處理所需的基本概念和想法。而設計方法應闡述了如何為應用程式評估合適的串流系統。你應該也體會到 DStreams 和結構化串流作者所做的權衡取捨，以及為何結構化串流直接支援 DataFrame 的特色有很大的助益：無需重複應用程式邏輯。

在後續的章節中將進入結構化串流的主題瞭解如何使用它。

結構化串流基礎

介紹了串流處理的簡要概述後，本章開始討論結構化串流。我們會再次陳述結構化串流的一些關鍵概念，並提供一些程式碼範例，以顯示系統易用性。

結構化串流基礎

如第二十章結尾的討論，結構化串流是一個基於 Spark SQL 引擎建構的串流處理框架。結構化串流使用 Spark 中既有的結構化 API（DataFrame、DataSet 和 SQL），而不是引入新的獨立 API，這表示你熟悉的所有操作都可以再次使用。使用者表達串流計算的方式，與在靜態資料上撰寫批次計算的方式相同。指定計算串流目的地後，結構化串流引擎將在新資料到達系統時以遞增和持續的方式運行查詢，並使用本書第二篇討論過的 Catalyst 引擎執行這些計算邏輯，此外工作還包括查詢優化，程式碼生成等。除了核心的結構化處理引擎之外，結構化串流還包含許多串流獨有的功能，如查核點和預寫日誌，來確保端到端恰好一次性處理語義以及容錯。

結構化串流背後的理念為，將資料流視為持續性添加資料的資料表。工作會定期檢查新的輸入資料並進行處理，若需要，則會更新內部狀態與其結果。API 的基石是：在進行批次處理或串流處理時，不必更改查詢的程式碼－僅需指定是以批次還是串流方式進行查詢即可。內部結構化串流將會自動將查詢「遞增化」，即每當新資料到達時，有效率地更新結果並且容錯。

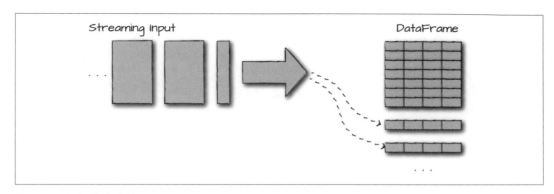

圖 21-1　結構化串流輸入

簡單來說，結構化串流是「串流型式的 DataFrame」。這使得開始使用串流應用程式變得非常容易。也許程式碼已經準備好了！結構化串流可以運行的查詢類型有一些限制，並且還需要考慮一些串流特定的新概念，例如事件時間和無序資料等。本章和後續章節中會討論這些內容。

最後，藉由與 Spark 的其餘模組整合，結構化串流用戶能夠建構稱之為持續性應用程式的系統（*https://databricks.com/blog/2016/07/28/continuous-applications-evolving-streaming-in-apache-spark-2-0.html*）。持續性應用程式是一種端到端應用程式，並透過結合各種工具即時回應資料：串流工作、批次處理工作關聯串流和離線資料以及互動式即時查詢等。因為現今多數串流工作都是在大型的持續性應用程式環境中部署，Spark 開發人員試圖在一個框架中輕鬆完成整個應用程式，並在不同元件也能獲得一致的結果。例如，可以使用結構化串流持續更新使用者透過 Spark SQL 互動查詢的資料表、提供由 MLlib 訓練的機器學習模型，或者在 Spark 的任何資料來源中加入離線資料串流－透過不同工具組合建構的應用程式要複雜得多。

核心概念

介紹過高階理念後，讓我們說明一些結構化串流工作中的重要概念。你可能會覺得好像已經知道得差不多了。那是因為結構化串流設計得很平易近人。閱讀其他大數據串流書籍你可能會注意到這一點。首先會先介紹術語，例如**用於偏斜資料聚合器的分散式串流處理拓撲**（這相當諷刺，但準確）和其他複雜的措辭。Spark 的目標是自動處理這些問題，並提供用戶一種簡單方法在串流上運行任何 Spark 運算。

轉換操作和行動操作

結構化串流維持了本書中提及相同的轉換操作和行動操作概念。結構化串流中可用的轉換操作，除了一些限制外，與第二篇看到的轉換操作完全相同。這些限制通常是引擎無法對某些類型的查詢遞增化（新版本的 Spark 中移除了一些限制）。結構化串流中通常只有一個有效的行動操作：啟動串流，然後應用會持續運行並輸出結果。

輸入來源端

結構化串流支援了多種輸入來源，能以串流式方式進行讀取。從 Spark 2.2 開始，支援的輸入來源如下：

- Apache Kafka 0.10
- HDFS 或 S3 等分散式檔案系統上的檔案（Spark 將不斷讀取目錄中的新檔案）
- 用於測試的 socket 來源

本章將在後面深入討論這些內容，但值得一提的是 Spark 作者群正在開發一個穩定的來源 API，以便建構自定義的串流連接器。

匯聚端

正如來源端允許將資料導入結構化串流中一般，匯聚端則是指定串流結果集的目的地。匯聚端和執行引擎還負責可靠地追蹤資料處理的確切進度。以下是 Spark 2.2 支援的輸出匯聚端：

- Apache Kafka 0.10
- 幾乎任何檔案格式
- foreach 匯聚端，用於在輸出記錄上運行任意計算
- 用於測試的控制台匯聚端
- 用於除錯的記憶體匯聚端

本章後續討論來源時會進一步說明相關細節。

輸出模式

為結構化串流工作定義匯聚端只算完成一半。還需要定義 Spark 如何將資料寫入匯聚端。例如，僅想添加新資訊嗎？當隨著時間的推移收到更多相關資訊時，是否要更新列（例如更新特定網頁的點擊次數）？是否希望每次都完全覆寫結果集（即始終將全部網頁的完整點擊次數寫入檔案）？為此將定義一個**輸出模式**，這類似於在靜態結構化 API 中定義輸出模式的方式。

支援的輸出模式如下：

- 追加（僅向輸出匯聚端添加新記錄）

- 更新（更新改變的記錄）

- 完整（重寫完整輸出）

還有一個重要的細節，就是某些查詢和匯聚端僅支援部分輸出模式，本書後續也會說明此部分。例如，假設工作會在串流上執行 map 操作。隨著新記錄的到來，輸出資料將無限的成長，因此使用完整模式沒有意義，它需要一次將所有資料寫入新檔案。相反來說，如果正在對有限數量的鍵進行聚合，則完整和更新模式皆有其意義，但追加則否，因為某些鍵的值需要隨時間更新。

觸發器

輸出模式定義了資料的輸出方式，而觸發器則定義**何時**該輸出資料－也就是說，結構化串流何時該檢查新的輸入資料並更新結果。預設情況下，結構化串流將在處理完最後一組輸入資料後，立即查詢新的輸入記錄，從而提供盡可能低的延遲。但是，當匯聚端是一組檔案時，此舉動可能會產出許多小檔案。因此，Spark 還支援基於處理時間的觸發器（僅以固定的間隔查詢新資料）。將來還會再支援其它類型的觸發器。

事件時間處理

結構化串流還支援事件時間處理（基於記錄內包含的時間戳處理資料，且事件時間戳可以無序）。以下是你還需要了解的兩個重要概念；下一章將更深入地討論這兩個問題，所以如果仍無法完全理解，請不要擔心。

事件時間資料

事件時間表示嵌入資料中的時間欄位。這意謂著系統將根據資料產生的時間進行處理，而不是資料到達的時間（即使由於上傳速度緩慢或網路延遲，導致記錄在串流應用程式中無序的到達）。事件時間處理在結構化串流中是簡單的。因為系統將輸入資料視為一張資料表，事件時間只是該表中的一個欄位，應用程式可以使用標準 SQL 運算子進行分組，聚合和視窗化。然而，實際的原理是，結構化串流會對事件時間欄位採取一些特殊操作，包括優化查詢執行或決定何時可以安全地忘記時間視窗的狀態。其中很多動作可以使用*浮水印*來操控。

浮水印

浮水印（*Watermark*）是串流系統的一項特徵，可以依事件時間指定，關注延遲的資料。例如，處理來自移動裝置日誌的應用程式中，人們可能會希望那些因上傳而導致延遲的日誌限制在 30 分鐘內。通常支援事件時間的系統（包括結構化串流）。會允許設定浮水印以限制需要記住舊資料多久時間。浮水印還可用於控制何時要為特定事件時間視窗輸出結果（例如，一直等待到浮水印過去後才輸出）。

開始操作結構化串流

讓我們來看一個結構化串流的應用範例。範例中將使用異質性人類活動識別資料集。資料包括各種裝置（如智慧型手機和智慧型手錶）感測器的資料－特別一提，加速度計和陀螺儀都是以裝置支援的最高頻率進行取樣。在使用者進行騎自行車、坐、站立、行走等活動時都會記錄相關數據。範例中使用了好幾種不同的智慧型手機和智慧型手錶，且總共有九個使用者。資料可以在以下連結（*https://github.com/databricks/Spark-The-Definitive-Guide/tree/master/data*）的活動數據資料夾中取得。

 此資料集相當大。如果它對於你的主機來說太龐大，可以刪除部分檔案，範例仍可正常運作。

將資料集的靜態版本讀取為 DataFrame：

```scala
// 在 Scala 中
val static = spark.read.json("/data/activity-data/")
val dataSchema = static.schema
```

```
# 在 Python 中
static = spark.read.json("/data/activity-data/")
dataSchema = static.schema
```

這綱要如下：

```
root
 |-- Arrival_Time: long (nullable = true)
 |-- Creation_Time: long (nullable = true)
 |-- Device: string (nullable = true)
 |-- Index: long (nullable = true)
 |-- Model: string (nullable = true)
 |-- User: string (nullable = true)
 |-- _corrupt_record: string (nullable = true)
 |-- gt: string (nullable = true)
 |-- x: double (nullable = true)
 |-- y: double (nullable = true)
 |-- z: double (nullable = true)
```

以下是 DataFrame 的範例：

```
+-------------+------------------+--------+-----+------+----+--------+-----+-----
| Arrival_Time|      Creation_Time| Device|Index| Model|User|_c...ord|.  gt|    x
|1424696634224|142469663222623685|nexus4_1|   62|nexus4|   a|    null|stand|-0...
...
|1424696660715|142469665872381726|nexus4_1| 2342|nexus4|   a|    null|stand|-0...
+-------------+------------------+--------+-----+------+----+--------+-----+-----
```

在範例中可以看到一些時間戳欄位、模組、使用者，和裝置資訊。欄位，其中 **gt** 指出使用者當時正在從事的活動。

接下來將以相同資料集建立串流版本的應用，它將逐個讀取資料集中的輸入檔案，如同串流一般。

串流式的 DataFrames 與靜態版本大致相同在 Spark 應用程式中建立它們，然後執行轉換操作，讓資料格式正確。基本上，靜態結構化 API 中所有可用的轉換操作都適用於串流式的 DataFrames。唯有一個細微的差別在於，結構化串流預設不啟用綱要推斷。可以將設定參數 spark.sql.streaming.schemaInference 設置為 true 開啟此功能。因此，會先從一個檔案中讀取綱要（我們知道這是正確的綱要），並將 dataSchema 物件從靜態 DataFrame 傳遞給串流 DataFrame。如上所述，你應該避免在生產級環境中執行此操作，這種作法資料可能會（意外地）被更動：

```scala
// 在 Scala 中
val streaming = spark.readStream.schema(dataSchema)
  .option("maxFilesPerTrigger", 1).json("/data/activity-data")
```

```python
# 在 Python 中
streaming = spark.readStream.schema(dataSchema).option("maxFilesPerTrigger", 1)\
  .json("/data/activity-data")
```

 本章稍後會討論 maxFilesPerTrigger，這實質上允許你控制 Spark 讀取資料夾內檔案的速度。在此把此值指定為較低的值，將每次觸發的串流資料量限制為一個檔案。這有助於說明結構化串流如何在範例中遞增地運作，但這可能不同於在生產環境中使用設定。

如同其他 Spark API，串流式 DataFrame 的建立和執行是惰性的。特別是現在可以在呼叫最終的行動操作（啟動串流）前，為串流式 DataFrame 指定**轉換操作**。以下將展示一個簡單的轉換操作 - 依 **gt** 欄位對資料進行分組和計數，該欄位使用者於某個時間點執行的活動：

```scala
// 在 Scala 中
val activityCounts = streaming.groupBy("gt").count()
```

```python
# 在 Python 中
activityCounts = streaming.groupBy("gt").count()
```

因為此段程式碼是在小型機器上以本機端模式進行撰寫，因此建議將洗牌分區數降低以避免建立太多的洗牌分區：

```
spark.conf.set("spark.sql.shuffle.partitions", 5)
```

設置了轉換操作後，再來僅需指定行動操作來啟動查詢。如本章前面所述，需要將查詢結果指定輸出目的地。此基本範例將寫入**記憶體匯聚端**，這會將結果保留在記憶體表格內。

指定匯聚端的過程中需要定義 Spark 將**如何**輸出資料。此範例使用**完整輸出模式**。每次觸發後，此模式會重寫所有鍵及其計數值：

```scala
// 在 Scala 中
val activityQuery = activityCounts.writeStream.queryName("activity_counts")
  .format("memory").outputMode("complete")
  .start()
```

```
# 在 Python 中
activityQuery = activityCounts.writeStream.queryName("activity_counts")\
  .format("memory").outputMode("complete")\
  .start()
```

我們已經完成了自己的第一個串流應用！注意到範例中設置了**唯一**的查詢名稱表示此串流應用。（範例為 activity_counts）。接著將格式指定為記憶體表格，並設定輸出模式。

當運行上述程式碼時，還希望包含這行程式碼：

```
activityQuery.awaitTermination()
```

執行此程式碼後，串流計算將在背景啟動。query 物件是該串流查詢的控制器，因此必須指定 activityQuery.awaitTermination() 代表希望等待此串流查詢直到終止為止，以防驅動端程序在查詢還處於活動狀態時即退出。為了便於閱讀，本書未來部分將省略此步驟，但它必須包含在生產級應用程式中，否則串流程式將無法運行。

可以透過 SparkSession 檢視此串流與其它活躍串流：

```
spark.streams.active
```

Spark 為每個串流指定一個 UUID，因此若需要可以遍歷正在運行的串流列表並進行選擇。範例中將其指派給了變數，因此沒有必要。

現在此串流正在運行，可以透過查詢它維護在記憶體表中的資料表驗證串流聚合的結果。該表被稱為 activity_counts，如同結構化串流輸出表的資料可以直接被查詢！在一個簡單的迴圈中執行此操作，該迴圈每秒會印出串流查詢的結果：

```
// 在 Scala 中
for( i <- 1 to 5 ) {
    spark.sql("SELECT * FROM activity_counts").show()
    Thread.sleep(1000)
}

# 在 Python 中
from time import sleep
for x in range(5):
    spark.sql("SELECT * FROM activity_counts").show()
    sleep(1)
```

查詢迴圈運行時，應該會看到每個活動的計數隨著時間在變化。例如，第一個 show 呼叫顯示以下結果（因為在串流讀取第一個檔案時進行查詢）：

```
+---+-----+
| gt|count|
+---+-----+
+---+-----+
```

後續的 show 呼叫將顯示以下結果－請注意這可能與你運行此程式碼時的結果有所出入，因為啟動的時間點可能不同：

```
+----------+-----+
|        gt|count|
+----------+-----+
|       sit| 8207|
...
|      null| 6966|
|      bike| 7199|
+----------+-----+
```

透過此簡單的例子，結構化串流的功能應該變得清晰了。可以在串流上執行與批次處理模式相同的操作，並且幾乎不需修改程式碼（基本上只是指定查的來源是一個串流）。本章其餘的部分會接觸一些結構化串流的各種操作，以及來源和匯聚端的細節。

串流上的轉換操作

正如前面所提到，串流轉換操作幾乎包括所有第二篇中看過的靜態 DataFrame 轉換。支援所有 select、filter，和簡單的轉換操作，以及所有 DataFrame 函式和個別的欄位操作。在串流資料的上下文中，對於沒有意義的轉換操作會產生一些限制。例如，從 Apache Spark 2.2 開始，使用者無法對未聚合的串流進行排序（sort），且如果不使用具態處理（將在下一章中介紹）則無法執行多階聚合。隨著結構化串流持續發展，這些限制可能會被取消，因此建議查閱所使用的 Spark 版本的文件（*http://spark.apache.org/docs/latest/structured-streaming-programming-guide.html*）以獲取正確資訊。

選出和過濾

結構化串流支援所有 select 和 filter 轉換操作，以及所有的 DataFrame 函式和個別的欄位操作。以下為一個應用 select 和 filter 操作的簡單範例。因為沒有隨著時間更新任何鍵，因此將使用 Append 輸出模式以便讓新的結果添加到輸出表中．

```scala
// 在 Scala 中
import org.apache.spark.sql.functions.expr
val simpleTransform = streaming.withColumn("stairs", expr("gt like '%stairs%'"))
```

```
    .where("stairs")
    .where("gt is not null")
    .select("gt", "model", "arrival_time", "creation_time")
    .writeStream
    .queryName("simple_transform")
    .format("memory")
    .outputMode("append")
    .start()

# 在 Python 中
from pyspark.sql.functions import expr
simpleTransform = streaming.withColumn("stairs", expr("gt like '%stairs%'"))\
    .where("stairs")\
    .where("gt is not null")\
    .select("gt", "model", "arrival_time", "creation_time")\
    .writeStream\
    .queryName("simple_transform")\
    .format("memory")\
    .outputMode("append")\
    .start()
```

聚合

結構化串流支援豐富的聚合操作。可以像在結構化 API 段指定任意的聚合。例如可以使用更特殊的聚合，例如以手機模組活動狀態，以及感測器的平均 x，y，z 加速度三個維度的 cube 聚合操作（請回顧第七章檢視可以運用在串流中的聚合操作）：

```
// 在 Scala 中
val deviceModelStats = streaming.cube("gt", "model").avg()
    .drop("avg(Arrival_time)")
    .drop("avg(Creation_Time)")
    .drop("avg(Index)")
    .writeStream.queryName("device_counts").format("memory").outputMode("complete")
    .start()

# 在 Python 中
deviceModelStats = streaming.cube("gt", "model").avg()\
    .drop("avg(Arrival_time)")\
    .drop("avg(Creation_Time)")\
    .drop("avg(Index)")\
    .writeStream.queryName("device_counts").format("memory")\
    .outputMode("complete")\
    .start()
```

查詢該表的結果如下：

```
SELECT * FROM device_counts

+----------+------+-------------------+-------------------+-------------------+
|        gt| model|             avg(x)|             avg(y)|             avg(z)|
+----------+------+-------------------+-------------------+-------------------+
|       sit|  null|-3.682775300344...|1.242033094787975...|-4.22021191297611...|
|     stand|  null|-4.415368069618...|-5.30657295890281...|2.264837548081631...|
...
|      walk|nexus4|-0.007342235359...|0.004341030525168...|-6.01620400184307...|
|stairsdown|nexus4|0.0309175199508...|-0.02869185568293...| 0.11661923308518365|
...
+----------+------+-------------------+-------------------+-------------------+
```

除了對資料集原始欄位進行聚合外，結構化串流對事件時間的欄位還有特殊的支援（浮水印和視窗）。第二十二章會進一步詳細地討論這些內容。

 從 Spark 2.2 開始，串流聚合仍有個限制，目前不支援多重「連鎖式（chained）」聚合（在串流聚合結果上再次進行聚合）。但可以將資料寫入資料匯聚端（如 Kafka 或檔案匯聚端）來實現此目的。隨著社群在結構化串流中介層不斷新增功能，這部分未來可能改變。

關聯

從 Apache Spark 2.2 開始，結構化串流支援關聯串流 DataFrame 與靜態 DataFrame。Spark 2.3 將新增複數串流關聯的功能。可以利用此新功能從靜態資料執行多重欄位的關聯和串流資料的補充：

```scala
// 在 Scala 中
val historicalAgg = static.groupBy("gt", "model").avg()
val deviceModelStats = streaming.drop("Arrival_Time", "Creation_Time", "Index")
  .cube("gt", "model").avg()
  .join(historicalAgg, Seq("gt", "model"))
  .writeStream.queryName("device_counts").format("memory").outputMode("complete")
  .start()
```

```python
# 在 Python 中
historicalAgg = static.groupBy("gt", "model").avg()
deviceModelStats = streaming.drop("Arrival_Time", "Creation_Time", "Index")\
  .cube("gt", "model").avg()\
  .join(historicalAgg, ["gt", "model"])\
  .writeStream.queryName("device_counts").format("memory")\
  .outputMode("complete")\
  .start()
```

在 Spark 2.2 中，全外部關聯（full outer join）、左側關聯（串流在右側）、右側關聯（串流在左側）皆不支援。此外結構化串流尚不支援串流與串流的關聯，但這是積極開發的功能之一。

輸入和輸出

本節將深入介紹來源、匯聚端，和輸出模式在結構化串流中的工作原理細節，並討論資料是如何（how）、何時（when），與何處（where），流入和流出系統。

撰寫本書時，結構化串流預設支援了幾類來源和匯聚端，包括 Apache Kafka、檔案，以及幾個用於測試和除錯的來源和匯聚端。隨著時間可能會支援更多來源，因此請務必查看文件（*http://spark.apache.org/docs/latest/structured-streaming-programming-guide.html*）以獲取最新消息。本章雖然僅討論特定儲存系統的**來源**和**匯聚端**，但實際上可以混合搭配使用（例如，使用 Kafka 輸入來源和檔案匯聚端）。

資料讀寫的位置（來源和匯聚端）

結構化串流支援多種生產來源和匯聚端（如檔案和 Apache Kafka）以及一些除錯工具。（如記憶體表格匯聚端）。本章開頭做了些介紹，接著進一步說明每一部分的細節。

檔案來源和匯聚端

你可以想到的最單純的來源可能就是檔案。這很容易理解。雖然實質上任何檔案來源都可以正常運作，但實作中常見的檔案格式為 Parquet、text、JSON 和 CSV。

使用檔案來源 / 匯聚端和 Spark 的靜態檔案來源之間的唯一區別是在使用串流的時候，可以透過前面所提的 `maxFilesPerTrigger` 選項控制每次觸發期間讀入的檔案數。

請記住，**添加**到串流工作的輸入目錄中之任何檔案都需要原子性地（atomically）出現在其中。否則，Spark 在你完成寫入之前可能會處理部分寫入的檔案。在會顯示部分寫入的檔案系統上（例如本機端檔案或 HDFS），最好將檔案先寫入外部目錄並在完成後將其移動到輸入目錄中。在 Amazon S3 上，物件通常只會在完成寫入後才顯示。

Kafka 來源和匯聚端

Apache Kafka 是一個用於資料串流的分散式發佈訂閱系統。Kafka 允許你像使用訊息佇列一般，發佈和訂閱記錄串流，這些記錄以容錯的方式儲存為記錄串流。可以把 Kafka 想像成一個分散式緩衝區。Kafka 會在稱為主題（*topic*）的分類中儲存記錄串流，每條記錄都包含一個鍵、一個值和一個時間戳。主題中的每筆訊息都被依照接收順序賦予一個偏移量（*offset*）。讀出資料稱為訂閱（*subscribe*）主題，而寫入資料就像發佈（*publish*）到主題一樣簡單。

Spark 允許使用批次和串流 DataFrame 的方式從 Kafka 讀取資料。

Spark 2.2 開始，結構化串流支援 Kafka 版本 0.10。這也可能持續更新，因此請務必查看文件（*http://spark.apache.org/docs/latest/structured-streaming-programming-guide.html*）有關可用 Kafka 版本的更多訊息。從 Kafka 讀取資料時，僅需指定幾個選項。

從 Kafka 來源讀取資料

首先需要從以下選項進行挑選：assign、subscribe，或 subscribePattern。從 Kafka 讀取資料時，只能選擇其中一個選項。Assign 是細粒度的指定方式，不僅可以指定主題，還可以指定欲讀取的主題分區。可以透過 JSON 字串指定 {"topicA":[0,1],"topicB":[2,4]}。subscribe 和 subscribePattern 是透過指定主題列表（前者），或透過模式（後者）來訂閱一個或多個主題。

其次，需要透過 kafka.bootstrap.servers 指定 Kafka 的服務位置。

指定了上述選項後，還有其他幾個選項可指定：

startingOffsets 和 endingOffsets

> 開始查詢的起點：earliest 會從最早的偏移值開始；latest 僅讀取最新的偏移值；或以 JSON 字串指定每個 TopicPartition 的起始偏移值。在 JSON 中，-2 表示最舊的偏移值，而 -1 則代表最新的。例如 {"topicA":{"0":23,"1":-1},"topicB":{"0":-2}}。注意這僅適用新啟動的串流查詢，後續的查詢將從中斷的偏移值位置繼續讀取。查詢期間新發現的分區，將以 earliest 開始。endingOffset 的設定方法相似，但指定的是查詢結束的偏移值。

`failOnDataLoss`

當資料可能遺失時，是否宣告查詢失敗（例如刪除主題或偏移值超出範圍）。這可能是誤報。當無法按預期作業時，可以禁用此功能（預設值為 true）。

`maxOffsetsPerTrigger`

設定觸發器中要讀取的偏移值總數。

另外還支援 Kafka 消費者逾時、擷取重試和間隔等設定。

透過下列方法讓結構化串流從 Kafka 讀取資料：

```scala
// 在 Scala 中
// 訂閱一個主題
val ds1 = spark.readStream.format("kafka")
  .option("kafka.bootstrap.servers", "host1:port1,host2:port2")
  .option("subscribe", "topic1")
  .load()
// 訂閱多個主題
val ds2 = spark.readStream.format("kafka")
  .option("kafka.bootstrap.servers", "host1:port1,host2:port2")
  .option("subscribe", "topic1,topic2")
  .load()
// 訂閱一個模式的主題
val ds3 = spark.readStream.format("kafka")
  .option("kafka.bootstrap.servers", "host1:port1,host2:port2")
  .option("subscribePattern", "topic.*")
  .load()
```

Python 中也非常相似：

```python
# 在 Python 中
# 訂閱一個主題
df1 = spark.readStream.format("kafka")\
  .option("kafka.bootstrap.servers", "host1:port1,host2:port2")\
  .option("subscribe", "topic1")\
  .load()
# 訂閱多個主題
df2 = spark.readStream.format("kafka")\
  .option("kafka.bootstrap.servers", "host1:port1,host2:port2")\
  .option("subscribe", "topic1,topic2")\
  .load()
# 訂閱一個模式
df3 = spark.readStream.format("kafka")\
  .option("kafka.bootstrap.servers", "host1:port1,host2:port2")\
```

```
    .option("subscribePattern", "topic.*")\
    .load()
```

來源中的每一列都具有以下綱要：

- key: binary

- value: binary

- topic: string

- partition: int

- offset: long

- timestamp: long 在

Kafka 中每筆訊息都能以某種方式進行序列化。透過結構化 API 中原生的 Spark 函式或使用者定義函式（UDF），可以將訊息解析成更結構化的格式。常見的模式是以 JSON 或 Avro 格式讀寫 Kafka。

寫入資料到 Kafka 匯聚端

Kafka 的寫入與讀取操作大致相同（除了使用較少的參數）。仍然需要指定 Kafka 伺服器（Kafka bootstrap server），接著僅需設定主題與欄位即可（可一起設定或在 option 方法中指定寫的主題。下列兩種寫入方法效果完全相等：

```
// 在 Scala 中
ds1.selectExpr("topic", "CAST(key AS STRING)", "CAST(value AS STRING)")
  .writeStream.format("kafka")
  .option("checkpointLocation", "/to/HDFS-compatible/dir")
  .option("kafka.bootstrap.servers", "host1:port1,host2:port2")
  .start()
ds1.selectExpr("CAST(key AS STRING)", "CAST(value AS STRING)")
  .writeStream.format("kafka")
  .option("kafka.bootstrap.servers", "host1:port1,host2:port2")
  .option("checkpointLocation", "/to/HDFS-compatible/dir")\
  .option("topic", "topic1")
  .start()

# 在 Python 中
df1.selectExpr("topic", "CAST(key AS STRING)", "CAST(value AS STRING)")\
  .writeStream\
  .format("kafka")\
  .option("kafka.bootstrap.servers", "host1:port1,host2:port2")\
```

```
    .option("checkpointLocation", "/to/HDFS-compatible/dir")\
    .start()
df1.selectExpr("CAST(key AS STRING)", "CAST(value AS STRING)")\
    .writeStream\
    .format("kafka")\
    .option("kafka.bootstrap.servers", "host1:port1,host2:port2")\
    .option("checkpointLocation", "/to/HDFS-compatible/dir")\
    .option("topic", "topic1")\
    .start()
```

Foreach 匯聚端

foreach 匯聚端類似於 Dataset API 中的 foreachPartitions。此操作允許以各個分區為基礎平行計算任意的操作。目前僅 Java 與 Scala 支援此匯聚端，但未來可能在其他語言中實現。要使用 foreach 匯聚端，必須實作 ForeachWriter 介面，在 Scala/Java 文件中有提到，該介面包含三種方法：open、process，和 close。每一次當觸發之後，有一連串的列被產生作為輸出時，相關的方法就會被呼叫。

以下是一些此匯聚端的要點：

- 寫入函式必須 Serializable（可序列化），如 UDF 或 Dataset 映射函式。

- 各個執行器上將會呼叫三種方法（open、process、close）。

- 寫入操作必須負責所有初始化任務，例如 open 方法中打開連接或啟動交易。一個常見的錯誤是初始化發生在 open 方法之外（比如在使用的類別中），那麼這些操作其實是發生在驅動端而非執行器上。

因為 Foreach 匯聚端可以運行任意的程式碼，因此使用時必須考量的一個關鍵問題是容錯。如果結構化串流在匯聚端寫入一些資料後即崩潰，則將無法得知寫入是否成功。因此，API 提供了一些額外的參數來協助你實現恰好一次性的處理。

首先，ForeachWriter 的 open 呼叫有兩個參數可以標識需要操作的參數。version 參數是一個單純遞增的 ID，以每個觸發器為基礎增加。而 partitionId 是任務中輸出分區的 ID。實作 open 方法時應該回傳是否處理了組 rows。若從外部追蹤匯聚端的輸出並看到這組 rows 已經輸出（例如的最新版本和 partitionId 已寫入外部儲存系統），那麼可以從 open 回傳 false 以跳過處理這組 rows。否則將回傳 true。ForeachWriter 將再次啟動為每個觸發器寫入資料。

接著假設 open 方法回傳 true，這將為資料中的每條記錄呼叫 process 方法。這相當簡單－只需處理或寫入資料。

最後，每當 open 被呼叫時，close 方法隨後也會被呼叫（除非節點在此之前崩潰），無論 open 是否回傳 true。若 Spark 在處理過程中遇到錯誤則 close 方法會收到該錯誤。必須在 close 方法內清理所有 open 的資源。

ForeachWriter 介面有效率地實作自定義匯聚端，包括自定義的邏輯，如追踪哪些觸發器的資料已經寫入可以讓使用者或在故障時安全地覆寫。以下為一個 ForeachWriter 的範例：

```scala
// 在 Scala 中
datasetOfString.write.foreach(new ForeachWriter[String] {
  def open(partitionId: Long, version: Long): Boolean = {
    // 開啟資料庫連線
  }
  def process(record: String) = {
    // 寫入字串
  }
  def close(errorOrNull: Throwable): Unit = {
    // 關閉連線
  }
})
```

用於測試的來源和匯聚端

Spark 還包含了幾個可用於原型設計（prototyping）或用於除錯的測試來源和匯聚端（這些只應在開發期間使用，而不是在生產場景中，因為它們並沒有你提供端到端的容錯）：

Socket 來源端

Socket 來源端允許透過 TCP socket 將資料發送到串流。要啟動它需指定來源資料的主機和埠口。Spark 將從該位址開啟一個 TCP 連線讀取資料。Socket 來源端不應被用於生產環境裡，因為此來源端並不提供端到端容錯保證。

以下是設定此來源從 localhost：9999 讀取資料的簡短範例：

```scala
// 在 Scala 中
val socketDF = spark.readStream.format("socket")
  .option("host", "localhost").option("port", 9999).load()
```

```
# 在 Python 中
socketDF = spark.readStream.format("socket")\
  .option("host", "localhost").option("port", 9999).load()
```

若想將資料實際寫入此應用程式，則需要運行一個監聽埠口 9999 的服務。在類 Unix 系統上可以使用 NetCat 工具程式達到此目的，它允許將文字輸出至埠口 9999 上的第一個連線。在啟動 Spark 應用程式之前運行以下指令，然後輸入一些文字：

```
nc -lk 9999
```

Socket 來源將回傳一個字串資料表，每筆代表一行輸入文字。

控制台匯聚端

控制台匯聚端允許將一些串流查詢輸出至控制台。這對行除錯相當有用，但它並不容錯。輸出至控制台很簡單，且只會將串流查詢的某些列輸出至控制台。此匯聚端支援追加和完整輸出模式：

```
activityCounts.format("console").write()
```

記憶體匯聚端

記憶體匯聚端是測試串流系統的簡單來源。它類似於控制台匯聚端，但它會搜集資料到驅動端並使資料可在記憶體表格內被有效的查詢，而不僅是單純印至控制台。此匯聚端並不容錯，不應該在生產環境中使用，但非常適合用於開發期間的測試。此匯聚端支援追加和完整輸出模式：

```
// 在 Scala 中
activityCounts.writeStream.format("memory").queryName("my_device_table")
```

若確實想要將資料輸出到資料表並進行生產級的互動式 SQL 查詢，那麼建議在分散式檔案系統（例如 S3）上使用 Parquet 檔案匯聚端。然後可以從任何 Spark 應用程式查詢資料。

如何輸出資料（輸出模式）

知道資料輸出的目的端後，接著討論結果資料集的樣貌，也就是所謂的**輸出模式**。如同前述，它們與靜態 DataFrame 上的儲存模式概念相同。結構化串流支援三種輸出模式。讓我們一一檢視：

追加模式預設模式為最簡單易懂的

追加模式。當新的列被添加到結果表中後，它們基於指定的觸發器（下面將解釋）輸出到匯聚端。若有一個容錯的匯聚端，此模式可確保每列僅輸出一次（並且只有一次）。當使用具有事件時間和浮水印的追加模式時（詳見第二十二章），則只有最終結果會輸出到匯聚端。

完整模式

完整模式會將結果表的整個狀態輸出到匯聚端。當處理的資料具有某些狀態，且所有的列預計會隨著時間的推移而變化，或撰寫的匯聚端不支援列級的更新時，此模式將非常有用。可以把它想像成前一批次運行過的串流狀態。

更新模式

更新模式類似於完整模式，差別只在於僅輸入不同以往的列。當然，匯聚端也必須提供列級更新以支援此模式。若查詢不包含聚合操作，則此模式與追加模式相同。

各種模式該用於何時？

結構化串流將模式的使用限制在有意義的查詢中。例如，若查詢僅執行 map 操作，則結構化串流將不允許使用完整模式，因為這會要求它記住自開始執行以來的所有輸入記錄並重寫整個輸出表。此要求隨著工作的進行，勢必會變得過於昂貴。下一章將更詳細地討論此議題，一旦涉及事件處理和浮水印時，各種模式於何時提供支援。

如果選擇的模式不支援，Spark Streaming 將在啟動時拋出異常。

文件中有一個整理好的表格，列出相關操作所支援的模式。請注意這會持續變化，因此需要查看最新版本的文件。

表 21-1 顯示了各種輸出模式的支援情境。

表 21-1　Spark 2.2 中的結構化串流輸出模式

查詢類型	查詢類型（續）	支援的輸出模式	註釋
Queries with aggregation	Aggregation on event-time with watermark	Append, Update, Complete	追加模式透過浮水印來丟棄舊的聚合狀態。這意謂著當新的列寫入表格中時，Spark 僅會保留有在「浮水印」之下的列資料。更新模式也使用浮水印來刪除舊的聚合狀態。根據定義，完整模式不會丟棄舊的聚合狀態，因為此模式會保留結果表中的所有資料。
	Other aggregations	Complete, Update	由於未定義浮水印（僅在其他種類中定義），因此不會丟棄舊的聚合狀態。但不支援追加模式，因為聚合可以更新，所以違反了此模式的語義。
Queries with mapGroupsWithState		Update	
Queries with flatMapGroupsWithState	Append operation mode	Append	允許在 flatMapGroupsWithState 操作之後進行聚合。
	Update operation mode	Update	允許在 flatMapGroupsWithState 操作之後進行聚合。
Other queries		Append, Update	不支援完整模式，因為在結果表中保留所有未聚合資料並不可行。

何時該輸出資料（觸發器）

為了控制何時將資料輸出到匯聚端，需設定一個**觸發器**。預設情況下，結構化串流一旦於前一個觸發器完成工作時，串流就會繼續處理資料。可以使用觸發器來確保不會因為太多的更新而壓垮輸出匯聚端，或是可以嘗試控制輸出檔案的大小。目前觸發器類型有週期性、基於處理時間，以及手動運行的「一次性」觸發器可以使用。未來可能會增加更多觸發器。

處理時間觸發器

對於處理時間觸發器，僅需以字串格式持續時間（也可以使用 Scala 中的 Duration 或 Java 中的 TimeUnit）。範例如下：

```scala
// 在 Scala 中
import org.apache.spark.sql.streaming.Trigger

activityCounts.writeStream.trigger(Trigger.ProcessingTime("100 seconds"))
  .format("console").outputMode("complete").start()
```

```python
# 在 Python 中
activityCounts.writeStream.trigger(processingTime='5 seconds')\
  .format("console").outputMode("complete").start()
```

ProcessingTime 觸發器將在等待週期時間的倍數輸出資料。若觸發持續時間為一分鐘，觸發器將在 12:00、12:01、12:02 等時間點觸發，依此類推。如果前一個處理尚未完成而錯過了觸發時間，那麼 Spark 將等到下一個觸發點（即下一分鐘），而不會在前一個處理完成後立即觸發。

一次性觸發

可以透過設定。將觸發器類型設為一次性觸發來執行一次性的串流處理作業。這看起來可能像是奇怪的案例，但實際上在開發和生產中非常有用。在開發過程中，可以一次只測試一個觸發器的資料。在生產過程中，一次性觸發器可用於低頻率手動執行工作的場景（例如僅偶爾將新資料匯入摘要表）。因為結構化串流仍然完整地追蹤所有處理過的輸入檔案和計算狀態，這比在批次處理工作中撰寫自訂義的追蹤邏輯還更容易且與全天候（24/7）運行模式相比節省了大量資源（*http://bit.ly/2BuQUSR*）：

```scala
// 在 Scala 中
import org.apache.spark.sql.streaming.Trigger

activityCounts.writeStream.trigger(Trigger.Once())
  .format("console").outputMode("complete").start()
```

```python
# 在 Python 中
activityCounts.writeStream.trigger(once=True)\
  .format("console").outputMode("complete").start()
```

串流資料集（Streaming Dataset）API

關於結構化串流最後一點需要注意的是，進行串流處理時並非侷限於 DataFrame API。也可以使用 Dataset 以型別安全的方式執行相同的計算。如同以往，可以將串流 DataFrame 轉換為 Dataset。而 Dataset 的元素需要是 Scala Case Class 或 Java bean 類別。除此之外，DataFrame 和 Dataset 運算子的工作方式與靜態模式相同，並且在串流上運行時也將產生串流執行計劃。

以下的範例使用第十一章中使用過的相同資料集：

```scala
// 在 Scala 中
case class Flight(DEST_COUNTRY_NAME: String, ORIGIN_COUNTRY_NAME: String,
  count: BigInt)
val dataSchema = spark.read
  .parquet("/data/flight-data/parquet/2010-summary.parquet/")
  .schema
val flightsDF = spark.readStream.schema(dataSchema)
  .parquet("/data/flight-data/parquet/2010-summary.parquet/")
val flights = flightsDF.as[Flight]
def originIsDestination(flight_row: Flight): Boolean = {
  return flight_row.ORIGIN_COUNTRY_NAME == flight_row.DEST_COUNTRY_NAME
}
flights.filter(flight_row => originIsDestination(flight_row))
  .groupByKey(x => x.DEST_COUNTRY_NAME).count()
  .writeStream.queryName("device_counts").format("memory").outputMode("complete")
  .start()
```

結論

要再次強調結構化串流提供了一種撰寫串流應用程式的強大方法。讓批次處理工作幾乎不用修改程式碼，就能轉化為串流工作。如果你需要讓這項工作與你的其他資料處理應用程式密切互動，從工程角度來看，這種方式既簡單又極其有用。第二十二章將深入研究了兩個與串流相關的進階概念：事件處理和狀態處理。並在第二十三章介紹在生產級環境中運行結構化串流所需的準備。

事件時間和狀態處理

第二十一章介紹了核心概念和基本 API；本章將深入研究事件時間和狀態處理。事件時間處理是一個熱門話題，因為通常會根據事件的建立時間進行分析（而不是處理時間）。這種處理方式中的關鍵是工作的整個生命週期中，Spark 將維護相關狀態，並在輸出到匯聚端之前進行更新。

在以程式碼展示工作原理前，讓我們先進一步介紹這些概念。

事件時間

事件時間是一個重要的主題，因為 Spark 的 DStream API 不支援基於事件時間的處理方式。以高階的角度來說，在串流處理系統中每筆事件實際上有兩個相關時間：事件實際發生的時間（事件時間），以及事件被處理或到達串流處理系統的時間（處理時間）。

事件時間

事件時間嵌入在資料本身。它通常會是事件實際發生的時間（雖然沒有強制要求）。這一點很重要，因為它提供了一種強大的方式進行事件比對。但挑戰為事件資料可能延遲或無序。這意謂著串流處理系統必須能夠處理無序或延遲的資料。

處理時間

處理時間是串流處理系統實際接收到資料的時間。這通常不如事件時間重要，因為處理時間通常跟實做細即相關。這个曾出現無序的現象，因為是在特定時間的串流系統屬性（不像事件時間來自外部系統）。

上述說明有點抽象，下列以一個更實際的例子說明。假設在舊金山有一個資料中心。此時有個事件同時發生在兩個地方：一個在厄瓜多，另一個在維吉尼亞州（如圖 22-1 所示）。

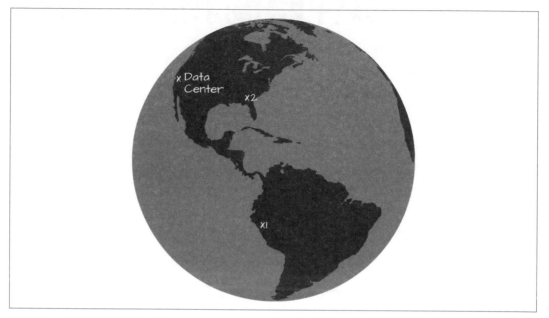

圖 22-1　世界各地的事件時間

由於資料中心的位置，維吉尼亞州的事件可能會比厄瓜多的事件還早傳送至資料中心若是根據處理時間分析這些資料，那麼將會誤解維吉尼亞州的事件發生在厄瓜多的事件之前：於是認知上的錯誤。但若是根據事件時間來分析資料（不依靠處理時間），便能觀察出這些事件同時發生。

正如所提串流處理系統中，事件到達的順序不能代表時間發生的時間順序。這可能有點不直覺，但必須再次重申計算機網路並不可靠。這意謂事件可能有丟棄、延遲、重複，或正常發送等各式各樣的狀況。因為單一事件的傳送不保證會遭受什麼狀況，我們必須假設到從訊息來源到串流處理系統的過程中，這些事件可能會遭遇各式各樣的情況。為此，需要根據事件資料內的產生時間上進行操作，而不是資料到達系統時的時間。這代表希望基於這些事件發生的時間來進行事件的比較。

具態處理

本章要討論的另一個主題是具態處理。實際上,第二十一章中多次提及了此點。具態處理是在需要長時間週期內使用中間資訊(狀態)時(無論是微批次分析還是一次一筆記錄)的作法。在使用事件時間或對鍵執行聚合操作時,都可能有此需求。

在大多數情況下,執行具態操作時 Spark 會幫你處理複雜的部分。例如指定分組時,結構化串流會在底層維護和更新訊息。你僅需指定相關的邏輯。執行具態操作時,Spark 會將中間訊息存在狀態儲存區中。Spark 目前的狀態儲存實作會將狀態儲存在記憶體,然後再定期寫入查核點目錄中實現容錯機制。

隨意具態處理

上述的具態處理能力足以解決許多串流問題。但有時你需要對哪些狀態該被儲存、狀態如何被更新,以及何時應該刪除它等進行精細地控制(無論是顯式指定或透過超時機制)。這稱為隨意(或自訂的)具態處理,Spark 允許在處理串流的過程中儲存任何想要保留的訊息。這提供了強大的靈活性和功能,並使得一些複雜的商業邏輯變得相當容易處理。正如先前所做的一般,以下以一些例子作為開頭:

- 你希望在電子商務網站上記錄有關使用者會話(session)的訊息。例如希望追蹤使用者在此會話過程中訪問的網頁,以便在下一個會話期間提供即時建議。當然,這些會話的啟動和停止時間完全隨機,但對該使用者有唯一性。

- 公司希望收到 Web 應用程式中的錯誤告警,但條件是使用者會話期間發生了五個事件之後才觸發。可以使用基於計數的視窗操作達到此目的,該視窗僅在發生某種類型的五個事件之後才會發出結果。

- 你希望刪除重複的串流事件記錄。為此,需要在刪除一筆紀錄前,追踪確認每筆收過的記錄。

在解釋過本章需要了解的核心概念後,接著透過一些實際應用的例子進行說明,並解釋處理過程中需要考慮的注意事項。

事件時間基礎知識

以下使用與前一章相同的資料集。使用事件時間時，它僅是資料集中的某個欄位，而這正是需要關注的地方；我們只會使用此欄位（如下所示）：

```scala
// 在 Scala 中
spark.conf.set("spark.sql.shuffle.partitions", 5)
val static = spark.read.json("/data/activity-data")
val streaming = spark
  .readStream
  .schema(static.schema)
  .option("maxFilesPerTrigger", 10)
  .json("/data/activity-data")
```

```python
# 在 Python 中
spark.conf.set("spark.sql.shuffle.partitions", 5)
static = spark.read.json("/data/activity-data")
streaming = spark\
  .readStream\
  .schema(static.schema)\
  .option("maxFilesPerTrigger", 10)\
  .json("/data/activity-data")
```

```
streaming.printSchema()

root
 |-- Arrival_Time: long (nullable = true)
 |-- Creation_Time: long (nullable = true)
 |-- Device: string (nullable = true)
 |-- Index: long (nullable = true)
 |-- Model: string (nullable = true)
 |-- User: string (nullable = true)
 |-- gt: string (nullable = true)
 |-- x: double (nullable = true)
 |-- y: double (nullable = true)
 |-- z: double (nullable = true)
```

資料集中有兩個時間欄位。`Creation_Time` 欄位定義事件的建立時間，而 `Arrival_Time` 定義資料從某上游處寫入伺服器的時間點。本章將會使用 `Creation_Time` 事件時間。此範例是從檔案進行讀取。但如前一張所述，若已經有運行中的 Kafka 叢集，要從中讀取資料也相當容易。

事件時間上的視窗

事件時間分析的第一步是將 timestamp 欄位轉換為適當的 Spark SQL 時間戳型別。目前欄位是 unixtime 奈秒（以 Long 型別表示），因此需要進行一些操作轉換為為正確的格式：

```scala
// 在 Scala 中
val withEventTime = streaming.selectExpr(
  "*",
  "cast(cast(Creation_Time as double)/1000000000 as timestamp) as event_time")
```

```python
# 在 Python 中
withEventTime = streaming\.selectExpr(
  "*",
  "cast(cast(Creation_Time as double)/1000000000 as timestamp) as event_time")
```

現在即可在事件時間上做任意的操作！請注意這和在批次處理操作中所做的一樣，並沒有特別的 API 或 DSL。僅簡單的使用時間欄位進行批次處理中聚合操作。

翻滾的視窗

最簡單的操作就是計算特定的視窗中事件的發生次數。圖 22-2 描述了根據輸入的資料和鍵值執行簡單加總過程。

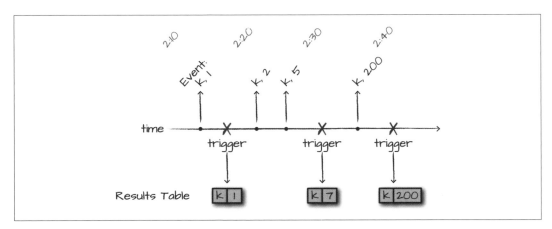

圖 22-2　翻滾的視窗

我們正執行一段時間視窗內對鍵值的聚合操作。每個觸發器運行時會更新結果表（取決於輸出模式），且將處理從上次觸發後收到的資料。對真實的資料集案例（和圖 22-2）來說，視窗每十分鐘執行此操作，它們之間沒有任何重疊（且一個事件只會落入一個視窗）。

這會以即時的方式更新，意謂著若系統上游增加了新事件，結構化串流會相應地更新這些計數。範例中使用完整輸出模式，Spark 將輸出整個結果表（無論是否已經輸出過）：

```scala
// 在 Scala 中
import org.apache.spark.sql.functions.{window, col}
withEventTime.groupBy(window(col("event_time"), "10 minutes")).count()
  .writeStream
  .queryName("events_per_window")
  .format("memory")
  .outputMode("complete")
  .start()
```

```python
# 在 Python 中
from pyspark.sql.functions import window, col
withEventTime.groupBy(window(col("event_time"), "10 minutes")).count()\
  .writeStream\
  .queryName("pyevents_per_window")\
  .format("memory")\
  .outputMode("complete")\
  .start()
```

結果會寫入記憶體匯聚端進行除錯，因此在串流開始運行後可以用 SQL 進行查詢：

```
spark.sql("SELECT * FROM events_per_window").printSchema()
```

```sql
SELECT * FROM events_per_window
```

結果將類似以下內容，實際狀況取決於查詢運行時處理的資料：

```
+---------------------------------------------+-----+
|window                                       |count|
+---------------------------------------------+-----+
|[2015-02-23 10:40:00.0,2015-02-23 10:50:00.0]|11035|
|[2015-02-24 11:50:00.0,2015-02-24 12:00:00.0]|18854|
...
|[2015-02-23 13:40:00.0,2015-02-23 13:50:00.0]|20870|
|[2015-02-23 11:20:00.0,2015-02-23 11:30:00.0]|9392 |
+---------------------------------------------+-----+
```

作為參考，這是上一個查詢中獲得的綱要：

```
root
 |-- window: struct (nullable = false)
 |    |-- start: timestamp (nullable = true)
 |    |-- end: timestamp (nullable = true)
 |-- count: long (nullable = false)
```

注意，視窗實際上是一個**結構**型別（一個複雜的型別）。使用此綱要可以對**結構**查詢特定視窗的開始和結束時間。

重要的是還可以對多個欄位執行聚合操作，其中包括事件時間欄位。如同前一章所示，甚至可以使用像 cube 這樣的方法來執行聚合。雖然下面範例沒有示範多鍵聚合的操作，但它適用於任何想要的視窗式聚合（或具態計算）：

```scala
// 在 Scala 中
import org.apache.spark.sql.functions.{window, col}
withEventTime.groupBy(window(col("event_time"), "10 minutes"), "User").count()
  .writeStream
  .queryName("events_per_window")
  .format("memory")
  .outputMode("complete")
  .start()
```

```python
# 在 Python 中
from pyspark.sql.functions import window, col
withEventTime.groupBy(window(col("event_time"), "10 minutes"), "User").count()\
  .writeStream\
  .queryName("pyevents_per_window")\
  .format("memory")\
  .outputMode("complete")\
  .start()
```

滑動視窗

前面的例子是特定視窗中的簡單計數。另一種作法是將「視窗」與「視窗的開始時間」解耦。圖 22-3 說明闡述了此概念：

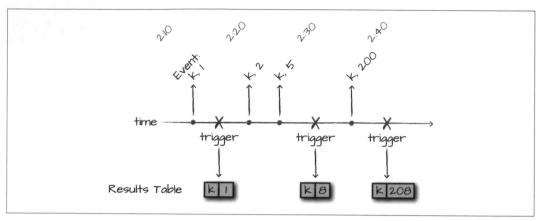

圖 22-3　滑動視窗

圖中正在運行一個滑動視窗，透過此滑動視窗監控一小時內增加量，但希望每 10 分鐘就取得一次狀態。這意謂著需隨時間更新值，並包括最後幾小時的資料。下面範例有 10 分鐘的滑動視窗，而每五分鐘便會開啟一個新視窗。

因此每個事件都會落入兩個不同的視窗。可以根據需求進一步調整：

```scala
// 在 Scala 中
import org.apache.spark.sql.functions.{window, col}
withEventTime.groupBy(window(col("event_time"), "10 minutes", "5 minutes"))
  .count()
  .writeStream
  .queryName("events_per_window")
  .format("memory")
  .outputMode("complete")
  .start()
```

```python
# 在 Python 中
from pyspark.sql.functions import window, col
withEventTime.groupBy(window(col("event_time"), "10 minutes", "5 minutes"))\
  .count()\
  .writeStream\
  .queryName("pyevents_per_window")\
  .format("memory")\
  .outputMode("complete")\
  .start()
```

當然，可以對記憶體表進行查詢：

```
SELECT * FROM events_per_window
```

此查詢提供了以下結果。請注意，現在每個視窗之間間隔為 5 分鐘而不是 10 分鐘，就像上面查詢所設定般：

```
+-------------------------------------------+-----+
|window                                     |count|
+-------------------------------------------+-----+
|[2015-02-23 14:15:00.0,2015-02-23 14:25:00.0]|40375|
|[2015-02-24 11:50:00.0,2015-02-24 12:00:00.0]|56549|
...
|[2015-02-24 11:45:00.0,2015-02-24 11:55:00.0]|51898|
|[2015-02-23 10:40:00.0,2015-02-23 10:50:00.0]|33200|
+-------------------------------------------+-----+
```

使用浮水印處理延遲資料

上述的例子都很棒，但它們有一個缺陷。我們還沒指定期望看到最晚延遲多久內的資料。因為尚未指定浮水印，或說明某個時間點便不再需要資料，因此 Spark 將須永久儲存中間資料。此概念適用於所有事件時間上的具態處理。必須指定浮水印才能在串流中淘汰老舊的資料（因此需要具態），如此便不會在運行一段時間後便壓垮系統。

具體來說，浮水印是跟隨一個特定事件或一組事件的時間量說明多久後便不希望再看到任何該時間點前的資料。這類現象可能是由於網絡延遲、裝置失去連線或任何其他問題所造成。

DStreams API 缺乏這類處理延遲資料的強大方法－若某個事件發生在特定時間但在特定視窗的批次處理開始時，事件還沒進到處理系統，那麼它將出現在其他處理批次中。結構化串流可以解決此問題。在事件時間和具態處理中，特定視窗的狀態或資料集與處理視窗的邏輯是分離的。這意謂隨著更多事件的進入，結構化串流將持續以更多資訊更新視窗。

讓我們回到本章開頭的事件時間範例（如圖 22-4 所示）。

圖 22-4　事件時間浮水印

這裡發揮一點想像，假設例子中經常會觀察到拉丁美洲客戶有一些延遲的情況。因此，我們指定 10 分鐘的浮水印。執行此操作時，Spark 會忽略任何超過前一個事件 10 分鐘「事件時間」的事件資料。相反地，這也表示希望看到 10 分鐘內的每個事件。時間過後，Spark 應該刪除中間狀態並根據輸出模式對結果執行某些操作。正如本章開頭所提，這需要指定浮水印，因為若不指定則需永久保留所有的視窗資料並持續更新。這也帶給我們在以事件時間處理資料時的核心問題：「最晚延遲多久內的資料是期望看到的？」而問題的答案就是你為資料設定的浮水印值。

回到資料集，若知道通常在幾分鐘內便會看到下游產生的資料，但卻看到了事件發生後有高達五小時的延遲（也許使用者手機斷線了），那麼可以用下列方式指定浮水印：

```scala
// 在 Scala 中
import org.apache.spark.sql.functions.{window, col}
withEventTime
  .withWatermark("event_time", "5 hours")
  .groupBy(window(col("event_time"), "10 minutes", "5 minutes"))
  .count()
  .writeStream
  .queryName("events_per_window")
  .format("memory")
```

```
    .outputMode("complete")
    .start()

# 在 Python 中
from pyspark.sql.functions import window, col
withEventTime\
    .withWatermark("event_time", "5 hours")\
    .groupBy(window(col("event_time"), "10 minutes", "5 minutes"))\
    .count()\
    .writeStream\
    .queryName("pyevents_per_window")\
    .format("memory")\
    .outputMode("complete")\
    .start()
```

這真是太神奇了,但查詢幾乎沒有任何改變。基本上只是增加了一個設定。現在,結構化串流將在 10 分鐘滾動視窗結束後等待 30 分鐘才確定視窗最終的結果。可以查詢資料表查看中間結果,因為使用的是**完整模式**-它們會隨著時間的推移而更新。在**追加模式**下,在視窗關閉前這些訊息不會被輸出。

```
SELECT * FROM events_per_window

+-------------------------------------------+-----+
|window                                     |count|
+-------------------------------------------+-----+
|[2015-02-23 14:15:00.0,2015-02-23 14:25:00.0]|9505 |
|[2015-02-24 11:50:00.0,2015-02-24 12:00:00.0]|13159|
...
|[2015-02-24 11:45:00.0,2015-02-24 11:55:00.0]|12021|
|[2015-02-23 10:40:00.0,2015-02-23 10:50:00.0]|7685 |
+-------------------------------------------+-----+
```

現在你已經真正瞭解處理延遲資料所需的全部知識了。Spark 為你處理了所有繁重的工作。再次強調,若沒有指定想要看到的資料最晚抵達的允許時間,那麼 Spark 會永遠將這些中間資料保存在記憶體中。

指定浮水印允許從記憶體中釋放這些物件,並讓串流能夠繼續長時間運行。

刪除串流中的重複項目

一次性記錄系統中較困難的操作之一，便是從串流中刪除重複的項目。幾乎跟定義的一樣，你必須一次操作一批記錄才能找到重複的記錄－處理系統中的協作開銷會很高。刪除重複資料是許多應用程式中的重要工具，尤其是當訊息可能被上游系統傳遞多次時。有個相關的完美例子是物聯網（IoT）應用程式，它會讓上游生產者在非穩定的網路環境中產生訊息，並且相同的訊息可能最終會被發送多次。你的下游應用程式和聚合，應該會期望不同的訊息只能有一筆。

從本質上講，結構化串流可以輕鬆的提供至少一次（at-least-once）語義的訊息系統，並可根據任意鍵值透過丟棄重複訊息將其轉換為恰好一次性語義（exactly-once）。為了刪除重複資料，Spark 將維護一些使用者指定的鍵，並確保忽略重複項目。

 就像其它具態處理的應用程式一樣，你需要指定浮水印以確保維護的狀態不會在串流處理過程中無限成長。

讓我們開始進行重複資料的刪除。這裡的目標是透過刪除重複事件減少每個使用者的事件數量。請注意，你需要知道如何將事件時間欄位指定為用以判斷記錄重複的欄位，以及用來作為刪除依據的欄位。核心假設是；重複事件有相同的時間戳記和標識。在此前提下，兩筆時間戳相異的資料將被視為不同的紀錄：

```scala
// 在 Scala 中
import org.apache.spark.sql.functions.expr

withEventTime
  .withWatermark("event_time", "5 seconds")
  .dropDuplicates("User", "event_time")
  .groupBy("User")
  .count()
  .writeStream
  .queryName("deduplicated")
  .format("memory")
  .outputMode("complete")
  .start()
```

```python
# 在 Python 中
from pyspark.sql.functions import expr

withEventTime\
```

```
.withWatermark("event_time", "5 seconds")\
.dropDuplicates(["User", "event_time"])\
.groupBy("User")\
.count()\
.writeStream\
.queryName("pydeduplicated")\
.format("memory")\
.outputMode("complete")\
.start()
```

結果將類似下列所示，並且隨著串流讀取越多資料，系統將隨著時間推移持續更新：

```
+----+-----+
|User|count|
+----+-----+
|   a| 8085|
|   b| 9123|
|   c| 7715|
|   g| 9167|
|   h| 7733|
|   e| 9891|
|   f| 9206|
|   d| 8124|
|   i| 9255|
+----+-----+
```

隨意具態處理

本章的第一部分展示了 Spark 如何根據指定的規格維護訊息和更新視窗。但是當視窗概念越趨複雜時，情況將有所不同；這就是隨意具態處理的原由。本節將以

幾個不同使用案例說明如何設定相對應的商業邏輯。具態處理在 Spark 2.2 中僅在 Scala 中可用。這可能在未來發生變化。

執行具態處理時，可能會希望執行以下操作：

- 基於對特定鍵的計數值建立視窗

- 若特定時間範圍內有多個事件，則發出告警

- 維護未知時間的使用者會話，並保存這些會話以便日後執行某些分析。

執行這類處理時，在一天的結束後需要做兩件事情：

- 對資料做分組的 map，並為各分組產生出最多一列的結果。此使用案例的相關 API 是 `mapGroupsWithState`。

- 對資料做分組 map，並為各分組產生出一到多列的結果。此使用案例的相關 API 是 `flatMapGroupsWithState`。

當對各組資料做「操作」時，這意謂著可以任意更新各個分組（且獨立於任何其他資料分組之外）。可以定義不符合翻滾或滑動視窗的任意視窗類型，如同本章前面所描述，執行這類處理時有一個重要的好處，就是可以在狀態上設定超時值。這在使用視窗和浮水印時非常簡單：只需在當浮水印時間超過視窗後，將視窗設為超時。然而由於基於使用者定義與狀態管理，這不適用於隨意的具態處理。因此需要在適當地時機讓狀態超時，以下將接續討論此議題。

超時

如第二十一章所述，超時設定可以指定應該等待多長時間後，才將某些中間狀態視為超時。超時是所有分組共用的全域參數。超時可以基於處理時間（`GroupStateTimeout.ProcessingTimeTimeout`）或事件時間（`GroupStateTimeout.EventTimeTimeout`）。啟用超時機制時，請在處理資料前先檢查是否超時。可以檢查 `state.hasTimedOut` 旗標或檢視值的迭代器是否為空來得知。你必須設定一些狀態（即，狀態定義過且不會被刪除）才能設置超時。

基於處理時間的超時可以呼叫 `GroupState.setTimeoutDuration` 設置超時的持續時間（本章後續會看到此程式碼範例）。當到達了設定的持續時間時即認定為超時。此超時提供的保證持續時間為 D ms（如下所示）：

- 在時間到達 D ms 之前永遠不會發生超時

- 當查詢被觸發時會判斷是否超時（即在 D ms 之後）。因此，並沒有限制超時需在何時發生。例如，查詢的觸發間隔就會影響實際超時的發生時間。若串流中（對於任何分組而言）暫時沒有資料的話，則不會觸發並判斷超時，直到有資料為止。

由於處理時間超時基於時鐘時間，因此受系統時間影響。這意謂著時區變化和時鐘偏差是必須考慮的重要因素。

基於事件時間的超時要求使用者在查詢中指定事件時間浮水印。設定後早於浮水印的資料將會被過濾。開發人員可以透過 `GroupState.setTimeoutTimestamp(...)`API 設定超時時間戳，指定浮水印應該參考的時間戳為何。當浮水印超前設定的時間戳就會發生超時。當然，可以指定更長的浮水印來控制超時延遲，或者也可在處理串流時更新超時值。因為能在任意程式碼中執行此操作，因此可以基於每個分組執行此操作。此設定保證超時永遠不會在設定好的浮水印時間之前出現。

與處理時間超時類似，當實際發生超時的時候，延遲並沒有嚴格的上限。浮水印只有在串流中有資料時才會超前（而且資料的事件時間實際上已經超前了）。

 我們剛才提到過此問題，但值得再次強調。雖然超時很重要，但它們可能並不總是依你的期待運作。例如在撰寫本文時，結構化串流沒有非同步工作執行，這意謂著 Spark 不會在 epoch 完成和下一個開始時間點之間輸出資料（或超時資料），因為那時沒有處理任何資料。此外，若處理批次的資料沒有記錄（請記住是一個批次，而不是一個分組），則沒有狀態會被更新，也不會觸發超時。這在未來版本中可能發生變化。

輸出模式最後一個問題就是

在處理這類任意具態處理時，如同第二十二章所述，輸出模式並非全部都支援。隨著 Spark 的不斷變化這肯定會隨之改變，但在撰寫本書時，`mapGroupsWithState` 僅支援更新輸出模式，而 `flatMapGroupsWithState` 則支援追加和更新。追加模式意謂只有超時（意謂著浮水印已經過去）之後，資料才會顯示在結果集內。這不會自動發生，你有責任輸出適當的結果。

請參考表 21-1 以瞭解何時可以使用哪些輸出模式。

mapGroupsWithState

第一個具態處理範例使用名為 `mapGroupsWithState` 的 API。這類似使用者定義的聚合函式，該函式將一組欲更新資料集作為輸入，然後將其解析為一組鍵值對。過程中需要定義幾件事：

- 分別為輸入、狀態，以及可選的輸出定義三個類別。
- 一個基於鍵值、事件迭代器，和先前狀態的狀態更新函式。
- 超時參數（如超時部分所述）。

有了這些物件和定義，可以透過建立、更新和刪除隨意地控制狀態。我們從一個簡易根據狀態數量更新鍵的例子開始，然後轉向更複雜的事務，如會話化（sessionization）。

讓我們以感測器資料來分析資料集內特定使用者進行某樣活動的第一個和最後一個時間戳。這意謂著將以使用者與其活動作為分組（和映射時）的鍵值。

 當使用 mapGroupsWithState 時，最好的輸出情況會是，每個鍵（或分組）只包含一列資料。若希望每個分組都有多個輸出，則應使用 flatMapGroupsWithState（稍後會介紹）。

接著建立輸入、狀態，和輸出定義類別：

```
case class InputRow(user:String, timestamp:java.sql.Timestamp, activity:String)
case class UserState(user:String,
  var activity:String,
  var start:java.sql.Timestamp,
  var end:java.sql.Timestamp)
```

為了可讀性，以下定義一個基於特定鍵更新狀態的函式。

```
def updateUserStateWithEvent(state:UserState, input:InputRow):UserState = {
  if (Option(input.timestamp).isEmpty) {
    return state
  }
  if (state.activity == input.activity) {

    if (input.timestamp.after(state.end)) {
      state.end = input.timestamp
    }
    if (input.timestamp.before(state.start)) {
      state.start = input.timestamp
    }
  } else {
    if (input.timestamp.after(state.end)) {
      state.start = input.timestamp
      state.end = input.timestamp
      state.activity = input.activity
    }
  }

  state
}
```

現在，基於列的 epoch 時間，撰寫定義狀態更新方式的函式：

```scala
import org.apache.spark.sql.streaming.{GroupStateTimeout, OutputMode, GroupState}
def updateAcrossEvents(user:String,
  inputs: Iterator[InputRow],
  oldState: GroupState[UserState]):UserState = {
  var state:UserState = if (oldState.exists) oldState.get else UserState(user,
      "",
      new java.sql.Timestamp(6284160000000L),
      new java.sql.Timestamp(6284160L)
  )
  // 指定一個可以用來比較的舊日期，
  // 且立即根據資料中的值進行更新。

  for (input <- inputs) {
    state = updateUserStateWithEvent(state, input)
    oldState.update(state)
  }
  state
}
```

有了此函式之後，是時候傳遞相關資訊來展開查詢。在指定 mapGroupsWithState 時還必須指定是否要對特定的分組狀態設置超時。這提供了一種機制來控制在一定時間內都沒有接收到更新的狀態。本案例中希望無限期地維護狀態，因此指定 Spark 不需超時。

使用*更新輸出模式*以便獲得使用者活動的更新：

```scala
import org.apache.spark.sql.streaming.GroupStateTimeout
withEventTime
  .selectExpr("User as user",
    "cast(Creation_Time/1000000000 as timestamp) as timestamp", "gt as activity")
  .as[InputRow]
  .groupByKey(_.user)
  .mapGroupsWithState(GroupStateTimeout.NoTimeout)(updateAcrossEvents)
  .writeStream
  .queryName("events_per_window")
  .format("memory")
  .outputMode("update")
  .start()

SELECT * FROM events_per_window order by user, start
```

以下是結果範例：

```
+----+--------+-------------------+-------------------+
|user|activity|              start|                end|
+----+--------+-------------------+-------------------+
|   a|    bike|2015-02-23 13:30:...|2015-02-23 14:06:...|
|   a|    bike|2015-02-23 13:30:...|2015-02-23 14:06:...|
...
|   d|    bike|2015-02-24 13:07:...|2015-02-24 13:42:...|
+----+--------+-------------------+-------------------+
```

資料中一個有趣的地方是任何時間中，參與者最後一項活動皆為「自行車」。這與實驗如何運行有關，每個實驗都有參與者按順序執行相同的活動。

範例：基於計數的視窗

典型的視窗操作是由開始和結束時間建構出來的，所有落在這兩點之間的事件會作為計數和加總的根據。但有時候不是基於時間建立視窗，而是根據一些事件建立而無視狀態和事件時間，並在該視窗上執行聚合操作。例如可能想要每 500 個事件便計算一個值，而不管事件何時被收到的。

下一個範例會根據事件計數值建立視窗以分析活動資料集，並定期輸出各個設備讀取到的平均值，每次設備累積到 500 個事件時便讀取。為此任務定義三個 Case Class：輸入列格式（僅表示設備和時間戳）；以及狀態和輸出列（包含目前收集到的記錄數量、設備 ID，和視窗中事件的讀取陣列）。

以下是各種自行描述的 Case Class 定義：

```
case class InputRow(device: String, timestamp: java.sql.Timestamp, x: Double)
case class DeviceState(device: String, var values: Array[Double],
  var count: Int)
case class OutputRow(device: String, previousAverage: Double)
```

接著，可以定義基於單筆輸入列進行狀態更新的函式。可以透過行內（inline）或其他方式撰寫，此範例中可清楚得知如何基於列進行更新：

```
def updateWithEvent(state:DeviceState, input:InputRow):DeviceState = {
  state.count += 1
  // 維護 x 軸值的陣列
  state.values = state.values ++ Array(input.x)
  state
}
```

現在是時候定義更新一連串輸入列的函式了。請注意，下面的範例中有特定的鍵、輸入的迭代器，和舊的狀態。當收到新事件時，系統會隨著時間的推移更新舊的狀態。它將根據計數數量依序回傳輸出結果，其中包含每個裝置的狀態更新。此案例非常直覺，累積特定事件數量之後，系統會更新狀態並重置然後產生一個輸出列。可以在輸出表中觀察到此列：

```scala
import org.apache.spark.sql.streaming.{GroupStateTimeout, OutputMode,
  GroupState}

def updateAcrossEvents(device:String, inputs: Iterator[InputRow],
  oldState: GroupState[DeviceState]):Iterator[OutputRow] = {
  inputs.toSeq.sortBy(_.timestamp.getTime).toIterator.flatMap { input =>
    val state = if (oldState.exists) oldState.get
      else DeviceState(device, Array(), 0)

    val newState = updateWithEvent(state, input)
    if (newState.count >= 500) {
      // 一個視窗完整結束；
      // 將它的狀態以空的 DeviceState 取代，
      // 並從舊狀態輸出過去 500 個項目的平均值
      oldState.update(DeviceState(device, Array(), 0))
      Iterator(OutputRow(device,
        newState.values.sum / newState.values.length.toDouble))
    }
    else {
      // 更新目前的 DeviceState 物件，且不輸出任何記錄
      oldState.update(newState)
      Iterator()
    }
  }
}
```

現在可以運行你的串流應用了。注意到需要顯式宣告輸出模式，如：追加模式。另外還需要設置 GroupStateTimeout。此超時設定指定了視窗被視為完整且輸出之前所需等待的時間（即使未達到所需的計數）。此案例中則關閉了超時機制，意謂著若設備沒達到所需的 500 計數閾值，將永遠保持在「未完整」狀態，並且不會輸出到結果表。

可以指定這兩個參數，並將其傳入 updateAcrossEvents 函式，啟動串流：

```scala
import org.apache.spark.sql.streaming.GroupStateTimeout

withEventTime
```

```
.selectExpr("Device as device",
  "cast(Creation_Time/1000000000 as timestamp) as timestamp", "x")
.as[InputRow]
.groupByKey(_.device)
.flatMapGroupsWithState(OutputMode.Append,
  GroupStateTimeout.NoTimeout)(updateAcrossEvents)
.writeStream
.queryName("count_based_device")
.format("memory")
.outputMode("append")
.start()
```

啟動串流後，是時候對結果表進行查詢了。結果如下：

```
SELECT * FROM count_based_device

+--------+--------------------+
| device|     previousAverage|
+--------+--------------------+
|nexus4_1|       4.660034012E-4|
|nexus4_1|0.001436279298199...|
...
|nexus4_1|1.049804683999999...|
|nexus4_1|-0.01837188737960...|
+--------+--------------------+
```

當新資料附加到結果表時，可以看到每個視窗的值都發生了變化。

flatMapGroupsWithState

第二個具態處理範例將使用名為 `flatMapGroupsWithState` 的函式。這與 `mapGroupsWithState` 非常相似，除了單一個鍵不只可以有一個輸出，而能夠產生多筆輸出結果。這可以提供更多的靈活性並且維持與 `mapGroupsWithState` 相同的基本結構。以下是所需定義的內容。

- 三個類別定義：，分別為輸入、狀態、以及可選的輸出定義三個類別

- 一個基於鍵值、事件迭代器，和先前狀態的狀態更新函式。

- 超時參數（如超時部分所述）。

有了這些物件和定義，便可以透過它來控制任意狀態，或是隨著時間的推移更新它並刪除它。從會話化的例子開始。

範例：會話化

會話即是未指定時間的視窗，當中發生了一連串事件。通常，會在陣列中記錄這些不同的事件以便比較這些事件的會話。在會話中，你可能會想隨著時間的推移以任意的邏輯維護和更新狀態，另外當狀態結束（如計數閾值到達）或簡單的超時發生時也能觸發某些行為。讓我們以前面的例子為基礎將其會話化。

有時你可能具有在函式中使用的顯式會話 ID。這顯然使它更容易使用，因為你可以只執行簡單的聚合，甚至可能不需要維護狀態邏輯。在這種情況下，你將以使用者 ID 搭配時間資訊動態建立會話，若在五秒鐘內該使用者未發生新事件則會話終止此外注意到範例中使用的超時與其他範例不同。

可以依循先前的流程定義單一事件的更新函式，和多重事件的更新函式：

```scala
case class InputRow(uid:String, timestamp:java.sql.Timestamp, x:Double,
  activity:String)
case class UserSession(val uid:String, var timestamp:java.sql.Timestamp,
  var activities: Array[String], var values: Array[Double])
case class UserSessionOutput(val uid:String, var activities: Array[String],
  var xAvg:Double)

def updateWithEvent(state:UserSession, input:InputRow):UserSession = {
  // 處理異常的日期 </I>
  if (Option(input.timestamp).isEmpty) {
    return state
  }

  state.timestamp = input.timestamp
  state.values = state.values ++ Array(input.x)
  if (!state.activities.contains(input.activity)) {
    state.activities = state.activities ++ Array(input.activity)
  }
  state
}

import org.apache.spark.sql.streaming.{GroupStateTimeout, OutputMode,
  GroupState}

def updateAcrossEvents(uid:String,
  inputs: Iterator[InputRow],
  oldState. GroupState[UserSession]):Iterator[UserSessionOutput] = {
```

```scala
inputs.toSeq.sortBy(_.timestamp.getTime).toIterator.flatMap { input =>
  val state = if (oldState.exists) oldState.get else UserSession(
  uid,
  new java.sql.Timestamp(6284160000000L),
  Array(),
  Array())
  val newState = updateWithEvent(state, input)

  if (oldState.hasTimedOut) {
    val state = oldState.get
    oldState.remove()
    Iterator(UserSessionOutput(uid,
    state.activities,
    newState.values.sum / newState.values.length.toDouble))
  } else if (state.values.length > 1000) {
    val state = oldState.get
    oldState.remove()
    Iterator(UserSessionOutput(uid,
    state.activities,
    newState.values.sum / newState.values.length.toDouble))
  } else {
    oldState.update(newState)
    oldState.setTimeoutTimestamp(newState.timestamp.getTime(), "5 seconds")
    Iterator()
  }

  }
}
```

範例中只希望看到最多延遲五秒鐘的事件。除此之外的任何事件都將被忽略。
在具態操作中使用 EventTimeTimeout 會基於事件時間設定期望的超時時間。

```scala
import org.apache.spark.sql.streaming.GroupStateTimeout

withEventTime.where("x is not null")
  .selectExpr("user as uid",
    "cast(Creation_Time/1000000000 as timestamp) as timestamp",
    "x", "gt as activity")
  .as[InputRow]
  .withWatermark("timestamp", "5 seconds")
  .groupByKey(_.uid)
  .flatMapGroupsWithState(OutputMode.Append,
    GroupStateTimeout.EventTimeTimeout)(updateAcrossEvents)
  .writeStream
```

```
        .queryName("count_based_device")
        .format("memory")
        .start()
```

查詢此表將會顯示此時間區間內,每個使用者的輸出結果:

```
SELECT * FROM count_based_device

+---+------------------+-------------------+
|uid|        activities|               xAvg|
+---+------------------+-------------------+
| a|    [stand, null, sit]|-9.10908533566433...|
| a|     [sit, null, walk]|-0.00654280428601...|
...
| c|[null, stairsdown...|-0.03286657789999995|
+---+------------------+-------------------+
```

正如你所預期,會話中包含較多活動的用戶相較較少活動的用戶,在 x 軸陀螺
儀上有較高的值。將此範例延伸到與工作領域上更相關的問題應該相當容易。

結論

本章介紹了一些結構化串流的進階主題,包括事件時間和狀態處理本章作為使用者指南
協助讀者實際建構應用程式邏輯,並將其轉換為有價值的應用。接下來會討論將應用程
式佈署在生產環境,並隨著時間進行維護和更新的作法與注意事項。

## 第二十三章

生產級的結構化串流

本篇前幾章從使用者的角度介紹了結構化串流，那是應用程式的核心概念。本章將介紹開發完應用程式後，在生產環境中穩定地運行結構化串流所需的一些維運工具。

結構化串流在 Apache Spark 2.2.0 中標記為生產級就緒，意謂著此版本俱備生產環境所需的所有功能，並屬於穩定的 API。許多組織已經在生產中使用該系統。坦白說，它與運行其他生產級 Spark 應用程式沒什麼不同。事實上，透過事務性來源端／匯聚端和恰好一次處理等功能，結構化串流的設計者力求盡可能易於操作。本章將指引你結構化串流的關鍵維運任務。這也補充在第二篇所學到關於 Spark 維運的所有內容。

容錯和查核點

串流應用程式最重要的維運問題是故障恢復。故障是不可避免的：叢集中的機器會故障，綱要會在沒有適當轉移的情況下被意外更改，或甚至是其它原因重啟叢集或應用程式。在這些情況下，結構化串流都允許透過重新啟動來恢復應用程式。為此，必須為應用程式設定查核點和預寫日誌，這兩者都由引擎自動的控制。具體來說，必須設定查詢寫入可靠檔案系統上的**查核點位置**（例如：HDFS、S3，或任何相容的檔案系統）。然後，結構化串流將定期保存所有相關的進度資訊（例如在特定觸發器中處理的偏移值範圍）以及到查核點位置之間的中間狀態值。當故障發生時，你只需重啟應用程式，確保指向相同的查核點位置，它將自動恢復到正確的狀態，並從上次離開的地方開始處理資料。

你不必幫應用程式手動管理狀態－結構化串流為你做到了。

要使用查核點，需在啟動應用程式之前，透過 writeStream 上的 checkpointLocation 選項指定查核點位置。範例如下：

```scala
// 在 Scala 中
val static = spark.read.json("/data/activity-data")
val streaming = spark
  .readStream
  .schema(static.schema)
  .option("maxFilesPerTrigger", 10)
  .json("/data/activity-data")
  .groupBy("gt")
  .count()
val query = streaming
  .writeStream
  .outputMode("complete")
  .option("checkpointLocation", "/some/location/")
  .queryName("test_stream")
  .format("memory")
  .start()
```

```python
# 在 Python 中
static = spark.read.json("/data/activity-data")
streaming = spark\
  .readStream\
  .schema(static.schema)\
  .option("maxFilesPerTrigger", 10)\
  .json("/data/activity-data")\
  .groupBy("gt")\
  .count()
query = streaming\
  .writeStream\
  .outputMode("complete")\
  .option("checkpointLocation", "/some/python/location/")\
  .queryName("test_python_stream")\
  .format("memory")\
  .start()
```

若遺失了查核點目錄或其中的訊息，應用程式將無法從故障中恢復，而將必須重新啟動串流。

更新應用程式

為了能夠讓應用程式在生產環境中運行，查核點可能是最重要的功能。這是因為查核點將儲存所有關於串流應用到目前為止已處理過的資訊，以及相關的中間狀態。但是，查核點確實帶來了一個小問題 - 當你更新串流應用程式時，你將不得不顧及舊的查核點資料。更新應用程式時，你必須確保更新並不重大。下面詳細介紹兩種類型的更新：更新應用程式的程式碼，或運行一個新的 Spark 版本。

更新串流應用程式程式碼

結構化串流被設計成，要能順利恢復，只允許對應用程式的程式碼進行特定的變更。最重要的是，只要具有相同的類別簽名（type signature），就可以更改使用者定義函式（UDF）。此功能對於修正錯誤非常有用。例如，想像一下因為應用程式接收了新類型的資料，而目前運行的資料解析函式崩潰了。使用結構化串流，可以使用該函式的新版本重新編譯應用程式，並讓串流恢復到與失效前相同位置。

雖然像添加新欄位或更改 UDF 這樣的小調整不會有破壞性改動，並且不需要新的查核點目錄，但是一些大的改動就會需要一個全新的查核點目錄。例如更新了串流應用程式並添加新的聚合鍵，或從根本上改變了查詢本身，則 Spark 無法從舊的查核點目錄為新的查詢建構所需的狀態。在這些情況下，結構化串流將拋出一個異常而你必須從頭開始使用新（空）的目錄作為查核點位置。

更新你的 Spark 版本

結構化串流應用程式支援更新 Spark 補丁版本（例如：從 Spark 2.2.0 遷移到 2.2.1 或到 2.2.2）後，還能夠從舊的查核點目錄重新啟動。查核點格式被設計成向前相容，因此被破壞的唯一可能是由於嚴重的錯誤修復。如果 Spark 的發佈無法從舊查核點恢復，則會在其發佈說明中清楚地記錄。結構化串流開發人員還致力於在次要版本更新（例如，Spark 2.2.x 到 2.3.x）時保持格式相容，但你應該查看發佈說明確認每次升級是否支援此相容功能。在任何一種情況下，若無法從查核點啟動，則需使用新的查核點目錄，並再次啟動應用程式。

評估叢集大小與重新調整你的應用程式規模

通常，叢集的大小應該要滿足處理資料的速率。以下將討論應用程式與叢集應該監控的關鍵指標。一般來說，如果發現輸入量高於處理，那麼是時候擴大叢集或應用程式的規模了。根據資源管理器和部署方法，你可能只需動態地為應用程式添加執行器。在適當地時機也能用同樣的方式縮小應用程式－刪除執行器（可能是透過你的雲端供應商）或以較低數量的資源重啟應用程式。這些變化可能會導致一些處理延遲（因為當執行器被刪除時，資料將被重新計算或發生分區洗牌）。最後，還有個商業面的決策，建立一個更複雜的資源管理系統是否值得？

有時為叢集或應用程式更動底層基礎設施是必要的，而有時可能僅需使用新的設定並重新啟動應用程式或串流即可。例如，當串流正在運行時不支援更改 `spark.sql.shuffle.partitions`（它實際上不會更改洗牌分區的數量）。這需要重啟串流，但不一定是整個應用程式。若是更大的變更，如變更任意的 Spark 應用程式設定，可能會需要重啟應用程式。

指標和監控

串流應用程式中的度量標準和監控與一般情況大致相同，可以使用第十八章所描述的工具。但是，結構化串流增加了更多細節幫助你更好地了解應用程式的狀態。可以利用兩個關鍵 API 來詢問串流查詢的狀態，並查看其最近的執行進度。透過這兩個 API 可以了解串流是否按預期的運行。

查詢狀態

查詢狀態是最基本的監控 API，因此是一個很好的出發點。它專門用來回答：「我的串流現在正進行什麼處理？」訊息會被 `startStream` 回傳，並回報於 `query` 物件的 `status` 欄位。例如，你可能有一個簡單的計數串流用來計算 IOT 裝置的數量，以如下的查詢進行定義（這裡使用和之前章節相同的查詢，故省略掉初始化的程式碼）：

```
query.status
```

要獲取特定查詢的狀態，只需執行命令 `query.status` 即可回傳串流目前的狀態。這提供該時間點串流的詳細資訊。以下是查詢的回覆範例：

```
{
  "message" : "Getting offsets from ...",
  "isDataAvailable" : true,
  "isTriggerActive" : true
}
```

上面的程式碼片段描述了從結構化串流資料來源獲取偏移值（因此訊息裡包含了偏移值的訊息）。裡面有許多描述串流狀態的訊息。

在此處用可以於 Spark shell 中呼叫的行內方式，展示了 status 指令，對於獨立的應用程式，可能沒有用於程序內執行任意程式碼的附屬 shell。在這種情況下，你可以透過實作監控伺服器以揭露其狀態，例如，監聽一個埠口的小型 HTTP 伺服器，並在收到請求時回傳 query.status。或者，可以使用稍後描述更豐富的 StreamingQueryListener API 來監聽更多事件。

最新進度

雖然查詢串流狀態對監控非常有用，但同樣重要的是查看查詢進度的能力。進度 API 會回答諸如「處理 tuple ？」或「tuple 從源頭到達的速度有多快？」之類的答案。透過運行 query.recentProgress，可以取得更多基於時間的訊息，如處理速率和批次時間。串流查詢進度也包含串流背後，輸入來源和輸出匯聚端的訊息。

```
query.recentProgress
```

這是執行程式碼後，Scala 版本的結果（在 Python 中也相似）：

```
Array({
  "id" : "d9b5eac5-2b27-4655-8dd3-4be626b1b59b",
  "runId" : "f8da8bc7-5d0a-4554-880d-d21fe43b983d",
  "name" : "test_stream",
  "timestamp" : "2017-08-06T21:11:21.141Z",
  "numInputRows" : 780119,
  "processedRowsPerSecond" : 19779.89350912779,
  "durationMs" : {
    "addBatch" : 38179,
    "getBatch" : 235,
    "getOffset" : 518,
    "queryPlanning" : 138,
    "triggerExecution" : 39440,
    "walCommit" : 312
  },
  "stateOperators" : [ {
    "numRowsTotal" : 7,
    "numRowsUpdated" : 7
  } ],
  "sources" : [ {
    "description" : "FileStreamSource[/some/stream/source/]",
    "startOffset" : null,
    "endOffset" : {
      "logOffset" : 0
    },
    "numInputRows" : 780119,
```

```
      "processedRowsPerSecond" : 19779.89350912779
    } ],
    "sink" : {
      "description" : "MemorySink"
    }
  })
```

從輸出中可以看出有許多有關串流狀態的詳細信息。重要的是要注意這是一個即時的快照（依據要求查詢進度當下的時間）。為了能持續獲得有關串流狀態的輸出，需要重複執行此查詢 API 以更新狀態。輸出的意義大多可由欄位名稱反映出來。讓我們詳細回顧一些較重要的欄位。

輸入速率和處理速率

輸入速率指定了從輸入來源流入結構化串流的資料量。處理速率是應用程式分析資料的速度。在理想情況下，輸入和處理速率應該會一起變化。另一種情況可能是，輸入速率遠大於處理速率。發生這種情況時，串流會落後，你需要調整叢集的規模以負荷更大的負載。

批次時間

幾乎所有串流系統都採用批次處理，並以合理的吞吐量運行（有些人會選擇以較低的吞吐量換取低延遲）。結構化串流實現了這兩者。當它對資料進行操作時，你可能會看到隨著時間的推移，批次處理時間也會隨著結構化串流處理不同數量的事件而振盪。當然，當持續性處理引擎成為了執行的選項時，該指標將幾乎沒有作用。

通常，最佳做法是視覺化批次時間、輸入量和處理速率的變化。這比隨 a 時間簡單地報告變化更有幫助。

Spark UI

第十八章詳細介紹過的 Spark Web UI 還顯示了任務、工作，和結構化串流應用程式的資料處理指標。在 Spark UI 上，每個串流應用程式將顯示為一系列短工作，每次觸發都會是一筆記錄。你可以使用同樣的 UI，查看應用程式中的指標、查詢計劃、任務時間，和日誌。DStream API 有一點可以注意的是，結構化串流並不會使用 Streaming 分頁。

告警

理解和查看結構化串流查詢的指標是重要的第一步。然而，這需要不斷觀察儀表板與指標以發現潛在問題。當作業失敗了或無法跟上輸入資料的速率且無法手動監視時，會需要強大的**自動**告警功能來獲取通知。有幾種方法可以將現有的告警工具與 Spark 整合（通常是建立於之前介紹過的最新進度 API 內）。例如可以直接將指標傳遞給監控系統（如開放原始碼的 Coda Hale Metrics 程式庫或 Prometheus 等），或簡單地記錄它們並使用像 Splunk 這樣的日誌聚合系統。除了對查詢進行監控和告警外，當然也會希望監控和告警叢集和應用程式（若應用程式內運行多個查詢的話）的狀態。

以串流聆聽器進行進階監控

我們已經說明結構化串流中的一些高階監控工具。透過組合一些元件可以使用 status 和 queryProgress API 將監控事件輸出到組織的監控平台中（例如，日誌聚合系統或 Prometheus 的儀表板）。除了這些作法之外，還有一種更低階但更強大的方法來觀察應用程式的執行：StreamingQueryListener 類別。

StreamingQueryListener 類別允許串流查詢接收非同步更新以便自動將此訊息輸出到其他系統，並實作強大的監控和示警機制。首先，需要建立自定義的物件並繼承 StreamingQueryListener，然後將它連接到正在運行的 SparkSession。透過 sparkSession. streams.addListener() 連接了自定義的聆聽器後，你將會在啟動或停止查詢時。（或查詢進行時）收到通知。

以下是結構化串流文件中一個簡單的聆聽器範例：

```scala
val spark: SparkSession = ...

spark.streams.addListener(new StreamingQueryListener() {
    override def onQueryStarted(queryStarted: QueryStartedEvent): Unit = {
        println("Query started: " + queryStarted.id)
    }
    override def onQueryTerminated(
      queryTerminated: QueryTerminatedEvent): Unit = {
        println("Query terminated: " + queryTerminated.id)
    }
    override def onQueryProgress(queryProgress: QueryProgressEvent): Unit = {
        println("Query made progress: " + queryProgress.progress)
    }
})
```

串流聆聽器允許各個進度更新或狀態變更時觸發自訂的程式碼，並將其傳遞給外部系統。例如，以下的 StreamingQueryListener 程式碼會將所有查詢進度訊息轉發給 Kafka。從 Kafka 讀取資料後，你必須解析此 JSON 字串，才能實際存取指標：

```scala
class KafkaMetrics(servers: String) extends StreamingQueryListener {
  val kafkaProperties = new Properties()
  kafkaProperties.put(
    "bootstrap.servers",
    servers)
  kafkaProperties.put(
    "key.serializer",
    "kafkashaded.org.apache.kafka.common.serialization.StringSerializer")
  kafkaProperties.put(
    "value.serializer",
    "kafkashaded.org.apache.kafka.common.serialization.StringSerializer")

  val producer = new KafkaProducer[String, String](kafkaProperties)

  import org.apache.spark.sql.streaming.StreamingQueryListener
  import org.apache.kafka.clients.producer.KafkaProducer

  override def onQueryProgress(event:
    StreamingQueryListener.QueryProgressEvent): Unit = {
    producer.send(new ProducerRecord("streaming-metrics",
      event.progress.json))
  }
  override def onQueryStarted(event:
    StreamingQueryListener.QueryStartedEvent): Unit = {}
  override def onQueryTerminated(event:
    StreamingQueryListener.QueryTerminatedEvent): Unit = {}
}
```

使用 StreamingQueryListener 介面，你透過在一個結構化串流應用程式，來監控同一座（或另外一座）叢集上的結構化串流應用程式，並管理多個串流。

結論

本章介紹了在生產環境中運行結構化串流所需的主要工具：容錯查核點和各種監視 API，可以讓你觀察應用程式運作的情狀。幸運地是，如果已經在生產級中運行 Spark，許多概念和工具都很相似，所以應該能夠重用（reuse）現有的很多概念。請務必閱讀第四篇以查看一些其他用於監控 Spark 應用程式的有用工具。

## 第六篇

進階分析與機器學習概覽

## 第二十四章

進階分析與機器學習概覽

目前介紹了部分常用的資料流相關的 API。本章將更深入地介紹 Spark 中進階分析所使用的相關 API。除了大規模的 SQL 分析運算與傳輸串流外，Spark 也支援統計、機器學習與圖形分析等操作運算。這一系列的工作任務稱之為進階分析。本篇將探討 Spark 中的進階分析工具，其中包括：

- 資料前處理 (資料清理與特徵工程)

- 監督式學習

- 推薦系統學習

- 非監督式學習

- 圖形分析

- 深度學習

此章節提供進階分析的基本概覽、一些相關的應用案例、基本的進階分析流程。我們將介紹書中提及的分析工具並教導如何應用這類工具。

本書並非從零開始教你機器學習。我們不會嚴格要求數學的定義與公式，但並不代表它不重要，僅因為這其中包含的資訊太過龐大。本篇不是教會你每種演算法的數學基礎或是深入理解實作策略的演算法指南，而是提供使用者關於應用 Spark 於進階分析時的相關 API 資訊。

進階分析簡短入門

進階分析是指針對數據參考各種技術，來進行分析做出預測或建議。機器學習的最佳概念是基於你想要執行的任務去建構。最常見的任務包括：

- 監督式學習，包含分類與迴歸。目的是基於數據的多項特徵進行預測。

- 推薦引擎基於使用者的偏好行為來推薦相關產品

- 非監督式學習，包含分群、異常分析與文本主題探勘。目的是發現資料的結構。

- 圖形分析任務，例如搜尋社群網絡中的模式。

詳細討論 Spark 相關 API 前，讓我們一起回顧一些常見的機器學習和進階分析的使用案例。雖然已經盡可能的介紹，但有些部分仍需要參考一些外部的相關資料才能充分了解。O'Reilly 提供了相關的連結，後續幾個章節將參考以下列出的相關書籍，它們是很好的資料來源，提供了豐富的相關資訊（更棒的是，這些資源在網路上即可免費取得）：

- *An Introduction to Statistical Learning*（*http://www-bcf.usc.edu/~gareth/ISL/*）by Gareth James, Daniela Witten, Trevor Hastie, and Robert Tibshirani. 稱其為「ISL」。

- *Elements of Statistical Learning*（*https://web.stanford.edu/~hastie/ElemStatLearn/*）by Trevor Hastie, Robert Tibshirani, and Jerome Friedman. 我們稱其為「ESL」。

- *Deep Learning*（*http://www.deeplearningbook.org/*）by Ian Goodfellow, Yoshua Bengio, and Aaron Courville. 稱其為「DLB」。

監督式學習

監督式學習是最常見的機器學習形式。目的很簡單：使用具有目標特徵標籤的歷史數據（通常稱為應變量），基於數據中的多項特徵訓練模型來預測那些具有標籤的目標特徵。如以人的年齡（特徵）來預測人的收入（應變量）。此訓練的過程通常是通過一個迭代最佳化的演算法，如梯度下降法。訓練模型的演算法從最基本的模型開始，藉由每次迭代逐步調整多種內部參數（係數）來改善。這些步驟的結果將會是一個訓練模型，將可使用此模形來預測新進的數據。因應完成不同的任務，我們需要針對訓練模型進行預測結果的測試，其基本原則很簡單：訓練歷史數據時，確保這些要預測的資訊沒有被訓練到，並且以這些沒有被訓練到的資訊來進行預測。

可以根據特徵的形態更進一步組織監督式學習，後續會進一步討論此議題。

分類

其中一種最常見的監督式學習是分類。分類是訓練演算法去預測**類別形態**的應變量（屬於離散且有限的值）。最常見的例子是**二元分類**，模型將預測目標特徵中的兩者項目其中之一。典型的例子是分類垃圾郵件。基於歷史的電子郵件數據，將其分為垃圾郵件與非垃圾由件兩個族群，透過分析電子郵件文字內容與其他相關屬性來做預測。一旦滿意該演算法的效能，便可使用其訓練的模型來預測未來新接收到的電子郵件是否為垃圾郵件。

將項目分類到兩個以上的類別時，稱之為**多元分類**。例如可能將電子郵件分為四種類別（而不是上一段中的兩個類別）：垃圾郵件、個人郵件、工作郵件、其它。有很多相關的分類使用案例：

疾病預測

醫生或醫院可能擁有病患行為與生理學的相關歷史數據。他們可以使用這些數據來訓練模型（申請前先評估其成功性與道德倫理）利用這些數據來預測患者是否罹患心髒病。這是一個二元分類的例子（有心臟疾病、無心臟疾病）或是多元分類（心臟疾病，或幾種不同的疾病）

影像預測

很多公司有相關的應用，如 Apple、Google、Facebook，訓練過去的照片建立分類模型來預測誰在給定照片當中。另一個常見的使用案例是對影像進行分類或標記。

顧客流失預測

很多商業導向的使用案例為預測顧客流失，也就是哪些顧客有可能會停止使用服務。可以透過二元分類來做到，將過去的顧客分為是否可能停止使用服務，用訓練後之模型來預測當前客戶是否會流失。

買或不買

公司通常希望預測其網站的瀏覽者是否會購買指定的商品。他們可能透過使用者的瀏覽模式，如位置等相關屬性來預測。

除了這些相關的使用案例。在第二十六章介紹更多的使用案例與 Spark 分類相關的API。

迴歸

在分類中，應變量是一組離散值。在迴歸中則嘗試預測連續變數（實際數值）。簡而言之，比起預測類別，我們想要預測實際的數字。此過程大致上相同，這也是為什麼它們屬於監督式學習。針對歷史數據進行訓練，以預測從未有過的新數據。以下是一些典型例子：

銷售預測

商店可能希望透過歷史的銷售數據預測總產品的銷售額。有許多潛在的輸入特徵，一個簡單的範例可能是運用分析上週的銷售資料預測明日的銷售額。

身高預測

基於兩人的身高，可能想要預測他們未來孩子的身高。

觀眾數量預測

像 Netflix 的媒體公司可能會嘗試預測觀看特定節目的用戶數量。

第二十七章會介紹更多的使用案例與 Spark 上迴歸的相關方法。

推薦

推薦是進階分析中最直觀的應用之一，藉由研究人們對於各種商品的明確喜好（評價）或是其他隱藏式的舉動（觀察顧客行為），演算法可以在於顧客與商品之間，推薦顧客可能喜歡的商品。演算法建立推薦基於在顧客可能喜歡，或顧客已經購買過其他相似的產品，藉由考慮這些相似之處來建立推薦。這裡有幾個使用案例：

電影推薦

Netflix 使用 Spark（*http://bit.ly/2Fkx4Mm*），雖然不一定是使用內建的函式庫，向用戶提供大規模的電影推薦。通過研究用戶在 Netflix 應用程序中觀看與不觀看的電影。此外，Netflix 可能考慮每個使用者評價的相似程度。

商品推薦

產品推薦是 Amazon 使用作為主要提升銷售的工具之一。舉例來說，基於放進購物車的商品，Amazon 可能會推薦過去添加到類似購物車的其他商品。同樣地，在每個產品頁面，Amazon 都會顯示其他用戶購買的類似產品。

第二十八章會介紹更多的使用案例與 Spark 上與推薦相關的方法。

非監督式學習

非監督式學習是試圖從給定的資料集結構中找到模式或發現潛在的模式。其與監督式學習不同的原因為非監督式學習的分析沒有應變項（目標標籤）進行預測。

一些非監督式學習的使用案例如下：

異常偵測

有一些標準類型的事件常常隨著時間的推移而發生，可能想要知道何時會發生非標準類型的事件。舉例來說，一個保全在路上可能想要在一個奇怪物體（車輛、溜冰的人、騎自行車的人）接近時取得通知。

細分使用者

給定一組用戶行為，可能想要了解用戶之間共享哪些屬性。例如，遊戲公司可能會基於玩家的遊戲時間將玩家進行分群。演算算法可能揭開休閒玩家與硬派玩家不同的行為。舉例來說，遊戲公司可以藉此提供不同的推薦或獎勵給每個玩家。

文本主題探勘模型

給定一組文件檔案，可能會分析不同的單詞，去查看它們之間是否存在某種潛在的關係。舉例來說，給定大量關於資料分析的網頁，文本主題探勘模型演算法可以基於分析一組單詞較常出現在某個主題的分析中，將這些網頁集中到關於機器學習、SQL、串流等的相關頁面。

直觀地說，很容易看出細分使用者如何幫助平台更好地去滿足更多使用客戶。但是可能很難發現是否這樣細分使用者是「正確的」。因此，針對一個特定的模型可能難以確定是好還是不好。第二十九章會更深入地討論非監督式學習的相關係細節。

圖形分析

雖然不如分類和迴歸常見，但圖形分析是一個具有強大功能的工具。從根本上來說，圖形分析是研究我們定義的指定結構**頂點**（對象）和**邊**（表示對象之間的關係）。舉例來說，頂點可能代表人和產品，邊緣可能代表購買。藉由查看頂點和邊的屬性，可以更理解在圖形中它們之間的聯繫和整體結構。由於都是圖形的關係，任何要指定關係的項目是圖形分析很好的用例。一些例子包含：

詐欺預測

Capital One 使用 Spark 的圖形分析功能（*https://youtu.be/q5HFMVoN_rc*）來更了解詐欺網絡。藉由歷史的詐欺資訊（如電話號碼，地址或姓名），他們發現詐欺的信用請求或交易。例如，欺詐性電話號碼被任一用戶接到可能被認為是可疑的。

異常偵測

藉由觀察個人網絡如何相互聯繫，異常值和可以被標記為手動分析。舉例來說，如果資料中每個頂點通常有十個與之關聯的邊，而給定的頂點只有一個邊，這可能值得調查一些奇怪的東西。

分類

給定網絡中關於某些頂點的一些事實，可以根據它們與原始節點的連接，對其他頂點進行分類。舉例來說，如果某人被標記為社交網絡中的影響者，可以分類標記具有相似網絡結構的人為影響者。

推薦

Google 原始的網頁推薦演算法，PageRank，是一種圖形分析演算法。其分析網站間的關係，並以排名網路頁面的重要性。舉例來說，一個有很多連結的網頁被列為比一個連結或沒有連結的網頁重要。

第三十章會討論更多圖形分析的例子。

進階分析處理

你應該牢牢掌握關於機器學習的一些基本使用案例與進階分析。然而尋找相關使用案例只是進階分析流程中的一小部分。進行資料分析有很多準備工作要做，測試不同的建模方法，以及評估這些模型。本節將提供整體分析過程的結構與必須採取的步驟，但實際上需客觀地評估是否應將模型應用於現實世界（圖 24-1）。

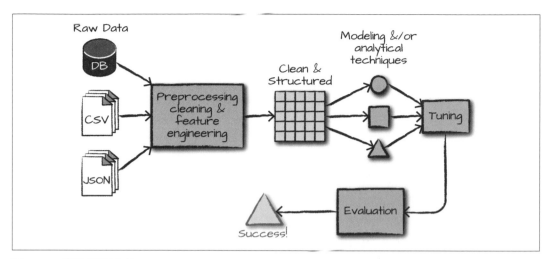

圖 24-1　機器學習流程

整個過程涉及以下步驟（有些許變化）：

1. 收集相關的資料。

2. 清理和檢查資料以更好地理解。

3. 執行特徵工程以利演算法使用較合適的資料形式（如：將資料轉為數值型別向量）。

4. 使用部分資料做為訓練資料來訓練一個或多個模型。

5. 進行客觀評估和比較，藉由未使用至建立模型的資料來衡量評估和比較所有模型。這使你可以更了解模型使用在未知資料的表現。

6. 利用上述過程中的見解和／或使用模型進行預測、檢測異常或解決更廣泛的挑戰。

每個進階分析任務的步驟都不相同。然而，此工作流程確實可以作為你成功進行進階分析所需的一般框架。如在之前對於各種進級分析任務所做的，本章將分解流程以更好地理解整體進行進階分析的每一步。

資料收集

理所當然，在沒有先收集資料的情況下很難創造訓練資料。對此意謂著至少需收集資料來訓練你的演算法。Spark 是一個很好的工具，因為它能夠處理各種資料來源與資料大小。

資料清理

在收集了適當的資料後,需要進行資料清理並檢查。這通常稱作為探索性資料分析(*https://en.wikipedia.org/wiki/Exploratory_data_analysis*)或 EDA。EDA 表示使用交互式查詢和視覺化方法,以更好理解資料分佈、相關性與資料中的其他詳細資訊。在此過程中需注意,可能需要移除一些錯誤記錄的值或遺漏值。無論如何,徹底地了解資料以避免錯誤的發生。眾多 Spark 功能以結構化 API 提供簡單的方法來清理和報告你的資料。

特徵工程

現你已經完成收集並清理資料,是時候將其轉換為合適於機器學習演算法的形式,通常是指數值型的特徵。適當的特徵工程可以創建或破壞機器學習應用程序,所以這是需要仔細執行的一項任務。特徵工程的過程包括各種任務,如資料正規化、增加特徵來表示與其他特徵的相互作用、類別特徵的操縱與轉換等,使資料能以適當的格式輸入到機器學習模型中。在 MLlib 中,Spark 的機器學習相關函式庫,所有變量通常都是 double 型態的向量(無論實際代表什麼)。第二十五章會深入介紹特徵工程的過程。正如你將在該章中看到的,Spark 提供各種機器操作資料所需的相關基本知識與統計技術。

 以下幾個步驟(訓練模型、模型調校和評估)與所有使用案例無關。這是一般執行的流程,可能與你的想要的最終目標分析結果有很大差異。

訓練模型

在此過程中,我們有一組歷史資料(如:垃圾郵件或非垃圾郵件)和想要完成的任務(如:對垃圾郵件進行分類)。

接著,將藉由給定的一些輸入來訓練模型,以正確的預測輸出。在訓練模型的過程中,模型內部的參數將根據輸入資料的情況而有不同的變化。舉例來說,進行垃圾郵件分類時,演算法可能會發現某些字詞是分類垃圾郵件的關鍵預測因子,因此將這些關鍵字詞進行加權等相關參數就更加顯得重要。訓練到最後,訓練模型將會發現比起其他字詞,訓練模型會發現更具影響力(因為它們與垃圾郵件的關聯一致)的關鍵字詞。

訓練的輸出就是所謂的模型。可以使用模型來獲取資料的洞察或是做出未來的預測。若要進行預測,你將為模型提供輸入,而模型將針對這些輸入進行數學計算的處理而產生輸出。

使用分類為說明，給定電子郵件相關的特徵屬性，透過訓練歷史垃圾郵件與非垃圾郵件，進而預測新接收到的電子郵件是否為垃圾郵件。

然而，僅僅訓練模型並不是我們的目標 —— 我們希望能利用模型產生見解。因此必須回答此問題：該如何知道模型是否擅於執行它應該做的事情？這也就是模型調校與評估的重要。

模型調校與評估

你之前可能已經注意到我們提及你應該將資料拆分為多份，並且僅使用一份用於模型訓練。當你想建構一個進階分析模型，來預測前所未見的資料時，這將是機器學習過程中不可缺少的一步過程。當資料切分為多份，這將允許客觀地測試模型對於前所未見的資料的可信度。目的是看模型是否有效理解訓練過程中資料所提供的資訊，或是僅有注意到部分特有的內容訓練（有時稱為過度訓練）。這也是為什麼稱作為**測試資料**。在訓練模型的過程中，為了嘗試不同的超參數（影響訓練過程的參數），也可以採取另一個單獨的資料子集並將其視為另一種類型的測試資料，稱為**驗證資料**。

 適當的訓練、驗證和測試集是成功使用機器學習的關鍵。這些過程可以很容易地結束過度訓練（訓練一個無法很好預測前所未見資料的模型）。在本書中沒有深入探討此問題，但幾乎任何機器學習相關的書籍皆涵蓋此主題。

繼續引用之前的分類範例，會有三組資料集：用來訓練模型的訓練資料、用於測試模型不同變化的驗證資料、用於進行模型評估模型的測試資料。

模型運用 和 / 或 見解

在訓練過程並獲得良好的結果後，現在就準備使用模型！把模型帶到生產中，本質上是一項重大挑戰。之後將在此章節討論一些策略。

Spark 相關進階分析之工具組元件

先前的概述僅是一個範例的工作流程，並不包含所有用途的使用案例或潛在的流程。此外，你可能注意到我們幾乎還沒有討論過 Spark。本節將討論 Spark 的進階分析功能。Spark 的執行進階分析包含幾個核心套件和外部套件。主要的套件是 MLlib，它提供了一個與機器學習相接的管道。

什麼是 MLlib ？

MLlib 是一個建構在 Spark 上的套件，它提供資料清理、特徵工程與特徵選擇、訓練與調校監督式和非監督式機器學習模型、將模型運用於生產中。

 實際上 MLlib 利用兩個不同的核心資料結構組成的函式庫。`org.apache.spark.ml` 函式庫中包含與 DataFrames 的接口。此函式庫還提供有助於建構更進階機器學習的接口管道來標準化地執行。較低階的 `org.apache.spark.mllib` 函式庫中包含與 Spark 低階的 RDD API 的接口。本書將專注於 DataFrame API。RDD API 是屬於維護模式的低階接口（意謂著它只會收到錯誤修復，而不是新進的屬性）。它也已在 Spark 的先前的書籍中廣泛討論，因此在這裡省略。

何時該使用 MLlib ？（versus scikit-learn, TensorFlow, or foo package）

在進階層面上，MLlib 可能聽起來像許多其他可執行類似的任務機器學習函式庫如 scikit-learn for Python 或各種 R 函式庫。那你為什麼要使用 MLlib 呢？有許多工具可以用來在單機上執行機器學習，然而也有幾個較好的選擇。因為這些單機工具可能有各自的限制，可能是可訓練的資料大小或是處理時間等。這意謂著單機工具通常是與 MLlib *互補*。當你遇到那些可擴展性問題，請利用 Spark 優勢的能力。

當你希望利用 Spark 的擴展能力，這裡有兩個關鍵的使用案例。第一，你希望透過 Spark 進行資料預處理和特徵生成，以減少生產大量訓練和測試資料可能所需的時間。接著你可以利用單機上執行機器學習相關函式庫來訓練這些給定的資料集。第二，當輸入的資料量或模型太複雜於單機上運作時，可以使用 Spark。Spark 使分散式的機器學習變得非常簡單。

準備進行訓練模型的資料非常簡單，但仍有重要的警訊要謹記在心，尤其是在部署訓練模型的時候，有些較複雜的部分要特別注意。舉例來說，你可能希望可以將模型導出到另一個服務系統或自訂的應用程序來執行，但 Spark 沒有內建從模型中提供低延遲預測的方式。MLlib 的設計允許進行檢查導出模型到其他工具的可行性。

進階的 MLlib 概念

在 MLlib 中有幾種基本的「結構」型態：轉換（transformers）、估計（estimators）、評估（evaluators）與 pipelines。這意謂著，當你定義一個完整的 pipeline，你將藉由結構考慮到這些型態。當你在 Spark 上訓練模型時，圖 24-2 是可以遵循的整體流程。

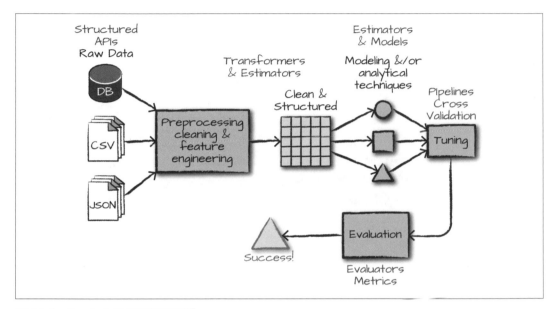

圖 24-2　Spark 上的機器學習流程

轉換（*transformers*）以某種方式將原始資料進行轉換。這也可能是創造一個新的交互特徵（來自另外兩個特徵）、將欄位正規化、簡單地將數值的整數型態轉為 double 型態等轉換的方式，將資料輸入模型中。一個可以在 MLlib 中使用的轉換例子為將字串類別特徵轉換成數值型特徵。轉換主要用於前處理和特徵工程。轉換將 DataFrame 作為輸入並輸出新的 DataFrame，如圖 24-3 所示。

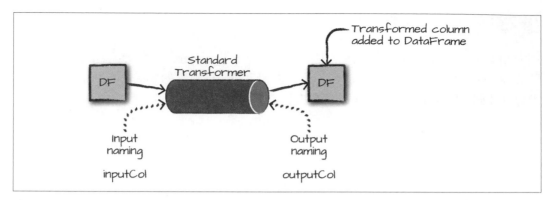

圖 24-3　標準的 Transformers

估計（*estimators*）是兩種事物之一。首先，估計可以是一種資料初始化的轉換。舉例來說，將數值資料進行正規化時，需要一些與當前欄位資料值的相關資訊來初始化轉換。這需要處理兩次資料，第一次為傳遞生成的初始值，第二次為生成資料中實際應用的數值。在 Spark 的命名中，將演算法允許使用者以資料訓練模型稱為估計。

評估（*evaluators*）允許根據自訂的標準觀察模型的執行情況，如接收者操作特徵曲線（ROC）。在評估模型並進行測試從中選出最佳的模型之後，可以使用模型來進行預測。在進階的函式庫中，可以一個接著一個去指定每個轉換、估計和評估，但通常更容易地作法為在 *pipeline* 中將步驟定義為階段（*stage*）。此 pipeline 與 scikit-learn 的 pipeline 概念非常相似。

低階資料型別

除了建構型態以建立 pipelines，在 MLlib 中可能需要使用幾個低階的資料型別（Vector 資料型別是最常見的）。每當一組特徵傳遞給機器學習模型時，必須以 double 的向量資料型別來傳遞。此向量可以是稀疏的（多數元素為 0）或是密集的（包含許多唯一值）。向量將以不同的方式創造。創造一個密集向量可以指定所有的數值。創造一個稀疏向量則可以指定非零數值的大小與索引。你可能已經猜到，稀疏向量是最好的格式，因為當大多數值為零時，資料可以壓縮的更緊密。

以下為如何手動創建向量的範例：

```scala
// 在 Scala 中
import org.apache.spark.ml.linalg.Vectors
val denseVec = Vectors.dense(1.0, 2.0, 3.0)
val size = 3
```

```
val idx = Array(1,2) // 建立向量中非零元素的位置所引
val values = Array(2.0,3.0)
val sparseVec = Vectors.sparse(size, idx, values)
sparseVec.toDense
denseVec.toSparse

# 在 Python 中
from pyspark.ml.linalg import Vectors
denseVec = Vectors.dense(1.0, 2.0, 3.0)
size = 3
idx = [1, 2] # 建立向量中非零元素的位置所引
values = [2.0, 3.0]
sparseVec = Vectors.sparse(size, idx, values)
```

 令人困惑地是有類似的資料型態只能特定的用在 DataFrames 或是只能用在 RDDs。RDD 的實現被歸於 mllib 函式庫，而 DataFrame 的實現被歸於 ml。

MLlib 的執行

現在已經描述了一些你可能會遇到的核心部分，讓我們創建一個簡單的 pipeline 來示範每個元件。在此會用一個小型的合成資料集。在進一步討論之前，先觀察一個範例資料：

```
// 在 Scala 中
var df = spark.read.json("/data/simple-ml")
df.orderBy("value2").show()

# 在 Python 中
df = spark.read.json("/data/simple-ml")
df.orderBy("value2").show()
```

這裡是範例資料：

```
+-----+----+------+------------------+
|color| lab|value1|            value2|
+-----+----+------+------------------+
|green|good|     1|14.386294994851129|
...
|  red| bad|    16|14.386294994851129|
|green|good|    12|14.386294994851129|
+-----+----+------+------------------+
```

此資料集有一個目標類別標籤，其中包含兩個值（好或壞）、一個類別變量（顏色）、兩個數值型變量。雖然資料是合成的，但讓我們想像一下該資料集代表一家公司的客戶狀況。「color」欄位指由客戶服務代表制定的一些客戶等級。「lab」欄位指真正實際的客戶狀況。其他兩個值是以數值衡量客戶在應用程序內的活動情況（如在網頁上花費的分鐘數與購買狀況等）。假設想要訓練一個分類模型，經由其他變量去預測二元的目標類別標籤。

 除了 JSON 格式之外，通常還有一些特定的資料格式來用於監督學習，其中包括 LIBSVM。這些格式同時具有真實的標籤值和稀疏沒有值的資料作為輸入。Spark 可以使用其資料源相關 API 對這些格式進行讀寫。以下是一個如何使用 Data Source API 來讀取 libsvm 文件。

```
spark.read.format("libsvm").load(
    "/data/sample_libsvm_data.txt")
```

更多 LIBSVM 的相關資訊，可以前往查看其相關文件（*http://www.csie.ntu.edu.tw/~cjlin/libsvm/*）。

特徵工程轉換

如先前提及，轉換以某種方式將當前的欄位進行轉換。操作這些欄位的目地通常是為了建構特徵（將輸入模型的特徵）。轉換的存在是為了減少或增加特徵數量、操作當前特徵或僅是協助我們將資料的格式轉為正確。轉換將為 DataFrames 增加新的欄位。

在 Spark 使用 MLlib 時，機器學習演算法中所有輸入（有幾個例外將在 Spark 的後面章節中討論）都必須包含 Double 型態（用於目標特徵標籤）和 Vector[Double]（用於其他特徵）。目前的資料集不符合此要求，因此需要將資料轉換為適當的格式。

為了在範例中實現，我們將指定 RFormula。這是一種用於機器學習進行轉換的函數式語言，一旦你理解了此語法就可以很容易使用。RFormula 支援部分 R 的操作，這些操作在針對練習的簡單模型和操作非常有成效（第二十五章會展示解決此問題方法）。

基本的 RFormula 操作如下：

~

分隔目標和特徵

+

合併特徵;「+0」 表示合併特徵將分隔符號刪除（這意謂著線的 y 截距將為 0）

-

刪除特徵;「-1」 表示刪除特徵將分隔符號刪除（這意謂著線的 y 截距將為 0，是的，它與「+0」執行一樣的事）

:

交互（數值相乘或類別值二元化）

.

除了目標特徵標籤欄位（應變項）以外的全部欄位

為了使用這些語法進行轉換，需要引入相關的類別，才能完成定義公式的過程。在此範例中，我們希望使用所有的可用特徵（.），並且新增 value1 與 color 以及 value1 與 color 之間交互關係的新特徵，並將它們視為新的特徵：

```
// 在 Scala 中
import org.apache.spark.ml.feature.RFormula
val supervised = new RFormula()
  .setFormula("lab ~ . + color:value1 + color:value2")
```

```
# 在 Python 中
from pyspark.ml.feature import RFormula
supervised = RFormula(formula="lab ~ . + color:value1 + color:value2")
```

此時，我們已宣告指定了希望如何更改資料，使其來訓練的模型。下一步是將資料符合 RFormula 的轉換，使其能從中發現每個欄位可能的值。但並不是所有的轉換都必須這樣做，RFormula 會如此執行是因為它將自動把變量進行分類處理，它需要去確定哪些欄位是類別型態以及其欄位中的值。因為這樣的原因，必須呼叫 fit 方法。一旦呼叫 fit，它會返回一個「已訓練」的轉換，而我們就可以用來轉換我們的資料。

 我們使用 RFormula 的轉換，因為它在執行幾個轉換上非常容易操作。在第 25 章，我們將展示用於相似資料集的其他轉換方法，以及簡述說明在 MLlib 中 RFormula 的部分組成。

介紹了這些細節後，接著準備 DataFrame：

```scala
// 在 Scala 中
val fittedRF = supervised.fit(df)
val preparedDF = fittedRF.transform(df)
preparedDF.show()
```

```python
# 在 Python 中
fittedRF = supervised.fit(df)
preparedDF = fittedRF.transform(df)
preparedDF.show()
```

以下是訓練與轉換過程的輸出：

```
+-----+----+------+------------------+--------------------+-----+
|color| lab|value1|            value2|            features|label|
+-----+----+------+------------------+--------------------+-----+
|green|good|     1|14.386294994851129|(10,[1,2,3,5,8],[...|  1.0|
...
|  red| bad|     2|14.386294994851129|(10,[0,2,3,4,7],[...|  0.0|
+-----+----+------+------------------+--------------------+-----+
```

在輸出中可以看到轉換的結果中有一個欄位叫做 features，此欄位有先前的原始資料。此執行的背後運作其實非常簡單。RFormula 在呼叫 fit 方法與輸出物件時會去檢查資料，根據指定的公式來轉換資料，而該公式稱為 RFormulaModel。這種「已訓練」的轉換通常在函數命名中會有 Model。使用此轉換時，Spark 將自動把類別型變量轉為雙精度 Doubles，使我們能將它輸入機器學習的模型（尚未指定）中。特別的是，它為 color 的類別型欄位中的每個顏色類別分配一個數值，在每個 color 的欄位值中與 value1/value2 之間創建新欄位，並將它們全部放入一個向量中。接著呼叫 transform 方法來將輸入的資料轉換為預期的輸出資料。

至目前為止，你（前）處理了資料並在此過程中添加了一些新特徵。現在是時候在此資料上實際訓練一個模型（或一組模型）。為了達到此目標，首先需要準備一組用於評估的測試資料集。

一個好的測試資料集可能是一件最重要的事情，因為可以確保你訓練的模型可以在真實世界中使用（以可靠的方式）。創建代表性的測試資料集或是使用測試集進行超參數調整是建立模型的可靠方法，因為模型可能沒有辦法在真實世界中表現得很好所以需要經過測試。所以千萬不可以跳過創建一組測試資料集的步驟，了解模型實際的表現是必要的！

讓我們基於隨機分割的資料創建一組簡單的測試資料集（本章其餘部分將使用這組測試資料集）：

```scala
// 在 Scala 中
val Array(train, test) = preparedDF.randomSplit(Array(0.7, 0.3))
```

```python
# 在 Python 中
train, test = preparedDF.randomSplit([0.7, 0.3])
```

估計

現在已經將資料轉換為正確的格式並創建了一些有價值的特徵，是時候來建立模型了。案例中將使用的分類演算法稱為邏輯式迴歸。範例中使用預設的配置或超參數來實作一個自定義的 LogisticRegression 分類器。接著設定目標特徵標籤欄位與其他特徵欄位；欄位的名稱設定為— label 與 features— 實際上是在 Spark MLlib 中執行估計的預設標籤，在後面的章節中將省略它們：

```scala
// 在 Scala 中
import org.apache.spark.ml.classification.LogisticRegression
val lr = new LogisticRegression().setLabelCol("label").setFeaturesCol("features")
```

```python
# 在 Python 中
from pyspark.ml.classification import LogisticRegression
lr = LogisticRegression(labelCol="label",featuresCol="features")
```

在真正開始訓練模型之前，讓我們先檢查模型中的相關參數。這也是提醒自己每種特定模型中提供可用參數的好方法：

```scala
// 在 Scala 中
println(lr.explainParams())
```

```python
# 在 Python 中
print lr.explainParams()
```

由於輸出太大以至於無法在此展現，它顯示了所有在 Spark 中邏輯斯迴歸的相關參數與解釋。

在實作未經訓練的演算法後，是時候將它適應資料了。在此範例中，將返回一個 LogisticRegressionModel：

```scala
// 在 Scala 中
val fittedLR = lr.fit(train)
```

```python
# 在 Python 中
fittedLR = lr.fit(train)
```

此代碼將啟動 Spark 執行工作以訓練模型。與在整本書中看到的轉換相反，合適的機器學習模型很急於被立即執行。一旦完成後，將可以使用該模型進行預測。從邏輯上而言，這意謂著將特徵轉換為標籤。接著以 transform 方法來進行預測。舉例來說，可以轉換訓練資料集來查看模型分配給訓練資料的標籤，以及查看這些標籤與真實輸出的比較。這又是另一個可以操作的 DataFrame。讓我們使用以下程式代碼執行該預測：

```
fittedLR.transform(train).select("label", "prediction").show()
```

結果為：

```
+-----+----------+
|label|prediction|
+-----+----------+
|  0.0|       0.0|
...
|  0.0|       0.0|
+-----+----------+
```

下一步是手動評估模型並且計算模型表現的指標如真陽性率、假陰性率等等。接著可以嘗試一組不同的參數來看看模型是否表現得更好。然而，這是一個有效的過程，但它的程序也可能非常地繁瑣。Spark 允許你可以將所有的轉換和調校超參數的工作建立指定為 pipeline，以幫助你避免手動嘗試不同的模型與評估標準。

回顧超參數

雖然之前有提過，但讓我們在此更正式地定義超參數。超參數是影響訓練過程的配置參數，例如模型的建構與正則化。超參數在開始訓練之前做設定。例如，在邏輯斯迴歸中有一個超參數決定在訓練模型的過程中要進行多少程度的正規化（正則化是一種避免模型過度符合的方法）。你將於接下來的幾頁中看到設置 pipeline 來嘗試不同的超參數值（如：不同的正則化值）以比較在不同的超參數下相同模型的變化。

管線化工作流程

如你可能已經注意到的，若你正執行大量的轉換，最終撰寫所有的步驟與追蹤 DataFrames 會變得非常繁瑣複雜。這就是為什麼 Spark 中包含 Pipeline 的概念。Pipeline 允許根據你的要求執行自動調校估算與設置資料流之間的轉換，使得調校後的模型可供使用。圖 24-4 說明了此過程。

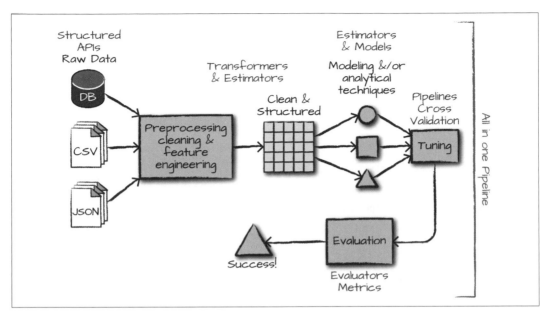

圖 24-4　管線化機器學習工作流程

請注意，轉換或模型的物件**不能**在不同的 pipelines 中重複使用。每次在創建 pipeline 之前都要建立一個模型中的新物件。為了確保模型不會過度符合，將創建一個鞏固的測試資料集並根據驗證資料集來調整超參數（請注意，驗證資料集為基於原始資料集所創建，而不是前幾頁中使用的 preparedDF）：

```scala
// 在 Scala 中
val Array(train, test) = df.randomSplit(Array(0.7, 0.3))
```

```python
# 在 Python 中
train, test = df.randomSplit([0.7, 0.3])
```

現在已經有一個鞏固的資料集，在 pipeline 中建立基礎階段（stage）。一個階段只代表轉換（transformers）或估計（estimators）。範例中將有兩個估計。首先 RFomula 會分析資料以了解輸入特徵的型態，接著再轉換為新的特徵。隨後將以 LogisticRegression 演算法來訓練並生成模型：

```scala
// 在 Scala 中
val rForm = new RFormula()
val lr = new LogisticRegression().setLabelCol("label").setFeaturesCol("features")
```

```
# 在 Python 中
rForm = RFormula()
lr = LogisticRegression().setLabelCol("label").setFeaturesCol("features")
```

下一節將設置 RFormula 的潛在值。現在,取代手動進行轉換,在 pipeline 中建立階段以
調校模型,如下面的片段程式碼所示:

```
// 在 Scala 中
import org.apache.spark.ml.Pipeline
val stages = Array(rForm, lr)
val pipeline = new Pipeline().setStages(stages)
```

```
# 在 Python 中
from pyspark.ml import Pipeline
stages = [rForm, lr]
pipeline = Pipeline().setStages(stages)
```

模型訓練與評估

現在你已經安排了有邏輯的 pipeline,下一步就是進行訓練。範例中不會只訓練一個模
型(就像之前做過的那樣);我們將在 Spark 中以不同超參數組合訓練出不同變化的模
型。然後使用 Evaluator 將模型與驗證資料及其預測結果比較以選出最佳模型。在整個
pipeline 我們可以測試不同的超參數,甚至可以在操縱原始資料的 RFormula 中進行測試。
此程式碼說明了該如何進行:

```
// 在 Scala 中
import org.apache.spark.ml.tuning.ParamGridBuilder
val params = new ParamGridBuilder()
  .addGrid(rForm.formula, Array(
    "lab ~ . + color:value1",
    "lab ~ . + color:value1 + color:value2"))
  .addGrid(lr.elasticNetParam, Array(0.0, 0.5, 1.0))
  .addGrid(lr.regParam, Array(0.1, 2.0))
  .build()
```

```
# 在 Python 中
from pyspark.ml.tuning import ParamGridBuilder
params = ParamGridBuilder()\
  .addGrid(rForm.formula, [
    "lab ~ . + color:value1",
    "lab ~ . + color:value1 + color:value2"])\
  .addGrid(lr.elasticNetParam, [0.0, 0.5, 1.0])\
  .addGrid(lr.regParam, [0.1, 2.0])\
  .build()
```

目前的參數中，有三個超參數會與預設值不同：

- 兩種不同版本的 RFormula
- ElasticNet 參數的三個不同選項
- 正則化參數的兩個不同選項

這提供了 12 個不同的參數組合，這意謂著將訓練出 12 種不同版本的邏輯斯迴歸。第二十六章會解釋 ElasticNet 參數以及正規化的選項。

現在不同的參數組合網格已經構成，是時候定義評估過程了。**評估**（*evaluator*）允許以相同的評估指標自動且客觀地針對多個模型進行比較。範例中使用有許多潛在評估指標的 BinaryClassificationEvaluator 來執行，後面第二十六章中將會介紹關於分類與迴歸的相關評估指標。範例中將使用餘分類中常用的評估方式 areaUnderROC 來計算曲線下面積：

```scala
// 在 Scala 中
import org.apache.spark.ml.evaluation.BinaryClassificationEvaluator
val evaluator = new BinaryClassificationEvaluator()
  .setMetricName("areaUnderROC")
  .setRawPredictionCol("prediction")
  .setLabelCol("label")
```

```python
# 在 Python 中
from pyspark.ml.evaluation import BinaryClassificationEvaluator
evaluator = BinaryClassificationEvaluator()\
  .setMetricName("areaUnderROC")\
  .setRawPredictionCol("prediction")\
  .setLabelCol("label")
```

有了一個 pipeline 定義了資料應該如何轉換後，接著將執行嘗試不同的超參數模型，並且成功地使用 areaUnderROC 進行評估比較以選擇出最佳的邏輯斯迴歸模型。

如已討論的，機器學習中的最佳實踐是在驗證資料集（而不是測試資料集）上設置超參數並觀察模型結果變化，藉此防止模型過度符合。為此無法使用鞏固的測試資料集（先前創建的）來調整這些參數。幸運的是，Spark 提供了兩種自動調整執行超參數的選項。可以使用 TrainValidationSplit 來簡易執行以隨機的方式將資料分為兩組、或是使用 CrossValidator 來將資料隨機分為 K 份以執行 K-fold 的交叉驗證：

```
// 在 Scala 中
import org.apache.spark.ml.tuning.TrainValidationSplit
val tvs = new TrainValidationSplit()
  .setTrainRatio(0.75) // also the default.
  .setEstimatorParamMaps(params)
  .setEstimator(pipeline)
  .setEvaluator(evaluator)

# 在 Python 中
from pyspark.ml.tuning import TrainValidationSplit
tvs = TrainValidationSplit()\
  .setTrainRatio(0.75)\
  .setEstimatorParamMaps(params)\
  .setEstimator(pipeline)\
  .setEvaluator(evaluator)
```

接著執行已建構的整個 pipeline。此 pipeline 的執行將根據驗證資料集輸出的每個不同版本的模型進行測試。請注意 tvsFitted 的型態是 TrainValidationSplitModel。只要給定訓練資料集進行模型建置，其輸出就會是「模型」的型態：

```
// 在 Scala 中
val tvsFitted = tvs.fit(train)

# 在 Python 中
tvsFitted = tvs.fit(train)
```

當然還要評估測試資料集在模型上的表現！

```
evaluator.evaluate(tvsFitted.transform(test)) // 0.9166666666666667
```

還可以查看模型的訓練總結。因此，從 pipeline 中取得並將其轉換為正確的型態以打印出結果。在接下來的幾章中將討論每種模型上可用的指標。如何看到的此結果：

```
// 在 Scala 中
import org.apache.spark.ml.PipelineModel
import org.apache.spark.ml.classification.LogisticRegressionModel
val trainedPipeline = tvsFitted.bestModel.asInstanceOf[PipelineModel]
val TrainedLR = trainedPipeline.stages(1).asInstanceOf[LogisticRegressionModel]
val summaryLR = TrainedLR.summary
summaryLR.objectiveHistory // 0.6751425885789243, 0.5543659647777687, 0.473776...
```

此處顯示了客觀的歷史記錄以提供演算法在每次訓練的迭代中是如何執行的詳細訊息。這可能非常有幫助，因為可以從記錄中了解演算法的進展，藉此朝向取得最佳模型的目標前進。通常在一開始時會出現大變化，但隨著時間的推移與迭代次數，值會變得越來越小甚至值之間僅有小幅變化。

儲存與應用模型

訓練了此模型後，可以將模型保存到磁碟，以便之後用於預測：

```
tvsFitted.write.overwrite().save("/tmp/modelLocation")
```

在導出模型之後，可以將它加載到另一個 Spark 程序中以進行預測。為了達到此作用，需要將決定使用特定演算法的「模型」版本從磁碟中加載成為永久模型。假如已使用了 CrossValidator，就必須將 MLlib 讀入永久化版本以作為 CrossValidatorModel，但假如是以手動使用 LogisticRegression，那就必須使用 LogisticRegressionModel。範例中使用 TrainValidationSplit，並伴隨著輸出的 TrainValidationSplitModel：

```
// 在 Scala 中
import org.apache.spark.ml.tuning.TrainValidationSplitModel
val model = TrainValidationSplitModel.load("/tmp/modelLocation")
model.transform(test)
```

部署模式

在 Spark 中，有幾種不同的部署模式可使用於生產機器學習模型。圖 24-5 說明了普遍的工作流程。

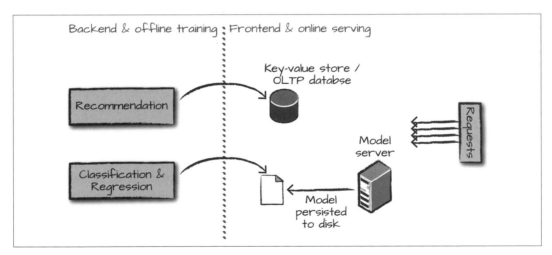

圖 24-5　生產過程之工作流程

以下是關於如何在 Spark 部署模型的各種不同的選項。這些一般選項能夠連結到圖 24-5 所示的流程。

- 以離線作業提供資料來訓練機器學習（ML）模型。在這種情況下，指的是將已儲存的離線數資料進行分析，而並非快速從資料中取得答案。Spark 非常適合這種部署。

- 以離線作業訓練模型，並將結果存入資料庫（通常是鍵與值）。因為不能只為特定用戶條件找值，而必需根據輸入來計算出值，因此這非常適用於像似推薦但卻不適用於分類或回歸。

- 以離線作業訓練 ML 演算法，並將模型保存到磁碟，然後使用它進行服務。若你將 Spark 用作為服務的部分，這將不是解決低延遲的方法，因為即便是沒有運行一個叢集，啟動 Spark 的消耗是很高的。除此之外，這並不能很好的執行平行化，所以你可能不得不在多個模型副本前進行平衡負載量的設定並且自行構建整合一些 REST API。此問題有些有趣的潛在解決方案，但目前並沒有標準正式的相關服務存在。

- 手動（或透過其他軟體）將分散式模型轉換為一個可以在單一台機器上運行更快的模型。當 Spark 中的原始資料沒有太多操作確實可以執行得很好，但隨著時間的推移會變得難以維護時，而這種方法很有效的用於這種時候。同樣地，有幾種解決方案正在發展中。舉例來說，MLlib 可以將一些模型導出為 PMML，而這是一種常見的模型格式交換。

- 線上訓練 ML 演算法並在線上使用它。當與 Structured Streaming 結合使用時，線上進行是可能的。但對於某些模型可能會非常複雜。

然而這只是一些選項，還有許多其他方式可以用來進行模型部署與管理。這正是一個蓬勃發展中的領域，目前也有許多潛在的創新正在執行發展中。

結論

本章介紹了進階分析和 MLlib 執行背後的核心概念。另外也展示如何使用它們。下一章節將深入討論資料前處理，包括 Spark 上用於特徵工程和資料清理的工具。接著我們也會詳細地介紹 MLlib 中的各種演算法以及一些圖形分析與深度學習的相關工具。

## 第二十五章

前處理與特徵工程

資料科學家都知道在進階分析中最大的挑戰且最耗費時間的一道程序就是前處理。並不是指它特別複雜，而是我們需要深入了解所使用的資料以及了解需要什麼樣的模型來達到目的，才能充分利用這些資料。本章介紹如何使用 Spark 執行資料前處理與特徵工程的細節。我們將從介紹核心需求以滿足使用 MLlib 訓練模型所需符合的資料結構化。接著將討論 Spark 可用不同工具來執行這類的工作。

資料格式需符合所選的模型應用

要根據 Spark 的不同進階分析工具來前處理資料之前，必須考慮最終的目標。以下列出在 MLlib 中每個進階分析所需的輸入資料所要求的結構：

- 在大多數分類和迴歸演算法下，資料的欄位以 Double 型態代表目標標籤，以 Vector 型態（密集或稀疏）來表示各特徵。

- 在推薦的情況下，資料濃縮放入代表使用者的相關欄位中，其欄位項目（如電影或書籍）和一個評分欄位。

- 在非監督式學習的情況下，欄位以 Vector 型態（密集或稀疏）來表示個特徵。

- 在圖形分析的情況下，將需要頂點的 DataFrame 和邊的 DataFrame。

從資料中獲取這些格式的最佳方式是透過轉換。轉換接受 DataFrame 作為輸入參數並經轉換後返回新的 DataFrame。本章將重點介紹轉換的特定用途，而不是列舉每個可能的轉換說明。

Spark 提供了許多轉換函式庫來自 org.apache.spark.ml.feature。與 Python 中相對應的函式庫為 pyspark.ml.feature。新的轉換函式不斷地在 Spark MLlib 中新增,因此在本書中不可能明確包含所有相關的列表。最新的相關資訊可以在 Spark 相關文件的網站上找到(*HTTP:∥spark.apache.org/docs/latest/ml-features.html*)

在繼續介紹之前,將先閱讀在本章中使用的幾個不同屬性的樣本資料集:

```scala
// 在 Scala 中
val sales = spark.read.format("csv")
  .option("header", "true")
  .option("inferSchema", "true")
  .load("/data/retail-data/by-day/*.csv")
  .coalesce(5)
  .where("Description IS NOT NULL")
val fakeIntDF = spark.read.parquet("/data/simple-ml-integers")
var simpleDF = spark.read.json("/data/simple-ml")
val scaleDF = spark.read.parquet("/data/simple-ml-scaling")
```

```python
# 在 Python 中
sales = spark.read.format("csv")\
  .option("header", "true")\
  .option("inferSchema", "true")\
  .load("/data/retail-data/by-day/*.csv")\
  .coalesce(5)\
  .where("Description IS NOT NULL")
fakeIntDF = spark.read.parquet("/data/simple-ml-integers")
simpleDF = spark.read.json("/data/simple-ml")
scaleDF = spark.read.parquet("/data/simple-ml-scaling")
```

除了這些實際的銷售資料,也將使用幾個簡單的合成資料集。FakeIntDF、simpleDF 與 scaleDF 都僅有很少資料筆數。這將使你能專注於資料操作的執行,而不是資料集的不一致性。因為會多次反覆取得銷售資料,因此將它進行快取,以便每次可以有效地從內存讀取,而不是透過磁碟。

來查看資料中的前幾筆資料,以便更好地了解其中的內容:

```
sales.cache()
sales.show()
```

```
+---------+---------+--------------------+--------+-------------------+--------
|InvoiceNo|StockCode|         Description|Quantity|        InvoiceDate|UnitPr...
+---------+---------+--------------------+--------+-------------------+--------
|   580538|    23084|  RABBIT NIGHT LIGHT|      48|2011-12-05 08:38:00|      1...
...
|   580539|    22375|AIRLINE BAG VINTA...|       4|2011-12-05 08:39:00|      4...
+---------+---------+--------------------+--------+-------------------+--------
```

 值得關注的是，範例中過濾掉了空值。MLlib 並不是每次都能很好地處理空值。在除錯時，這常是造成問題和錯誤的常見原因，而在每個 Spark 版本也都增進了針對空值的算法。

轉換

在前一章中已探討了轉換，但值得再一次的回顧。轉換是指以某種函式針對原始資料進行轉換。有可能是為了創建一個新的交互的特徵來規範（來自其他兩個特徵值），或是簡單地轉換型態為 Double 以輸入到模型中。轉換最主要是用於資料前處理或特徵的建立。

Spark 的轉換只包含一種方法。這是因為它不會隨著輸入資料而改變。圖 25-1 是一個簡單的圖示說明。圖中的左邊是輸入的 DataFrame，其中包含待處理的欄位。圖中的右邊是輸出的 DataFrame，其中包含透過轉換而產生的新欄位。

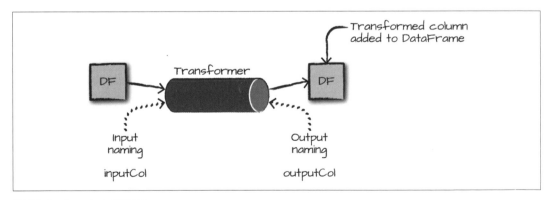

圖 25-1　Spark 上的轉換

Tokenizer 是轉換的一個例子。它標記了一字串，並在字串上根據給定的字元進行分隔，資料並不需要執行學習；因為這只需應用一個簡易的函式。本章後面將更深入地討論 Tokenizer。在此只是片段代碼說明如何構建 Tokenizer 以輸入資料欄位來完成轉換：

```scala
// 在 Scala 中
import org.apache.spark.ml.feature.Tokenizer
val tkn = new Tokenizer().setInputCol("Description")
tkn.transform(sales.select("Description")).show(false)
```

```
+----------------------------------+--------------------------------------------+
|Description                       |tok_7de4dfc81ab7__output                    |
+----------------------------------+--------------------------------------------+
|RABBIT NIGHT LIGHT                |[rabbit, night, light]                      |
|DOUGHNUT LIP GLOSS                |[doughnut, lip, gloss]                      |
...
|AIRLINE BAG VINTAGE WORLD CHAMPION |[airline, bag, vintage, world, champion]   |
|AIRLINE BAG VINTAGE JET SET BROWN  |[airline, bag, vintage, jet, set, brown]   |
+----------------------------------+--------------------------------------------+
```

前處理中的估計

資料前處理的另一個工具是估計。當執行轉換時，必須使用資料或關於資料欄位的相關資訊來進行初始化（通常藉由輸入欄位本身而取得），此時**估計**是必要的。例如想將某欄位的值轉換為 0 至 1 之間，則需要對整個資料初始化並執行傳遞以計算那些進行標準化的值。事實上，估計可以是根據特定的輸入資料來配置。簡單來說，你可以無拘束地應用轉換（「常規」的轉換型態）或根據資料情況來執行（估計的類型）。圖 25-2 是估計的簡易圖示說明，其根據特定輸入資料進行轉換後增加一個新的欄位（轉換後的資料）。

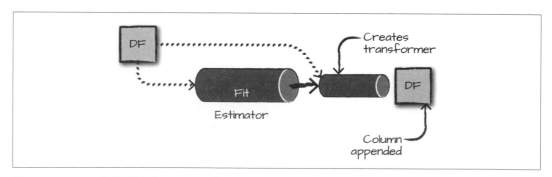

圖 25-2　Spark 中的估計（estimators）

其中一個估算的例子是 StandardScaler 它將根據該欄位中的值進行計算，以將欄位值的範圍縮放至 0 到 1 之間。因此，它必須先對資料執行傳遞以創建轉換器。以下是一個範例片段代碼，說明整個過程以及輸出：

```
// 在 Scala 中
import org.apache.spark.ml.feature.StandardScaler
val ss = new StandardScaler().setInputCol("features")
ss.fit(scaleDF).transform(scaleDF).show(false)

+---+--------------+------------------------------------------------------------+
|id |features      |stdScal_d66fbeac10ea__output                                |
+---+--------------+------------------------------------------------------------+
|0  |[1.0,0.1,-1.0]|[1.1952286093343936,0.02337622911060922,-0.5976143046671968]|
...
|1  |[3.0,10.1,3.0]|[3.5856858280031805,2.3609991401715313,1.7928429140015902] |
+---+--------------+------------------------------------------------------------+
```

我們將在整個過程中使用估算和轉換，並在本章後面詳細介紹這些特定的估算器（並添加 Python 中的範例）。

轉換屬性

所有的轉換至少都需要定義 inputCol 與 outputCol，其分別表示輸入和輸出的欄位名稱。以 setInputCol 和 setOutputCol 設定。其中有一些預設值（可以在文件中查詢），但為了更清楚明瞭，最好可以自行手動設定。除了輸入和輸出的欄位外，所有轉換都有不同的參數可以調整設定（在本章中提到參數時，須使用 set() 的方法來設置。在 Python 中，還有另一種方法可以使用以關鍵字參數做為構造函數的對象以設置這些值。為了保持一致性，下一章的範例中將會排除這部分。估算器會要求將轉換 fit 到特定的資料集，然後針對結果對象呼叫轉換。

 Spark MLlib 將每個 DataFrame 中使用的欄位本身資料屬性儲存為元數據。這允許它正確地存儲（包含註釋）為 Doubles 型態的欄位，而這樣的欄位實際上可能代表一系列的分類變量而不是連續值。然而，印出架構或 DataFrame 時，元數據並不會顯示。

多層級資料轉換

進階的轉換，例如在前一章中提及的 RFormula，允許在一個轉換器中簡易地指定多個轉換。它們以「進階級別」運行，以避免一個一個地進行操作或轉換。通常，進階的轉換應該嘗試使用，因其可以降低出錯的風險，並使你能更專注於想分析的問題本身而不是較小的操作細節。雖然這並不總是可行，但是一個好的目的。

RFormula

當具有「常規」格式化的資料時，RFormula 是最容易使用的轉換。Spark 從 R 語言中借用了此轉換器，使得讓有明確指定格式的資料進行轉換變得很簡單。此轉換器，值可以是數字或類別，不需要再從字串中提取值或任何方式的操作。RFormula 將通過 *one-hot encoding* 自動處理類別輸入（定義為字串）的編碼。簡而言之，one-hot encoding 將指定的資料中的一組欄位值轉換為一組二元進制的欄位值（本章後面會進一步討論 one-hot encoding）。使用 RFormula 數值欄位將強制轉換為 Double，且不會進行 one-hot encoding。如果目標標籤欄位的型態是 String，則它將先使用 StringIndexer 轉換型態為 Double。

 不使用 one-hot encoding 自動將數值欄位轉換為 Double 具有一些重要意義。若有數值型態的分類變量，它們會被轉換為有序的 Double 型態。確保輸入的型態符合預期的轉換是非常重要的。如果你的分類變量確實沒有任何有序性，則應該進行轉換為 String 型態。也可以手動查詢相關索引欄位（請參見「運用類別特徵」（第 441 頁））。

RFormula 允許你在陳述性語法中定義你要的轉換。一旦理解了語法，就很容易使用。目前，RFormula 非常適用於簡單的轉換，它支持有限的 R 運算的子集。基本的相關操作：

~

分開目標特徵與其他項目

+

連接項目；「+0」表示移除截距（這意謂線上的 y 截距將是 0）

-

刪除項目；「-1」表示移除截距（這意謂線上的 y 截距將是 0）

:

交互操作（數值相乘或以二進制分類值）

.

除了目標特徵以外的所有特徵／因變量

RFormula 使用預設欄位來標記 label 和 features，是的沒錯，這將會是輸入的目標特徵與一般特徵（用於監督機器學習）。本章後面介紹的模型將會介紹這些預設的相關欄位名稱，這讓我們可以輕鬆地將生成的轉換後的 DataFrame 傳遞給訓練模型。如果這還沒有釐清，請不要擔心— 一旦真正開始在後面的章節中使用模型，它就會變得清晰。

使用 RFormula 來做例子。範例中使用所有可用的特徵變量（.）然後指定 value1 和 color 以及 value2 和 color 之間的交互操作以生成新的特徵。

```scala
// 在 Scala 中
import org.apache.spark.ml.feature.RFormula
val supervised = new RFormula()
  .setFormula("lab ~ . + color:value1 + color:value2")
supervised.fit(simpleDF).transform(simpleDF).show()
```

```python
# 在 Python 中
from pyspark.ml.feature import RFormula

supervised = RFormula(formula="lab ~ . + color:value1 + color:value2")
supervised.fit(simpleDF).transform(simpleDF).show()
```

```
+-----+----+------+------------------+--------------------+-----+
|color| lab|value1|            value2|            features|label|
+-----+----+------+------------------+--------------------+-----+
|green|good|     1|14.386294994851129|(10,[1,2,3,5,8],[...|  1.0|
| blue| bad|     8|14.386294994851129|(10,[2,3,6,9],[8....|  0.0|
...
|  red| bad|     1| 38.97187133755819|(10,[0,2,3,4,7],[...|  0.0|
|  red| bad|     2|14.386294994851129|(10,[0,2,3,4,7],[...|  0.0|
+-----+----+------+------------------+--------------------+-----+
```

SQL 轉換

SQLTransformer 允許像使用 MLlib 轉換一樣，利用 Spark 龐大的 SQL 相關操作函式庫。可以使用的任何於 SQL 中 SELECT 有效的語法轉換。唯一需要變動的部分是，只使用關鍵字 THIS，而不是使用資料表名稱。如果要將某些 DataFrame 操作正式編碼做為前處理的步驟，或在超參數調校時嘗試使用不同的 SQL 表達式，則可能需要使用 SQLTransformer。請特別注意，此轉換的輸出將作為新的特徵欄位到輸出的 DataFrame。

你可能希望使用 SQLTransformer 來表示針對資料的所有操作，以便可以將不同的操作變化版本作為轉換器。而通過簡單地更新轉換器，將提供構建與測試不同的 pipelines 的優點。以下是使用 SQLTransformer 的基本範例：

```scala
// 在 Scala 中
import org.apache.spark.ml.feature.SQLTransformer

val basicTransformation = new SQLTransformer()
  .setStatement("""
    SELECT sum(Quantity), count(*), CustomerID
    FROM __THIS__
    GROUP BY CustomerID
  """)

basicTransformation.transform(sales).show()
```

```python
# 在 Python 中
from pyspark.ml.feature import SQLTransformer

basicTransformation = SQLTransformer()\
  .setStatement("""
    SELECT sum(Quantity), count(*), CustomerID
    FROM __THIS__
    GROUP BY CustomerID
  """)

basicTransformation.transform(sales).show()
```

這是輸出的示例：

```
-------------+-------+----------+
|sum(Quantity)|count(1)|CustomerID|
+-------------+-------+----------+
|          119|     62|   14452.0|
...
|          138|     18|   15776.0|
+-------------+-------+----------+
```

有關這些轉換的大量示例，請參閱第二篇。

合併為一列向量

VectorAssembler 是一個工具，幾乎可以在你生成的每個 pipeline 中使用。它有助於將所有特徵連接成一個大的向量，然後傳遞給一個估計器。它通常用於機器學習 pipeline 的最後一步，並且需要欄位要以輸入 Boolean、Double 或 Vector。這特別有用在於如果要使用各式的轉換器執行大量操作，並且需將這些所有結果收集在一起。以下片段程式代碼的輸出將清楚地說明這是如何執行的：

```scala
// 在 Scala 中
import org.apache.spark.ml.feature.VectorAssembler
val va = new VectorAssembler().setInputCols(Array("int1", "int2", "int3"))
va.transform(fakeIntDF).show()
```

```python
# 在 Python 中
from pyspark.ml.feature import VectorAssembler
va = VectorAssembler().setInputCols(["int1", "int2", "int3"])
va.transform(fakeIntDF).show()
```

```
+----+----+----+----------------------------------------+
|int1|int2|int3|VectorAssembler_403ab93eacd5585ddd2d__output|
+----+----+----+----------------------------------------+
|   1|   2|   3|                           [1.0,2.0,3.0]|
|   4|   5|   6|                           [4.0,5.0,6.0]|
|   7|   8|   9|                           [7.0,8.0,9.0]|
+----+----+----+----------------------------------------+
```

運用連續性形態特徵

連續性的特徵只是數字線上的值，從正無窮大到負無窮大。針對連續特徵有兩種常見的轉換器。首先，可以藉由稱為 bucketing 的過程將連續型態的特徵轉換為分類型態的特徵，或可以根據幾種不同的要求將連續型態的特徵進行縮放和正規化。這些轉換器都只適用於 Double 型態，因此請確保將所有的數值轉換為 Double：

```scala
// 在 Scala 中
val contDF = spark.range(20).selectExpr("cast(id as double)")
```

```python
# 在 Python 中
contDF = spark.range(20).selectExpr("cast(id as double)")
```

切分 bucket

最直接的分組或分級方法是使用 Bucketizer。這會將給定的連續性特徵切分為指定的 buckets。你可以以 array 或具有 Double 值的 list 創建定義 buckets。這將非常有用,因為你可能希望簡化資料集的特徵,或者簡化特徵表示。舉例來說,假設你有一個欄位代表一個人的體重,而你想根據這些資訊預測一些訊息。在某些情況下,體重的欄位可能會被簡化成三個 buckets「過重」、「適中」和「過輕」。

要定義 bucket,需先設置它的界限。例如,將切分內容設置為 5.0、10.0、250.0 時 contDF 將會操作失敗,因為其設置沒有涵蓋所有可能的輸入範圍。定義 bucket 時,切分的值必須滿足三個要求來傳遞進行 split:

- 進行切分的數組中最小值必須小於 DataFrame 中的最小值。

- 進行切分的數組中最大值必須大於 DataFrame 中的最大值。

- 當創建兩個 bucket 時,需要在切分的數組中至少指定三個值。

 Bucketizer 可能會讓人困惑,因為藉由切分的方法指定了 bucket 邊界,但這些實際上並不是切分。

為了覆蓋所有可能的範圍,scala.Double.NegativeInfinity 是另一個進行切分的選擇,scala.Double.PositiveInfinity 覆蓋外部所有正值的範圍來進行內部的切分。在 Python 中,通過以下方式指定:float("inf")、float("-inf")。為了處理 null 或 NaN 值,必須指定 handleInvalid 參數來作為特定的值。可以保留這些值(keep)、error、null、skip 這些行。以下是使用 bucketing 的範例:

```
// 在 Scala 中
import org.apache.spark.ml.feature.Bucketizer
val bucketBorders = Array(-1.0, 5.0, 10.0, 250.0, 600.0)
val bucketer = new Bucketizer().setSplits(bucketBorders).setInputCol("id")
bucketer.transform(contDF).show()
```

```
# 在 Python 中
from pyspark.ml.feature import Bucketizer
bucketBorders = [-1.0, 5.0, 10.0, 250.0, 600.0]
bucketer = Bucketizer().setSplits(bucketBorders).setInputCol("id")
bucketer.transform(contDF).show()
```

```
+----+--------------------------------------+
|  id|Bucketizer_4cb1be19f4179cc2545d__output|
+----+--------------------------------------+
| 0.0|                                  0.0|
...
|10.0|                                  2.0|
|11.0|                                  2.0|
...
+----+--------------------------------------+
```

除了基本核心處理值的方式進行切分外，另一種選擇是以 QuantileDiscretizer 根據資料中的百分位數進行拆分。QuantileDiscretizer 將值分配到指定的 buckets 中，並確定分配有符合分位數值。例如，第 90 個分位數是資料中 90% 的資料低於此點。可以控制 buckets 的精細程度，藉由使用 setRelativeError 設置近似分位數以計算相對誤差來切分。Spark 允許你指定資料中的 bucket 數量來執行，它會相應地進行切分。以下是一個例子：

```scala
// 在 Scala 中
import org.apache.spark.ml.feature.QuantileDiscretizer
val bucketer = new QuantileDiscretizer().setNumBuckets(5).setInputCol("id")
val fittedBucketer = bucketer.fit(contDF)
fittedBucketer.transform(contDF).show()
```

```python
# 在 Python 中
from pyspark.ml.feature import QuantileDiscretizer
bucketer = QuantileDiscretizer().setNumBuckets(5).setInputCol("id")
fittedBucketer = bucketer.fit(contDF)
fittedBucketer.transform(contDF).show()
```

```
+----+--------------------------------------+
|  id|quantileDiscretizer_cd87d1a1fb8e__output|
+----+--------------------------------------+
| 0.0|                                  0.0|
...
| 6.0|                                  1.0|
| 7.0|                                  2.0|
...
|14.0|                                  3.0|
|15.0|                                  4.0|
...
+----+--------------------------------------+
```

進階的切分 bucket

這裡描述的技術是最常見的資料分組切分方式，但至今 Spark 中還有很多其他方法。從資料流的角度來看，所有過程都是相同的：開始於將連續性資料放入 buckets，使他們變成類別型態。根據不同的演算法計算這些 buckets 而會有不同的差異。在剛剛的簡單範例中易於理解和使用，但 MLlib 中也提供了更進階的技術，如 locality sensitivity hashing（LSH）。

資料正規化與縮放

了解了使用 bucketing 從連續性特徵中進行切分。另一個常見的操作是將連續性的數值進行縮放和正規化。雖然此操作並非總是必要，但通常是最佳做法。當資料包含多種不同比例的數值時，就可能希望這樣做。例如，假設有一個包含兩個欄位的 DataFrame：體重（以盎司為單位）和身高（以英尺為單位）。若你沒有進行任何正規化或縮放，

演算法對身高欄位值的變化不太敏感，因為以英尺為單位的身高值遠低於以盎司為單位的體重值。因此就應該將數值進行縮放或正規化。標準化的進行可能涉及資料的轉換，因此每個點的值就是它與該欄位平均值距離的表示。使用之前的相同範例，可能想知道給定的資料中的單筆紀錄的身高值與平均身高值的距離。許多演算法都已假設取得的輸入資料為已正規化。

如你想像的那樣，可以將大量演算法應用其中來擴展或正規化。在此列舉所有的相關操作都是不必要的，因為它們已被許多其他相關文件和機器學習函式庫所涵蓋。若你不熟悉此概念，請查看上一章中引用的任一書籍。請牢記基本目標— 我們希望資料能具有相同的比例規格，以便能以合理的方式輕鬆地將值進行比較。在 MLlib 中，這通常以 Vector 型態的欄位來進行。MLlib 將查看給定的欄位（Vector 型態）中的所有行，並將這些向量中的每個維度視為其自己的特定欄位。接著，它將分別在每個維度上應用縮放或正規化的操作。

關於欄位中向量的簡單例子如下：

```
1,2
3,4
```

當應用縮放時（不是正規化），將根據「2」和「4」彼此調整的值調整「3」和「1」。這通常被稱為分量比較。

StandardScaler

StandardScaler 為標準化的功能，使其平均值為 0，標準差為 1。withStd 標記將資料縮放到單位標準偏差，而 withMean 標記（預設為 false）將在縮放資料之前將資料集中。

 在稀疏矩陣上進行集中可能非常浪費，因為它通常會將它們變成密集矩陣，因此在對資料集中之前要特別小心。

以下是使用 StandardScaler 的範例：

```scala
// 在 Scala 中
import org.apache.spark.ml.feature.StandardScaler
val sScaler = new StandardScaler().setInputCol("features")
sScaler.fit(scaleDF).transform(scaleDF).show()
```

```python
# 在 Python 中
from pyspark.ml.feature import StandardScaler
sScaler = StandardScaler().setInputCol("features")
sScaler.fit(scaleDF).transform(scaleDF).show()
```

輸出如下所示：

```
+---+--------------+------------------------------------------------------------+
|id |features      |StandardScaler_41aaa6044e7c3467adc3__output                 |
+---+--------------+------------------------------------------------------------+
|0  |[1.0,0.1,-1.0]|[1.1952286093343936,0.02337622911060922,-0.5976143046671968]|
...
|1  |[3.0,10.1,3.0]|[3.5856858280031805,2.3609991401715313,1.7928429140015902]  |
+---+--------------+------------------------------------------------------------+
```

MinMaxScaler

MinMaxScaler 會將向量（組件方式）中的值依從給定的最小值到最大值的範圍中進行縮放。如果將最小值指定為 0，最大值指定為 1，則所有值都將介於 0 和 1 之間：

```scala
// 在 Scala 中
import org.apache.spark.ml.feature.MinMaxScaler
val minMax = new MinMaxScaler().setMin(5).setMax(10).setInputCol("features")
val fittedminMax = minMax.fit(scaleDF)
fittedminMax.transform(scaleDF).show()
```

```
# 在 Python 中
from pyspark.ml.feature import MinMaxScaler
minMax = MinMaxScaler().setMin(5).setMax(10).setInputCol("features")
fittedminMax = minMax.fit(scaleDF)
fittedminMax.transform(scaleDF).show()


+---+--------------+------------------------------------------+
| id|      features|MinMaxScaler_460cbafafbe6b9ab7c62__output|
+---+--------------+------------------------------------------+
|  0|[1.0,0.1,-1.0]|                            [5.0,5.0,5.0]|
...
|  1|[3.0,10.1,3.0]|                         [10.0,10.0,10.0]|
+---+--------------+------------------------------------------+
```

MaxAbsScaler

最大絕對定值（MaxAbsScaler）藉由將每個值除以最大絕對定值來縮放資料。因此，所有值都在 -1 和之間 1。而轉換器在此過程中完全不需移動或集中資料：

```
// 在 Scala 中
import org.apache.spark.ml.feature.MaxAbsScaler
val maScaler = new MaxAbsScaler().setInputCol("features")
val fittedmaScaler = maScaler.fit(scaleDF)
fittedmaScaler.transform(scaleDF).show()

# 在 Python 中
from pyspark.ml.feature import MaxAbsScaler
maScaler = MaxAbsScaler().setInputCol("features")
fittedmaScaler = maScaler.fit(scaleDF)
fittedmaScaler.transform(scaleDF).show()


+---+--------------+-----------------------------------------------------+
|id |features      |MaxAbsScaler_402587e1d9b6f268b927__output            |
+---+--------------+-----------------------------------------------------+
|0  |[1.0,0.1,-1.0]|[0.3333333333333333,0.009900990099009901,-0.3333333333333]|
...
|1  |[3.0,10.1,3.0]|[1.0,1.0,1.0]                                        |
+---+--------------+-----------------------------------------------------+
```

ElementwiseProduct

ElementwiseProduct 允許藉由任意值將向量中的每個值進行縮放。例如，給定向量和行「1,0.1,-1」，輸出將為「10,1.5，-20」。當然，縮放的向量大小須與資料欄位中的向量大小相匹配：

```
// 在 Scala 中
import org.apache.spark.ml.feature.ElementwiseProduct
import org.apache.spark.ml.linalg.Vectors
val scaleUpVec = Vectors.dense(10.0, 15.0, 20.0)
val scalingUp = new ElementwiseProduct()
  .setScalingVec(scaleUpVec)
  .setInputCol("features")
scalingUp.transform(scaleDF).show()

# 在 Python 中
from pyspark.ml.feature import ElementwiseProduct
from pyspark.ml.linalg import Vectors
scaleUpVec = Vectors.dense(10.0, 15.0, 20.0)
scalingUp = ElementwiseProduct()\
  .setScalingVec(scaleUpVec)\
  .setInputCol("features")
scalingUp.transform(scaleDF).show()


+---+-------------+-------------------------------------------+
| id|     features|ElementwiseProduct_42b29ea5a55903e9fea6__output|
+---+-------------+-------------------------------------------+
|  0|[1.0,0.1,-1.0]|                         [10.0,1.5,-20.0]|
...
|  1|[3.0,10.1,3.0]|                         [30.0,151.5,60.0]|
+---+-------------+-------------------------------------------+
```

Normalizer

正規化器允許設置幾個規範值藉由參數「p」來縮放多維向量。例如可以設定 p = 1 來使用 Manhattan norm（或 Manhattan distance），或是 p = 2 的 Euclidean norm，依此類推。Manhattan distance 是距離的度量，只能沿著軸的直線（如曼哈頓的街道）從一點到另一點行進。

以下是使用 Normalizer 的範例：

```
// 在 Scala 中
import org.apache.spark.ml.feature.Normalizer
val manhattanDistance = new Normalizer().setP(1).setInputCol("features")
manhattanDistance.transform(scaleDF).show()

# 在 Python 中
from pyspark.ml.feature import Normalizer
manhattanDistance = Normalizer().setP(1).setInputCol("features")
manhattanDistance.transform(scaleDF).show()
```

```
+---+-------------+-----------------------------+
| id|     features|normalizer_1bf2cd17ed33__output|
+---+-------------+-----------------------------+
|  0|[1.0,0.1,-1.0]|           [0.47619047619047...|
|  1| [2.0,1.1,1.0]|           [0.48780487804878...|
|  0|[1.0,0.1,-1.0]|           [0.47619047619047...|
|  1| [2.0,1.1,1.0]|           [0.48780487804878...|
|  1|[3.0,10.1,3.0]|           [0.18633540372670...|
+---+-------------+-----------------------------+
```

運用類別特徵

類別特徵最常見操作是索引。索引將欄位中的分類特徵轉換為可插入機器學習演算法的數值變量。雖然這概念很簡單，但有一些重要的事項要記住，以便 Spark 能以穩定與可重複的方式來執行此操作。

通常，建議在前處理時為每個類別特徵重新編制索引以保持一致性。從長遠來看，這將有助於維護模型，因為編碼可能會隨著時間的推移而發生變化。

StringIndexer

最簡單的索引方法是通過 StringIndexer，將字符串對應到不同的數字 ID。Spark 的 StringIndexer 還創建附加到 DataFrame 的元數據，用於指定輸入與輸出的對應。這將允許稍後可從各自的索引值對應輸入：

```
// 在 Scala 中
import org.apache.spark.ml.feature.StringIndexer
val lblIndxr = new StringIndexer().setInputCol("lab").setOutputCol("labelInd")
val idxRes = lblIndxr.fit(simpleDF).transform(simpleDF)
idxRes.show()

# 在 Python 中
from pyspark.ml.feature import StringIndexer
lblIndxr = StringIndexer().setInputCol("lab").setOutputCol("labelInd")
idxRes = lblIndxr.fit(simpleDF).transform(simpleDF)
idxRes.show()

+-----+----+------+------------------+--------+
|color| lab|value1|            value2|labelInd|
+-----+----+------+------------------+--------+
|green|good|     1|14.386294994851129|     1.0|
...
|  red| bad|     2|14.386294994851129|     0.0|
+-----+----+------+------------------+--------+
```

也可以將 StringIndexer 應用於非字串的欄位，但在這種情況下，它們將在執行索引之前被轉換為字符：

```scala
// 在 Scala 中
val valIndexer = new StringIndexer()
  .setInputCol("value1")
  .setOutputCol("valueInd")

valIndexer.fit(simpleDF).transform(simpleDF).show()
```

```python
# 在 Python 中
valIndexer = StringIndexer().setInputCol("value1").setOutputCol("valueInd")
valIndexer.fit(simpleDF).transform(simpleDF).show()
```

```
+-----+----+------+------------------+--------+
|color| lab|value1|            value2|valueInd|
+-----+----+------+------------------+--------+
|green|good|     1|14.386294994851129|     1.0|
...
|  red| bad|     2|14.386294994851129|     0.0|
+-----+----+------+------------------+--------+
```

請牢記，StringIndexer 是一個必須符合輸入資料的估算器。這意謂著它必須查看所有輸入以選擇輸入與 ID 的對應。如果在輸入「a」、「b」和「c」上訓練一個 StringIndexer，接著輸入「d」去使用，則會拋出錯誤。另一種選擇是直接跳過未經訓練相關行。與前面的範例接續，輸入值「d」將導致完全跳過該行。可以在訓練索引器或 pipeline 之前或之後設置此選項。將來此功能可能新增更多選項，但從 Spark 2.2 開始，你只能跳過或在無效輸入上拋出錯誤。

```
valIndexer.setHandleInvalid("skip")
valIndexer.fit(simpleDF).setHandleInvalid("skip")
```

索引轉字串

在檢查機器學習結果時，可能會想要將索引對應回到原始值。由於 MLlib 分類模型使用索引值進行預測，因此此轉換對於將模型預測（索引）轉換回原始值非常有用。可以使用 IndexToString 來做到這一點。你將會注意到不需將輸入值自行轉為對應的字串值；因為 Spark 的 MLlib 會為你維護此元數據。你可以選擇指定輸出。

```scala
// 在 Scala 中
import org.apache.spark.ml.feature.IndexToString
val labelReverse = new IndexToString().setInputCol("labelInd")
labelReverse.transform(idxRes).show()
```

```
# 在 Python 中
from pyspark.ml.feature import IndexToString
labelReverse = IndexToString().setInputCol("labelInd")
labelReverse.transform(idxRes).show()
```

```
+-----+----+------+------------------+--------+-------------------------------+
|color| lab|value1|            value2|labelInd|IndexToString_415...2a0d__output|
+-----+----+------+------------------+--------+-------------------------------+
|green|good|     1|14.386294994851129|     1.0|                           good|
...
|  red| bad|     2|14.386294994851129|     0.0|                            bad|
+-----+----+------+------------------+--------+-------------------------------+
```

索引向量

VectorIndexer 是一個有用的工具，用於處理已在資料集中的向量中找到的類別變量。此工具將自動查詢輸入向量內的類別特徵，並將其轉換為具有從零開始的類別索引。例如，在下面的 DataFrame 中，Vector 中的第一個欄位是具有兩個不同分類的類別特徵，而其餘特徵是連續性的。因此在 VectorIndexer 中將 maxCategories 設置為 2，這是指示 Spark 於向量中使用兩個或更少不同的值來將其轉換為類別變量。當你知道最大類別中有多少唯一分類值時，這可能會有所幫助，因為可以指定此值自動去對應索引值。反過來，Spark 會根據此參數更改資料，因此，如果連續變量看起來不是特別連續（有許多重複值）且唯一值太少，而這些變量可能就會無意中轉換為類別變量。

```scala
// 在 Scala 中
import org.apache.spark.ml.feature.VectorIndexer
import org.apache.spark.ml.linalg.Vectors
val idxIn = spark.createDataFrame(Seq(
  (Vectors.dense(1, 2, 3),1),
  (Vectors.dense(2, 5, 6),2),
  (Vectors.dense(1, 8, 9),3)
)).toDF("features", "label")
val indxr = new VectorIndexer()
  .setInputCol("features")
  .setOutputCol("idxed")
  .setMaxCategories(2)
indxr.fit(idxIn).transform(idxIn).show
```

```python
# 在 Python 中
from pyspark.ml.feature import VectorIndexer
from pyspark.ml.linalg import Vectors
idxIn = spark.createDataFrame([
```

```
    (Vectors.dense(1, 2, 3),1),
    (Vectors.dense(2, 5, 6),2),
    (Vectors.dense(1, 8, 9),3)
]).toDF("features", "label")
indxr = VectorIndexer()\
  .setInputCol("features")\
  .setOutputCol("idxed")\
  .setMaxCategories(2)
indxr.fit(idxIn).transform(idxIn).show()

+-------------+-----+-------------+
|     features|label|        idxed|
+-------------+-----+-------------+
|[1.0,2.0,3.0]|    1|[0.0,2.0,3.0]|
|[2.0,5.0,6.0]|    2|[1.0,5.0,6.0]|
|[1.0,8.0,9.0]|    3|[0.0,8.0,9.0]|
+-------------+-----+-------------+
```

One-Hot Encoding

類別變量進行索引只是故事的一半。One-hot encoding 是常見在對類別變量建立索引後
執行的資料轉換。這是因為索引並不總是能代表類別變量於模型中正確運作的處理方
法。例如，將「color」欄位進行索引時，你會注意到某些顏色的值（或索引號）高於其
他顏色（範例中藍色為 1 而綠色為 2）。這是不正確的，因為它給出了數學外觀，但機器
學習演算法的輸入似乎指定綠色大於藍色，而這在當前類別的情況下就沒有意義。為避
免這種情況，我們使用 OneHotEncoder，它將每個不同的值轉換為 Boolean 標記（1 或 0）
作為向量中的元件。當對顏色值進行編碼時，可以看到這些不再是有序性的，這使得接
下來要使用的模型（例如，線性模型）更容易處理：

```scala
// 在 Scala 中
import org.apache.spark.ml.feature.{StringIndexer, OneHotEncoder}
val lblIndxr = new StringIndexer().setInputCol("color").setOutputCol("colorInd")
val colorLab = lblIndxr.fit(simpleDF).transform(simpleDF.select("color"))
val ohe = new OneHotEncoder().setInputCol("colorInd")
ohe.transform(colorLab).show()
```

```python
# 在 Python 中
from pyspark.ml.feature import OneHotEncoder, StringIndexer
lblIndxr = StringIndexer().setInputCol("color").setOutputCol("colorInd")
colorLab = lblIndxr.fit(simpleDF).transform(simpleDF.select("color"))
ohe = OneHotEncoder().setInputCol("colorInd")
ohe.transform(colorLab).show()
```

```
+-----+--------+-----------------------------------------+
|color|colorInd|OneHotEncoder_46b5ad1ef147bb355612__output|
+-----+--------+-----------------------------------------+
|green|     1.0|                            (2,[1],[1.0])|
| blue|     2.0|                                (2,[],[])|
...
|  red|     0.0|                            (2,[0],[1.0])|
|  red|     0.0|                            (2,[0],[1.0])|
+-----+--------+-----------------------------------------+
```

文字資料轉換

文字總是很棘手的輸入，因為它經常需要大量的操作才能對應成機器學習模型能夠有效使用的格式。通常會看到兩種文字類型：自由格式文句與以字串分類的變量。本節主要關注自由格式文句，因為已經討論了類別變量的部分。

斷詞

斷詞是將自由格式文句轉換為「tokens」或單詞列表的過程。最簡單的方法是使用Tokenizer。Tokenizer 採用由空格分隔的一串單詞，並將它們轉換為數組的單詞。例如，在資料集中，可能希望將 Description 字句轉換為標記列表。

```scala
// 在 Scala 中
import org.apache.spark.ml.feature.Tokenizer
val tkn = new Tokenizer().setInputCol("Description").setOutputCol("DescOut")
val tokenized = tkn.transform(sales.select("Description"))
tokenized.show(false)
```

```python
# 在 Python 中
from pyspark.ml.feature import Tokenizer
tkn = Tokenizer().setInputCol("Description").setOutputCol("DescOut")
tokenized = tkn.transform(sales.select("Description"))
tokenized.show(20, False)
```

```
+----------------------------------+------------------------------------------+
|Description                       |DescOut                                   |
+----------------------------------+------------------------------------------+
|RABBIT NIGHT LIGHT                |[rabbit, night, light]                    |
|DOUGHNUT LIP GLOSS                |[doughnut, lip, gloss]                    |
...
|AIRLINE BAG VINTAGE WORLD CHAMPION|[airline, bag, vintage, world, champion]  |
|AIRLINE BAG VINTAGE JET SET BROWN |[airline, bag, vintage, jet, set, brown]  |
+----------------------------------+------------------------------------------+
```

另外還可以創建一個 Tokenizer，它不僅僅是基於空格，而是使用 RegexTokenizer 的正則表達式。正則表達式的格式應符合 Java 正則表達式（RegEx）語法：

```scala
// 在 Scala 中
import org.apache.spark.ml.feature.RegexTokenizer
val rt = new RegexTokenizer()
  .setInputCol("Description")
  .setOutputCol("DescOut")
  .setPattern(" ") // simplest expression
  .setToLowercase(true)
rt.transform(sales.select("Description")).show(false)
```

```python
# 在 Python 中
from pyspark.ml.feature import RegexTokenizer
rt = RegexTokenizer()\
  .setInputCol("Description")\
  .setOutputCol("DescOut")\
  .setPattern(" ")\
  .setToLowercase(True)
rt.transform(sales.select("Description")).show(20, False)
```

```
+----------------------------------+------------------------------------------+
|Description                       |DescOut                                   |
+----------------------------------+------------------------------------------+
|RABBIT NIGHT LIGHT                |[rabbit, night, light]                    |
|DOUGHNUT LIP GLOSS                |[doughnut, lip, gloss]                    |
...
|AIRLINE BAG VINTAGE WORLD CHAMPION |[airline, bag, vintage, world, champion]  |
|AIRLINE BAG VINTAGE JET SET BROWN  |[airline, bag, vintage, jet, set, brown]  |
+----------------------------------+------------------------------------------+
```

使用 RegexTokenizer 的另一種方法是使用它來輸出與提供的模式對應的值，而不是將其用作分隔。藉由將 gaps 參數設置為 false 來完成此操作。使用空格作為執行此操作將返回所有空格，這並不是太有幫助，但如果可以讓模式捕獲每個單詞，則可以返回：

```scala
// 在 Scala 中
import org.apache.spark.ml.feature.RegexTokenizer
val rt = new RegexTokenizer()
  .setInputCol("Description")
  .setOutputCol("DescOut")
  .setPattern(" ")
  .setGaps(false)
  .setToLowercase(true)
rt.transform(sales.select("Description")).show(false)
```

```
# 在 Python 中
from pyspark.ml.feature import RegexTokenizer
rt = RegexTokenizer()\
  .setInputCol("Description")\
  .setOutputCol("DescOut")\
  .setPattern(" ")\
  .setGaps(False)\
  .setToLowercase(True)
rt.transform(sales.select("Description")).show(20, False)

+-----------------------------------+------------------+
|Description                        | DescOut          |
+-----------------------------------+------------------+
|RABBIT NIGHT LIGHT                 |[ ,  ]            |
|DOUGHNUT LIP GLOSS                 |[ ,  ,  ]         |
...
|AIRLINE BAG VINTAGE WORLD CHAMPION |[ ,  ,  ,  ,  ]   |
|AIRLINE BAG VINTAGE JET SET BROWN  |[ ,  ,  ,  ,  ]   |
+-----------------------------------+------------------+
```

移除常見詞彙

斷詞後的一個常見的執行就是過濾常見的**停用詞彙**，在許多類型的分析中無關的常用詞應該被刪除。經常出現的英語常用單詞包括「the」、「and」和「but」。Spark 預設包含一些停止詞列表，你可以藉由以下方法查看，且可以使其不區分大小寫（截至 Spark 2.2，支持的停用詞語言是「丹麥語」、「荷蘭語」、「英語」、「芬蘭語」、「法語」、「德語」、「匈牙利語」、「意大利語」、「挪威語」、「葡萄牙語」、「俄語」、「西班牙語」、「瑞典語」和「土耳其語」）：

```
// 在 Scala 中
import org.apache.spark.ml.feature.StopWordsRemover
val englishStopWords = StopWordsRemover.loadDefaultStopWords("english")
val stops = new StopWordsRemover()
  .setStopWords(englishStopWords)
  .setInputCol("DescOut")
stops.transform(tokenized).show()
```

```
# 在 Python 中
from pyspark.ml.feature import StopWordsRemover
englishStopWords = StopWordsRemover.loadDefaultStopWords("english")
stops = StopWordsRemover()\
  .setStopWords(englishStopWords)\
  .setInputCol("DescOut")
stops.transform(tokenized).show()
```

以下輸出顯示了它的執行原理：

```
+--------------------+--------------------+----------------------------------+
|        Description|             DescOut|StopWordsRemover_4ab18...6ed__output|
+--------------------+--------------------+----------------------------------+
...
|SET OF 4 KNICK KN...|[set, of, 4, knic...|               [set, 4, knick, k...|
...
+--------------------+--------------------+----------------------------------+
```

請注意如何在輸出欄位中刪除單詞。因為是一個常見的詞，它與任何接下來的任何操作無關，僅是為資料增添雜質。

文字結合

對字串進行斷詞並過濾停用詞會留下一組簡潔的單詞。通常藉由查看單詞的組合是有意義的。單詞組合在技術上被稱為 *n-gram* - 也就是說，長度為 *n* 的單詞序列。長度為 1 的 *n-gram* 稱為 *unigrams*；長度為 2 的稱為 *bigrams*；長度為 3 的稱為 *trigrams*（長度再大的有 four-gram、five-gram 等），順序與 *n-gram* 創建有關，所以代表進行將一個帶有三個單詞的句子轉換為 bigram 時表示會產生兩個 bigrams。創建 *n-gram* 的目標是為了更好捕獲句子結構和更多訊息，而不是單獨查看所有單詞。讓我們創建一些 *n-gram* 來說明此概念。

Bigrams 使「大數據處理變得簡單」的重要部分是：

- 「大數據」
- 「資料前處理」
- 「加工處理」
- 「變得容易」

然而 Trigrams 的重要部分是：

- 「大數據資料前處理」
- 「資料前處理加工」
- 「處理變得容易」

使用 *n*-gram，可以查看通常共同出現的單詞序列，並將它們作為機器學習演算法的輸入。這些可以創建比查看個別所有單詞更好的功能（例如，在空格字符上斷詞）：

```scala
// 在 Scala 中
import org.apache.spark.ml.feature.NGram
val unigram = new NGram().setInputCol("DescOut").setN(1)
val bigram = new NGram().setInputCol("DescOut").setN(2)
unigram.transform(tokenized.select("DescOut")).show(false)
bigram.transform(tokenized.select("DescOut")).show(false)
```

```python
# 在 Python 中
from pyspark.ml.feature import NGram
unigram = NGram().setInputCol("DescOut").setN(1)
bigram = NGram().setInputCol("DescOut").setN(2)
unigram.transform(tokenized.select("DescOut")).show(False)
bigram.transform(tokenized.select("DescOut")).show(False)
```

```
+----------------------------------------+----------------------------------------
DescOut                                  |ngram_104c4da6a01b__output         ...
+----------------------------------------+----------------------------------------
|[rabbit, night, light]                  |[rabbit, night, light]             ...
|[doughnut, lip, gloss]                  |[doughnut, lip, gloss]             ...
...
|[airline, bag, vintage, world, champion] |[airline, bag, vintage, world, cha...
|[airline, bag, vintage, jet, set, brown] |[airline, bag, vintage, jet, set, ...
+----------------------------------------+----------------------------------------
```

bigrams 的結果：

```
+----------------------------------------+----------------------------------------
DescOut                                  |ngram_6e68fb3a642a__output         ...
+----------------------------------------+----------------------------------------
|[rabbit, night, light]                  |[rabbit night, night light]        ...
|[doughnut, lip, gloss]                  |[doughnut lip, lip gloss]          ...
...
|[airline, bag, vintage, world, champion] |[airline bag, bag vintage, vintag...
|[airline, bag, vintage, jet, set, brown] |[airline bag, bag vintage, vintag...
+----------------------------------------+----------------------------------------
```

將文字轉換成 Numerical Representations

一旦有了單詞的屬性，就可以開始計算單詞和單詞組合的實例，以便於模型中使用。最簡單的方法是在給定資料中包含進行單詞的二進制計數（例子中為一行）。基本上，我們測量每行是否包含給定的單詞。這是一種針對資料大小和出現次數的標準化簡單方法，並獲得基於內容以進行分類的數值。另外，可以使用 CountVectorizer 計算單詞，或者使用 TF-IDF 轉換（接續討論）根據所有資料中給定單詞的出現程度給予權重。

CountVectorizer 對斷詞資料進行操作，並執行兩個操作：

1. 在擬合過程中，它在所有資料中找到一組單詞，然後計算這些單詞在這些資料中的出現次數。

2. 計算轉換過程中 DataFrame 欄位中針對每行檢查給定單詞是否出現並計算出現行數。

從概念上而言，此轉換器將每一行視為一個 *document*，將每個單詞視為一個 *term*，並將所有 *term* 的總集合視為 *vocabulary*。這些都是可調的參數，這意謂著可以設置詞語在資料中出現的最小頻率（minTF）（有效地從詞彙表中刪除稀有詞）；被包含詞彙必須出現於記錄的最小行數（minDF）（從詞彙表中刪除稀有詞彙的另一種方式）；所有總詞彙量最大的大小（vocabSize）。最後，預設情況下，CountVectorizer 將輸出資料中詞彙的計數。若要返回資料中查看是否存在單詞，可以使用 setBinary(true)。以下是使用 CountVectorizer 的範例：

```scala
// 在 Scala 中
import org.apache.spark.ml.feature.CountVectorizer
val cv = new CountVectorizer()
  .setInputCol("DescOut")
  .setOutputCol("countVec")
  .setVocabSize(500)
  .setMinTF(1)
  .setMinDF(2)
val fittedCV = cv.fit(tokenized)
fittedCV.transform(tokenized).show(false)
```

```python
# 在 Python 中
from pyspark.ml.feature import CountVectorizer
cv = CountVectorizer()\
  .setInputCol("DescOut")\
  .setOutputCol("countVec")\
  .setVocabSize(500)\
  .setMinTF(1)\
  .setMinDF(2)
fittedCV = cv.fit(tokenized)
fittedCV.transform(tokenized).show(False)
```

雖然輸出看起來有點複雜，但它實際上只是一個稀疏的向量，包含總詞彙量大小，詞彙表中單詞的索引，以及該特定單詞的計數：

```
+----------------------------------+------------------------------------------------+
DescOut                            |countVec                                        |
+----------------------------------+------------------------------------------------+
|[rabbit, night, light]            |(500,[150,185,212],[1.0,1.0,1.0])               |
|[doughnut, lip, gloss]            |(500,[462,463,492],[1.0,1.0,1.0])               |
...
|[airline, bag, vintage, world,...|(500,[2,6,328],[1.0,1.0,1.0])                    |
|[airline, bag, vintage, jet, s...|(500,[0,2,6,328,405],[1.0,1.0,1.0,1.0,1.0])     |
+----------------------------------+------------------------------------------------+
```

單詞頻率 – 逆向檔案頻率

解決將資料轉換為數字表示的另一種方法是使用單詞頻率 – 逆向檔案頻率（TF-IDF）。
TF-IDF 計算每個資料中單詞出現的頻率，並根據單詞出現的次數給予加權。結果是，在些許資料中出現的單詞比在許多資料中出現的單詞更重要。在實踐中，像「the」這樣的單詞由於太過於普遍性而被加權得非常低，然而像「streaming」這樣專業的詞會出現在較少的資料中，反而會加權更高。在某種程度上，TF-IDF 有助於查詢資料來分享近似的主題。讓我們看一個例子 - 首先，將檢查資料中包含單詞「red」：

```scala
// 在 Scala 中
val tfIdfIn = tokenized
  .where("array_contains(DescOut, 'red')")
  .select("DescOut")
  .limit(10)
tfIdfIn.show(false)
```

```python
# 在 Python 中
tfIdfIn = tokenized\
  .where("array_contains(DescOut, 'red')")\
  .select("DescOut")\
  .limit(10)
tfIdfIn.show(10, False)
```

```
+---------------------------------------+
DescOut                                 |
+---------------------------------------+
|[gingham, heart, , doorstop, red]      |
...
|[red, retrospot, oven, glove]          |
|[red, retrospot, plate]                |
+---------------------------------------+
```

可以在這些資料中看到一些重疊的單詞，這些單詞至少表示了一個粗略的主題。現在輸入 TF-IDF。將對每個單詞進行分散並將其轉換為數字表示，然後根據逆文件頻率對單詞中的每個單詞進行加權。進行分散是與 CountVectorizer 類似的過程，但是不可逆轉的— 也就是說，從輸出一個單詞索引，無法得到輸入詞（因多個單詞可能對應到相同的輸出索引）：

```scala
// 在 Scala 中
import org.apache.spark.ml.feature.{HashingTF, IDF}
val tf = new HashingTF()
  .setInputCol("DescOut")
  .setOutputCol("TFOut")
  .setNumFeatures(10000)
val idf = new IDF()
  .setInputCol("TFOut")
  .setOutputCol("IDFOut")
  .setMinDocFreq(2)
```

```python
# 在 Python 中
from pyspark.ml.feature import HashingTF, IDF
tf = HashingTF()\
  .setInputCol("DescOut")\
  .setOutputCol("TFOut")\
  .setNumFeatures(10000)
idf = IDF()\
  .setInputCol("TFOut")\
  .setOutputCol("IDFOut")\
  .setMinDocFrcq(2)
```

```scala
// 在 Scala 中
idf.fit(tf.transform(tfIdfIn)).transform(tf.transform(tfIdfIn)).show(false)
```

```python
# 在 Python 中
idf.fit(tf.transform(tfIdfIn)).transform(tf.transform(tfIdfIn)).show(10, False)
```

雖然輸出太大無法在此顯示，請注意，某個值被指定為「red」，並且該值出現在每個資料中。另請注意，此單詞的權重極低，因為它出現在每個資料中。輸出格式是一個稀疏的 Vector，可以隨後以這樣的形式輸入到機器學習模型中：

```
(10000,[2591,4291,4456],[1.0116009116784799,0.0,0.0])
```

此向量使用三個不同的值表示：總詞彙量大小，文件中每個單詞出現的行數，以及每個單詞的加權。這類似 CountVectorizer 的輸出。

Word2Vec

Word2Vec 是一種基於深度學習的工具，用於計算一組單詞的向量表示。目標是在此向量中使相似的單詞彼此接近，所以可以對這些詞本身進行概括。該模型易於訓練和使用，並且已被證明在許多自然語言處理應用中是有用的，包括實體辨識，排歧，解析，標記和機器翻譯。Word2Vec 以基於語義來捕獲單詞間的關係而被著名。例如，v~king、v~ques、v~man 和 v~woman 代表四個單詞的向量，那麼經常會得到的表示如 v~king - v~man + v~woman~ = v~ queen。為此，Word2Vec 使用一種稱為「skipgrams」的技術將單詞的句子轉換為向量表示（可選擇定義大小）。它藉由建立一個詞彙表，然後為每個句子，移除斷詞並訓練模型以預測「*n*-gram」中的斷詞。

Word2Vec 最適合使用連續性質的自由格式斷詞。以下是文件中的一個簡單範例：

```scala
// 在 Scala 中
import org.apache.spark.ml.feature.Word2Vec
import org.apache.spark.ml.linalg.Vector
import org.apache.spark.sql.Row
// Input data: Each row is a bag of words from a sentence or document.
val documentDF = spark.createDataFrame(Seq(
  "Hi I heard about Spark".split(" "),
  "I wish Java could use case classes".split(" "),
  "Logistic regression models are neat".split(" ")
).map(Tuple1.apply)).toDF("text")
// Learn a mapping from words to Vectors.
val word2Vec = new Word2Vec()
  .setInputCol("text")
  .setOutputCol("result")
  .setVectorSize(3)
  .setMinCount(0)
val model = word2Vec.fit(documentDF)
val result = model.transform(documentDF)
result.collect().foreach { case Row(text: Seq[_], features: Vector) =>
  println(s"Text: [${text.mkString(", ")}] => \nVector: $features\n")
}

# 在 Python 中
from pyspark.ml.feature import Word2Vec
# Input data: Each row is a bag of words from a sentence or document.
documentDF = spark.createDataFrame([
    ("Hi I heard about Spark".split(" "), ),
    ("I wish Java could use case classes".split(" "), ),
    ("Logistic regression models are neat".split(" "), )
], ["text"])
# Learn a mapping from words to Vectors.
```

```
word2Vec = Word2Vec(vectorSize=3, minCount=0, inputCol="text",
  outputCol="result")
model = word2Vec.fit(documentDF)
result = model.transform(documentDF)
for row in result.collect():
    text, vector = row
    print("Text: [%s] => \nVector: %s\n" % (", ".join(text), str(vector)))

Text: [Hi, I, heard, about, Spark] =>
Vector: [-0.008142343163490296,0.02051363289356232,0.03255096450448036]

Text: [I, wish, Java, could, use, case, classes] =>
Vector: [0.043090314205203734,0.035048123182994974,0.023512658663094044]

Text: [Logistic, regression, models, are, neat] =>
Vector: [0.038572299480438235,-0.03250147425569594,-0.01552378609776497]
```

關於 Word2Vec 於 Spark 實現的各種調整參數可在相關在文件中參考（*http://bit.ly/2DRnljk*）。

特徵操作

儘管 ML 中的每個變換器幾乎都以某種方式操縱特徵空間，以下演算法和工具是擴展輸入特徵向量或將其減少到較低維度的自動化方法。

PCA

主成分分析（PCA）是一種用於查詢資料最重要方面（主要成分）的數學技術。它藉由創建一組新特徵（「資料局面」）來更改資料的特徵表示。每個新特徵都是原始特徵的組合。PCA 的力量在於它可以創造出更小且更有意義的一組特徵。

如果有大量輸入的資料集並希望減少所擁有的特徵總數，就需要使用 PCA。這經常出現在文字分析中，因其中整個特徵空間是巨大的，並且許多特徵在很大程度上是無關緊要的。使用 PCA 可以找到最重要的特徵組合，且其為機器學習模型中的特徵。PCA 採用參數 k，指定要輸出的特徵數量。通常都比輸入向量的維度小很多。

選擇正確的 k 是非常重要的，但無法給予處方。請查看 ESL（*http://statweb.stanford.edu/~tibs/ElemStatLearn/*）和 ISL（*http://www-bcf.usc.edu/~gareth/ISL/*）中的相關章節以了解更多訊息。

讓我們將 *k* 設定為 2 訓練 PCA：

```scala
// 在 Scala 中
import org.apache.spark.ml.feature.PCA
val pca = new PCA().setInputCol("features").setK(2)
pca.fit(scaleDF).transform(scaleDF).show(false)
```

```python
# 在 Python 中
from pyspark.ml.feature import PCA
pca = PCA().setInputCol("features").setK(2)
pca.fit(scaleDF).transform(scaleDF).show(20, False)
```

```
+---+-------------+----------------------------------------+
|id |features     |pca_7c5c4aa7674e__output                |
+---+-------------+----------------------------------------+
|0  |[1.0,0.1,-1.0]|[0.0713719499248418,-0.4526654888147822] |
...
|1  |[3.0,10.1,3.0]|[-10.872398139848944,0.030962697060150646]|
+---+-------------+----------------------------------------+
```

交互

在某些情況下，你可能擁有關於資料集中特定變量的領域知識。例如，你可能知道兩個特徵之間的某種相互作用是之後進行估算器中的重要變量。特徵轉換器 Interaction 允許你手動創建兩個變量之間的交互。它只是將這兩個特徵相乘 - 典型的線性模型不能為資料中的每個特定的特徵對做的事情。此轉換器目前只能在 Scala 中直接使用，但可以在任何語言中調用 RFormula。建議使用 RFormula 而不是透過手動創建特徵間的交互。

多項式擴展

多項式擴展用於生成所有輸入欄位的交互變量。通過多項式擴展指定想在何種程度上看到各種交互。例如，degree-2 的多項式，Spark 從中獲取特徵向量中的每個值，將其乘以特徵向量中的每個其他值，然後將結果存儲為一特徵。也就是說，如果有兩個輸入特徵，假設使用二次多項式（2x2），則將得到四個輸出特徵。如果我們有三個輸入特徵，則將獲得九個輸出特徵（3x3）。如果使用三次多項式，則將獲得 27 個輸出特徵（3x3x3），依此類推。當想要查看特定特徵之間的交互但不確定要考慮哪些交互時，此操作非常有幫助。

多項式擴展可以極大地增加特徵空間，但可能導致較高計算成本與過度擬合。所以請謹慎使用，特別是對於更高的次數多項式。

這是二次多項式的一個例子：

```scala
// 在 Scala 中
import org.apache.spark.ml.feature.PolynomialExpansion
val pe = new PolynomialExpansion().setInputCol("features").setDegree(2)
pe.transform(scaleDF).show(false)
```

```python
# 在 Python 中
from pyspark.ml.feature import PolynomialExpansion
pe = PolynomialExpansion().setInputCol("features").setDegree(2)
pe.transform(scaleDF).show()
```

```
+---+-------------+----------------------------------------------------------+
|id |features     |poly_9b2e603812cb__output                                 |
+---+-------------+----------------------------------------------------------+
|0  |[1.0,0.1,-1.0]|[1.0,1.0,0.1,0.1,0.010000000000000002,-1.0,-1.0,-0.1,1.0] |
...
|1  |[3.0,10.1,3.0]|[3.0,9.0,10.1,30.299999999999997,102.00999999999999,3.0...|
+---+-------------+----------------------------------------------------------+
```

特徵選取

通常，希望從大量的特徵選出較小的子集來用於訓練。例如，許多特徵代表相同的含意，或者使用太多特徵可能會導致過度擬合。此過程稱為特徵選取。一旦訓練了模型，有很多方法可以評估特徵的重要性，但另一種方法是事先進行粗略過濾。Spark 有一些簡單的選項，比如 ChiSqSelector。

ChiSqSelector

ChiSqSelector 利用統計計算來識別與與要預測的目標特徵無關的特徵，並刪除不相關的特徵。它通常與分類型態的資料一起使用，以減少將輸入到模型中的特徵數量，並減少文字資料的維度（以頻率或計數的形式）。此方法基於卡方檢驗，因此可以通過幾種不同的方式選擇「最佳」的特徵。此方法是依據 p 值和百分位數排序的 numTopFeatures，它佔用了一定比例的輸入特徵（而不僅僅是前 N 個特徵）；除此之外參數 fpr 設定了一個針對 p 值的停止值。

我們將使用本章前面創建的 CountVectorizer 輸出來做範例：

```scala
// 在 Scala 中
import org.apache.spark.ml.feature.{ChiSqSelector, Tokenizer}
val tkn = new Tokenizer().setInputCol("Description").setOutputCol("DescOut")
val tokenized = tkn
  .transform(sales.select("Description", "CustomerId"))
  .where("CustomerId IS NOT NULL")
val prechi = fittedCV.transform(tokenized)
val chisq = new ChiSqSelector()
  .setFeaturesCol("countVec")
  .setLabelCol("CustomerId")
  .setNumTopFeatures(2)
chisq.fit(prechi).transform(prechi)
  .drop("customerId", "Description", "DescOut").show()
```

```python
# 在 Python 中
from pyspark.ml.feature import ChiSqSelector, Tokenizer
tkn = Tokenizer().setInputCol("Description").setOutputCol("DescOut")
tokenized = tkn\
  .transform(sales.select("Description", "CustomerId"))\
  .where("CustomerId IS NOT NULL")
prechi = fittedCV.transform(tokenized)\
  .where("CustomerId IS NOT NULL")
chisq = ChiSqSelector()\
  .setFeaturesCol("countVec")\
  .setLabelCol("CustomerId")\
  .setNumTopFeatures(2)
chisq.fit(prechi).transform(prechi)\
  .drop("customerId", "Description", "DescOut").show()
```

進階主題

圍繞轉換和估算有幾個進階主題。在此討論兩個最常見的儲存轉換器以及編寫自定義的轉換。

儲存轉換器

一旦使用估算器來設定轉換器，將其寫入磁碟並在必要時簡單地加載使用（例如，用於另一個 Spark session）會很有幫助。在上一章中看到了這一點，當時儲存整個 pipeline。為了單獨保持轉換器，在擬合轉換器（或標準轉換器）上使用寫入方法並指定位置：

```
// 在 Scala 中
val fittedPCA = pca.fit(scaleDF)
fittedPCA.write.overwrite().save("/tmp/fittedPCA")

# 在 Python 中
fittedPCA = pca.fit(scaleDF)
fittedPCA.write().overwrite().save("/tmp/fittedPCA")
```

然後可以將其加載：

```
// 在 Scala 中
import org.apache.spark.ml.feature.PCAModel
val loadedPCA = PCAModel.load("/tmp/fittedPCA")
loadedPCA.transform(scaleDF).show()

# 在 Python 中
from pyspark.ml.feature import PCAModel
loadedPCA = PCAModel.load("/tmp/fittedPCA")
loadedPCA.transform(scaleDF).show()
```

撰寫自訂的轉換器

當想要以適合 ML Pipeline 的形式編碼自己的一些相關邏輯，傳遞給超參數搜尋時，編寫自定義的轉換器可能很有價值。通常，應該盡可能多嘗試內建的模組方法（例如 SQLTransformer），因為它們經過已優化可以高效運行。但有時沒有那麼奢侈。讓我們創建一個簡單的斷詞器來作為範例：

```
import org.apache.spark.ml.UnaryTransformer
import org.apache.spark.ml.util.{DefaultParamsReadable, DefaultParamsWritable,
  Identifiable}
import org.apache.spark.sql.types.{ArrayType, StringType, DataType}
import org.apache.spark.ml.param.{IntParam, ParamValidators}

class MyTokenizer(override val uid: String)
  extends UnaryTransformer[String, Seq[String],
    MyTokenizer] with DefaultParamsWritable {

  def this() = this(Identifiable.randomUID("myTokenizer"))

  val maxWords: IntParam = new IntParam(this, "maxWords",
    "The max number of words to return.",
  ParamValidators.gtEq(0))

  def setMaxWords(value: Int): this.type = set(maxWords, value)
```

```
    def getMaxWords: Integer = $(maxWords)

    override protected def createTransformFunc: String => Seq[String] = (
      inputString: String) => {
        inputString.split("\\s").take($(maxWords))
    }

    override protected def validateInputType(inputType: DataType): Unit = {
      require(
        inputType == StringType, s"Bad input type: $inputType. Requires String.")
    }

    override protected def outputDataType: DataType = new ArrayType(StringType,
      true)
}

// this will allow you to read it back in by using this object.
object MyTokenizer extends DefaultParamsReadable[MyTokenizer]

val myT = new MyTokenizer().setInputCol("someCol").setMaxWords(2)
myT.transform(Seq("hello world. This text won't show.").toDF("someCol")).show()
```

必須根據實際輸入的資料來自定義轉換器,也可以編寫自定義估算器。然而,這並不像編寫獨立轉換器那麼常見,因此此部分不包含在本書中。自定義估算器的一個較好的方法是查看之前看到的一個簡單估計器並修改代碼以適合你的用例。另一個好的起點可能是 StandardScaler(*http://bit.ly/2FkPIn4*)。

結論

本章對 Spark 提供的許多最常見的前處理轉換進行了說明。有幾個特定領域沒有足夠的空間來討論(例如,離散餘弦變換),但你可以於相關文件中(*http://bit.ly/2pE51jZ*)找到中的更多訊息。隨著各領域不斷地演進,Spark 於這一領域也不斷地發展。

另一個重要層面是這些工具的一致性。上一章中介紹了 pipeline 概念,與打包和訓練 end-to-end 的 ML 工作流程的重要工具。下一章會開始介紹你可能擁有的各種機器學習任務以及每種機器可用的演算法。

## 第二十六章

分類

分類是針對一些輸入的特徵而進行類別型態或離散數值型態的目標特徵執行預測的任務。與其他 ML 任務如：迴歸的主要區別，是輸出的目標特徵具有一組有限的可能值（例如三種類別）。

使用案例

分類有很多使用案例，正如在第二十四章中討論的那樣。這裡還有一些需要考慮的因素，以強化分類在現實世界中進行使用。

預測信用風險

金融公司對於提供公司或個人貸款之前，可能會考慮許多變量。而是否提供貸款是屬於二元分類問題。

新聞分類

可以訓練演算法來預測新聞文章（體育、政治、商業等）的主題。

活動的分類

透過從偵測器收集的資料（如手機加速度計或智能手錶），你可以預測人員的活動。其輸出將會是有限的一組類別（例如，步行、睡覺、站立或跑步）。

分類的種類

在繼續之前，先來回顧幾種不同類型的分類。

二元分類

分類最簡單的例子是二元分類，其中可以預測的只有兩種類別標籤。一個例子是欺詐分析，從給定的交易資料中可以被分類為欺詐性或非欺詐性；另一個例子是區分電子郵件是否為垃圾郵件，從給定的電子郵件資料中可分類為垃圾郵件或非垃圾郵件。

多元分類

除了二元分類之外還有**多元分類**，目標特徵標籤是來自兩個以上不同的類別。一個典型的例子是 Facebook 從給定的照片中預測人像或另個例子是氣象學家預測天氣（下雨、晴天、陰天等）。值得注意的是這些都是應用一組有限的類別來預測；它永遠都會有限制。這也稱為多元分類。

多類別特徵分類

最後，**多類別特徵分類**，其中給定的輸入中可以產生多個標籤。例如，你可能希望根據書本身的文本來預測書籍的類型。雖然這可能是多類別的，但它可能更適合多個類別標籤，因為一本書可能屬於多種不同類型。多類別特徵分類的另一個例子是識別出現在圖像中的目標數量。請特別注意，在此範例中，輸出的預測數量不一定是固定的，其可能因圖像而有不同。

MLlib 中的分類模型

Spark 有幾種可用於執行二元分類和多元分類的模型。Spark 中可以使用以下模型進行分類：

- 邏輯斯迴歸
- 決策樹
- 隨機森林
- 梯度提升決策樹

Spark 不支持多類別特徵分類預測。為了訓練多類別特徵分類模型，你必須為每個標籤訓練一個模型並手動組合它們。

於手動構建後，內建的工具可以支持評估這些模型（於本章末討論）。本章將藉由提供以下內容來介紹每種模型的基礎：

- 簡易地概述模型及其背後運作
- 模型超參數（可以初始化模型的不同方式）
- 參數訓練（影響模型訓練方式的參數）
- 參數預測（影響預測方式的參數）

如同在第二十四章，在 `ParamGrid` 中設置超參數和訓練參數。

模型擴展性

選擇模型時，模型可擴展性是一個重要的考慮因素。廣泛來說，Spark 非常支持訓練大規模的機器學習模型（注意，這些都是**大規模**；若是在單節點的工作負載，也還有許多工具表現良好）。

表 26-1 是一個簡單的模型可擴展性的評分表，用於查詢特定任務的最佳模型（如果可擴展性是你的核心考慮因素）。實際的可擴展性將取決於你的配置，像是機器大小或其他細節。

表 26-1　模型擴展性參考表

Model	Features count	Training examples	Output classes
Logistic regression	1 to 10 million	No limit	Features x Classes < 10 million
Decision trees	1,000s	No limit	Features x Classes < 10,000s
Random forest	10,000s	No limit	Features x Classes < 100,000s
Gradient-boosted trees	1,000s	No limit	Features x Classes < 10,000s

可以看到，幾乎所有模型都可以擴展到大量的輸入資料。對於訓練樣本數量沒有限制的原因是因為這些都是使用隨機梯度下降和 L-BFGS 等方法進行訓練的。這些方法專門針對處理大量資料集的同時來執行優化，並移除了訓練樣本數量可能存在的任何約束。

讓我們開始加載一些資料來查看分類模型：

```scala
// 在 Scala 中
val bInput = spark.read.format("parquet").load("/data/binary-classification")
  .selectExpr("features", "cast(label as double) as label")
```

```python
# 在 Python 中
bInput = spark.read.format("parquet").load("/data/binary-classification")\
  .selectExpr("features", "cast(label as double) as label")
```

 如同其他進階分析的章節一樣，此章節不能教你每個模型的數學基礎。有關於分類的文件，請參閱 ISL 中的第 4 章（*http://www-bcf.usc.edu/~gareth/ISL/*）和 ESL（*http://statweb.stanford.edu/~tibs/ElemStatLearn/*）。

邏輯斯迴歸

邏輯斯迴歸是最流行的分類方法之一。它是一種線性方法，將每個個別的輸入（或特徵）與特定權重（這些權重將在訓練過程中生成）組合在一起，然後將這些權重組合起來以獲得屬於特定類別的概率。這些權重是很幫助的，因為它們是特徵重要性的良好表示；如果權重很大，可以假設該特徵的變化對結果有顯著影響（假設執行了正規化）。而較小的權重意謂著該特徵重要性較低。

有關更多相關資訊，請參閱 ISL 4.3（*http://wwwbcf.usc.edu/~gareth/ISL/*）和 ESL 4.4（*http://statweb.stanford.edu/~tibs/ElemStatLearn/*）。

模型超參數

模型超參數是確定模型的基本結構配置。以下超參數可用於邏輯回歸：

family

可以是多元式（兩個或多個不同的類別標籤；多元分類）或二元式（只有兩個不同的類別標籤；二元分類）。

elasticNetParam

介於 0 到 1 的浮點數值。該參數根據 Elastic Net（它是兩者的線性組合）指定 L1 和 L2 正則化的混合。對於 L1 或 L2 的選擇，很大程度上取決於你的特定用例，但直覺如下：L1 正則化（值為 1）將在模型中產生稀疏性，因為某些特徵權重將變為零（對輸出幾乎沒有影響）。因此，它可以用作簡單的特徵選擇方法。另一方面，L2 正則化（值為 0）不會產生稀疏性，因為特定特徵相應的權重會被驅動至近似於 0，但永遠不會完全達到 0。ElasticNet 提供兩全其美的解法 - 我們可以選擇介於 0 和 1 之間的值來指定 L1 和 L2 正則化的組合。在大多數情況下，你應該藉由測試不同的值來調整它。

fitIntercept

可以是 True 或 False。該超參數確定是否擬合截距或模型的輸入和權重的線性組合之任意數。通常，如果沒有正規化訓練資料，則需執行擬合截距。

regParam

值 ≥0，用於決定給予正則化多少權重於目標函數中。選擇一個值，此值再次成為資料集中的雜質和維度。在 pipeline 中，嘗試各種值（例如，0、0.01、0.1、1）。

standardization

可以是 True 或 False。決定是否在建立模型前對輸入資料進行標準化。有關於更多的相關資訊，請參閱第二十五章。

訓練參數

訓練參數用於指定如何進行訓練。這裡為邏輯斯迴歸的訓練參數。

maxIter

資料迭代停止前的總次數。更改此參數可能不會改變結果，因此它不應該是進行調整的第一個參數。預設值為 100。

tol

此值定義一個門檻閾值，通過此門檻閾值，參數的變化代表權重已經足夠地被優化了，可以停止迭代。它允許演算法在 MaxIter 迭代次數之前停止。預設值為 1.0E-6。這也不應該是進行調整的第一個參數。

weightCol

進行權重欄位的名稱，用於針對某些特徵執行較多的權重。若對於某個特定訓練，其重要程度以及與之相關的權重有其他衡量標準，那麼這可能是一個有用的工具。例如，你可能有 10,000 筆範例資料，其中你知道某些特徵標籤比其他特徵標籤更準確。你可以將你認識的特徵標籤進行較大的權重。

預測參數

這些參數將不影響訓練，而是有助於了解模型建立後如何實際進行預測。這是預測參數用於邏輯斯迴歸：

threshold

Double 範圍為 0 到 1。該參數是概率門檻閾值決定何時得以通過此門檻值給予預測目標類別。可以根據你的要求調整此參數，以平衡預測錯誤的結果。例如，假設錯誤的預測成本很高 - 而你就可能希望將此預測門檻閾值設置得非常高。

thresholds

進行多元分類時，此參數允許為每個類別指定數組門檻閾值。它的執行方式與前面描述的單個門檻閾值參數類似。

範例

這是使用 LogisticRegression 模型的簡單範例。請注意我們沒有調設任何參數，資料符合正確的欄位命名並且使用預設參數值。在實作中，你可能不需要更改許多參數：

```
// 在 Scala 中
import org.apache.spark.ml.classification.LogisticRegression
val lr = new LogisticRegression()
println(lr.explainParams()) // see all parameters
val lrModel = lr.fit(bInput)

# 在 Python 中
from pyspark.ml.classification import LogisticRegression
lr = LogisticRegression()
print lr.explainParams() # see all parameters
lrModel = lr.fit(bInput)
```

模型訓練後，可以藉由查看係數和截距來獲得有關模型的資訊。係數對應於各個特徵權重（每個特徵權重乘以每個相應的特徵以計算預測），而截距是斜截距的值（假如在指定模型時一個擬合類別間在截距上的差距）。查看係數有助於檢查模型的構建並比較特徵如何影響預測：

```scala
// 在 Scala 中
println(lrModel.coefficients)
println(lrModel.intercept)
```

```python
# 在 Python 中
print lrModel.coefficients
print lrModel.intercept
```

對於多項式模型（當前為二元模型），lrModel.coefficientMatrix 與 lrModel.interceptVector 可用於獲取係數和截距。這些將返回表示值或每個類別的 Matrix 和 Vector 型態。

模型總結

邏輯斯迴歸提供了一個模型總結，提供關於最終模型訓練的資訊。這類似於在許多 R 語言的機器學習包函式庫中看到的相同類型的總結摘要。模型總結目前僅適用於二元式邏輯迴歸問題，但將來可能會添加多元式的模型總結。使用二元式模型總結可以得到關於模型本身的各種資訊，包含 ROC 曲線下的面積、門檻閾值的 f measure、精度、召回率、閾值召回率和 ROC 曲線。請注意，對於曲線下方的區域，將不考慮權重加權，因此，若你想了解如何對更高的權重值執行操作，則需要手動執行。但這可能會在未來的 Spark 版本中發生變化。可以使用以下 API 查看模型總結：

```scala
// 在 Scala 中
import org.apache.spark.ml.classification.BinaryLogisticRegressionSummary
val summary = lrModel.summary
val bSummary = summary.asInstanceOf[BinaryLogisticRegressionSummary]
println(bSummary.areaUnderROC)
bSummary.roc.show()
bSummary.pr.show()
```

```python
# 在 Python 中
summary = lrModel.summary
print summary.areaUnderROC
summary.roc.show()
summary.pr.show()
```

模型降到最終結果的速度顯示在特定歷史紀錄中。可以通過模型總結的特定歷史紀錄來查看它：

```
summary.objectiveHistory
```

這是一個 double 型態的陣列，用於指定在每次訓練迭代中針對目標函數的執行方式。此訊息將有助於查看是否有足夠次數的迭代或需要進行調整其他參數。

決策樹

決策樹是更友好、更可解釋表現的分類模型之一，因為它類似於人類經常使用的簡單決策模型。例如，假如必須預測某人是否會在提供冰淇淋時吃冰淇淋，那麼一個好的特徵可能就是此人是否喜歡冰淇淋。在虛擬程式碼中，如果是 person.likes（"ice_cream"）他們會吃冰淇淋；否則，他們不會吃冰淇淋。決策樹使用所有輸入創建此類型的結構，並在進行預測時遵循一組分支。這便是使它成為一個很好的模型起點，因為它易於推理與檢查，並且對資料做出很少的假設。簡而言之，它不是試圖訓練係數以模擬函式，而是簡單地創建一個在預測時可以遵循的大決策樹。決策數模型還支持多元分類，並提供預測和概率兩個不同的欄位的輸出。

雖然這種模型通常是一個很好的開始，但確實需要付出代價。它可以快速地過度擬合資料。意思是，決策樹將從一開始就無拘束地根據每筆訓練資料創建一條路徑。這意謂著它會對模型中的所有訓練資訊進行編碼。這很糟糕，因為那時模型不會推廣到未知的新資料（你將看到測試集的不良預測）。然而，有許多方法可以藉由限制其分支結構（例如，限制高度）來進行嘗試和控制模型以獲得良好的預測能力。

關於更多相關資訊，請參閱 ISL 8.1（*http://wwwbcf.usc.edu/~gareth/ISL/*）和 ESL 9.2（*http://statweb.stanford.edu/~tibs/ElemStatLearn/*）。

模型超參數

有許多不同的配置方法來訓練決策樹。以下是 Spark 的中支持的超參數：

maxDepth

訓練樹狀結構時指定最大深度以避免過度擬合資料將會很有幫助（在極端情況下，每一行最終都會成為自己的葉節點）。預設值為 5。

maxBins

在決策樹中，連續性型態特徵被轉換為類別特徵，maxBins 指定應從連續性型態特徵中創建多少分箱數。更多的分箱數提供更高的水平粒度。該值必須大於或等於 2 且大於或等於資料集中任何分類特徵中的類別數，因其代表連續特征進行離散化的最大數量，以及選擇每個節點分裂特徵的方式。預設值為 32。

impurity

要構建「樹」，你需要配置模型何時應該分支。Impurity 表示用於確定模型是否應在特定葉節點處拆分（信息增益）。此參數可以設置為兩個常用的度量值「entropy」或「gini」（預設）。

minInfoGain

此參數可用於指定拆分的最小信息增益。較高的值可以防止過度擬合。這需要通過測試決策樹模型的不同變化來調校。預設值為 0。

minInstancePerNode

此參數決定在特定節點中執行的最小訓練數。將此視為控制最大深度值的另一種方式。可以藉由限制深度來防止過度擬合，或者可以藉由指定在特定葉節點中進行特定數量的訓練數目來防止過度擬合。如果不吻合，可以「修剪」樹直到滿足該要求。較高的值可以防止過度擬合。預設值為 1，其可以是大於 1 的任何值。

訓練參數

這是透過指定的配置，以便如何操縱進行訓練。以下是決策樹的訓練參數：

checkpointInterval

檢查點是一種在訓練過程中保存模型工作的方法，因此若群集中的節點因某種原因而崩潰，你將就不會丟失工作。值為 10 代表模型將執行每 10 次迭代檢查一次。將值設置為 -1 可關閉檢查點。此參數需要與 checkpointDir（檢查點目錄）和 useNodeIdCache=true 一起設置。關於檢查點的更多相關資訊，請參閱 Spark 文件檔案。

預測參數

決策樹只有一個預測參數：thresholds。請參考有關「邏輯斯迴歸」（第 460 頁）的相關說明。

這是使用決策樹分類執行的完整小範例：

```scala
// 在 Scala 中
import org.apache.spark.ml.classification.DecisionTreeClassifier
val dt = new DecisionTreeClassifier()
println(dt.explainParams())
val dtModel = dt.fit(bInput)
```

```python
# 在 Python 中
from pyspark.ml.classification import DecisionTreeClassifier
dt = DecisionTreeClassifier()
print dt.explainParams()
dtModel = dt.fit(bInput)
```

隨機森林與梯度提升決策樹

這些方法是決策樹的擴展。以在不同的資料子集上訓練多棵樹，而不是在所有資料上訓練一棵樹。直覺是各種決策樹將成為該特定領域的「專家」，而其他決策樹則成為其他領域的專家。透過將這些不同的專家結合起來，可以獲得「群眾智慧」的效果，即群體的表現超過任何個體。此外，這些方法將可以幫助防止過度擬合。

隨機森林和梯度提升決策樹是兩種不同的組合方法。在隨機森林中，只是訓練了很多樹，然後平均這些樹的反應來做出預測。梯度提升樹，每棵樹都進行加權預測（使得某些樹對某些類具有比其他樹有更多的預測能力）。它們的參數大致相同，將於下面說明。目前的一個限制是梯度提升決策樹目前僅支持二元式的目標特徵。

有幾種流行的工具可用於建構基於樹的模型。例如，XGBoost（*https://xgboost.readthedocs.io/en/latest/*）函式庫提供了 Spark 相關的集合函式於 Spark 上運行。

See ISL 8.2 and ESL 10.1 for more information on these tree ensemble models.

模型超參數

隨機森林和梯度提升決策樹兩者提供支持所有相同模型超參數。此外，他們還添加了幾個屬於自己的超參數。

僅限於隨機森林

numTrees

進行訓練的樹木總數。

featureSubsetStrategy

此參數決定要為拆分多少特徵數目。這可以是各種不同的值，包括「auto」、「all」、「sqrt」、「log2」或數字「n」。當你的輸入為「n」時，模型將在訓練期間使用「n」個特徵。當 n 在範圍內時（n 介於 1 ～ 特徵數量），模型將在訓練期間使用 n 個特徵。這裡沒有一個通用的特定值，因此值得在 pipeline 中嘗試不同的值。

僅限於梯度提升決策樹

lossType

這是梯度提升決策樹在訓練期間最小化的損失函數。目前，僅支持 logistic loss。

maxIter

資料迭代停止前的總次數。更改此參數可能不會改變結果，因此它不應該是進行調整的第一個參數。預設值為 100。

stepSize

這是演算法的學習率。較大的值意謂著在訓練迭代之間進行較大的跳躍。這有助於優化的過程，此參數值應該在訓練中進行測試。預設值為 0.1，其可以是 0 到 1 之間的任何值。

訓練參數

這些模型只有一個訓練參數，checkpointInterval。請參閱第 464 頁「決策樹」下關於檢查點的相關說明。

預測參數

這些模型具有與決策樹相同的預測參數。關於更多相關資訊，請參閱決策樹模型下的預測參數相關說明。

以下是使用這些分類模型的簡短範例程式碼：

```scala
// 在 Scala 中
import org.apache.spark.ml.classification.RandomForestClassifier
val rfClassifier = new RandomForestClassifier()
println(rfClassifier.explainParams())
val trainedModel = rfClassifier.fit(bInput)
```

```scala
// 在 Scala 中
import org.apache.spark.ml.classification.GBTClassifier
val gbtClassifier = new GBTClassifier()
println(gbtClassifier.explainParams())
val trainedModel = gbtClassifier.fit(bInput)
```

```python
# 在 Python 中
from pyspark.ml.classification import RandomForestClassifier
rfClassifier = RandomForestClassifier()
print rfClassifier.explainParams()
trainedModel = rfClassifier.fit(bInput)
```

```python
# 在 Python 中
from pyspark.ml.classification import GBTClassifier
gbtClassifier = GBTClassifier()
print gbtClassifier.explainParams()
trainedModel = gbtClassifier.fit(bInput)
```

貝氏分類法

貝氏分類是基於貝氏定理的分類器集合。模型背後的核心是假設資料中的所有特徵都是獨立的。當然，嚴苛的強調特徵獨立性有點幼稚，但即使違反了這一點，仍然可以訓練出有用的模型。貝氏分類通常用於文章或文件分類。有兩種不同的模型類型：*multivariate Bernoulli model*，表示文件中使用的字詞的存在性；*multinomial model*，使用的字詞總計數。

貝氏分類的一個需要注意的重要項目是所有的輸入特徵必須不可以為負值。

有關這些模型的更多相關資訊，請參閱 ISL 4.4（*http://www-bcf.usc.edu/~gareth/ISL/*）和 ESL 6.6（*http://statweb.stanford.edu/~tibs/ElemStatLearn/*）。

模型超參數

這些是指定的配置，用於確定模型的基本結構：

modelType

「bernoulli」或「multinomial」。有關此選擇的更多相關資訊，請參閱上一節。

weightCol

允許不同的資料點進行權重。有關此超參數的說明，請參閱第 465 頁的「訓練參數」。

訓練參數

這些是指定如何執行模型訓練的配置：

smoothing

這決定了正規化使用添加 smoothing 發生的數量（*https://en.wikipedia.org/wiki/Additive_smoothing*）。這有助於平滑地分類資料，並藉由改變某些類的預期概率來避免過度擬合地訓練資料。預設值為 1。

預測參數

貝氏分類與所有其他模型共享相同的預測參數閾值。請參閱前面的閾值說明，以了解如何使用。

以下為使用貝氏分類的範例。

```scala
// 在 Scala 中
import org.apache.spark.ml.classification.NaiveBayes
val nb = new NaiveBayes()
println(nb.explainParams())
val trainedModel = nb.fit(bInput.where("label != 0"))
```

```python
# 在 Python 中
from pyspark.ml.classification import NaiveBayes
nb = NaiveBayes()
print nb.explainParams()
trainedModel = nb.fit(bInput.where("label != 0"))
```

請注意，在此範例資料集中，具有負值的特徵。在這種情況下，具有負值的特徵對應於的整列將標記為「0」。因此只是將它們過濾掉（透過標記），而不是進一步處理它們來使用貝式分類 API。

模型評估與自動調校

正如在第二十四章中所看到的，評估器允許度量模型成功率。獨立的評估器沒有太多幫助；但是，使用 pipeline 時可以自動對模型和轉換的各種參數進行網格搜索 - 嘗試參數的所有組合，以查看哪些參數表現最佳。評估器在 pipeline 和參數網格中最有用。對於分類，有兩個評估的期望欄位：從模型中預測的目標標籤和實際上的真實目標標籤。對於二元分類，我們使用 BinaryClassificationEvaluator。這支持優化兩個不同的度量「areaUnderROC」和「areaUnderPR」。對於多類別特徵分類則需要使用 Multiclass ClassificationEvaluator，支持優化「f1」，「weightedPrecision」，「weightedRecall」和「accuracy」。

要使用評估器，我們構建 pipelin，指定要測試的參數，然後運行並查看結果。相關的範例程式碼，請參閱第二十四章。

詳細的評估指標

MLlib 還包含一些工具，可讓你一次評估多個分類指標。遺憾的是，這些度量標準尚未從基礎 RDD 框架移植到 Spark 基於 DataFrame 的 ML 框架。因此，在使用時，仍然需要創建一個 RDD 來使用它們。未來，此功能可能會移植到 DataFrames，而以下也可能不再是查看指標的最佳方式（儘管你仍然可以使用這些 API）。

可以使用三種不同的分類指標：

- 二元分類指標
- 多元分類指標
- 多類別特徵分類指標

所有這些指標都遵循相似風格。生成的預測輸出與實際值進行比較，模型將為我們計算所有相關評估指標。接著可以查詢每個指標的值：

```scala
// 在 Scala 中
import org.apache.spark.mllib.evaluation.BinaryClassificationMetrics
val out = model.transform(bInput)
  .select("prediction", "label")
  .rdd.map(x => (x(0).asInstanceOf[Double], x(1).asInstanceOf[Double]))
val metrics = new BinaryClassificationMetrics(out)
```

```python
# 在 Python 中
from pyspark.mllib.evaluation import BinaryClassificationMetrics
out = model.transform(bInput)\
  .select("prediction", "label")\
  .rdd.map(lambda x: (float(x[0]), float(x[1])))
metrics = BinaryClassificationMetrics(out)
```

一旦完成後，可以使用類似的 API 於邏輯斯迴歸上看到典型的分類的評估指標：

```scala
// 在 Scala 中
metrics.areaUnderPR
metrics.areaUnderROC
println("Receiver Operating Characteristic")
metrics.roc.toDF().show()
```

```python
# 在 Python 中
print metrics.areaUnderPR
print metrics.areaUnderROC
print "Receiver Operating Characteristic"
metrics.roc.toDF().show()
```

一對多之多元分類

有些 MLlib 模型不支持多元分類。在這些情況下，可以利用一對多分類器，以便在給定二元分類器的情況下執行多類分類。這背後的直覺概念是，對於希望預測的每個類別，一對一的分類器將把一個類別隔離作為目標類別並將所有的類別進行分組，從而將問題轉化為二元分類的問題。因此，類別的預測變為二元式（將問題轉換為：此類別是否為此類別？）。

一對多的實現視為估算器。對於基本的分類器，它針對資料中的 K 個類別中創建二元式分類問題，分類器預測標籤將問題轉換為為 i 類，以區分其他非 i 類的其他類別。

藉由評估每個二元分類器來完成預測，並且輸出最有信心的分類器索引作為目標標籤。

有關使用一對多的範例，請參閱 Spark 相關文件檔案（*http://bit.ly/2BxBwVI*）。

多層感知機類神經法

多層感知器是基於具有可配置神經網路層數（和層的大小）的分類器。將在第三十一章討論。

結論

本章介紹了 Spark 在分類中提供的大多數工具：根據每個資料點的特徵為每個資料點預測一組有限的目標類別標籤。下一章將討論迴歸，其輸出是連續性型態而不是類別型態。

## 第二十七章

迴歸

迴歸是分類的邏輯延伸。迴歸不僅只是預測一組值中的單項，而是從一組特徵（數值型）中預測實際的數值（或連續變量）的行為。迴歸可能比分類更難，因為從數學角度來看，它存在著無數個可能的輸出值。此外，其目標將會是優化預測值和真實值之間的一些誤差，而不是準確率。除此之外，迴歸和分類都非常相似。所以我們將看到許多與分類相同的基本概念應用於迴歸。

使用案例

以下是部分的迴歸使用案例，可以協助思考關於自己領域中潛在的相關迴歸問題：

預測電影票房

    基於有關於電影和觀眾的資訊，例如，有多少人觀看了預告片後在社群網站上分享相關資訊，而你可能想要預測上映時可能有多少人會觀看。

預測公司收入

    基於當前的成長軌跡趨勢與市場和季節性的考量，你可能希望預測公司未來將獲得多少收入。

預測農作物產量

    基於農作物種植的特定區域以及全年的天氣相關資訊，你可能希望針對特定土地預測總產量。

MLlib 中的迴歸

MLlib 中有幾種基本的迴歸模型。其中有些模型是延續第二十六章的介紹。而其他模型僅與迴歸相關。此列表是 Spark 2.2 的最新列表，但其將會持續更新：

- 線性迴歸

- 廣義線性模型

- 保序迴歸

- 決策樹

- 隨機森林

- 梯度提升決策樹

- 存活率分析

本章將提供以下內容來介紹每種模型的基礎知識：

- 簡易地概述模型及其背後運作

- 模型超參數（可以初始化模型的不同方式）

- 訓練參數（影響模型訓練方式的參數）

- 預測參數（影響預測方式的參數）

可以使用 `ParamGrid` 搜索超參數和訓練參數，如同第二十四章所述。

模型擴展性

MLlib 中的迴歸模型皆可以延伸到大型資料集。表 27-1 是一個簡單的模型可擴展性的評分表，用於查詢特定任務的最佳模型（如果可擴展性是你的核心考慮因素，那麼就很值得參考。）。然而，實際的可擴展性將取決於你的配置，像是機器大小或其他細節。

表 27-1　迴歸模型擴展性參考表

Model	Number features	Training examples
Linear regression	1 to 10 million	No limit
Generalized linear regression	4,096	No limit
Isotonic regression	N/A	Millions

Model	Number features	Training examples
Decision trees	1,000s	No limit
Random forest	10,000s	No limit
Gradient-boosted trees	1,000s	No limit
Survival regression	1 to 10 million	No limit

 如同其他進階分析的章節一樣,此章節不能教你每個模型的數學基礎。有關於迴歸的文件,請參閱 ISL 中的第 3 章 (*http://wwwbcf.usc.edu/~gareth/ISL/*) 和 ESL (*http://statweb.stanford.edu/~tibs/ElemStatLearn/*)。

讓我們讀取將在本章中使用的一些範例資料:

```
// 在 Scala 中
val df = spark.read.load("/data/regression")
```

```
# 在 Python 中
df = spark.read.load("/data/regression")
```

線性迴歸

線性迴歸假設輸入特徵的線性組合(每個特徵的總和乘以權重)將伴隨著高斯誤差量一起輸出。這種線性假設(連同高斯誤差)並不總是成立,但它確實構成了一個不易過度擬合、簡單且可解釋的模型。與邏輯斯迴歸相同,Spark 為此實現了 ElasticNet 正規化,允許指定 L1 和 L2 正則化的組合。

請參閱 ISL 中的第 3.2 章節 (*http://www-bcf.usc.edu/~gareth/ISL/*) 和 ESL 中的第 3.2 章節 (*http://statweb.stanford.edu/~tibs/ElemStatLearn/*)。

模型超參數

線性迴歸具有與邏輯斯迴歸相同的模型超參數。更多相關資訊,請參閱第二十六章。

訓練參數

線性迴歸與邏輯斯迴歸共享所有相同的訓練參數。更多相關資訊,請參閱第二十六章。

範例

這是使用線性迴歸模型的簡單範例。

```scala
// 在 Scala 中
import org.apache.spark.ml.regression.LinearRegression
val lr = new LinearRegression().setMaxIter(10).setRegParam(0.3)\
  .setElasticNetParam(0.8)
println(lr.explainParams())
val lrModel = lr.fit(df)
```

```python
# 在 Python 中
from pyspark.ml.regression import LinearRegression
lr = LinearRegression().setMaxIter(10).setRegParam(0.3).setElasticNetParam(0.8)
print lr.explainParams()
lrModel = lr.fit(df)
```

訓練總結

如同在邏輯斯迴歸中，我們從模型中獲得詳細的訓練資訊。代碼輸入的方法是顯示這些總結的簡寫。它呈現了幾種用於評估迴歸模型的常規指標，使你可以了解訓練後的模型表現。summary 方法將返回多個資訊。讓我們依序討論。殘差是輸入模型中的每個特徵權重。客觀的歷史資訊呈現了在訓練中每次迭代的進展情況。均方根誤差衡量擬合資料的程度，藉由計算每個預測值與資料實際值之間的距離。R-squared 變量是模型中預測變量的方差比例。

因此針對你的案例將有許多相關的總結資訊。本節所提及的 API，並非全面涵蓋（關於更多相關資訊，請參閱 API 文件）。

以下是線性迴歸模型總結的一些屬性：

```scala
// 在 Scala 中
val summary = lrModel.summary
summary.residuals.show()
println(summary.objectiveHistory.toSeq.toDF.show())
println(summary.rootMeanSquaredError)
println(summary.r2)
```

```python
# 在 Python 中
summary = lrModel.summary
summary.residuals.show()
print summary.totalIterations
```

```
print summary.objectiveHistory
print summary.rootMeanSquaredError
print summary.r2
```

廣義線性模型

在本章中看到的標準線性迴歸實際上是稱為廣義線性迴歸的一部分。針對此演算法 Spark 有兩種實現。一種是針對處理非常大的資料集（本章前面介紹的簡單線性迴歸）進行優化；而另一種則更通用也能得到對更多演算法的支持，但目前無法擴展到大量資料。

線性迴歸的廣義形式使你可以更精細地控制所使用的迴歸模型。例如，這些允許你從各種迴歸群組中選擇預期的 noise 分佈，包括高斯（線性迴歸），二項式（邏輯斯迴歸），卜瓦松（poisson regression）和伽馬（gamma regression）。廣義模型還支持鏈接函數的設置，該函數指定線性預測變量與分佈函數均值之間的關係。表 27-2 顯示了每個系列可用的鏈接功能。

表 27-2　迴歸族群類型與其鏈接函數

Family	Response type	Supported links
Gaussian	Continuous	Identity*, Log, Inverse
Binomial	Binary	Logit*, Probit, CLogLog
Poisson	Count	Log*, Identity, Sqrt
Gamma	Continuous	Inverse*, Idenity, Log
Tweedie	Zero-inflated continuous	Power link function

* 星號表示每個族群各自規範的鏈接。

請參閱 ISL 中的第 3.2 章節（*http://www-bcf.usc.edu/~gareth/ISL/*）和 ESL 中的第 3.2 章節（*http://statweb.stanford.edu/~tibs/ElemStatLearn/*）。

 Spark 2.2 的一個基本限制是廣義線性迴歸僅接受最多 4,096 個輸入特徵。更高版本的 Spark，可能會有所改變，因此請務必參考文件。

模型超參數

這是指定的配置，用於確定模型本身的基本結構。除了 fitIntercept 和 regParam（在第402頁的「迴歸」中提到）之外，廣義線性迴歸還包括其他幾個超參數：

family

在模型中使用的錯誤分佈描述。支持的選項包括 Poisson、binomial、gamma、Gaussian 和 tweedie。

link

鏈接函數的名稱，提供線性預測變量與分佈函數均值之間的關係。支持的選項包括 cloglog、probit、logit、inverse、sqrt、identity 和 log（預設值：identity）。

solver

進行優化求解的解算器。目前唯一支持的解算器是 irls（迭代再加權最小平方）。

variancePower

Tweedie 表達了方差和均值之間的關係。僅適用於 Tweedie 家族。支持的值為 0 和 [1，Infinity）。預設值為 0。

linkPower

Tweedie 系列鏈接功能的索引。

訓練參數

線性迴歸具有與邏輯斯迴歸相同的模型超參數。更多相關資訊，請參閱第二十六章。

預測參數

此模型新增一個預測參數：

linkPredictionCol

一個欄位名稱，用於保存每個預測的鏈接函數輸出。

範例

以下是使用 GeneralizedLinearRegression 的範例：

```scala
// 在 Scala 中
import org.apache.spark.ml.regression.GeneralizedLinearRegression
val glr = new GeneralizedLinearRegression()
  .setFamily("gaussian")
  .setLink("identity")
  .setMaxIter(10)
  .setRegParam(0.3)
  .setLinkPredictionCol("linkOut")
println(glr.explainParams())
val glrModel = glr.fit(df)
```

```python
# 在 Python 中
from pyspark.ml.regression import GeneralizedLinearRegression
glr = GeneralizedLinearRegression()\
  .setFamily("gaussian")\
  .setLink("identity")\
  .setMaxIter(10)\
  .setRegParam(0.3)\
  .setLinkPredictionCol("linkOut")
print glr.explainParams()
glrModel = glr.fit(df)
```

訓練總結

上一節中的簡單線性模型，Spark 為廣義線性模型提供的訓練總結可以協助確保模型是否適合真實資料。重要的是要注意，訓練總結並不會直接在測試資料集上運作，但它可以提供更多資訊。此訊息包括用於擬合分析演算法的不同指標，包括一些最常見的指標：

R squared

　　決定係數；一種適合的程度。

The residuals

　　實際標籤和預測值之間的差異

請务必檢查模型上的總結方法以查看所有可用的指標。

決策樹

應用於迴歸的決策樹與分類的決策樹非常相似。主要區別在於迴歸的決策樹每個葉節點輸出一個數字而不是標籤（正如我們在分類中看到的標籤）。相同的可解釋性屬性和模型結構仍然適用。簡而言之，決策樹迴歸不是試圖訓練係數來建立模型函數，而是簡單地創建一棵樹來預測數值輸出。這具有重要意義，因為與廣義線性迴歸不同，我們可以預測輸入數據中的非線性函數。這也會產生過度擬合的重大風險，因此在調整和評估這些模型時需要格外小心。

我們在第二十六章介紹了決策樹（請參閱「決策樹」，第 464 頁）。關於此主題更多相關資訊，請參閱 ISL 8.1（*http://www-bcf.usc.edu/~gareth/ISL*）和 ESL 9.2（*http://statweb. stanford.edu/~tibs/ElemStatLearn/*）。

模型超參數

應用決策樹進行迴歸的模型超參數與分類相同，只是雜質參數略有變化。有關其他超參數的相關資訊，請參閱第二十六章：

impurity

雜質參數表示決定模型是否應該於特定葉節點針對某特定值進行分割或保持原樣（信息增益）。目前支持迴歸樹的唯一指標是「variance」。

訓練參數

除了超參數，分類和迴歸的決策樹也共享相同的訓練參數。有關這些參數，請參閱「訓練參數」（第 465 頁）。

範例

以下是使用迴歸決策樹的簡短範例：

```
// 在 Scala 中
import org.apache.spark.ml.regression.DecisionTreeRegressor
val dtr = new DecisionTreeRegressor()
println(dtr.explainParams())
val dtrModel = dtr.fit(df)

# 在 Python 中
from pyspark.ml.regression import DecisionTreeRegressor
```

```
dtr = DecisionTreeRegressor()
print dtr.explainParams()
dtrModel = dtr.fit(df)
```

隨機森林與梯度提升決策樹

隨機森林和梯度提升決策樹模型可以應用於分類和迴歸。回顧一下，這些都遵循與決策樹相同的基本概念，除了訓練一棵樹之外，許多樹都需被經過訓練以執行迴歸。在隨機森林模型中，訓練許多互不相關的樹接著進行平均。使用梯度提升決策樹，每棵樹將進行加權預測（因此某些樹針對某些類別具有比其他樹更強的預測能力。隨機森林和梯度提升決策樹，除了純度的評估（如同 DecisionTreeRegressor），都具有和分類模型相同的模型超參數和訓練參數。

關於此主題更多相關資訊，請參閱 ISL 8.2（*http://www-bcf.usc.edu/~gareth/ISL/*）和 ESL 10.1（*http://statweb.stanford.edu/~tibs/ElemStatLearn/*）。

模型超參數

這些模型與我們在前一章中看到的迴歸決策樹共享許多相同的參數。關於這些參數的詳細說明，請參閱第 467 頁的「模型超參數」。然而，對於單一迴歸樹，方差是唯一支持衡量雜質的方式。

訓練參數

這些模型支持與分類樹相同的 checkpointInterval 參數，如第二十六章所述。

範例

以下是如何使用這兩個模型執行迴歸的簡短範例：

```
// 在 Scala 中
import org.apache.spark.ml.regression.RandomForestRegressor
import org.apache.spark.ml.regression.GBTRegressor
val rf = new RandomForestRegressor()
println(rf.explainParams())
val rfModel = rf.fit(df)
val gbt = new GBTRegressor()
println(gbt.explainParams())
val gbtModel = gbt.fit(df)
```

```
# 在 Python 中
from pyspark.ml.regression import RandomForestRegressor
from pyspark.ml.regression import GBTRegressor
rf = RandomForestRegressor()
print rf.explainParams()
rfModel = rf.fit(df)
gbt = GBTRegressor()
print gbt.explainParams()
gbtModel = gbt.fit(df)
```

進階方法

前述方法是執行迴歸常用的方法。這些模型並非百分之百完美，但確實提供了基本迴歸模型的功能。下一節將介紹 Spark 中包含的一些更專業的迴歸模型。因為它們遵循與其他演算法相同的模式所以我們省略程式碼的範例。

存活率分析（加速失敗時間模式）

統計學家通常在對照實驗中使用生存分析來了解個體的存活率。Spark 實現了加速失敗時間模型，該模型不是描述實際的生存時間，而是模擬生存時間的對數。Spark 非常有助於生存迴歸模型的實現，因為更為人熟知的 Cox Proportional Hazard 模型是半參數化的，並且無法很好地擴展到大量資料。相比之下，加速失敗時間確實存在，因為每筆記錄（列）都獨立地對結果模型做出貢獻。

加速失敗時間確實具有與 Cox 生存模型不同的假設，因此不一定代表其為可取代的替代品。這些不同的假設介紹超出了這本書的範圍。因此關於更多資訊，請參閱 L. J. Wei 的論文（*http://bit.ly/2rKxqcW*）了解加速失敗時間。

輸入要求與其他迴歸非常相似。我們將根據特徵值來調整係數。然而，有一個不同之處，就是引入一個檢查的欄位。當一個人退出研究時，測試對象在科學研究期間進行檢查，因為他們在實驗結束時的狀態可能是未知的。這很重要，因為我們無法假設在研究的某個中間時間點審查（不向研究人員報告該狀態）的結果。

在文件中查看有關使用 AFT 進行生存迴歸的更多資訊（*http://bit.ly/2nht2wD*）。

保序迴歸

保序迴歸是另一種專門的迴歸模型，具有一些獨特的要求。本質上，保序迴歸指定了一個不能減少只能嚴格遞增的分段線性函數。這意謂著如果資料在給定的圖中向上和向右，就是一個合適的模型。如果它在輸入值的過程中有變化，那麼就是不合適的。圖 27-1 中的保序迴歸行為說明使其更容易了解。

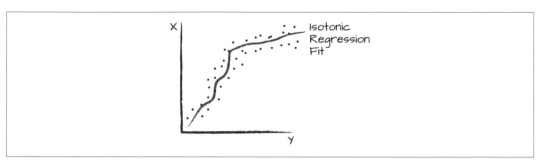

圖 27-1　保序迴歸線

值得注意的是這比簡單的線性迴歸更適合。可以透過相關文件了解更多如何在 Spark 中使用此模型（*http://spark.apache.org/docs/latest/ml-classification-regression.html#isotonic-regression*）。

模型評估與自動調校

迴歸與分類具有相同核心的模型調整功能。我們可以指定一個評估器，選擇一個最佳的評估指標，然後藉由參數調整加以訓練。返回評估器，不出所料，它被稱為 RegressionEvaluator 並允許我們優化常見迴歸指標數量。RegressionEvaluator 需要兩個欄位，一個代表預測，另一個代表真實標籤。要支持的評估值是均方根誤差（「rmse」），均方誤差（「mse」），r2 度量（「r2」）和平均絕對誤差（「mae」）。

要使用 RegressionEvaluator，我們建構 pipeline，指定想要測試的參數，然後執行。Spark 將自動選擇最佳模型並返回結果：

```scala
// 在 Scala 中
import org.apache.spark.ml.evaluation.RegressionEvaluator
import org.apache.spark.ml.regression.GeneralizedLinearRegression
import org.apache.spark.ml.Pipeline
import org.apache.spark.ml.tuning.{CrossValidator, ParamGridBuilder}
```

```
val glr = new GeneralizedLinearRegression()
  .setFamily("gaussian")
  .setLink("identity")
val pipeline = new Pipeline().setStages(Array(glr))
val params = new ParamGridBuilder().addGrid(glr.regParam, Array(0, 0.5, 1))
  .build()
val evaluator = new RegressionEvaluator()
  .setMetricName("rmse")
  .setPredictionCol("prediction")
  .setLabelCol("label")
val cv = new CrossValidator()
  .setEstimator(pipeline)
  .setEvaluator(evaluator)
  .setEstimatorParamMaps(params)
  .setNumFolds(2) // should always be 3 or more but this dataset is small
val model = cv.fit(df)

# 在 Python 中
from pyspark.ml.evaluation import RegressionEvaluator
from pyspark.ml.regression import GeneralizedLinearRegression
from pyspark.ml import Pipeline
from pyspark.ml.tuning import CrossValidator, ParamGridBuilder
glr = GeneralizedLinearRegression().setFamily("gaussian").setLink("identity")
pipeline = Pipeline().setStages([glr])
params = ParamGridBuilder().addGrid(glr.regParam, [0, 0.5, 1]).build()
evaluator = RegressionEvaluator()\
  .setMetricName("rmse")\
  .setPredictionCol("prediction")\
  .setLabelCol("label")
cv = CrossValidator()\
  .setEstimator(pipeline)\
  .setEvaluator(evaluator)\
  .setEstimatorParamMaps(params)\
  .setNumFolds(2) # should always be 3 or more but this dataset is small
model = cv.fit(df)
```

評估指標

評估者允許基於一個特定的指標評估來擬合模型，但也可以透過 RegressionMetrics 訪問許多迴歸指標。至於前一章中的分類指標，RegressionMetrics（預測與真實標籤）於 RDD 進行操作。例如，讓我們看看如何評估先前訓練過的模型。

```
// 在 Scala 中
import org.apache.spark.mllib.evaluation.RegressionMetrics
val out = model.transform(df)
  .select("prediction", "label")
  .rdd.map(x => (x(0).asInstanceOf[Double], x(1).asInstanceOf[Double]))
val metrics = new RegressionMetrics(out)
println(s"MSE = ${metrics.meanSquaredError}")
println(s"RMSE = ${metrics.rootMeanSquaredError}")
println(s"R-squared = ${metrics.r2}")
println(s"MAE = ${metrics.meanAbsoluteError}")
println(s"Explained variance = ${metrics.explainedVariance}")

# 在 Python 中
from pyspark.mllib.evaluation import RegressionMetrics
out = model.transform(df)\
  .select("prediction", "label").rdd.map(lambda x: (float(x[0]), float(x[1])))
metrics = RegressionMetrics(out)
print "MSE: " + str(metrics.meanSquaredError)
print "RMSE: " + str(metrics.rootMeanSquaredError)
print "R-squared: " + str(metrics.r2)
print "MAE: " + str(metrics.meanAbsoluteError)
print "Explained variance: " + str(metrics.explainedVariance)
```

關於最新方法，請參閱 Spark 文件（*http://bit.ly/2rFTbef*）。

結論

在本章中，介紹了 Spark 中迴歸的基礎知識，包括如何訓練模型以及如何衡量。在下一章中，將介紹推薦引擎，這是 MLlib 更受歡迎的應用程序之一。

## 第二十八章

推薦

推薦是最直觀的任務之一。藉由研究人們的明確偏好（通過評分）或隱含的偏好（通過觀察的行為），你可以透過繪製用戶與用戶之間或他們喜歡的產品與其他產品之間的相似性來針對用戶可能喜歡的內容提出建議。利用潛在的相似性，推薦引擎可以向其他用戶提出新的推薦。

使用案例

推薦引擎是大數據中的最佳用例之一。可以非常容易地大規模收集有關用戶過去偏好的相關資料，並且可以在許多域中使用此資料來將用戶與新內容連接起來。Spark 是一種開源工具，可供各種公司用於大規模推薦：

電影推薦

電影商 Amazon、Netflix、和 HBO 都希望向用戶提供相關的電影和電視內容。Netflix 利用 Spark（*https://youtu.be/II8GlmbDg9M*）向用戶提供大規模的電影推薦。

課程推薦

學校可能希望通過研究學生可能喜歡的課程向學生推薦。過去的註冊資料可以很容易地收集到此應用的訓練資料集。

交替最小二乘法（ALS）是 Spark 中主力的推薦演算法。該演算法利用稱為協同過濾的技術，該技術僅基於用戶過去與哪些項目進行交互來進行推薦。也就是說，它不需要有關用戶或項目的任何其他功能。它支持幾種 ALS 變異（例如，顯式或隱式反饋）。

除了 ALS 之外，Spark 還提供頻繁模式探勘，用於在市場購物籃分析中查詢關聯規則。最後，Spark 的 RDD API 還包括一個本章未提及的低級矩陣分解方法（*http://spark.apache.org/docs/latest/mllib-collaborative-filtering.html*）。

協同過率與交替最小二乘法

ALS 為每個用戶和項目找到 *K* 維特徵向量，使得每個用戶的特徵向量與每個項目的特徵向量的點積和近似於該用戶對該項目的評分。因此，這僅需要用戶以項目之間的現有評分作為輸入的資料集，具有三個欄位：用戶 ID 欄位，項目 ID 欄位（例如，電影）和評分欄位。評分可以是**顯式**的 — 協助我們直接預測的數值型評分；或是**隱式** — 在用戶和項目之間觀察到的交互強度（例如，針對特定頁面的瀏覽次數）它衡量用戶對該項目偏好的信心程度。給定輸入的 DataFrame，模型將生成特徵向量，你可以使用這些特徵向量來預測未來用戶對項目的評分。

在實踐中需要注意的一個問題是，該演算法確實傾向於提供非常常見的事物或是俱有大量訊息的事物。如果你正在推出一種沒有用戶表示偏好的新產品，該演算法不會向許多人推薦它。此外，如果新用戶正在加入平台，他們在訓練資料中也沒有任何評分資訊，因此演算法將不知道該推薦他們哪些內容。這些是稱之為**冷啟動**問題的例子，我們將在本章後面討論。在可擴展性方面，Spark 在此任務中受歡迎的一個原因是在 MLlib 中的演算法和實現可以擴展到數百萬個用戶、數百萬個項目和數十億的評分。

模型超參數

這些是可以指定的配置，確定模型的基本結構配置以及希望解決的協同過濾問題：

rank

> 確定用戶和項目學習的特徵向量的維度。這通常應透過實驗來調整。透過指定過高的等級，演算法可能過度擬合訓練資料；但是藉由指定低等級，則可能無法做出最佳預測。預設值為 10。

alpha

> 在對於隱式反饋（行為觀察）進行訓練時，alpha 設置了偏好的可信度門檻。它的預設值為 1.0，應該透過實驗來驅動。

regParam

控制正規化以防止過度擬合。應該測試正則化參數的不同值，以找到最佳值。預設值為 0.1。

implicitPrefs

此布林值指定是否在訓練隱式（true）還是顯式（false）（請參閱前面的討論，以解釋顯式和隱式之間的區別）。應根據輸入的資料設置此值。如果資料基於產品的被動認可（例如，藉由點擊或頁面瀏覽），那麼你應該使用隱式偏好。相反，如果資料是顯式的評分（例如，用戶給這家餐廳 4/5 顆星），應該使用顯式的偏好。顯式的選項是預設值。

nonnegative

如果設置為 true，則此參數將模型配置為最小平方的非負值特徵向量矩陣。這可以提高某些應用程序的性能。默認值為 false。

訓練參數

交替最小平方法的訓練參數與在其他模型中看到的訓練參數略有不同。那是因為資料在群集中的分佈方式進行更多的低階級控制。圍繞群集分佈的資料群組稱為區塊。確定每個區塊中放置多少資料會對訓練所花費的時間產生重大影響（但不是最終結果）。一個好的經驗法則是每個區塊大約有一到五百萬的評分資料。如果資料少於每個區塊中的資料，則更多的區塊不會提高演算法的表現。

numUserBlocks

決定將用戶區分成多少個區塊。預設值為 10。

numItemBlocks

決定將項目區分成多少個區塊。預設值為 10。

maxIter

資料迭代停止前的總次數。更改此參數可能不會改變結果，因此它不應該是需要進行調整的第一個參數。預設值為 10。增加此值的一個時機範例為，在於檢查客觀的歷史記錄並注意到在一定數量的訓練迭代後它沒有變平時。

checkpointInterval

檢查點允許在訓練期間保存模型狀態,以便更快地在訓練故障時從節點中恢復。可以使用 SparkContext.setCheckpointDir 設置檢查點。

seed

指定隨機種子可以協助複製結果。

預測參數

預測參數決定訓練模型應如何進行預測。在我們的例子中,有一個參數:冷啟動策略(通過 coldStartStrategy 設置)。此設置決定模型應為未出現在訓練資料中的用戶或項目所預測的內容。

當在應用模型提供服務時,通常會出現冷啟動挑戰,由於新用戶和 / 或項目沒有評分歷史記錄,因此該模型無需建議。當使用 Spark 的 CrossValidator 或 TrainValidationSplit 中的簡單隨機拆分時也會發生這種情況,在這種情況下,在測試資料中遇到不在訓練資料中的用戶和 / 或項目是很常見的。

在預設情況下,當 Spark 遇到模型中不存在的用戶和 / 或項目時,Spark 將分配 NaN 預測值。這非常有用,因為你可以將整個系統設計為在系統中有新用戶或項目時回退到某個預設建議。但是,這在訓練期間是不需要的,因為它會破壞評估器正確測量模型成功的能力。這使得模型無法選擇。Spark 允許用戶將 coldStartStrategy 參數設置為 drop,以便刪除包含 NaN 值於 DataFrame 中的預測結果。然後將根據非 NaN 的資料進行計算有效的評估。drop 和 nan(預設值)是目前唯一支持的冷啟動策略。

範例

此範例將使用至今為止尚未使用的資料集,即 MovieLens 電影評分資料集。當然,該資料集具有與製作電影推薦相關的資訊。我們將首先使用此資料集來訓練模型:

```scala
// 在 Scala 中
import org.apache.spark.ml.recommendation.ALS
val ratings = spark.read.textFile("/data/sample_movielens_ratings.txt")
  .selectExpr("split(value , '::') as col")
  .selectExpr(
    "cast(col[0] as int) as userId",
    "cast(col[1] as int) as movieId",
    "cast(col[2] as float) as rating",
    "cast(col[3] as long) as timestamp")
```

```
val Array(training, test) = ratings.randomSplit(Array(0.8, 0.2))
val als = new ALS()
  .setMaxIter(5)
  .setRegParam(0.01)
  .setUserCol("userId")
  .setItemCol("movieId")
  .setRatingCol("rating")
println(als.explainParams())
val alsModel = als.fit(training)
val predictions = alsModel.transform(test)

# 在 Python 中
from pyspark.ml.recommendation import ALS
from pyspark.sql import Row
ratings = spark.read.text("/data/sample_movielens_ratings.txt")\
  .rdd.toDF()\
  .selectExpr("split(value , '::') as col")\
  .selectExpr(
    "cast(col[0] as int) as userId",
    "cast(col[1] as int) as movieId",
    "cast(col[2] as float) as rating",
    "cast(col[3] as long) as timestamp")
training, test = ratings.randomSplit([0.8, 0.2])
als = ALS()\
  .setMaxIter(5)\
  .setRegParam(0.01)\
  .setUserCol("userId")\
  .setItemCol("movieId")\
  .setRatingCol("rating")
print als.explainParams()
alsModel = als.fit(training)
predictions = alsModel.transform(test)
```

我們現在可以為每個用戶或電影輸出前 K 名的推薦。該模型的 recommendForAllUsers
方法返回 userId 的 DataFrame，與存放推薦的矩陣，以及包含每部電影的評分。
recommendForAllItems 方法返回 movieId, 的 DataFrame 以及該電影的前幾名用戶：

```
// 在 Scala 中
alsModel.recommendForAllUsers(10)
  .selectExpr("userId", "explode(recommendations)").show()
alsModel.recommendForAllItems(10)
  .selectExpr("movieId", "explode(recommendations)").show()
```

```
# 在 Python 中
alsModel.recommendForAllUsers(10)\
  .selectExpr("userId", "explode(recommendations)").show()
alsModel.recommendForAllItems(10)\
  .selectExpr("movieId", "explode(recommendations)").show()
```

推薦評估

在使用 ALS 時設置自動模型評估程序可以啟動冷啟動策略。有一件事可能不是很明顯，此推薦問題實際上只是一種迴歸問題。因我們正在預測特定用戶的價值（評分），因此我們希望優化以減少用戶評分與真實值之間的總差異。我們可以使用在第二十七章中看到的 RegressionEvaluator 來完成此操作。你可以將其置於 pipeline 中以自動化訓練。執行此操作時，還應將冷啟動策略設置為 drop 而不是 NaN，然後在實際的應用系統中進行預測時再將其切換回 NaN：

```
// 在 Scala 中
import org.apache.spark.ml.evaluation.RegressionEvaluator
val evaluator = new RegressionEvaluator()
  .setMetricName("rmse")
  .setLabelCol("rating")
  .setPredictionCol("prediction")
val rmse = evaluator.evaluate(predictions)
println(s"Root-mean-square error = $rmse")
```

```
# 在 Python 中
from pyspark.ml.evaluation import RegressionEvaluator
evaluator = RegressionEvaluator()\
  .setMetricName("rmse")\
  .setLabelCol("rating")\
  .setPredictionCol("prediction")
rmse = evaluator.evaluate(predictions)
print("Root-mean-square error = %f" % rmse)
```

評估指標

可以使用標準的迴歸指標和一些特定用於推薦的指標來衡量推薦結果。毫無疑問地，不僅僅是基於迴歸進行評估，有更多複雜的方法來衡量推薦結果。這些指標對於評估最終模型時特別有用。

迴歸評估

可以回收推薦的迴歸指標。因為可以簡單地看到每個預測與實際評分的接近程度：

```scala
// 在 Scala 中
import org.apache.spark.mllib.evaluation.{
  RankingMetrics,
  RegressionMetrics}
val regComparison = predictions.select("rating", "prediction")
  .rdd.map(x => (x.getFloat(0).toDouble,x.getFloat(1).toDouble))
val metrics = new RegressionMetrics(regComparison)
```

```python
# 在 Python 中
from pyspark.mllib.evaluation import RegressionMetrics
regComparison = predictions.select("rating", "prediction")\
  .rdd.map(lambda x: (x(0), x(1)))
metrics = RegressionMetrics(regComparison)
```

排名評估

更有趣的是，還有另一個工具：排名評估。RankingMetric 允許將推薦與實際評分（或偏好）進行比較。RankingMetric 不關注排名的值，而是關注演算法是否再次向用戶推薦已經排名的項目。這確實需要做一些資料準備。你可能需要參考第二部分來了解一些方法。首先，我們需要為給定用戶收集一組排名很高的電影。在我們的範例中，將使用相當低的門檻：電影排名高於 2.5。此值的調整主要是業務的決策：

```scala
// 在 Scala 中
import org.apache.spark.mllib.evaluation.{RankingMetrics, RegressionMetrics}
import org.apache.spark.sql.functions.{col, expr}
val perUserActual = predictions
  .where("rating > 2.5")
  .groupBy("userId")
  .agg(expr("collect_set(movieId) as movies"))
```

```python
# 在 Python 中
from pyspark.mllib.evaluation import RankingMetrics, RegressionMetrics
from pyspark.sql.functions import col, expr
perUserActual = predictions\
  .where("rating > 2.5")\
  .groupBy("userId")\
  .agg(expr("collect_set(movieId) as movies"))
```

此時，有一組資料，包含每個用戶過去對電影排名的真實值。現在，將根據每個用戶透過演算法獲得十大推薦。然後再查看前十名推薦是否出現在真實資料中。若是一個訓練有素的模型，它將正確推薦用戶已經喜歡的電影。如果不是，它可能沒有充分了解每個特定用戶以成功反映他們的偏好：

```scala
// 在 Scala 中
val perUserPredictions = predictions
  .orderBy(col("userId"), col("prediction").desc)
  .groupBy("userId")
  .agg(expr("collect_list(movieId) as movies"))
```

```python
# 在 Python 中
perUserPredictions = predictions\
  .orderBy(col("userId"), expr("prediction DESC"))\
  .groupBy("userId")\
  .agg(expr("collect_list(movieId) as movies"))
```

現在有兩個 DataFrame，一個是預測，另一個是特定用戶排名較前面的項目。我們可以將此傳遞給 RankingMetrics 物件。此物件接受這些組合的 RDD，如以下連接和 RDD 轉換中所示：

```scala
// 在 Scala 中
val perUserActualvPred = perUserActual.join(perUserPredictions, Seq("userId"))
  .map(row => (
    row(1).asInstanceOf[Seq[Integer]].toArray,
    row(2).asInstanceOf[Seq[Integer]].toArray.take(15)
  ))
val ranks = new RankingMetrics(perUserActualvPred.rdd)
```

```python
# 在 Python 中
perUserActualvPred = perUserActual.join(perUserPredictions, ["userId"]).rdd\
  .map(lambda row: (row[1], row[2][:15]))
ranks = RankingMetrics(perUserActualvPred)
```

現在可以看到該排名的指標。例如，我們可以看到演算法與平均精度的精確度。我們還可以獲得某些排名點的精確度，藉此得知推薦的方向：

```scala
// 在 Scala 中
ranks.meanAveragePrecision
ranks.precisionAt(5)
```

```python
# 在 Python 中
ranks.meanAveragePrecision
ranks.precisionAt(5)
```

頻繁模式探勘

除了 ALS 之外，MLlib 為創建建議提供的另一個工具是頻繁模式探勘。頻繁模式探勘（有時稱為市場購物籃分析）會查看原始資料並查詢關聯規則。例如，鑑於大量交易，可能確定購買熱狗的顧客幾乎總是購買熱狗麵包。該技術可以應用於推薦上下文中，尤其是當人們將物品放入購物車（在線或離線）時。Spark 實現了用於頻繁模式探勘的 FP-growth 演算法。請參閱 Spark 文件（*https://spark.apache.org/docs/latest/ml-frequent-pattern-mining.html#fpgrowth*）和 ESL 14.2 以了解關於此演算法更多的資訊。

結論

在本章中，我們討論與實踐了 Spark 在最受歡迎的機器學習演算法— 交替最小平方法用於推薦。了解如何訓練、調整和評估此模型。在下一章中，將轉向非監督式學習的介紹並討論分群。

## 第二十九章

非監督式學習

本章將介紹於 Spark 中用於非監督式學習的工具細節，尤其特別著重於叢集分群。一般來說，非監督式學習的使用頻率低於監督式學習，原因是因為難以應用和成功的衡量（自最終結果的角度來看）。而這些挑戰可能會隨著分析資料的規模上而更為加劇。例如，高維空間中的分群叢集因為高維空間的屬性而僅能產生奇數群聚的現象，稱為**維度詛咒**。然而，維度詛咒描述了一個事實：隨著特徵維度的擴展，將變得越來越稀疏。而這意謂著，隨著維度的增加，為了進行填充這些維度空間使得所需的資料也會迅速增加，如此才能獲得具有統計意義的結果。此外，高維度會帶來更多雜訊，而這可能會導致模型為了磨合雜訊而不是導致特定結果或分組的真實因素。因此，在模型可擴展性的表格中，包括計算限制以及一組統計建議。此表格是啟發式的指南建議，而不是必要的要求。

非監督式學習的核心是試圖發現模式或簡潔的推導出資料中的基礎結構來加以表示。

使用案例

以下是一些潛在的使用案例。從本質上而言，這些模式可能會揭開資料中的主題、異常或分組。而這些在資料中可能並不明顯：

尋找資料異常

　　若資料中大多數值都聚集到一個外部有幾個小組中的較大組，那麼這些組可能需要進一步調查

主題模型

藉由大量的文章，可以找到存在於這些不同文章中的主題。

模型擴展性

如同其他模型，重要的是必須提到模型可擴展性基本的要求以及統計建議。

表 29-1　叢集分群模型可伸縮性參考 </ 表 >

Model	Statistical recommendation	Computation limits	Training examples
k-means	50 to 100 maximum	Features x clusters < 10 million	No limit
Bisecting k-means	50 to 100 maximum	Features x clusters < 10 million	No limit
GMM	50 to 100 maximum	Features x clusters < 10 million	No limit
LDA	An interpretable number	1,000s of topics	No limit

讓我們開始載入一些範例資料：

```scala
// 在 Scala 中
import org.apache.spark.ml.feature.VectorAssembler

val va = new VectorAssembler()
  .setInputCols(Array("Quantity", "UnitPrice"))
  .setOutputCol("features")

val sales = va.transform(spark.read.format("csv")
  .option("header", "true")
  .option("inferSchema", "true")
  .load("/data/retail-data/by-day/*.csv")
  .limit(50)
  .coalesce(1)
  .where("Description IS NOT NULL"))

sales.cache()
```

```python
# 在 Python 中
from pyspark.ml.feature import VectorAssembler
va = VectorAssembler()\
  .setInputCols(["Quantity", "UnitPrice"])\
  .setOutputCol("features")

sales = va.transform(spark.read.format("csv")
```

```
    .option("header", "true")
    .option("inferSchema", "true")
    .load("/data/retail-data/by-day/*.csv")
    .limit(50)
    .coalesce(1)
    .where("Description IS NOT NULL"))

sales.cache()
```

K- 均值演算法

*K- 均值演算法*是最流行的叢集分群演算法之一。在此演算法中,透過使用者指定的分群數(*K*)將資料隨機分配到不同群組。基於與先前分配的點之接近程度(以歐幾里德距離測量),將未分配的點「分配」到群集。一旦發生此分配,就會計算出該群集的中心(稱為質心)。將資料中所有點都分配給特定的質心,且計算新的質心,此過程將持續重複。此重複的過程進行有限次數的迭代或直到收斂(即當質心位置停止變化時)。然而,這並不意謂著叢集分群的進行總是很敏感。例如,給定的「邏輯」資料中可能僅能因為兩個不同群集的起點而在中間分開。因此,從不同的初始值開始執行多次運算的平均值通常是個好主意。

選擇正確的 *K* 值是成功使用此演算法的一個重要過程,但也是一項艱鉅的任務。群集數量沒有真正的答案,因此可能需要嘗試不同的值並考慮你希望最終結果。

有關 K- 均值演算法更多的相關訊息,請參閱 ISL 10.3(*http://www-bcf.usc.edu/~gareth/ISL/*)和 ESL 14.3(*http://statweb.stanford.edu/~tibs/ElemStatLearn/*)。

模型超參數

這些是可以指定的配置,用於確定模型的基本結構:

K

最終希望獲得的群集數量。

訓練參數

initMode

起始設定模式是確定質心起始位置的方法。其選項包含隨機和 K-means||（預設值）。後者是 K-means|| 的平行變異方法（*http://theory.stanford.edu/~sergegei / papers / kMeansPP-soda.pdf*）。其相關細節雖然不在本書的範圍內，但其背後方法的運作是透過演算法選擇得以分散聚類的中心，而不是簡單地隨機選擇初始位置，藉此以產生更好的叢集分群。

initSteps

若選取 K-Means|| 為起始設定模式，請指定起始設定步驟數目。（預設值為 2。）

maxIter

指定搜尋分群叢集中心時需要執行的反覆運算數目上限。預設值為 20。

tol

指定反覆運算演算法的收斂容錯。預設值為 0.0001。

此演算法通常對這些參數都很穩健，主要的考量是去執行更多的初始化步驟與迭代，藉此可能會導致更好的叢集分群，但需付出的代價是訓練的時間：

範例

```scala
// 在 Scala 中
import org.apache.spark.ml.clustering.KMeans
val km = new KMeans().setK(5)
println(km.explainParams())
val kmModel = km.fit(sales)
```

```python
# 在 Python 中
from pyspark.ml.clustering import KMeans
km = KMeans().setK(5)
print km.explainParams()
kmModel = km.fit(sales)
```

K- 均值演算法評估指標總結

K- 均值演算法包括可以用來於評估模型的指標匯總。意謂著其提供了一些常用的指標（這些是否適用於你的問題集是另一個問題）。其中包含有關創立的叢集分群資訊的總摘要，以及群聚大小（範例數量）。

我們還可以使用 computeCost 計算平方誤差的內積和，藉此協助測量值與每個叢集質心的接近程度。均值中的隱含目標是希望將平方誤差的內積和達到最小化，而其取決於給定分群的數量：

```scala
// 在 Scala 中
val summary = kmModel.summary
summary.clusterSizes // number of points
kmModel.computeCost(sales)
println("Cluster Centers: ")
kmModel.clusterCenters.foreach(println)
```

```python
# 在 Python 中
summary = kmModel.summary
print summary.clusterSizes # number of points
kmModel.computeCost(sales)
centers = kmModel.clusterCenters()
print("Cluster Centers: ")
for center in centers:
    print(center)
```

二分 K- 均值演算法

二分 K- 均值演算法是 K- 均值演算法的變體。其核心包含兩種，而區別在於，通過啟動「由下而上」將各小群進行兩兩結合；或是「由上而下」自初始將所有視為一類，遞迴地進行分裂。而這是一種由上而下的聚類方法。

這意謂著將首先創建一個組，然後將該組拆分為更小的組，以便最終得到指定的群組數量。這通常是比 K- 均值演算法更快的方法，並且會產生不同的結果。

模型超參數

這些是可以指定的配置，用於確定模型的基本結構：

K

> 最終希望獲得的群集數量。

訓練參數

minDivisibleClusterSize

> 一個可進行分群的最小點數量；（如果大於或等於 1.0）或進行分群的點數量佔總數的最小比例（如果小於 1.0）。預設值為 1.0，表示每個叢集中必須至少有一個點。

maxIter

> 指定搜尋分群叢集中心時需要執行的反覆運算數目上限。預設值為 20。

沒有適用於所有資料集的規則邏輯。此介紹為調整此模型中的大多數參數，以便找到最佳結果。

範例

```
// 在 Scala 中
import org.apache.spark.ml.clustering.BisectingKMeans
val bkm = new BisectingKMeans().setK(5).setMaxIter(5)
println(bkm.explainParams())
val bkmModel = bkm.fit(sales)

# 在 Python 中
from pyspark.ml.clustering import BisectingKMeans
bkm = BisectingKMeans().setK(5).setMaxIter(5)
bkmModel = bkm.fit(sales)
```

二分 K- 均值演算法評估指標總結

二分 K- 均值演算法包括可以用來於評估模型的指標匯總。意謂著其提供了一些常用的指標，大致與 *K-* 均值演算法的摘要相同。其中包含有關創立的叢集分群資訊的總摘要，以及群聚大小（範例數量）：

```
// 在 Scala 中
val summary = bkmModel.summary
summary.clusterSizes // number of points
```

```
kmModel.computeCost(sales)
println("Cluster Centers: ")
kmModel.clusterCenters.foreach(println)

# 在 Python 中
summary = bkmModel.summary
print summary.clusterSizes # number of points
kmModel.computeCost(sales)
centers = kmModel.clusterCenters()
print("Cluster Centers: ")
for center in centers:
    print(center)
```

高斯混合模型

高斯混合模型（*GMM*）是另一種熱門的叢集分群演算法，它做出不同的假設，而非二分均值或均值。這些算法試圖通過減少距離群集中心的平方距離和來對資料進行分組。另一方面，高斯混合模型假設每個叢集基於來自高斯分佈的隨機抽取以產生資料。這意謂著資料在中心的概率居多，意即資料群集不太可能在群集的邊緣上（其反映在高斯分佈中）。在訓練期間仍會創建用戶指定的群數，但每個高斯叢集可以為任意大小，具有自身的平均值和標準偏差（因此叢集可能是不同的橢球形狀）。

簡而言之高斯混合模型就像是較柔軟版本的 *K* 均值演算法。其創建非常嚴格的叢集 ─ 每個點都僅在一個叢集內。GMM 考慮概率相關的資訊，而不考慮硬性的邊界。

更多相關的詳細資訊，請參閱 14.3（*http://statweb.stanford.edu/~tibs/ElemStatLearn/*）

模型超參數

這些是可以指定的配置，用於確定模型的基本結構：

K

最終希望獲得的群集數量。

訓練參數

maxIter

指定搜尋分群叢集中心時需要執行的反覆運算數目上限。預設值為 100。

tol

指定反覆運算演算法的收斂容錯。較小的值可以導致更高的準確度，但代價是需要執行更多迭代（儘管該次數從不超過 maxIter）。預設值為 0.01。

範例

```scala
// 在 Scala 中
import org.apache.spark.ml.clustering.GaussianMixture
val gmm = new GaussianMixture().setK(5)
println(gmm.explainParams())
val model = gmm.fit(sales)
```

```python
# 在 Python 中
from pyspark.ml.clustering import GaussianMixture
gmm = GaussianMixture().setK(5)
print gmm.explainParams()
model = gmm.fit(sales)
```

高斯混合模型評估指標總結

與其他演算法相同，高斯混合模型演算法包括可以用來於評估模型的指標匯總。其中包含有關創立的叢集分群資訊的總摘要，如高斯混合的權重，均值和共變異數，這可以幫助我們更了解資料中的底層結構：

```scala
// 在 Scala 中
val summary = model.summary
model.weights
model.gaussiansDF.show()
summary.cluster.show()
summary.clusterSizes
summary.probability.show()
```

```python
# 在 Python 中
summary = model.summary
print model.weights
model.gaussiansDF.show()
summary.cluster.show()
summary.clusterSizes
summary.probability.show()
```

潛在狄立克雷分配主題模型

潛在狄立克雷分配主題模型（LDA）是一種階層是的聚類模型，通常用於對文章執行主題建模。LDA 嘗試從一系列的文章中提取與這些文章相關的主題和關鍵字。然後，它將每個文章解釋為具有來自多個不同主題的輸入貢獻。其中有兩種實現：分別是在線的 LDA 與期望最大化。通常，當資料量大時，在線 LDA 能發揮的更好，並且當存在更大的主題詞彙時，期望最大化優化也可以發揮地更好。此方法還可以擴展到數百或數千個主題。

要將文章資料輸入 LDA，將必須轉換為數字格式。因此可以使用 CountVectorizer 來實現此轉換。

模型超參數

這些是可以指定的配置，用於確定模型的基本結構：

K

> 要從資料中推斷的主題總數。預設值為 10，且必須為正數。

docConcentration

> 此為文章集中參數（通常稱為「alpha」）訓練集中每篇文章的主題分布（「theta」）。這是 Dirichlet 分佈的參數，其中較大的值意謂著推斷的分佈越平滑（更正規化）。
>
> 如果未設置，則會自動設置 docConcentration。如果設置為單例矢量 [alpha]，則在擬合中將 alpha 複製到長度為 k 的向量。否則，docConcentration 向量必須是 k 的長度。

docConcentration

> 文章中對主題分佈放置的集中參數（通常稱為「beta」或「eta」）這是對稱 Dirichlet 分佈的參數。若未設置，則會自動設置 topicConcentration。

訓練參數

這些是指定我們如何進行訓練的配置：

maxIter

> 指定搜尋分群叢集中心時需要執行的反覆運算數目上限。預設值為 20。

optimizer

這決定了是使用期望最大化還是在線訓練來優化 LDA 模型。預設為在線 LDA。

learningDecay

學習率，設定為指數衰減率。這應該在（0.5,1.0] 之間，以保證漸近收斂。預設值為
0.51，僅適用於在線優化。

learningOffset

學習參數（正值），降低早期的迭代。較大的值使早期迭代次數減少。預設值為
1,024.0，僅適用於在線優化。

optimizeDocConcentration

指示在訓練期間是否優化 docConcentration（文章主題分發的狄立克參數）。預設值為
true，但僅適用於在線優化。

subsamplingRate

在小批量的梯度下降中每次迭代都要採用的詞彙庫的分數，範圍（0,1]。預設值為
0.5，僅適用於在線優化。

seed

此模型支持可重複性指定隨機種子。

checkpointInterval

這與我們在第二十六章中看到的檢查點功能相同。

預測參數

topicDistributionCol

將保存每個文章的主題混合分佈所輸出的欄位。

範例

```scala
// 在 Scala 中
import org.apache.spark.ml.feature.{Tokenizer, CountVectorizer}
val tkn = new Tokenizer().setInputCol("Description").setOutputCol("DescOut")
val tokenized = tkn.transform(sales.drop("features"))
val cv = new CountVectorizer()
```

```
    .setInputCol("DescOut")
    .setOutputCol("features")
    .setVocabSize(500)
    .setMinTF(0)
    .setMinDF(0)
    .setBinary(true)
val cvFitted = cv.fit(tokenized)
val prepped = cvFitted.transform(tokenized)

# 在 Python 中
from pyspark.ml.feature import Tokenizer, CountVectorizer
tkn = Tokenizer().setInputCol("Description").setOutputCol("DescOut")
tokenized = tkn.transform(sales.drop("features"))
cv = CountVectorizer()\
  .setInputCol("DescOut")\
  .setOutputCol("features")\
  .setVocabSize(500)\
  .setMinTF(0)\
  .setMinDF(0)\
  .setBinary(True)
cvFitted = cv.fit(tokenized)
prepped = cvFitted.transform(tokenized)

// 在 Scala 中
import org.apache.spark.ml.clustering.LDA
val lda = new LDA().setK(10).setMaxIter(5)
println(lda.explainParams())
val model = lda.fit(prepped)

# 在 Python 中
from pyspark.ml.clustering import LDA
lda = LDA().setK(10).setMaxIter(5)
print lda.explainParams()
model = lda.fit(prepped)
```

在訓練模型之後，將會看到一些等級較高的主題。這將返回索引值，我們將透過訓練過的 CountVectorizerModel 來查詢，以找出真實的單詞。例如，當我們對資料進行訓練時，取出詞彙表中前三個等級較高的主題：

```
// 在 Scala 中
model.describeTopics(3).show()
cvFitted.vocabulary

# 在 Python 中
model.describeTopics(3).show()
cvFitted.vocabulary
```

這些方法可以生成所用的詞彙以及特定強調的主題等相關資訊。將有助於更好地理解基礎主題。但由於空間限制，我們無法完整顯示此輸出。因此藉由類似的 API，可以獲得更多技術指標，如最大概率估計值等。這些工具的目標是協助優化資料中的主題數量。因此應當應用這些指標以減少對於模型整體的困惑。藉由透過將資料傳遞到以下函數來計算每個函數：`model.logLikelihood` 和 `model.logPerplexity`。

結論

本章介紹了 Spark 於非監督式學習中所包含的常用演算法。除了談論 MLlib，下一章將討論一些在 Spark 之外發展的進階分析。

## 第三十章

圖形分析

上一章節介紹了一些傳統的非監督是學習技術。本章將深入探討更專業的工具集：圖形分析。圖形是由節點或頂點（任意對象）組成的資料結構，並且定義與這些節點之間關係的邊。而**圖形分析**即為分析這些關係的過程。圖 30-1 的示意可想像成你的朋友圈。在圖形中，每個頂點或節點將代表一個人，每個邊代表一段關係。

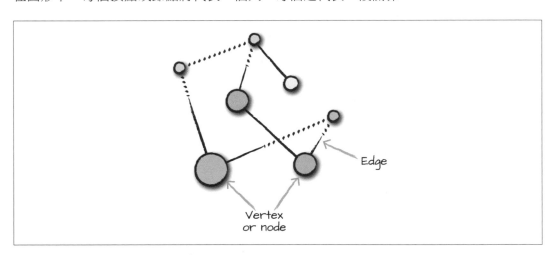

圖 30-1　七個節點與七個邊的示意圖

此圖是**無向圖**，因為邊沒有指定的「開始」和「結束」的頂點。有向圖，將有指定開始和結束的頂點。圖 30-2 即為具有方向性邊緣的**有向圖**。

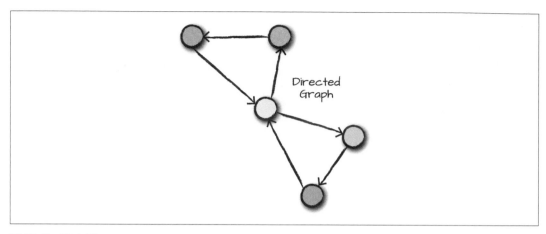

圖 30-2　有向圖

圖中的邊和頂點也可以具有與它們相關的資訊。在我們的例子中，邊緣的權重可能代表不同朋友之間的親密關係程度；點頭之交的人會在他們之間產生低權重的邊緣，而與結婚另一半的邊緣會有很大的權重。我們可以藉由查看節點之間的溝通頻率並相對應地對於邊緣來設置權重值。因此每個頂點（人）都可能具有諸如此類的資訊。

圖形用於描述每段關係與不同問題集的一種自然方式，Spark 提供了幾種在此分析範例中執行的方法。一些商業的使用案例可能是檢測信用卡欺詐、文章主題探勘、論文於書目網絡中的重要性評斷（即哪些論文被引用最多次數）、以及網頁排名，正如 Google 著名使用 PageRank 演算法所做的案例。

Spark 長期以來具有一個包含基於 RDD 的涵式庫，以用於執行圖形處理：GraphX。縱使這提供了一個非常低階的界面，但卻非常強大。但其如同 RDD，不容易被使用或優化。GraphX 仍是 Spark 的核心部分。公司持續於其上建構生產應用程序，因此仍可以看到一些小小的功能開發。因此 GraphX API 很簡易是因為自創建以來它並沒有太大的變化。但是 Spark 的一些開發人員（包括 GraphX 的一些原創作者）最近在 Spark：GraphFrames 上創建了下一代的圖形分析庫。GraphFrames 擴展了 GraphX 並提供DataFrame API 以支持 Spark 不同語言的綁定以擴充可延展性，使 Python 使用者可以運用。在本書中，我們將重點地關注 GraphFrame。

GraphFrames（*http://graphframes.github.io/index.html*）目前作為 Spark 涵式庫（*http://spark-packages.org/package/graphframes/graphframes*）提供另一個外部涵式庫，需要在使用前進行加載以啟動你的 Spark 應用程序，但將來可能會合併到 Spark 的核心內。

在大多數情況下，兩者之間的性能應該沒有什麼差別（GraphFrames 中的大量用戶體驗改善除外）。使用 Graph-Frames 時會有一些較小的消耗，但在大多數情況下，它會嘗試在適當的時候調用 GraphX；對於大多數人而言，用戶體驗收益大大超過了此微小的消耗。

GraphFrames 如何與圖形數據庫進行比較？

Spark 不是資料庫。Spark 是一個分散式運算引擎，但它不會長期存儲資料或執行事務。你可以在 Spark 之上建構圖形計算，但這與資料庫完全不同。GraphFrames 可以擴展到較多的工作負載，並且可以很好地進行分析，但其不支持事務處理和服務。

本章的目標是向你說明如何使用 GraphFrames 在 Spark 上執行圖形分析。我們將通過 Bay Area Bike Share 網站公開提供的自行車資料進行此操作（*http://www.bayareabikeshare.com/open-data*）。

 在編寫本書的過程中，此地圖和數據發生了巨大的變化（甚至是命名！）。我們提供了一份副本，本書將資料存於資料夾中（*https://github.com/databricks/Spark-The-Definitive-Guide/tree/master/data*）。因在編寫本書的過程中，此資料已被修改而產生巨大的不同（甚至是命名！），因此務必使用該資料集；當你想嘗試更具挑戰冒險時，就擴展運用整個資料集吧！

要進行設置時需要指向正確的涵式庫。要從命令行執行此操作，將運行：

```
./bin/spark-shell --packages graphframes:graphframes:0.5.0-spark2.2-s_2.11

// 在 Scala 中
val bikeStations = spark.read.option("header","true")
  .csv("/data/bike-data/201508_station_data.csv")
val tripData = spark.read.option("header","true")
  .csv("/data/bike-data/201508_trip_data.csv")

# 在 Python 中
bikeStations = spark.read.option("header","true")\
  .csv("/data/bike-data/201508_station_data.csv")
tripData = spark.read.option("header", "true")\
  .csv("/data/bike-data/201508_trip_data.csv")
```

圖形建立

第一步是圖形建立。為此,我們需要定義頂點和邊,而這些頂點和邊是具有一些特定欄位命名的 DataFrame。在我們的範例中,我們正在創建**有向圖**。該圖將指向來源的位置。

在此自行車旅行資料的背景下,將從旅行的起始位置指向旅行的結束位置。為了定義圖形,我們使用 GraphFrames 涵式庫中規範的欄位命名。在頂點表中,將標誌符定義為 id(在我們的例子中,這是字串類型),在邊緣表中,我們將每個邊的來源頂點 ID 標記為 src,並將目標標記為 dst:

```scala
// 在 Scala 中
val stationVertices = bikeStations.withColumnRenamed("name", "id").distinct()
val tripEdges = tripData
  .withColumnRenamed("Start Station", "src")
  .withColumnRenamed("End Station", "dst")
```

```python
# 在 Python 中
stationVertices = bikeStations.withColumnRenamed("name", "id").distinct()
tripEdges = tripData\
  .withColumnRenamed("Start Station", "src")\
  .withColumnRenamed("End Station", "dst")
```

到目前為止我們現在可以從頂點和邊緣 DataFrame 構建一個 GraphFrame 對象,即表示我們的圖形。此外我們將利用快取,使得可以在之後的查詢中訪問經常使用的資料:

```scala
// 在 Scala 中
import org.graphframes.GraphFrame
val stationGraph = GraphFrame(stationVertices, tripEdges)
stationGraph.cache()
```

```python
# 在 Python 中
from graphframes import GraphFrame
stationGraph = GraphFrame(stationVertices, tripEdges)
stationGraph.cache()
```

現在我們可以看到有關於圖形的基本統計資訊(查詢原始的 DataFrame 以確保我們看到的為預期的結果):

```scala
// 在 Scala 中
println(s"Total Number of Stations: ${stationGraph.vertices.count()}")
println(s"Total Number of Trips in Graph: ${stationGraph.edges.count()}")
println(s"Total Number of Trips in Original Data: ${tripData.count()}")
```

```python
# 在 Python 中
print "Total Number of Stations: " + str(stationGraph.vertices.count())
```

```
print "Total Number of Trips in Graph: " + str(stationGraph.edges.count())
print "Total Number of Trips in Original Data: " + str(tripData.count())
```

此將返回以下結果：

```
Total Number of Stations: 70
Total Number of Trips in Graph: 354152
Total Number of Trips in Original Data: 354152
```

圖形查詢

與圖表交互的最基本方式就是簡單地查詢，其執行如同查看旅行路徑計算和給定的目的地之間的事情。GraphFrames 提供對 DataFrames 的兩個頂點和邊的簡單訪問。請注意，除了 ID、來源頂點和目標之外，我們的圖表還保留了資料中的所有其他欄位，因此還可以查詢這些欄位：

```scala
// 在 Scala 中
import org.apache.spark.sql.functions.desc
stationGraph.edges.groupBy("src", "dst").count().orderBy(desc("count")).show(10)
```

```python
# 在 Python 中
from pyspark.sql.functions import desc
stationGraph.edges.groupBy("src", "dst").count().orderBy(desc("count")).show(10)
```

```
+--------------------+--------------------+-----+
|                 src|                 dst|count|
+--------------------+--------------------+-----+
|San Francisco Cal...|       Townsend at 7th| 3748|
|Harry Bridges Pla...|Embarcadero at Sa...| 3145|
...
|       Townsend at 7th|San Francisco Cal...| 2192|
|Temporary Transba...|San Francisco Cal...| 2184|
+--------------------+--------------------+-----+
```

還可以藉由通過任何有效的 DataFrame 表達式以進行過濾。在這種情況下，若想查詢一個特定的站點以及該站點經過的次數：

```scala
// 在 Scala 中
stationGraph.edges
  .where("src = 'Townsend at 7th' OR dst = 'Townsend at 7th'")
  .groupBy("src", "dst").count()
  .orderBy(desc("count"))
  .show(10)
```

```
# 在 Python 中
stationGraph.edges\
  .where("src = 'Townsend at 7th' OR dst = 'Townsend at 7th'")\
  .groupBy("src", "dst").count()\
  .orderBy(desc("count"))\
  .show(10)


+--------------------+--------------------+-----+
|                 src|                 dst|count|
+--------------------+--------------------+-----+
|San Francisco Cal...|    Townsend at 7th| 3748|
|     Townsend at 7th|San Francisco Cal...| 2734|
...
|    Steuart at Market|    Townsend at 7th|  746|
|     Townsend at 7th|Temporary Transba...|  740|
+--------------------+--------------------+-----+
```

子圖

子圖為較大圖中的部分小圖。在上一節中了解如何查詢給定的邊和頂點。因此我們可以使用此查詢功能來創建子圖：

```
// 在 Scala 中
val townAnd7thEdges = stationGraph.edges
  .where("src = 'Townsend at 7th' OR dst = 'Townsend at 7th'")
val subgraph = GraphFrame(stationGraph.vertices, townAnd7thEdges)
```

```
# 在 Python 中
townAnd7thEdges = stationGraph.edges\
  .where("src = 'Townsend at 7th' OR dst = 'Townsend at 7th'")
subgraph = GraphFrame(stationGraph.vertices, townAnd7thEdges)
```

然後我們將可以使用相關演算法應用於原始圖形或子圖形。

序列發掘

序列是一種在圖表中表達結構的方式。當指定一個主題時，我們正在查詢資料中的模式而不是實際數據。在 GraphFrames 中，我們使用類似於 Neo4J 的 Cypher 語言針對特定區域指定查詢。而這種語言允許我們指定頂點與邊的組合，並且指定名稱。例如，若我們要指定頂點 a 通過邊 ab 連接到另一個頂點 b，我們將指定 (a)-[ab]->(b)。括號或括號內的名稱不表示值，而是於結果 DataFrame 中命名匹配的頂點和邊的欄位。若我們不打算查詢結果，則可以省略名稱（例如，(a)-[]->()）。

讓我們對自行車資料進行查詢。用簡單的英文語言，讓我們找到在三個站點之間形成「三角形」模式。我們用以下序列來表達，使用 find 方法查詢 GraphFrame 以獲得該序列。(a) 表示起始站，[ab] 表示從 (a) 到下一站 (b) 的邊緣。重複對站 (b) 到 (c) 以及從 (c) 到 (a)：

```
// 在 Scala 中
val motifs = stationGraph.find("(a)-[ab]->(b); (b)-[bc]->(c); (c)-[ca]->(a)")
```

```
# 在 Python 中
motifs = stationGraph.find("(a)-[ab]->(b); (b)-[bc]->(c); (c)-[ca]->(a)")
```

圖 30-3 顯示了此查詢的直觀表示。

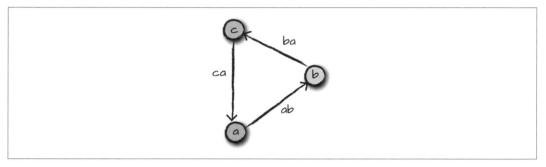

圖 30-3　三角形圖形中的查詢

從執行此查詢得到的 DataFrame 包含頂點 a，b 和 c，以及相應的邊。現在可以像查詢資料一樣查詢 DataFrame。例如，給定一輛自行車，自行車從車站 a 到車站 b 到車站 c，再回到車站 a 的最短旅程是多少？以下邏輯將時間戳記解析為 Spark 的時間戳記，接著將進行比較以確保是相同的自行車，從一個站到另一個站，以及每個行程的開始時間是正確的：

```
// 在 Scala 中
import org.apache.spark.sql.functions.expr
motifs.selectExpr("*",
    "to_timestamp(ab.`Start Date`, 'MM/dd/yyyy HH:mm') as abStart",
    "to_timestamp(bc.`Start Date`, 'MM/dd/yyyy HH:mm') as bcStart",
    "to_timestamp(ca.`Start Date`, 'MM/dd/yyyy HH:mm') as caStart")
  .where("ca.`Bike #` = bc.`Bike #`").where("ab.`Bike #` = bc.`Bike #`")
  .where("a.id != b.id").where("b.id != c.id")
  .where("abStart < bcStart").where("bcStart < caStart")
  .orderBy(expr("cast(caStart as long) - cast(abStart as long)"))
  .selectExpr("a.id", "b.id", "c.id", "ab.`Start Date`", "ca.`End Date`")
  .limit(1).show(false)
```

```
# 在 Python 中
from pyspark.sql.functions import expr
motifs.selectExpr("*",
    "to_timestamp(ab.`Start Date`, 'MM/dd/yyyy HH:mm') as abStart",
    "to_timestamp(bc.`Start Date`, 'MM/dd/yyyy HH:mm') as bcStart",
    "to_timestamp(ca.`Start Date`, 'MM/dd/yyyy HH:mm') as caStart")\
  .where("ca.`Bike #` = bc.`Bike #`").where("ab.`Bike #` = bc.`Bike #`")\
  .where("a.id != b.id").where("b.id != c.id")\
  .where("abStart < bcStart").where("bcStart < caStart")\
  .orderBy(expr("cast(caStart as long) - cast(abStart as long)"))\
  .selectExpr("a.id", "b.id", "c.id", "ab.`Start Date`", "ca.`End Date`")
  .limit(1).show(1, False)
```

最後可以看到最快的旅程大約是 20 分鐘。三個不同的人（假設情況）使用相同的自行車就會一樣快！

特別注意的是在此範例中，必須過濾由序列查詢返回的三角形。通常於查詢中使用的不同頂點 ID 不會被強制匹配不同的頂點，因此如果需要不同的頂點，則應執行此過濾。GraphFrames 最強大的功能之一你可以在輸出的結果表中結合序列查詢和 DataFarme 進行查詢，以進一步縮小、排序或聚合找到的模式。

圖形演算法

圖形只是資料的邏輯表示。圖論提供了許多用於分析此資料格式的演算法，GraphFrames 允許立即使用。隨著新演算法添加到 GraphFrames，開發工作仍在繼續，因此該方法很可能會繼續增長。

PageRank 演算法

最常使用的圖形分析演算法之一的是 PageRank（*https://en.wikipedia.org/wiki/PageRank*）。Google 聯合創始人 Larry Page，創建了 PageRank 作為如何對網頁進行排名的研究項目。遺憾的是，對於 PageRank 如何運作的完整解釋超出了本書的範圍。但引用維基百科，高級的解釋如下：

> *PageRank 的工作原理是計算頁面連接的數量和品質，以確定網站重要程度的粗略估計。基本假設是更重要的網站可能會從其他網站獲取較多連接。*

PageRank 在網站領域之外也運行地很好。我們可以將此方法應用於自己的資料，並了解重要的自行車站（特別是那些在交通上大量使用自行車的車站）。在此範例中，將為重要的自行車站分配大的 PageRank 值：

```scala
// 在 Scala 中
import org.apache.spark.sql.functions.desc
val ranks = stationGraph.pageRank.resetProbability(0.15).maxIter(10).run()
ranks.vertices.orderBy(desc("pagerank")).select("id", "pagerank").show(10)
```

```python
# 在 Python 中
from pyspark.sql.functions import desc
ranks = stationGraph.pageRank(resetProbability=0.15, maxIter=10)
ranks.vertices.orderBy(desc("pagerank")).select("id", "pagerank").show(10)
```

```
+--------------------+------------------+
|                  id|          pagerank|
+--------------------+------------------+
|San Jose Diridon ...|  4.051504835989922|
|San Francisco Cal...|3.3511832964279518|
...
|     Townsend at 7th| 1.568456580534273|
|Embarcadero at Sa...|1.5414242087749768|
+--------------------+------------------+
```

圖形演算法 API：參數和返回值

GraphFrames 中的大多數演算法都是以接受參數為主的方法（例如，此 PageRank 示例中的 resetProbability）。大多數演算法返回新的 GraphFrame 或單一 DataFrame。並且將結果存為 GraphFrame 的頂點和 / 或邊或 DataFrame 中的一欄或多欄。對於 PageRank，演算法返回 GraphFrame，我們可以從新的 pagerank 欄位中提取每個頂點的估計 PageRank 值。

 根據機器上的可用資源，這可能需要花費一些時間。因此在運行此資料前，可以先行嘗試使用較小的資料集來查看結果。在 Databricks Community Edition 上，一些評論者發現在他們的機器上需要更長的時間，但普遍來說至少需要大約 20 秒才能執行完成。

有趣的是，Caltrain 站的排名非常高。這是有道理的，因為這些自然產生的連接點，無論是通勤者從家裡移動到 Caltrain 車站還是從 Caltrain 車站回家，許多自行車旅行可能會於此結束。

In-Degree 與 Out-Degree 指標

我們的圖是一個有向圖。這是因為自行車的行走是定向的，從一個位置開始到另一個位置結束。一個常見的任務是計算進出特定站點的次數。為了計算進出站的出入點，我們將分別使用稱為 in-degree 和 out-degree 的度量，如圖 30-4 所示。

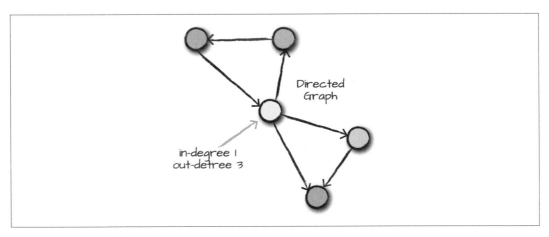

圖 30-4　In-degree 和 out-degree

這特別適用於社群網絡，因為某些使用者可能擁有比出站（關注）更多的入站連接（被關注）。使用以下查詢，將可以在社交網絡中找到可能比其他人更具影響力的有趣人物。GraphFrames 提供了一種查詢圖表的簡單方法：

```scala
// 在 Scala 中
val inDeg = stationGraph.inDegrees
inDeg.orderBy(desc("inDegree")).show(5, false)
```

```python
# 在 Python 中
inDeg = stationGraph.inDegrees
inDeg.orderBy(desc("inDegree")).show(5, False)
```

查詢依照 In-degree 排序的結果：

```
+----------------------------------------+--------+
|id                                      |inDegree|
+----------------------------------------+--------+
|San Francisco Caltrain (Townsend at 4th)|34810   |
|San Francisco Caltrain 2 (330 Townsend) |22523   |
|Harry Bridges Plaza (Ferry Building)    |17810   |
|2nd at Townsend                         |15463   |
|Townsend at 7th                         |15422   |
+----------------------------------------+--------+
```

查詢依照 Out-degree 排序的結果：

```
// 在 Scala 中
val outDeg = stationGraph.outDegrees
outDeg.orderBy(desc("outDegree")).show(5, false)
```

```
# 在 Python 中
outDeg = stationGraph.outDegrees
outDeg.orderBy(desc("outDegree")).show(5, False)
```

```
+-----------------------------------------------+---------+
|id                                             |outDegree|
+-----------------------------------------------+---------+
|San Francisco Caltrain (Townsend at 4th)       |26304    |
|San Francisco Caltrain 2 (330 Townsend)        |21758    |
|Harry Bridges Plaza (Ferry Building)           |17255    |
|Temporary Transbay Terminal (Howard at Beale)  |14436    |
|Embarcadero at Sansome                         |14158    |
+-----------------------------------------------+---------+
```

這兩個值的比率是一個值得關注的有趣指標。較高的比率值將告訴我們多數旅行結束的地點（很少為起點），而較低的值則告訴我們旅行多數的起點（很少為終點）：

```
// 在 Scala 中
val degreeRatio = inDeg.join(outDeg, Seq("id"))
  .selectExpr("id", "double(inDegree)/double(outDegree) as degreeRatio")
degreeRatio.orderBy(desc("degreeRatio")).show(10, false)
degreeRatio.orderBy("degreeRatio").show(10, false)
```

```
# 在 Python 中
degreeRatio = inDeg.join(outDeg, "id")\
  .selectExpr("id", "double(inDegree)/double(outDegree) as degreeRatio")
degreeRatio.orderBy(desc("degreeRatio")).show(10, False)
degreeRatio.orderBy("degreeRatio").show(10, False)
```

這些查詢會產生以下資訊：

```
+--------------------------------------+------------------+
|id                                    |degreeRatio       |
+--------------------------------------+------------------+
|Redwood City Medical Center           |1.5333333333333334|
|San Mateo County Center               |1.4724409448818898|
...
|Embarcadero at Vallejo                |1.2201707365495336|
|Market at Sansome                     |1.2173913043478262|
+--------------------------------------+------------------+


+------------------------------+------------------+
|id                            |degreeRatio       |
+------------------------------+------------------+
|Grant Avenue at Columbus Avenue|0.5180520570948782|
|2nd at Folsom                 |0.5909488686085761|
...
|San Francisco City Hall       |0.7928849902534113|
|Palo Alto Caltrain Station    |0.8064516129032258|
+------------------------------+------------------+
```

廣度優先搜尋法

廣度優先搜尋法將根據圖中的邊緣搜索圖形，以了解如何連接兩組節點。此演算法也適用於使用 SQL 表達式上的指定節點集合，在我們的範例中，我們可能希望透過這樣，藉此以找到不同站的最短路徑。

可以透過 `maxPathLength` 指定要遵循的最大值的邊，也可以指定 `edgeFilter` 來過濾掉不符合要求的邊，例如非工作期間的行程。

我們將選擇兩個相當接近的站點，這樣就不會運行太長時間。但當你具有遠程連接的稀疏圖形時，則可以執行圖形的遍歷。隨意安排車站（特別是其他城市的車站），看看是否可以連接到遠程車站：

```scala
// 在 Scala 中
stationGraph.bfs.fromExpr("id = 'Townsend at 7th'")
  .toExpr("id = 'Spear at Folsom'").maxPathLength(2).run().show(10)
```

```python
# 在 Python 中
stationGraph.bfs(fromExpr="id = 'Townsend at 7th'",
  toExpr="id = 'Spear at Folsom'", maxPathLength=2).show(10)
```

```
+-------------------+-------------------+-------------------+
|               from|                 e0|                 to|
+-------------------+-------------------+-------------------+
|[65,Townsend at 7...|[913371,663,8/31/...|[49,Spear at Fols...|
|[65,Townsend at 7...|[913265,658,8/31/...|[49,Spear at Fols...|
...
|[65,Townsend at 7...|[903375,850,8/24/...|[49,Spear at Fols...|
|[65,Townsend at 7...|[899944,910,8/21/...|[49,Spear at Fols...|
+-------------------+-------------------+-------------------+
```

連結元件

連結元件定義了一個（無向）子圖，該子圖與自己本身有連接但沒有連接到外部的圖，
如圖 30-5 所示。4

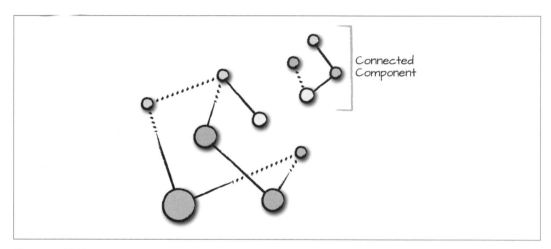

圖 30-5　連結元件

連結元件演算法與我們先前的問題沒有直接的關係，因為它的假設是針對無向圖。但
是，仍然可以運行此演算法，此演算法為假設沒有與邊緣相關的方向性。事實上如果我
們看一下自行車共享圖，則假設我們會得到兩個不同的連接組件（圖 30-6）。

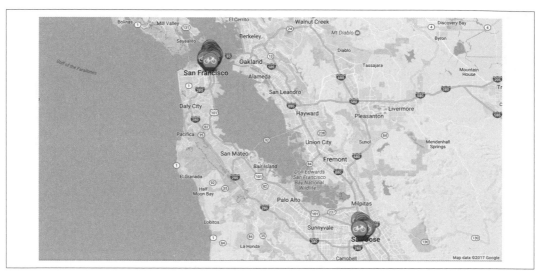

圖 30-6　自行車共享地點的地圖

若要執行此演算法，需要設置一個檢查點的目錄，該目錄將在每次迭代時存儲執行的狀態。如果執行過程中潰堤，這將可以讓下一次的執行直接從停止的位置接續往下執行。因此需要延遲，所以這可能是當前 Graph-Frames 中最昂貴的演算法之一。

在本機上運行此演算法可能需要做的一件事就是獲取資料樣本，如同下面的代碼範例中所做的那樣（獲取範例可以幫助你獲得結果而不會使 Spark 應用程序潰堤）：

```
// 在 Scala 中
spark.sparkContext.setCheckpointDir("/tmp/checkpoints")
```

```
# 在 Python 中
spark.sparkContext.setCheckpointDir("/tmp/checkpoints")
```

```
// 在 Scala 中
val minGraph = GraphFrame(stationVertices, tripEdges.sample(false, 0.1))
val cc = minGraph.connectedComponents.run()
```

```
# 在 Python 中
minGraph = GraphFrame(stationVertices, tripEdges.sample(False, 0.1))
cc = minGraph.connectedComponents()
```

從此執行中得到兩個連接的組件，但不一定是我們期望的組件。範例中可能沒有所有正確的資料或資訊，因此我們可能需要更多的計算資源來進一步調查：

```scala
// 在 Scala 中
cc.where("component != 0").show()
```

```python
# 在 Python 中
cc.where("component != 0").show()
```

```
+----------+----------------+---------+-----------+---------+-----------+-----
|station_id|              id|      lat|       long|dockcount|   landmark|in...
+----------+----------------+---------+-----------+---------+-----------+-----
|        47|  Post at Kearney|37.788975|-122.403452|       19|San Franc...|  ...
|        46|Washington at K...|37.795425|-122.404767|       15|San Franc...|  ...
+----------+----------------+---------+-----------+---------+-----------+-----
```

強連結元件

GraphFrames 包括另一個與有向圖相關演算法：**強連結元件演算法**，它考慮了方向性。強連結元件是一個子圖，其中包含所有頂點之間的路徑。

```scala
// 在 Scala 中
val scc = minGraph.stronglyConnectedComponents.maxIter(3).run()
```

```python
# 在 Python 中
scc = minGraph.stronglyConnectedComponents(maxIter=3)

scc.groupBy("component").count().show()
```

Advanced Tasks

目前的介紹只是 GraphFrames 的部分功能選擇。GraphFrames 函式庫還包括如藉由自己編寫的演算法進行傳遞、triangle counting 以及 GraphX 之間的轉換等功能。你可以在 GraphFrames 文件中找到更多的相關資訊。

結論

在本章中，我們瀏覽了 GraphFrames，這是一個用於在 Apache Spark 上執行圖形分析的函式庫。我們採用了基礎的方法，因為這種處理技術不一定是人們在執行進階分析時所選擇使用的第一個工具。但儘管如此，它仍是分析不同對象之間關係的強大工具，在許多領域都是得以應用的。下一章節將討論更多延續前面提及的功能 - 特別是深度學習。

## 第三十一章

深度學習

深度學習是 Spark 中最令人興奮的開發領域之一，因為它能夠解決幾個先前難以解決的問題，特別是那些涉及非結構化的資料（如圖像，音訊和文字）問題。本章將介紹 Spark 如何與應用於深度學習，以及你可以使用的一些不同方法來使用 Spark 與深度學習。

由於深度學習仍屬於一個新領域，許多最新工具都是在外部的函式庫中實現。本章節不會特別關注那些被視為 Spark 核心的函式庫，而是關注那些在 Spark 上大量創新建構的函式庫。我們將從幾個進階的方法開始，討論如何在 Spark 上使用深度學習，以及如何於各種時機使用每個方法，然後查看相關的函式庫。如往常一般，我們將包括完整到精簡的範例。

要充分詳讀本章節前，至少應該已了解深度學習的基礎知識和 Spark 的基礎。話雖如此，在該領域的一些頂級研究人員於本書的這一部分的開頭稱為深度學習書（*http://www.deeplearningbook.org/*），其中包含了一個很好的資源。

什麼是深度學習？

要定義深度學習，必須先定義神經網路。神經網路是具有權重和激活函數節點的圖。而這些節點被組織成彼此堆疊的層。每層部分或完全連接到網路中的前一層。通過一個接一個地堆疊，這些簡單的函數可以學習辨識輸入中越來越複雜的信號：帶有簡單的單一線條以及帶有較複雜輪廓的圓形和正方形等資訊，最後目標希望辨識出完整對象或輸出。目標是通過調整與每個連接相關聯的權重和網路中每個節點的值來訓練，使得某些輸入與某些輸出為相關。圖 31-1 顯示了簡單的神經網路。

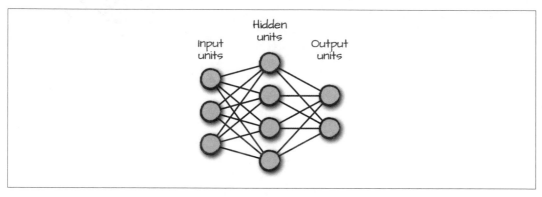

圖 31-1. 神經網路

深度學習或**深度神經網路**將這些層中的許多層組合成各種不同的架構。神經網路的方法本身已經存在了數十年，並且在應用於各種機器學習問題。然而近年來，更大的資料集（例如用於識別對象的 ImageNet），強大的硬體（叢集和 GPU）以及新的訓練演算法的組合以訓練更大的神經網路，其在許多機器學習任務中優於先前的方法。隨著更多資料的添加，典型的機器學習技術通常無法繼續良好地運行；他們的表現達到了上限。深度學習可以從大量資料和相關資訊中受益，並且深度學習所使用的資料集比其他機器學習的資料集大幾個倍數是很常見的。深度神經網路現在已成為影像處理、語音處理和一些自然語言任務的標準。在這些任務中，經常「學習」比以前的手動調校模型更好。它們也積極應用於其他領域。Apache Spark 以巨量資料和平行運算系統的優勢而成為深度學習的框架。

相關研究人員和工程師已經付出了很多努力來加速這些類神經網路的計算。如今，使用神經網路或深度學習最流行的方法是使用由研究機構或公司實施的框架。

在 Spark 上使用深度學習的方法

在大多數情況下，無論使用哪種應用程序，Spark 都有三種主要的深度學習方法：

推論

使用深度學習的最簡單方法是使用預先訓練的模型並使用 Spark 並行將其應用於巨量資料集。例如可以使用影像分類模型，使用 ImageNet 等資料集進行訓練，並將其模型應用於自己的影像集以識別大熊貓，鮮花或汽車。許多組織在常見資料集上發布大型的預訓練模型（例如，更快的 R-CNN 和 YOLO 用於影像辨識），因此你通常可以從喜歡的深度學習框架中獲取現成模型，並使用 Spark 函數來應用。使用 PySpark，你可以簡單地在 map 函數中調用 TensorFlow 或 PyTorch 等框架來獲取分佈式的推理，來將相關函式庫進一步優化，而不僅只是在 map 函數中調用這些函式庫。

特徵資訊化與轉換學習

另一個複雜程度是使用現有模型作為特徵，而不是採用其最終輸出。許多深度學習模型在其較低層中學習有用的特徵，因為它們受到從繁塊到精簡任務的訓練。例如，在 ImageNet 資料集上訓練的分類器學習所有自然圖像中存在的低特徵，例如邊緣和紋理。接著我們就可以使用這些功能來學習原始資料集未涵蓋的新問題。

模型訓練

Spark 還可用於從頭開始訓練新的深度學習模型。這裡有兩種常用方法。首先可以使用 Spark 群集於多個服務器上平行化**單個**模型的訓練，並在它們之間傳遞更新。或者有一些函式庫允許用戶平行訓練**多個**類似模型的實例，以嘗試各種模型架構和超參數，從而加速模型搜索和調整過程。在這兩種情況下，Spark 的深度學習函式庫使得將資料從 RDD 和 DataFrame 傳遞到深度學習算法變得簡單。最後，即使你不希望平行訓練模型，也可以使用這些庫從群集中提取資料，並使用框架的本機資料格式將其輸出到本機的訓練中。

在所有這三種情況下，深度學習的程式通常作為較大的應用程序來運行，其中包括提取，轉換和加載（ETL）步驟，以解析輸入資料，來自各種來源的 I/O，以及可能的批次處理或串流式推斷。對於應用程序的其他部分，則可以簡單地使用本書前面所述的 DataFrame，RDD 和 MLlib API。Spark 的優勢之一是可以輕鬆地將這些步驟組合到單個平行化作業流程中。

深度學習函式庫

在本節中，將調查 Spark 中可用於深度學習的一些流行的函式庫。我們將描述函式庫的主要用法，並在可能的情況下將它們鏈接到引用或示例。因為該領域正在迅速發展，以下介紹並非詳盡無遺。我們建議你查看每個函式庫的文件網站和 Spark 相關文件以獲取最新更新。

MLlib 支援的神經網路框架

Spark 的 MLlib 目前支援單一深度學習算法：`ml.classification.MultilayerPerceptron Classifier` 的多層感知器分類器。其僅限於相對較淺的網路，訓練包含具有 S 形激活函數的完全連接層和具有 softmax 激活函數的輸出層。當在現有基於深度學習的特徵化程序之上使用轉移學習時，此類對於訓練分類模型的最後幾層非常有用。例如，它可以添加到本章後面描述的深度學習 Pipelines 之上，以快速執行 Keras 和 TensorFlow 模型的傳輸轉換。

TensorFrames

TensorFrames（*https://github.com/databricks/tensorframes*）是一個推論和轉換學習型的函式庫，可以在 Spark Data-Frames 和 TensorFlow 之間輕鬆傳遞數據。它支持 Python 和 Scala，並專注於提供簡單但優化的接口，以便將資料從 TensorFlow 傳遞到 Spark 並返回。特別的是，使用 TensorFrames 在 Spark DataFrames 上應用模型可以有更快的資料傳輸和較低的啟動成本，因此其比直接調用 TensorFlow 模型中 `Python map` 函數更有效率。TensorFrames 對於推論，以串流式傳輸、批量設置和傳輸學習最有用，你可以在原始資料上應用現有模型來強化它，然後於最後使用 `MultilayerPerceptronClassifier` 或甚至更簡單的邏輯斯迴歸或隨機森林學習。

BigDL

BigDL（*https://github.com/intel-analytics/BigDL*）是一個主要由 Intel 開發的 Apache Spark 的分佈式深度學習框架。它主要為支持大型模型的分佈式訓練以及使用推論快速應用這些模型。BigDL 相對於此處描述的其他函式庫的一個關鍵優勢是它主要優化是使用 CPU 而不是 GPU，使其在現有 CPU 的集群（例如，Apache Hadoop 部署）上運行變得高效率。BigDL 提供高級 API 以從頭開始建構神經網路，並默認自動分配所有操作。它還可以使用 Keras DL 函式庫訓練模型。

TensorFlowOnSpark

TensorFlowOnSpark（*https://github.com/yahoo/TensorFlowOnSpark*）是一個廣泛使用的函式庫，可以在 Spark 叢集上以平行方式訓練 TensorFlow 模型。TensorFlow 包含一些分佈式訓練的基礎，但它仍然需要依靠叢集管理器來管理硬體和資料傳遞。它沒有立即引用即可使用的叢集管理器或分佈式 I/O 層。TensorFlowOnSpark 在 Spark 作業中啟動 TensorFlow 現有的分佈式模式，並自動將 Spark RDD 或 DataFrame 中的資料提供給 TensorFlow 作業。如果你已經知道如何使用 TensorFlow 的分佈式模式，TensorFlowOnSpark 可以輕鬆地在 Spark 叢集中啟動你的作業，並將其與其他 Spark 函式庫處理的資料（例如，DataFrame 轉換）從 Spark 支持的任何輸入源進行傳遞。TensorFlowOnSpark 最初是在 Yahoo 開發的！並且還用於其他大型組織。除此之外該項目還與 Spark 的 ML Pipelines API 集成。

DeepLearning4J

DeepLearning4J（*https://deeplearning4j.org/spark*）是 Java 和 Scala 中的開放式資源，分佈式深度學習項目，提供單節點和分佈式訓練選項。與基於 Python 的深度學習框架相比，它的一個優點是它主要是為 JVM 設計的，這使得不希望在開發過程中添加 Python 開發而更加方便。它包括各種訓練演算法並且支持 CPU 和 GPU。

Deep Learning Pipelines

Deep Learning Pipelines（*https://github.com/databricks/spark-deep-learning*）是 Databricks 的一個開放式資源的函式庫，它將深度學習功能集成到 Spark 的 ML Pipelines API 中。該函式庫包含現有深度學習框架（撰寫本文時為 TensorFlow 和 Keras），但重點關注於兩個目標：

- 將這些框架合併到標準的 Spark API（例如 ML Pipelines 和 Spark SQL），使它們易於使用
- 預設分配所有的運算

例 如，Deep Learning Pipelines 提 供 了 一 個 `DeepImageFeaturizer`，它 充 當 Spark ML Pipeline API 中的變換器，允許你在幾行程式碼中建構傳輸學習 pipeline（例如，藉由於頂部添加感知器或邏輯斯迴歸分類器）。相同地，該函式庫支持使用 MLlib 的網格搜索和交叉驗證 API 於多個模型參數上平行地搜索。最後，用戶可以將 ML 模型導出為 Spark SQL 用戶定義的函數，並使其可供使用 SQL 或串流應用程序的相關分析人員使

用。在撰寫本文時（2017 年夏季），深度學習管道正在大力發展，因此我們建議你查看其網站以獲取最新更新。

表 31-1 總結了各種深度學習函式庫及其支持的主要案例：

表 31-1　深度學習函式庫

Library	Underlying DL framework	Use cases
BigDL	BigDL	Distributed training, inference, ML Pipeline integration
DeepLearning4J	DeepLearning4J	Inference, transfer learning, distributed training
Deep Learning Pipelines	TensorFlow, Keras	Inference, transfer learning, multi-model training, ML Pipeline and Spark SQL integration
MLlib Perceptron	Spark	Distributed training, ML Pipeline integration
TensorFlowOnSpark	TensorFlow	Distributed training, ML Pipeline integration
TensorFrames	TensorFlow	Inference, transfer learning, DataFrame integration

雖然有不同的公司採用了多種方法來集成 Spark 和深度學習函式庫，但目前主要與 MLlib 和 DataFrames 最緊密集成的是 Deep Learning Pipelines。該函式庫主要為改進 Spark 對影像和張量資料支持（其集成到 Spark 2.3 中的核心 Spark 代碼中），並使 ML Pipeline API 中的所有深度學習功能都可以使用。其 API 成為今天在 Spark 上運行深度學習的最簡單方法，並將成為本章其餘部分的重點。

A Deep Learning Pipelines 簡易範例

正如我們所描述的，Deep Learning Pipelines 藉由流行的深度學習框架使 ML Pipelines 和 Spark SQL 集成，提供高延展性的深度學習高級 API。

Deep Learning Pipelines 建立在 Spark 的 ML Pipelines 上，應用於訓練，而 Spark DataFrames 和 SQL 則應用於部署模型。它包含用於深度學習常見的高級 API，因此可以以幾行程式碼簡單高效率地完成：

- 使用 Spark DataFrames 中的圖像；

- 大規模應用深度學習模型，無論是自己的還是標準的流行模型，都可以使用影像和張量資料；

- 使用常見的預先訓練模型進行轉換學習；

- 將模型導出為 Spark SQL 函數，使各種用戶都可以輕鬆利用深度學習；

- 藉由 ML Pipelines 進行分佈式深度學習超參數調整。

Deep Learning Pipelines 目前僅提供 Python 中的 API，目的在於與現有的 Python 深度學習函式庫（如 TensorFlow 和 Keras）緊密配合。

設定

Deep Learning Pipelines（*https://github.com/databricks/spark-deep-learning*）

是一個 Spark 函式庫，所以加載它就如同加載 GraphFrames 一樣。Deep Learning Pipelines 適用於 Spark 2.x，可在此處找到（*https://sparkpackages.org/package/databricks/spark-deep-learning*）。此外，為確保作業執行，你將需要安裝一些 Python 所需的項目，包括 TensorFrames（*https://spark-packages.org/package/databricks/tensorframes*），TensorFlow（*https://www.tensorflow.org/*）、Keras（*https://keras.io/*）和 h5py（*http://www.h5py.org/*）。

我們將使用 TensorFlow 訓練集中的鮮花資料集（*https：// www.tensorflow.org/tutorials/image_retrainig*）。現在，若在一組叢集上運行它，那麼下載它們後，將需要一種方法將這些文件放在分佈式文件系統上。我們在本書的 GitHub 存儲庫（*https://github.com/databricks/Spark-The-Definitive-Guide*）中包含了這些圖像的範例。

Images and DataFrames

在 Spark 中處理影像時遇到的一個歷史性的挑戰是把它們放入 DataFrame 是困難而乏味的一件事。Deep Learning Pipelines 包括實用功能，可以輕鬆地以分佈式方式加載和解碼影像。這是一個快速變化的領域。目前，這是 Deep Learning Pipelines 的一部分。基本影像加載和表示將包含在 Spark 2.3 中。雖然尚未發布，但本章中的所有範例都與即將推出的 Spark 版本兼容。

```
from sparkdl import readImages
img_dir = '/data/deep-learning-images/'
image_df = readImages(img_dir)
```

生成的 DataFrame 包含路徑與影像以及一些關聯的元數據：

```
image_df.printSchema()

root
 |-- filePath: string (nullable = false)
 |-- image: struct (nullable = true)
 |    |-- mode: string (nullable = false)
 |    |-- height: integer (nullable = false)
 |    |-- width: integer (nullable = false)
 |    |-- nChannels: integer (nullable = false)
 |    |-- data: binary (nullable = false)
```

轉換學習

現在我們有了一些資料，可以開始使用一些簡單的轉換學習。請記住，這意謂著利用其他人創建的模型並對其進行修改以更好地適應我們自己的資料為目的。首先，我們將為每種類型的花加載資料並創建訓練和測試資料集：

```
from sparkdl import readImages
from pyspark.sql.functions import lit
tulips_df = readImages(img_dir + "/tulips").withColumn("label", lit(1))
daisy_df = readImages(img_dir + "/daisy").withColumn("label", lit(0))
tulips_train, tulips_test = tulips_df.randomSplit([0.6, 0.4])
daisy_train, daisy_test = daisy_df.randomSplit([0.6, 0.4])
train_df = tulips_train.unionAll(daisy_train)
test_df = tulips_test.unionAll(daisy_test)
```

在下一步中，將利用 DeepImageFeaturizer 的轉換器。這將允許我們利用一個名為 Inception 的預訓練模型，這是一個成功用於識別影像模式的強大神經網路。我們使用的版本經過預訓練，可以很好地處理各種常見物體和動物的影像。這是 Keras 函式庫附帶的標準預訓練模型之一。然而，這種特殊的神經網路沒有經過訓練來識別雛菊和玫瑰。因此，我們將使用轉換學習，使其成為對我們目的有用的東西：區分不同類型的花。

請注意，我們可以使用在本書的這一部分中學到的相同 ML Pipeline 的概念，並將它們與深度學習 Pipelines 一起使用：DeepImageFea turizer 只是一個 ML 轉換器。此外，我們為此模型所做的一切擴展為添加邏輯斯迴歸模型，以便於訓練最終模型。而我們也可以在其位置使用另一個分類器。以下片段程式碼即顯示了添加此模型（請注意，這可能需要一些時間才能完成，因為它是一個資源密集型的過程）：

```
from pyspark.ml.classification import LogisticRegression
from pyspark.ml import Pipeline
from sparkdl import DeepImageFeaturizer
```

```
featurizer = DeepImageFeaturizer(inputCol="image", outputCol="features",
  modelName="InceptionV3")
lr = LogisticRegression(maxIter=1, regParam=0.05, elasticNetParam=0.3,
  labelCol="label")
p = Pipeline(stages=[featurizer, lr])
p_model = p.fit(train_df)
```

一旦我們訓練了模型，就可以使用在第二十五章中使用的分類評估器。我們可以指定想測試的評估度量：

```
from pyspark.ml.evaluation import MulticlassClassificationEvaluator
tested_df = p_model.transform(test_df)
evaluator = MulticlassClassificationEvaluator(metricName="accuracy")
print("Test set accuracy = " + str(evaluator.evaluate(tested_df.select(
  "prediction", "label"))))
```

以我們的 DataFrame 為例，可以檢查在之前的訓練中出錯的資料和影像：

```
from pyspark.sql.types import DoubleType
from pyspark.sql.functions import expr
# a simple UDF to convert the value to a double
def _p1(v):
  return float(v.array[1])
p1 = udf(_p1, DoubleType())
df = tested_df.withColumn("p_1", p1(tested_df.probability))
wrong_df = df.orderBy(expr("abs(p_1 - label)"), ascending=False)
wrong_df.select("filePath", "p_1", "label").limit(10).show()
```

大規模應用深度學習模型

Spark DataFrames 是將深度學習模型應用於大規模資料集的自然構造。Deep Learning Pipelines 提供了一組轉換器，大規模應用於 TensorFlow graphs 和 TensorFlow-backed Keras 模型。此外，流行的影像模型可以引用後立即使用，而無需任何 TensorFlow 或 Keras 代碼。由 Tensorframes 函式庫支持的轉換器有效地處理模型和資料到 Spark 任務上的分發。

應用熱門模型

影像有許多標準的深度學習模型。如果手上的任務與模型提供的任務非常相似（例如，使用 ImageNet 進行影像辨識），或僅用於探索，則只需指定模型名稱即可使用轉換器 DeepImagePredictor。Deep Learning Pipelines 支持 Keras 中包含的各種標準模型，關於這些模型於其網站上皆有列出。

以下是使用 DeepImagePredictor 的示例：

```
from sparkdl import readImages, DeepImagePredictor
image_df = readImages(img_dir)
predictor = DeepImagePredictor(
  inputCol="image",
  outputCol="predicted_labels",
  modelName="InceptionV3",
  decodePredictions=True,
  topK=10)
predictions_df = predictor.transform(image_df)
```

請注意，predict_labels 欄位顯示「daisy」代表使用此基本模型的分類所有樣本中的花為高概率。然而，從概率值的差異可以看出，神經網路具有辨識兩種花類型的資訊。我們可以看到，轉換學習的範例能夠從基礎模型開始正確地了解雛菊和郁金香之間的差異：

```
df = p_model.transform(image_df)
```

應用自定義的 Keras 模型

Deep Learning Pipelines 還允許使用 Spark 以分佈式方式應用 Keras 模型。請查看 KerasImageFileTransformer 上的用戶指南（*http://bit.ly/2Edb6eQ*）。這會加載 Keras 模型並將其應用於 DataFrame 的欄位上。

應用 TensorFlow 模型

Deep Learning Pipelines 與 TensorFlow 的集成後，可用於創建使用 TensorFlow 處理影像的自定義轉換器。例如，你可以使用 TFImageTransformer 創建轉換器來更改圖像的大小或修改色譜。

將模型部署為 SQL 函數

另一個選擇是將模型部署為 SQL 函數，允許任何知道 SQL 的用戶能夠使用深度學習模型。使用此函數後，UDF 函數將獲取一欄位並生成特定模型的輸出。例如，可以使用 register KeraImageUDF 將 Inception v3 應用於各種影像：

```
from keras.applications import InceptionV3
from sparkdl.udf.keras_image_model import registerKerasImageUDF
from keras.applications import InceptionV3
registerKerasImageUDF("my_keras_inception_udf", InceptionV3(weights="imagenet"))
```

如此一來，任何 Spark 用戶都可以使用深度學習的強大功能，而不僅僅是建構模型的專家。

結論

本章節討論了在 Spark 中使用深度學習的幾種常用方法。我們介紹了各種可用的函式庫，也介紹了一些常見的任務及其基本的範例。Spark 的此領域正處於非常活躍的發展階段，並且隨著時間的推移將繼續發展。本書的作者希望將本章節與當前的發展保持同步，因此隨著時間，非常值得檢查函式庫文件以了解更多內容！

## 第七篇

生態系

## 第三十二章

其他特定語言：
Python(PySpark) 與
R(SparkR 和 sparklyr)

本章將涵蓋 Spark 一些較細部的語言專一性，我們已在本書中看到大量 PySpark 範例，在第一章，我們以較高層級討論其他程式語言如何執行 Spark 程式碼，在此讓我們以更具專一性的討論來整合：

- PySpark
- SparkR
- sparklyr

作為提醒，圖 32-1 顯示這些專一程式語言的基礎架構。

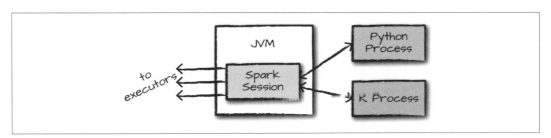

圖 32-1　Spark 驅動器

現在讓我們針對各個部分做更深入的討論。

PySpark

我們在此書已涵蓋許多 PySpark，事實上，PySpark 如同 Scala 及 SQL 幾乎在每章都出現，因此，此節將會精簡至只涵蓋與 Spark 相關的細節，如同第一章討論，Spark 2.2 可使用 pip 安裝 PySpark，簡單的 `pip install pyspark` 命令即可在機器上使用套件，這是較新的特色，故可能會有一些錯誤待修正，但是可在專案中發揮成效。

PySpark 基礎差異

如果你正在使用結構化 API，你的程式碼執行速度會與 Scala 撰寫的一樣快，在你沒有使用 Python 的 UDF 情況下，因為使用了 UDF 可能會影響效能，參考第六章可取得更多相關資訊。

如果你正在使用非結構化 API，特別是 RDD，效能可能會較差（較彈性的代價），我們在第十二章討論過，根本的原因是 Python 必須往返 Spark 及 JVM 執行很多訊息轉換，包括函式與資料，即序列化流程，我們並不會說這些不應該使用，只是在使用時需要特別注意。

Pandas 整合

PySpark 其中一個強大能力是可以跨程式模型工作，例如，一個常見模式是以 Spark 執行大規模 ETL 工作，接著收集結果（單一機器大小）至驅動器，再使用 Pandas 操作，這讓你可以依據任務使用最好的工具─大資料使用 Spark 與小資料使用 Pandas：

```python
import pandas as pd
df = pd.DataFrame({"first":range(200), "second":range(50,250)})

sparkDF = spark.createDataFrame(df)

newPDF = sparkDF.toPandas()
newPDF.head()
```

這種切換可以讓 Spark 容易操作大資料與小資料，Spark 的社群正在持續改善與其他專案的互通性，所以 Spark 與 Python 間的整合將會持續改善，例如在撰寫本書時，社群正在處理向量化 UDF（SPARK-21190（*https://issues.apache.org/jira/browse/SPARK-21190*）），增加了 `mapBatches` API 讓你可以像 Python 的 Pandas dataframe 般處理 Spark DaraFrame，而不用將每列都轉換為 Python 物件，此特色預計在 Spark 2.3 版出現。

R on Spark

本章剩餘部分將涵蓋 R，Spark 最新的官方支援程式語言，R 是一種統計計算與圖型化的程式語言及環境，類似貝爾實驗室 John Chambers 與同事（與本書作者無關）開發的 S 程式語言及環境。R 語言已經存在幾十年了，在統計學家與數字計算研究者中一直很受歡迎，所以 R 穩定的成為 Spark 的一級公民，並且提供以 R 做分散式運算的簡單介面。

R 廣受歡迎的單一機器資料分析及進階分析能力和 Spark 成為很好的互補，有兩個關鍵套件使兩者的結合成真：SparkR 與 sparklyr。這些套件以些微不同的方法提供了類似的功能，SparkR 提供與 R data.frame 類似的 DataFrame API；sparklyr 則是基於熱門的 dplyr 套件存取結構化資料，你可以在程式碼中使用偏好的套件，但是我們預測社群可能最後會合併為單一的整合套件。

我們將在此涵蓋這兩個套件以讓你選擇最適合的 API，在大多情況下，這兩個專案皆已成熟並有良好的支援，儘管是由些微不同的社群所支援，兩者都支援 Spark 的結構化 API 並且可以使用機器學習，我們將在下一節說明不同之處。

SparkR

SparkR 是一種提供 Apache Spark 前端 API 的 R 套件（起源於 UC Berkeley、Databricks 與 MIT CSAIL 的協同研究專案），SparkR 概念上類似 R 內建的 data.frame API，除了一些與 API 較無關的部分如惰性評估，SparkR 是官方 Spark 專案的一部分，查看 SparkR 的文件以取得更多資訊（*http://spark.apache.org/docs/latest/sparkr.html*）。

使用 SparkR 代替其他語言的優缺點

我們推薦你使用 SparkR 而非 PySpark 的理由如下。

- 你熟悉 R 並且想做最小幅度改動即可發揮 Spark 的功能

- 你想要發揮 R 專屬的功能或函式庫（如優秀的 ggplot2 函式庫），並且想處理大數據。

R 是一個強大的程式語言，在某些任務中提供了比其他語言更多的優點，然而，它也有短處，例如：原生處理分散式資料的方式。SparkR 致力於填補此空缺，讓使用者可以成功的處理小資料與大資料，類似 PySpark 與 Pandas 的概念。

設定

讓我們來介紹如何使用 SparkR。一般情況下，你將需要在你的系統安裝 R 以跟隨本章內容，在你的 Spark 家目錄執行 **./bin/sparkR** 啟動 SparkR 並進入 shell，這將會自動為你建立 SparkSession，如果你從 RStudio 執行 SparkR，你必須進行以下命令：

```
library(SparkR)
spark <- sparkR.session()
```

一旦我們啟動 shell 後，我們就可以執行 Spark 命令，例如：我們可以如同第九章一樣讀取 CSV 檔案：

```
retail.data <- read.df(
  "/data/retail-data/all/",
  "csv",
  header="true",
  inferSchema="true")
print(str(retail.data))
```

我們可以由 SparkDataFrame 取得一些列，並且轉換為標準的 Rdata.frame 型別：

```
local.retail.data <- take(retail.data, 5)
print(str(local.retail.data))
```

關鍵概念

現在我們已經看見一些基本程式碼，讓我們重新敘述關鍵概念。首先，SparkR 仍然是 Spark，基本上，所有本書介紹的工具都直接適用於 SparkR，與 PySpark 有一樣的執行規則，並且與 PySpark 功能幾乎相同。

如圖 32-1 所示，有通道連接 R 程序與含有 SparkSession 的 JVM，SparkR 將使用者程式碼轉換為跨叢集的結構化 Spark 進行操作，使得 Python 在使用結構化 API 時與 Scala 同樣的有效率，SparkR **不支援** RDD 及其他底層 API。

雖然 SparkR 被使用的比 PySpark 與 Scala 少，但它仍然非常熱門且持續成長，對於那些只想知道足夠 Spark 就希望能有效發揮 SparkR 的使用者，我們推薦與第一篇及第二篇一起閱讀以下部分，在使用其他章節時可使用 SparkR 替代 Python 或 Scala，你將會看到一旦你熟悉了之後，在多種語言間轉換是很容易的。

本章其餘部分將解釋 SparkR 與「標準」R 的重點不同之處，以更快增加 SparkR 的生產力。

首先要介紹的是本地型別與 Spark 型別，data.frame 型別與 Spark 版本的主要不同是它存於記憶體中，並且在特定程式中可以直接使用，而 SparkDataFrame 只是一系列操作的邏輯呈現，因此當我們操作 data.frame 時，我們將立即看到結果；我們將使用本書介紹過的轉換操作與行動操作邏輯性的來操作 SparkDataFrame 資料。

一旦我們有了 SparkDataFrame，我們可以像 Spark 讀取資料一樣將資料收集至 data.frame，我們也可以使用下列程式碼將資料收集至本地 data.frame（使用第 542 頁「設定」建立的 SparkDataFrame）：

```
# collect brings it from Spark to your local environment
collect(count(groupBy(retail.data, "country")))
# createDataFrame comverts a data.frame
# from your local environment to Spark
```

對終端使用者來說不同的是，某些函式或假設只適用本地 data.frame 而不適用 Spark。例如：我們無法根據特定列在 SparkDataFrame 加上索引。此外，我們也無法改變 SparkDataFrame 實際的值，但在 data.frame 可以。

函式遮蔽

一個剛接觸 SparkR 的使用者常會問的特色是某些函式被 SparkR 遮蔽了，當我們引入 SparkR，會接受到下列訊息：

```
The following objects are masked from  'package:stats':

    cov, filter, lag, na.omit, predict, sd, var, window

The following objects are masked from  'package:base':

    as.data.frame, colnames, ...
```

這代表如果我們想呼叫這些被遮蔽的函式，我們需要寫明我們呼叫的套件，或著了解是被哪個函式遮蔽了，? 符號可以處理這些衝突：

```
?na.omit # refers to SparkR due to package loading order
?stats::na.omit # refers explicitly to stats
?SparkR::na.omit # refers explicitly to sparkR's null value filtering
```

SparkR 函式只適用 SparkDataFrames

其中一個隱式函式遮蔽是引入 SparkR 套件後，之前使用的物件函式不再可用，這是因為 SparkR 函式只適用 Spark 物件，例如，我們無法在標準 `data.frame` 使用 `sample` 函式，因為 Spark 已使用該函式名稱：

```
sample(mtcars) # fails
```

你需要做的是明確使用 base sample 函式，函式寫法與之前不同，這代表即使你原先很熟悉某函式庫的語法與引數順序，在 SparkR 中也可能會變得不一樣：

```
base::sample(some.r.data.frame) # some.r.data.frame = R data.frame type
```

資料操作

SparkR 中的資料操作概念上與其他語言 Spark 的 DataFrame API 一樣，主要的不同是使用 R 語法，聚合、過濾以及其他很多可在本書其他章節中提到的函式都可以在 R 中使用，一般而言，你可以使用本書中的函式或操作名稱，以 **?< 函式名稱 >** 查詢在 SparkR 中是否可用，這在絕大多數時間可用，並且涵蓋結構化 SQL 函式：

```
?to_date # to Data DataFrame column manipulation
```

SQL 語法大致上相同，我們可以指定 SQL 命令操作 DataFrame，例如，我們可以使用下列語法查詢所有含「 production」字段的資料表：

```
tbls <- sql("SHOW TABLES")

collect(
  select(
    filter(tbls, like(tbls$tableName, "%production%")),
    "tableName",
    "isTemporary"))
```

我們也可以使用熱門的 `magrittr` 套件使這段程式碼有更好的可讀性，藉由管道運算子將我們的轉換以更函式化與更高可讀性的方式呈現：

```
library(magrittr)

tbls %>%
  filter(like(tbls$tableName, "%production%")) %>%
  select("tableName", "isTemporary") %>%
  collect()
```

資料來源

SparkR 支援所有 Spark 支持的資料來源，包含第三方套件，我們可以看到下列程式碼片段使用了有點不同的語法指定了選項：

```
retail.data <- read.df(
  "/data/retail-data/all/",
  "csv",
  header="true",
  inferSchema="true")
flight.data <- read.df(
  "/data/flight-data/parquet/2010-summary.parquet",
  "parquet")
```

參考第九章以取得更多資訊。

機器學習

機器學習是 R 語言與 Spark 的基礎部分，在 SparkR 中可以使用 Spark MLlib 演算法，一般來說這些在 Scala 或 Python 中發表的一兩個版本後引入 R，在 Spark 2.1 中，SparkR 支援以下演算法：

- spark.glm or glm：廣義線性模型

- spark.survreg：加速失敗時間（AFT）存活迴歸模型

- spark.naiveBayes：單純 Bayes 模型

- spark.kmeans：k- 平均模型

- spark.logit：邏輯迴歸模型

- spark.isoreg：保序迴歸型

- spark.gaussianMixture：Gaussian 混和模型

- spark.lda：隱含 Dirichlet 分布（LDA）模型

- spark.mlp：多層感知器分類模型

- spark.gbt：迴歸及分類的梯度提升樹模型

- spark.randomForest：迴歸及分類的隨機森林模型

- spark.als：交替最小平方法（ALS）矩陣分解模型

- spark.kstest：Kolmogorov-Smirnov 測試

在此內容下，SparkR 使用 MLlib 訓練模型，代表第六篇涵蓋大部分的內容都與 SparkR 使用者有關，使用者可以呼叫 summary 印出配適模型，predict 對新資料進行預測，write.ml/read.ml 讀寫配適模型。SparkR 在模式配適上支援 R 可用操作子的子集，包括 ~、.、：、+ 以及 -，以下是對零售資料集進行簡單迴歸的範例：

```
model <- spark.glm(retail.data, Quantity ~ UnitPrice + Country,
  family='gaussian')
summary(model)
predict(model, retail.data)

write.ml(model, "/tmp/myModelOutput", overwrite=T)
newModel <- read.ml("/tmp/myModelOutput")
```

該 API 是跨模型的，雖然不是所有模型都支持像 glm 一樣的詳細摘要輸出，查看第六篇相關章節可取得更多特定模型或預處理技巧的相關資訊。由於這與 R 的統計演算法與分析函式庫擴充套件相比薄弱許多，使用者不大量使用 Spark 提供的訓練及機器學習演算法。使用者現在有機會可以使用 Spark 建立訓練大量資料集，再收集資料集至本機環境以本機 data.frame 進行訓練。

使用者定義函式

在 SparkR 中，有許多方式執行使用者定義函式，**使用者定義函式**是以原生語言建立並且在伺服器上以相同原生語言執行，執行方式大致上與 Python UDF 相同，執行序列化進出 JVM。

你可以定義不同的 UDF 如下：

首先，spark.lappy 可執行許多 R 集合所提供不同參數的 spark 函式實體，這是執行網格搜尋以及比較結果很好的方式：

```
families <- c("gaussian", "poisson")
train <- function(family) {
  model <- glm(Sepal.Length ~ Sepal.Width + Species, iris, family = family)
  summary(model)
}
# Return a list of model's summaries
model.summaries <- spark.lapply(families, train)

# Print the summary of each model
print(model.summaries)
```

第二，dapply 與 dapplyCollect 可以使用客製化程式碼處理 SparkDataFrame 資料，特別是這些函式可以取得 SparkDataFrame 的每個分區，在執行器內轉換為 R 的 data.frame，在分區呼叫 R 程式碼（成為 R 的 data.frame），接著回傳結果：SparkDataFrame 至 dapply，或本機 data.frame 至 dapplyCollect。

為了使用可返回 SparkDataFrame 的 dapply，必須指定轉換操作結果的輸出綱要，Spark 才能了解將返回何種資料。舉例來說，假設有以正確鍵值進行分區的話，以下程式碼可使用 SparkDataFrame 在各分區中訓練本機的 R 模型：

```
df <- withColumnRenamed(createDataFrame(as.data.frame(1:100)), "1:100", "col")
outputSchema <- structType(
  structField("col", "integer"),
  structField("newColumn", "double"))

udfFunc <- function (remote.data.frame) {
  remote.data.frame['newColumn'] = remote.data.frame$col * 2
  remote.data.frame
}
# outputs SparkDataFrame, so it requires a schema
take(dapply(df, udfFunc, outputSchema), 5)
# collects all results to a, so no schema required.
# however this will fail if the result is large
dapplyCollect(df, udfFunc)
```

最後，gapply 與 gapplyCollect 函式可在一群資料中使用 UDF，達到類似 dapply 的效果。事實上，這兩個方法大致相同，除了一個是操做一般 SparkDataFrame 另一個操作一群 DataFrame 之外，gapply 函式以群體為基準並且傳遞鍵值至定義函式的第一個參數，在此方式下，你可以根據每個族群客製化函式：

```
local <- as.data.frame(1:100)
local['groups'] <- c("a", "b")

df <- withColumnRenamed(createDataFrame(local), "1:100", "col")

outputSchema <- structType(
  structField("col", "integer"),
  structField("groups", "string"),
  structField("newColumn", "double"))

udfFunc <- function (key, remote.data.frame) {
  if (key == "a") {
    remote.data.frame['newColumn'] = remote.data.frame$col * 2
  } else if (key == "b") {
    remote.data.frame['newColumn'] = remote.data.frame$col * 3
```

```
  } else if (key == "c") {
    remote.data.frame['newColumn'] = remote.data.frame$col * 4
  }

  remote.data.frame
}
# outputs SparkDataFrame, so it requires a schema
take(gapply(df,
            "groups",
            udfFunc,
            outputSchema), 50)

gapplyCollect(df,
              "groups",
              udfFunc)
```

SparkR 將繼續作為 Spark 的一部分成長；如果你熟習 R 與 Spark，這可以成為很強大的工具。

sparklyr

sparklyr 是基於熱門的 dplyr 套件，由 RStudio 團隊開發的結構化資料新套件，此套件根本上與 SparkR 不同，該作者對 Spark 與 R 的整合有更多主觀想法，這代表 sparklyr 擺脫了一些本書中介紹的 Spark 觀念，如 :SparkSession，並採用自己的想法取代，sparklyr 採用以 R 為優先的方式作為框架，而不是像 SparkR 去迎合 Python 與 Scala API；sparklyr 是由 R 社群 RStudio（熱門的 R IDE）的開發者所建立，而不是 Spark 社群，sparklyr 或 SparkR 的好壞端看使用者的偏好。

簡短來說，sparklyr 提供的功能略少於 SparkR（可能隨時間改變）但另外提供了改良經驗給熟悉 dplyr 的 R 使用者，特別是 sparklyr 提供了完整的 dplyr 後端至 Spark，使它更容易使用在本機上所執行的 dplyr 程式碼並且將它轉換為分散式，使用 dplyr 後端架構代表以分散式方式使用本機 data.frame 至分散式 Spark DataFrame。在本質上，擴大規模將不需要變更程式碼，但在將函式應用至單一節點與分散式 DataFrame 時，架構上指明了目前 SparkR 的一個核心挑戰，函式遮蔽會導致一些奇怪的除錯場景；此外，選擇此架構使 sparklyr 較 SparkR 使用上更容易轉換，如同 SparkR，sparklyr 是一個正在進化中的專案；在此書出版後，sparklyr 專案還會進步更多，你可以查看 sparklyr 網站（*http:// spark.rstudio.com/index.html*）取得更多最新的參考資料，以下部分提供了輕量的比較，不會在此深入探討太多，讓我們以一些 sparklyr 實務範例開始，首先需要安裝此套件：

```
install.packages("sparklyr")
library(sparklyr)
```

關鍵概念

sparklyr 忽略了一些在本書討論的 spark 基礎觀念，可能是因為典型的 R 使用者對這些觀念較不熟悉（可能不相關），例如，與 SparkSession 不同，只需使用 spark_connect 即可連接至 Spark 叢集：

```
sc <- spark_connect(master = "local")
```

返回的變數是遠端 dplyr 資料源，此連線雖然類似 SparkContext，但還是與本書中提到的 SparkContext 不同，這純粹是 sparklyr 呈現 Spark 叢集連線的概念。此函式是定義整個 Spark 環境設定值的介面，透過此介面，你可以指定初始化 Spark 叢集設定如：

```
spark_connect(master = "local", config = spark_config())
```

此處使用 R 設定套件指定 Spark 叢集設定，這些細節涵蓋在 sparklyr 部署文件（*http://spark.rstudio.com/deployment.html*）中。

使用此變數，我們可以從本機 R 程序操作遠端 Spark 資料，spark_connect 對終端使用者來說執行了如 SparkContext 一樣的管理角色。

無 DataFrame

sparklyr 忽略了獨特的 SparkDataFrame 型別概念，取而代之的是以類似其他 dplyr 資料源的可操作資料表（仍然對應至 Spark 的 DataFrame），這與典型的 R 工作流程類似，使用 dplyr 與 magrittr 從資料來源表定義轉換，然而，這代表一些 Spark 內建的函式及 API 可能不能使用，儘管 dplyr 也支援這些。

資料操作

一旦我們連接至叢集，我們可以執行所有可用的 dplyr 函式與操作，如同本機 dplyr data.frame 一樣，此架構的選擇給熟悉 R 的使用者一些可以使用相同程式碼進行轉換操作的能力，代表對 R 使用者來說不必學習新語法或觀念。

sparkyr 改良了 R 使用者的經驗，減少了 sparklyr 使用者的成本花費，因為當中的觀念都是 R 的觀念而非 Spark 觀念，例如，sparklyr 不支援 SparkR 提供的可用 dapply、gapply 及 lapply 建立使用者定義函式，當 sparkly 更成熟後可能會增加此類功能，但在撰寫此書時此特色還不存在，sparklyr 仍在很活躍的發展，更多功能都正在加入，可參考 sparklyr 網頁（*https://spark.rstudio.com/index.html*）

執行 SQL

因為直接整合 Spark 較少，使用者可以使用與前面章節介紹過幾乎相同的 SQL 介面 DBI 函式庫，對叢集執行任意的 SQL 程式碼：

```
library(DBI)
allTables <- dbGetQuery(sc, "SHOW TABLES")
```

此 SQL 介面提供了方便的低階 SparkSession 介面，例如，使用者可以使用 DBI 的介面設定 Spark 叢集上的 Spark SQL 特定屬性。

```
setShufflePartitions <- dbGetQuery(sc, "SET spark.sql.shuffle.partitions=10")
```

可惜的是，無論是 DBI 或是 spark_connect 都沒有提供介面可以設定 Spark 特定屬性。因此你只能在連線叢集時一併設定。

資料來源

sparklyr 使用者可以在 Spark 使用的相同資料源上有很好的發揮，舉例來說，你應該可以使用任意資料，以及建立資料表陳述式，然而，只有 CSV、JSON 與 Parquet 格式支援一級函式，如下列函式：

```
spark_write_csv(tbl_name, location)
spark_write_json(tbl_name, location)
spark_write_parquet(tbl_name, location)
```

機器學習

sparklyr 也支援一些前面章節看過的核心機器學習演算法，支援的演算法列表包括（在撰寫時）：

- ml_kmeans：k 平均分群

- ml_linear_regression：線性迴歸

- ml_logistic_regression：邏輯迴歸

- ml_survival_regression：存活迴歸

- ml_generalized_linear_regression：廣義線性迴歸

- ml_decision_tree：決策樹

- ml_random_forest：隨機森林

- ml_gradient_boosted_trees：梯度提升樹

- ml_pca 主成分分析

- ml_naive_bayes：原生 Bayes

- ml_multilayer_perceptron：多層感知器

- ml_lda：隱含 Dirichlet 分佈

- ml_one_vs_rest：一對其他（可以讓二元分類器成為多元分類器）

然而，此類開發仍在持續，查看 MLlib（*http://spark.rstudio.com/mllib.html*）取得更多資訊。

結論

SparkR 與 sparklyr 是 Spark 專案中快速成長的部分，訪問它們的網站以取得最新資訊。此外，整個 spark 專案的新成員、工具、整合與套件都在社群中持續成長，下一章將討論 Spark 社群及一些其他可用資源。

## 第三十三章

生態系與社群

Spark 的其中一個最大賣點是資源、工具以及貢獻者的數量，在撰寫此書時已有超過 1000 位的 Spark 原始碼貢獻者，比其他夢想成功的專案多出數倍足以證明 Spark 驚人的社群—在貢獻者與管理方面皆是。Spark 專案沒有慢下來的徵兆，不論公司大小都正在嘗試加入此社群，此環境已激發了大量互補及延伸 Spark 的專案，包括正式 Spark 套件與使用者可在 Spark 使用的非正式插件。

Spark 套件

Spark 有專門的套件儲存庫：Spark 套件（*https://spark-packages.org/*），這些套件已在第九章與第二十四章討論，Spark 套件是可以簡單在社群中分享的應用程式函式庫，GraphFrames（*http://graphframes.github.io/*）即是個完美的例子；它使圖形分析在 Spark 的結構化 API 中可用，而且比內建的低階（GraphX）API 更容易使用；還有許多其他套件，包括許多機器學習與深度學習套件，都是以 Spark 為核心並且延伸其功能。

在這些進階分析套件之外，存在其他垂直解決問題的方式，醫療照護與基因體分析已成為大數據應用程式的機會，例如，ADAM 計畫（*http://bdgenomics.org/*）發揮了獨特且內部已優化的 Spark Catalyst 引擎為彈性 API 以及基因體處理的 CLI，另一個套件 Hail（*https://hail.is/*）則是探索分析基因體資料的開源彈性化框架，由定序或基因晶片資料的 VCF 或其他格式開始，Hail 提供了彈性演算法，啟用了本機上數十億位元組資料或叢集上數兆位元組資料的統計分析。

在撰寫本書時，有接近 400 個不同的套件可選擇，身為使用者，你可以在建構檔案（如本書 GitHub 儲存庫（*https://github.com/databricks/Spark-The-Definitive-Guide/*）所示）指定 Spark 套件為相依性，你也可以透過不加入建構檔案的方式，下載預先編譯好的 jar 檔在類別路徑中引用，Spark 套件可以透過在 spark-shell 傳遞參數，或是 spark-submit 命令列工具在執行時期引入。

熱門套件簡易列表

如上述所提，Spark 有超過 400 個套件，你可以在 Spark 套件網頁上搜尋特定套件，然而，有些熱門套件值得一提：

Spark Cassandra Connector（*https://github.com/datastax/spark-cassandra-connector*）

此連接器可協助你存取 Cassandra 資料庫的資料。

Spark Redshift Connector（*https://github.com/databricks/spark-redshift*）

此連接器可協助你存取 Redshift 資料庫的資料。

Spark bigquery（*https://github.com/spotify/spark-bigquery*）

此連接器可協助你存取 Google 的 BigQuery 資料庫資料。

Spark Avro（*https://github.com/databricks/spark-avro*）

此連接器允許你讀寫 Avro 檔案。

Elasticsearch（*https://github.com/elastic/elasticsearch-hadoop*）

此連接器可允許你存取 Elasticsearch 的資料。

Magellan（*https://github.com/harsha2010/magellan*）

允許你在 Spark 之上執行地理空間資料分析。

GraphFrames（*http://graphframes.github.io*）

允許你執行 DataFrame 的圖形分析

Spark Deep Learning（*https://github.com/databricks/spark-deep-learning*）

允許你結合深度學習與 Spark。

使用 Spark 套件

有兩種可以在專案中引用 Spark 套件的主要方式，在 Scala 或 Java 中，你可以作為建構相依性引用，或著你也可以在執行時指定套件（Python 或 R），讓我們重新檢視這些引用方式的資訊。

In Scala

在 *build.sbt* 檔案引入下列解析器將允許你引用 Spark 套件為相依性，例如，我們可以新增此解析器：

```
// allows us to include spark packages
resolvers += "bintray-spark-packages" at
  "https://dl.bintray.com/spark-packages/maven/"
```

現在我們新增此行，將可以引用 Spark 套件的函式庫相依性：

```
libraryDependencies ++= Seq(
...
  // spark packages
  "graphframes" % "graphframes" % "0.4.0-spark2.1-s_2.11",

)
```

這可以引用 GraphFrame 函式庫，套件在版本上有些微不同，但你可以在 Spark 套件網頁上找到相關資訊。

In Python

在本書撰寫時，沒有明確將 Spark 套件引入 Python 套件相依性的方式，此種相依性必須在執行時設定。

執行時

我們看見如何在 Scala 套件中指定 Spark 套件，但我們也可以在執行時引入套件，如同引用新引數至 spark-shell 與 spark-submit 一樣容易。

例如，引入 magellan 函式庫如下：

```
$SPARK_HOME/bin/spark-shell --packages harsha2010:magellan:1.0.4-s_2.11
```

外部套件

在正式 Spark 套件之外，有許多非正式套件可增強 Spark 的能力，一個主要例子是熱門的梯度增強、決策樹框架 XGBoost（*https://github.com/dmlc/xgboost*），使 Spark 可在個別分區進行分散式訓練，許多這類套件都是自由授權的，在 GitHub 上為公開可用的專案，使用搜尋引擎查詢專案是否已經存在是很好的方式，可避免自己必須再編寫一次。

社群

Spark 有一個很大的社群，比套件與直接開發者還要大，將 Spark 用在產品中或撰寫教學的終端使用者生態系正日益增長，在撰寫此書時，在 GitHub 儲存庫已有超過 1000 個貢獻者。

官方 Spark 網站（*http://spark.apache.org/community.html*）維護了大部分最新社群資訊，包括郵件列表、改善提案以及專案提交者，此網站也包含許多與 Spark 新版本相關的資源、文件以及社群發佈紀錄。

Spark Summit

Spark Summit 是每年度特定時間的全球性活動，這是 Spark 相關演講的主要活動，數千名終端使用者及開發者會參與此活動，學習 Spark 的最新資訊以及聆聽使用者案例分享，在幾天內會有上百個頻道與訓練課程，在 2016 年有三個活動：紐約（Spark Summit East）、舊金山（Spark Summit West）以及阿姆斯特丹（Spark Summit Europe）；2017 年 Spark Summit 則是在波士頓、舊金山與都柏林；而緊接著的 2018 將可能有更多的活動，在 Spark Summit 網站（*https://spark-summit.org/*）可發現更多資訊。

有上百個可自由觀看的 Spark Summit 影片（*https:// www.youtube.com/user/TheApacheSpark*）可學習使用者案例、Spark 開發以及使用 Spark 的策略與技巧，你可以在網站上瀏覽過去的 Spark Summit 演講與影片（*https://sparksummit. org/*）。

本地聚會

有許多 Spark 相關的見面會群組在 Meetup.com（*https://www.meetup.com*），圖 33-1 顯示了 Meetup.com 上 Spark 相關見面會的地圖。

Spark 的「官方見面會群組」在灣區（由本書其中一位作者贊助），可在（*https://www.meetup.com/spark-users/*）中發現，此外，全球有超過 600 個 Spark 相關見面會，總共接近 35 萬會員，這些見面會持續擴散與成長，所以確保在你所在區域發現其中一個。

圖 33-1　Spark meetup map

結論

此簡短的一章討論了非技術性的 Spark 可用資源，其中一個重要的事實是 Spark 最重要的資產是 Spark 社群，我們對社群參與 Spark 開發非常引以為傲，並且樂於聽到有公司、學術單位以及個人使用了 Spark。

我們誠摯地希望你享受此書，並且希望在 Spark Summit 看到你！

索引

※ 提醒您：由於翻譯書排版的關係，部分索引名詞的對應頁碼會和實際頁碼有一頁之差。

N

V

variance, calculating（變異數，計算）, 127
Vector data type（向量資料型別）（MLlib）
　　（機器學習框架）, 410, 434
VectorAssembler（合併為一列向量）, 430
VectorIndexer（索引向量）, 439
Vectorized UDF, 325, 540
versions, updating（版本更新）, 390
vertices（頂點）, 509
views（Spark SQL）
　　creating（建立）, 191
　　dropping（移除）, 192
　　purpose of（目的）, 191
vocabulary size（詞彙量）（vocabSize）, 447

W

watermarks（浮水印）, 347, 372-375
where method（where 方法）, 75
whitespace, removing（移除空格）, 95
wide dependencies（寬依賴）, 17
windows（視窗）
　　count-based（基於計數）, 381-383
　　over time-series columns（時間序列欄位之
　　　上）, 35
　　partitioning based on sliding（依照滑動式窗
　　　做分區）, 175
　　sliding windows（滑動視窗）, 371-372
　　timestamp conversion（時間戳記轉換）, 369
　　tumbling windows（翻滾視窗）, 369-371
　　unique aggregations using（運用唯一聚合）,
　　　131-134
withColumnRenamed method
　　（withColumnRenamed 方法）, 27
word combinations（文字結合）, creating（建
　　立）, 445
Word2Vec, 449
words（字詞）, converting into numbers（轉換
　　成數值）, 446-449
write method（寫作相關方法）, 454
writing data（寫入資料）
　　basics of（基礎）, 160
　　core API structure（核心 API 結構）, 159
　　debugging（除錯）, 312
　　save mode（儲存模式）, 160

X

XGBoost, 466, 555

Y

YARN（see Hadoop YARN）（請參考 Hadoop
　　YARN）

Z

zips, 237

關於作者

Bill Chambers 是 Databricks 的產品經理,專注於協助客戶使用 Spark 與 Databricks 產品成功地實現大規模資料科學與分析業務。

Bill 也經常撰寫關於 Spark 的網誌並參與相關的研討會與社群聚會。Bill 擁有柏克萊大學資訊管理與系統碩士學位,並專注於資料科學領域。

Matei Zaharia 是史丹佛大學資訊科學系助理教授以及 Databricks 首席技術長。他於 2009 年柏克萊大學博士生期間建立了 Spark 專案,並以 Apache 專案副總裁身份持續維護專案。Matei 也開創 Apache Mesos 專案並且也是 Apache Hadoop 專案的遞交者。Matei 的研究成果曾獲得 2014 ACM 博士論文獎與 VMware 系統研究獎。

出版記事

Spark 技術手冊的封面動物為燕尾鳶(Elanoides forficatus)。可以在巴西南部到美國東南部的森林地帶以及溼地發現牠們的蹤跡。這些猛禽以小型爬蟲類、兩棲動物與哺乳類為食,另外也吃大型昆蟲。牠們會在水源處附近築巢。

燕尾鳶通常可達 20 到 27 英吋長,在空中飛行時翅膀的長度可以超過 4 英呎,並透過尖銳的叉狀尾巴轉向。牠們黑白相間的羽毛形成鮮明的對比。燕尾鳶大部分的時間都待在空中,甚至飲水時也僅是飛近水面飲用而不落地。

在猛禽物種中,燕尾鳶是社交型動物,大型群體經常彼鄰築巢或棲息。在遷移期,群體的數量可達數以百計或千計。

許多在 O'Reilly 封面的動物都是瀕臨絕種的,牠們的存在對於此世界相當重要。想進一步了解如何幫助牠們的資訊,請拜訪 *animals.oreilly.com* 網站。

封面圖片來自於 Lydekker 的 *The Royal Natural History*。

Spark 技術手冊｜輕鬆寫意處理大數據

作　　　者：Matei Zaharia, Bill Chambers
譯　　　者：許致軒 / 李尚 / 蔡政廷 / 吳政倫 / 鄭憶婷
企劃編輯：莊吳行世
文字編輯：詹祐甯
設計裝幀：陶相騰
發 行 人：廖文良

發 行 所：碁峰資訊股份有限公司
地　　　址：台北市南港區三重路 66 號 7 樓之 6
電　　　話：(02)2788-2408
傳　　　真：(02)8192-4433
網　　　站：www.gotop.com.tw
書　　　號：A577
版　　　次：2019 年 10 月初版
建議售價：NT$880

國家圖書館出版品預行編目資料

Spark 技術手冊：輕鬆寫意處理大數據 / Matei Zaharia, Bill Chambers
　原著；許致軒等譯. -- 初版. -- 臺北市：碁峰資訊, 2019.10
　　面；　公分
　譯自：Spark : The Definitive Guide
　ISBN 978-986-502-299-0(平裝)
　1.雲端運算　2.電子資料處理　3.資料探勘
312.136　　　　　　　　　　　　　　　　108016229

讀者服務

● 感謝您購買碁峰圖書，如果您
　對本書的內容或表達上有不清
　楚的地方或其他建議，請至碁
　峰網站：「聯絡我們」\「圖書問
　題」留下您所購買之書籍及問
　題。（請註明購買書籍之書號及
　書名，以及問題頁數，以便能
　儘快為您處理）
　http://www.gotop.com.tw

● 售後服務僅限書籍本身內容，
　若是軟、硬體問題，請您直接
　與軟體廠商聯絡。

● 若於購買書籍後發現有破損、
　缺頁、裝訂錯誤之問題，請直
　接將書寄回更換，並註明您的
　姓名、連絡電話及地址，將有
　專人與您連絡補寄商品。